编程与应用开发丛书

HarmonyOS NEXT

应用开发实践

视频教学版

王树生 著

清华大学出版社
北京

内 容 简 介

HarmonyOS 是一款面向未来、面向全场景的分布式操作系统，借助 HarmonyOS 全场景分布式系统和设备生态，定义全新的硬件、交互和服务体验。本书基于华为的 HarmonyOS Next 版本，详细介绍 HarmonyOS 应用开发方法，配套示例代码、PPT 课件、教学大纲、教学视频与读者微信群等技术交流服务。

本书共分 14 章，内容包括认识 HarmonyOS 介绍、应用开发准备、学习 ArkTS 语言、认识 UIAbility 组件、ArkUI 概述与布局、ArkUI 基础、ArkUI 进阶、公共事件、网络服务、安全管理、ArkData 数据管理、设备管理器、购物应用实战案例和聊天应用实战案例。本书结合丰富的案例进行讲解，让读者快速理解并掌握相关开发技能；案例的选择侧重于解决实际问题，具有很强的前瞻性、实用性和借鉴性。

本书既适合 HarmonyOS 应用开发初学者和进阶开发者阅读，也适合作为高等院校或高职高专院校相关专业的师生学习移动应用开发的参考书。

图书在版编目（CIP）数据

HarmonyOS NEXT 应用开发实践 ： 视频教学版 ／ 王树
生著. -- 北京 ： 清华大学出版社，2025. 9. -- （编程
与应用开发丛书）. -- ISBN 978-7-302-70307-5

Ⅰ. TN929. 53

中国国家版本馆 CIP 数据核字第 2025C1A156 号

责任编辑：夏毓彦
封面设计：王　翔
责任校对：冯秀娟
责任印制：刘海龙

出版发行：清华大学出版社
　　　　网　　　址：https://www.tup.com.cn，https://www.wqxuetang.com
　　　　地　　　址：北京清华大学学研大厦 A 座　　　　邮　　编：100084
　　　　社　总　机：010-83470000　　　　　　　　　　邮　　购：010-62786544
　　　　投稿与读者服务：010-62776969，c-service@tup.tsinghua.edu.cn
　　　　质量反馈：010-62772015，zhiliang@tup.tsinghua.edu.cn
印　装　者：三河市君旺印务有限公司
经　　　销：全国新华书店
开　　　本：190mm×260mm　　　印　　张：27.25　　　字　　数：735 千字
版　　　次：2025 年 10 月第 1 版　　　　　　　　　　印　　次：2025 年 10 月第 1 次印刷
定　　　价：119.00 元

产品编号：110358-01

前　言

本书基于笔者10多年的软件开发经验和教学实践，用通俗易懂的语言、丰富实用的案例，从鸿蒙初学者容易上手的角度，循序渐进地讲解鸿蒙应用开发的基础知识和方法。从华为2019年发布的HarmonyOS，到2023年发布的HarmonyOS 4，均兼容Android应用。到了2024年，HarmonyOS NEXT亮相，引起了广泛关注。它不仅因其创新性而备受瞩目，更因其与Android的不兼容性而备受期待。这款全新的操作系统不仅承载着华为对未来智能设备生态的愿景，还挑战着开发者的传统思维模式。笔者在适配和开发过程中经历的挑战和学习不仅限于技术层面，更多的是如何利用这个系统找到创新的机会。

希望各位读者在阅读本书的过程中，能够积极思考、勇于实践，不断探索HarmonyOS的奥秘，将自己的想法和创意转化为实实在在的应用成果。同时，学习HarmonyOS的成本很低，相关的技术资料非常齐全，并拥有着强大的官方资料和开源社区，可以随时获取帮助。

本书目的

本书基于HarmonyOS 5.0.5进行讲解，涵盖HarmonyOS NEXT的开发框架、开发规范、核心技术以及优化方法，通过丰富的代码示例和实战案例，帮助读者掌握HarmonyOS NEXT应用开发方法。

本书内容

本书的内容设计从易到难，适合不同阶段的读者学习，既为初学者提供了入门参考，也为有经验的开发者提供了可信任的技术实践。

第1、2章，主要介绍HarmonyOS的基础知识以及开发环境的搭建，帮助读者建立起对鸿蒙应用开发的知识框架，并快速入门鸿蒙应用开发领域。

第3、4章，主要介绍HarmonyOS开发语言ArkTS及其基础组件UIAbility，帮助读者掌握鸿蒙HarmonyOS开发语言。

第5~7章，主要介绍HarmonyOS的UI开发框架ArkUI的基础用法及高级用法。这几章是应用开发的重点，笔者由浅入深地系统性介绍应用开发的布局、界面设计、组件组合使用、动画特效、自定义组件等内容，帮助读者加深对鸿蒙原生应用开发的理解及实践。

第8章，主要介绍HarmonyOS开发中的公共事件，包括公共事件的订阅、取消订阅和发布。

第9章，主要介绍网络开发相关的内容。读者通过网络实时天气服务，可以独自有条有理地去完成简单的移动应用开发。

第10章，主要是应用内部安全管理，介绍相关的权限体系，包括权限声明、权限申请等内容。

第11章，重点介绍ArkData数据管理，包含文件数据存储及数据库使用，帮助读者快速对应用内数据进行管理和操作。

第12章，简要介绍设备管理器，包括传感器和振动相关的内容。

第13、14章，通过购物应用和聊天应用实战案例，全面介绍应用开发的整个流程，使读者在面对新项目时能有一个轻车熟路的解决方法。

本书学习方法

（1）本书精心设计的示例和实战案例，可以帮助读者深入掌握HarmonyOS NEXT应用开发的方法和技巧。建议读者在学习的时候一定要动手实践本书的示例和案例。

（2）读者在进行每章的学习之前，建议快速回顾前一章的关键知识点及相关示例代码，复习完前一章内容之后再进行每章的学习。

（3）本书讲解的应用开发基础知识，是读者在开发工作中必然会碰到和使用到的知识，建议读者全部掌握并加深理解。

（4）加强最后两章实战案例的学习和理解，碰到问题时多加思考，将理论知识运用到实践之中，并通过实践加深对应用开发的深入理解。

配套资料下载

本书配套示例代码、PPT课件、教学大纲、教学视频与读者微信群等技术交流服务，读者使用自己的微信扫描右则二维码即可获取。如果在阅读本书的过程中发现问题或有任何建议，请使用下载资源中提供的相关微信进行联系。

本书读者

无论是初入HarmonyOS开发领域的新手，还是已经有一定开发经验的开发者，或者是希望深入了解HarmonyOS内部原理的高级开发者，都将从本书中获得有价值的参考和指导。在开始阅读本书之前，如果你从未涉足移动端开发领域，那么建议先了解语言。因为本书是使用ArkTS语言进行开发的，如果对ArkTS有所了解，将会非常有助于学习本书的内容。如果你之前从事过大前端的开发工作，包括iOS、Android以及前端开发，那么在阅读过程中会感到内容很熟悉，因为很多设计模块的开发过程都是相同的。如果你之前已经了解HarmonyOS，那么本书提供的全新API应用的知识会让你对HarmonyOS的认识更进一步。此外，本书还提供了很多进阶内容，相信一些资深开发者看过之后会有新的启发。

致谢

感谢清华大学出版社的老师们对本书出版所作出的贡献。

由于笔者水平有限以及成书时间仓促，书中难免存在不足之处，敬请广大读者批评指正。

笔者于杭州

2025年6月

目　　录

第 1 章

HarmonyOS介绍

鸿蒙操作系统（HarmonyOS）是一款面向物联网（Internet of Things，IoT）全场景的分布式操作系统。不同于现有的Android、iOS、Windows、Linux等操作系统，鸿蒙操作系统设计的初衷是解决在5G万物互联时代，各个系统间的连接问题。鸿蒙操作系统面向的是1+8+N的全场景设备，能够根据不同内存级别的设备进行弹性组装和适配，可实现跨硬件设备间的信息交互。

1.1 HarmonyOS的发展历程

"鸿蒙"名字源于华为公司内部一个研究操作系统内核的项目代号。"鸿蒙操作系统"的英文名称是HarmonyOS，Harmony意为和谐，可引申为世界大同、和合共生，这是中华文明一直秉持的理念。鸿蒙有盘古开天辟地之意，"鸿蒙初辟原无性，打破顽空须悟空"，鸿蒙生态刚刚起步，需要华为以及其他国内外企业共同努力，需要众多的"悟空"共同推动，构建更加绚丽多彩的鸿蒙生态世界。华为的鸿蒙，中国的鸿蒙，必将成为世界的鸿蒙。鸿蒙操作系统Logo如图1-1所示。

图1-1　鸿蒙操作系统Logo

早在2012年，全球智能设备产业就处于高速发展期，移动互联网浪潮席卷而来，智能手机、智能电视等设备快速普及。然而，当时主流的操作系统如安卓和iOS，不仅存在对硬件设备的适配局限，还面临着不同设备间数据互通困难、协同操作体验不佳等问题。同时，国际技术竞争日益激烈，操作系统作为数字经济时代的核心基础设施，其自主可控对企业乃至国家的信息安全和产业发展至关重要。

- 序幕：2018年8月24日，华为申请了"华为鸿蒙"商标，标志着鸿蒙系统开始从技术研发走向商业化布局。到了2019年5月14日，华为鸿蒙商标获得注册公告，专用权限期从2019年5月14日至2029年5月13日，这为鸿蒙系统的商业化推广与应用提供了品牌保障，也正式拉开了鸿蒙系统在智能终端市场上的探索与发展序幕。
- 鸿蒙1.0：2019年8月9日，华为在开发者大会上正式发布鸿蒙1.0系统，这一版本首次应用于华为荣耀智慧屏产品中，标志着华为正式进军操作系统领域。该版本初步展现了分布式能力雏形，为后续系统发展奠定了基础，拉开了鸿蒙系统在智能终端领域探索的序幕。

- 鸿蒙2.0：2020年9月10日发布，其应用范围进一步拓展，适用于部分手机、车机、智能电视等设备。此版本引入全场景设备互联概念，在性能方面也进行了优化，让不同设备之间的协同工作更加顺畅，开始构建起鸿蒙系统的全场景生态框架。
- 鸿蒙3.0：2022年7月27日发布，在超级终端方面有了重大升级，支持更多设备加入，进一步提升了跨设备协同体验。同时，在鸿蒙智联、万能卡片、流畅性能、隐私安全、信息无障碍等方面均有显著提升，全方位提升了用户在多设备使用场景下的体验。
- 鸿蒙4.0：2023年8月4日发布，着重强化了智能互联能力，尤其在多屏跨设备投屏等功能上实现了技术突破，带来更便捷、高效的跨设备交互体验。新增的AI交互功能，也为用户带来了更智能的操作感受，并且支持更多智能设备融入鸿蒙生态。
- 鸿蒙4.4：于2024年推出，作为传统分支的延续版本，它针对耳机等特定设备进行了适配优化，进一步完善了鸿蒙系统在可穿戴设备等细分领域的应用体验，提升了特定设备与其他鸿蒙终端的协同能力。
- 鸿蒙5.0（HarmonyOS NEXT）：2024年10月22日发布，这是具有里程碑意义的版本，它是中国首个实现全栈自研的操作系统，标志着中国在操作系统领域取得了突破性进展。该版本彻底脱离安卓，其流畅度显著提升。2025年3月推送的鸿蒙5.0.3版本，新增"网络邻居"功能，优化了相机和第三方应用的兼容性；鸿蒙5.0.5版本适配Mate 70/X6/Pad等旗舰设备，侧重于性能调优，进行了分层级体验优化。

1.2　HarmonyOS的设计理念

在万物互联的时代，人们每天都会接触多种不同形态的设备。每种设备在特定的场景下能够解决一些特定的问题，表面看起来能够做到的事情更多了，但每种设备在使用时是孤立的，提供的服务也都局限于特定的设备，因此人们的生活并没有变得更好更便捷，反而变得非常复杂。HarmonyOS的诞生旨在解决这些问题，在纷繁复杂的世界中回归本源，建立平衡，连接万物。

混沌初开，一生二，二生三，三生万物，HarmonyOS旨在为用户打造一个和谐的数字世界——One Harmonious Universe。

1. One

万物归一，回归本源。基于以人为本的设计初衷，通过严谨的实验探究背后的人因，并将其结论融入鸿蒙系统的设计当中。

HarmonyOS系统的表现应该符合人的本质需求。为保障全场景多设备的舒适体验，在整个系统中，各种大小的文字都清晰易读，图标精确而清晰、色彩舒适而协调、动效流畅而生动。同时，界面元素层次清晰，能巧妙地突出界面的重要内容，并能传达元素可交互的感觉。另外，系统的表现应该是直接的，用户在使用过程中无须思考。因此，系统的操作需要符合人的本能，并且使用智能化的技术能力主动适应用户的习惯。

2. Harmonious

一生为二，平衡共生。万物皆有两面，虚与实、阴与阳、正与反，等等。二者虽截然不同却可以很好地融合，达到平衡。

HarmonyOS希望给用户带来和谐的视觉体验。通过将光影、材质等设计转化到界面设计中，给用户带来高品质的视觉享受。同时，物理世界中的体验记忆转化到虚拟世界中，熟悉的印象有助于用户快速理解界面元素并完成相应的操作。

3. Universe

三生万物，演化自如。HarmonyOS是面向多设备体验的操作系统，因此，给用户提供舒适便捷的多设备操作体验是 HarmonyOS 区别于其他操作系统的核心要点。

一方面，界面设计、组件设计需要拥有良好的自适应能力，可快速适应不同尺寸屏幕的开发。

另一方面，期望多设备的体验能在一致性与差异性中取得良好的平衡。

- 一致性：界面中的元素设计以及交互方式尽量保持一致，以减少用户的学习成本。
- 差异性：不同类型的设备在屏幕尺寸、交互方式、使用场景、用户人群等方面都会存在一定的差异性，为了给用户提供合适的操作体验，我们需要针对不同类型的设备进行差异化设计。

同时，HarmonyOS作为面向全球用户的操作系统，为了让更多的用户能够享受科技的便利以及具有愉悦的体验，它在数字健康、全球化、无障碍等方面进行了积极的探索与思考。

1.3　HarmonyOS的整体架构

HarmonyOS整体的分层结构自下而上依次为内核层、系统服务层、框架层、应用层，如图1-2所示。HarmonyOS基于多内核设计，系统功能按照"系统→子系统→功能/模块"逐级展开。在多设备部署场景下，各功能模块组织符合"抽屉式"设计，即功能模块采用面向切面编程（Aspect Orient Programming，AOP）的设计思想，可根据实际需求裁剪某些非必要的子系统或功能模块。

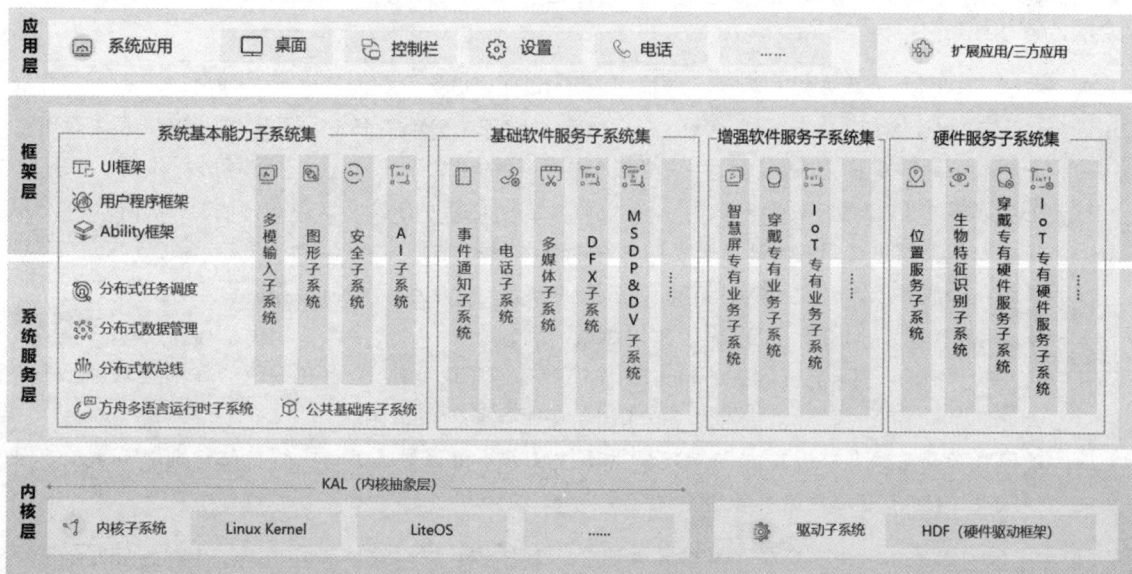

图1-2　HarmonyOS整体架构

HarmonyOS实现了模块化耦合，对应不同设备可实现弹性部署，使其可以方便、智能地适配GB、

MB、KB等由高到低的不同内存规模设备，可以便捷地在手机、智慧屏、车机、穿戴设备等IoT设备间实现数据的流转与迁移。

1. 内核层

内核层基于Linux系统设计，主要包括内核子系统和驱动子系统。

- 内核子系统：HarmonyOS采用多内核设计，支持针对不同资源受限设备选用适合的OS内核。KAL（Kernel Abstract Layer，内核抽象层）通过屏蔽多内核差异，为上层提供基础的内核能力，包括进程/线程管理、内存管理、文件系统、网络管理和外设管理等。
- 驱动子系统：硬件驱动框架（HDF）。HarmonyOS驱动框架是HarmonyOS硬件生态开放的基础，提供了统一的外设访问能力和驱动开发、管理框架，如图1-3所示。

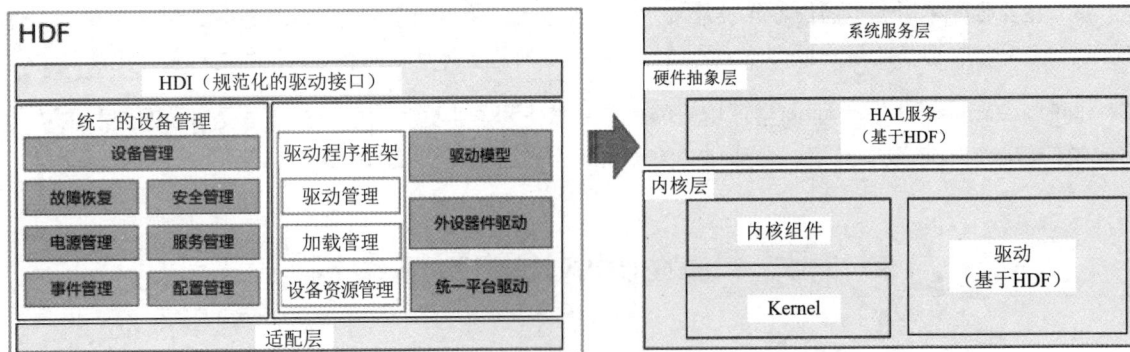

图1-3　内核层驱动子系统

2. 系统服务层

系统服务层是HarmonyOS的核心能力集合，通过框架层对应用程序提供服务。该层架构如图1-4所示，包含以下几个部分：

- 系统基本能力子系统集：为分布式应用在HarmonyOS多设备上的运行、调度、迁移等操作提供了基础能力，由分布式软总线、分布式数据管理、分布式任务调度、方舟多语言运行时、公共基础库、多模输入、图形、安全、AI等子系统组成。其中，方舟运行时提供了C／C++／JavaScript多语言运行时和基础的系统类库，也为使用方舟编译器静态化的Java程序（即应用程序或框架层中使用Java语言开发的部分）提供运行时。
- 基础软件服务子系统集：为HarmonyOS提供公共的、通用的软件服务，由事件通知、电话、多媒体、DFX、MSDP & DV等子系统组成。
- 增强软件服务子系统集：为HarmonyOS提供针对不同设备的、差异化的能力增强型软件服务，由智慧屏专有业务、穿戴专有业务、IoT专有业务等子系统组成。
- 硬件服务子系统集：为HarmonyOS提供硬件服务，由位置服务、生物特征识别、穿戴专有硬件服务、IoT专有硬件服务等子系统组成。

根据不同设备形态的部署环境，基础软件服务子系统集、增强软件服务子系统集、硬件服务子系统集内部可以按子系统粒度裁剪，每个子系统内部又可以按功能粒度裁剪。

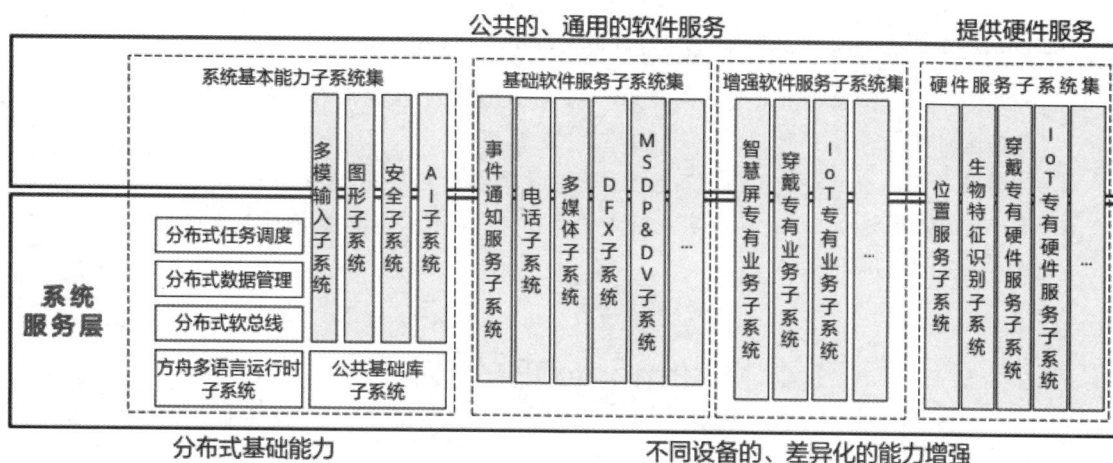

图1-4　HarmonyOS系统服务层架构

3. 框架层

框架层为HarmonyOS的应用程序提供以下支持：

- 用户程序框架：支持Java/C/C++/JavaScript等多种语言。
- Ability框架：应用所具备能力的抽象。
- 两种UI框架：适用于Java语言的Java UI框架和适用于JavaScript语言的JavaScript UI框架。
- 多语言框架API：支持多种软硬件服务对外开放的语言框架。

根据系统的组件化裁剪程度，HarmonyOS设备支持的API也会有所不同。

4. 应用层

应用层包括系统应用和第三方非系统应用，如图1-5所示。

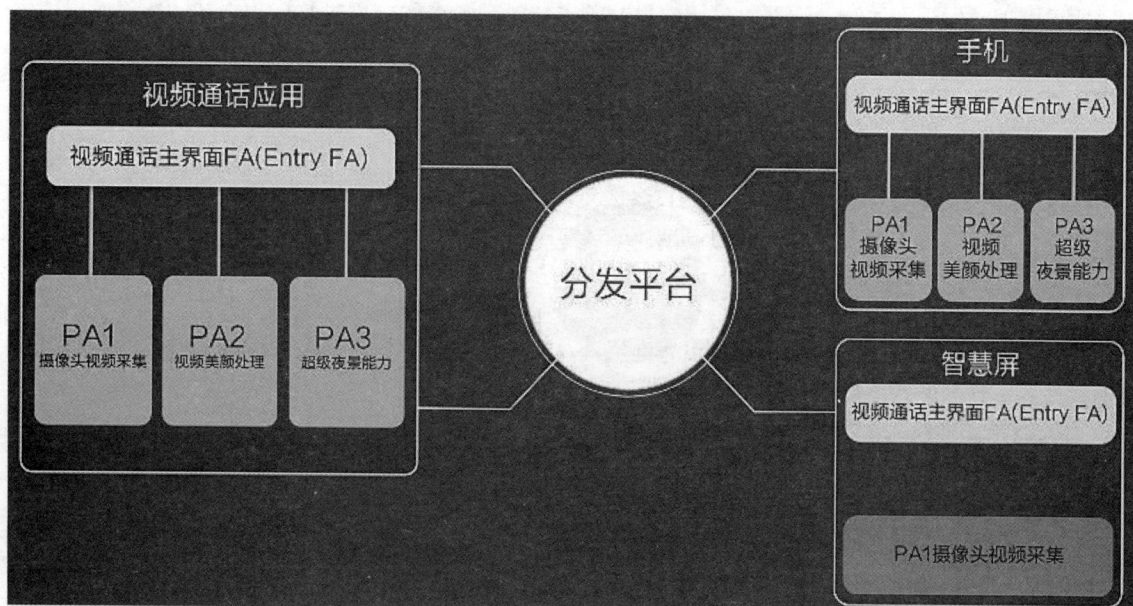

图1-5　HarmonyOS应用层

HarmonyOS的应用由一个或多个FA（Feature Ability）或PA（Particle Ability）组成。

- FA有UI界面，提供与用户交互的能力；而PA无UI界面，提供后台运行任务的能力以及统一的数据访问对象。
- FA在进行用户交互时，所需的后台数据访问也需要由对应的PA提供支撑。
- 基于FA/PA开发的应用，能够实现特定的业务功能，支持跨设备调度与分发，为用户提供一致、高效的应用体验。

1.4　HarmonyOS的技术特性

HarmonyOS具有以下技术特性：

1. 硬件互助，资源共享

1）分布式软总线
分布式软总线是多设备终端的统一基座，为设备间的无缝互联提供了统一的分布式通信能力，能够快速发现并连接设备，高效地传输任务和数据。

2）分布式数据管理
分布式数据管理基于分布式软总线，实现了应用程序数据和用户数据的分布式管理。用户数据不再与单一物理设备绑定，业务逻辑与数据存储分离，应用跨设备运行时数据无缝衔接，为打造一致、流畅的用户体验创造了基础条件。

3）分布式任务调度
分布式任务调度基于分布式软总线、分布式数据管理、分布式Profile等技术特性，构建统一的分布式服务管理（发现、同步、注册、调用）机制，支持对跨设备的应用进行远程启动、远程调用、绑定/解绑、迁移等操作，能够根据不同设备的能力、位置、业务运行状态、资源使用情况并结合用户的习惯和意图，选择最合适的设备运行分布式任务。

4）设备虚拟化
分布式设备虚拟化平台可以实现不同设备的资源融合、设备管理、数据处理，将周边设备作为手机能力的延伸，共同形成一个超级虚拟终端。

2. 一次开发，多端部署

HarmonyOS提供用户程序框架、Ability框架以及UI框架，能够保证开发的应用在多终端运行时保持一致性。一次开发；多端部署。

多终端软件平台API具备一致性，确保用户程序的运行兼容性。

- 支持在开发过程中预览终端的能力适配情况（CPU、内存、外设、软件资源等）。
- 支持根据用户程序与软件平台的兼容性来调度用户程序。

3. 统一OS，弹性部署

HarmonyOS通过组件化和组件弹性化等设计方法，做到硬件资源的可大可小，在多种终端设备间，按需弹性部署，全面覆盖了ARM、RISC-V、x86等各种CPU，以及从KB到GB级别的RAM。

1.5　HarmonyOS的应用场景

HarmonyOS以手机为核心,构建1+8+N全场景应用,如图1-6所示。

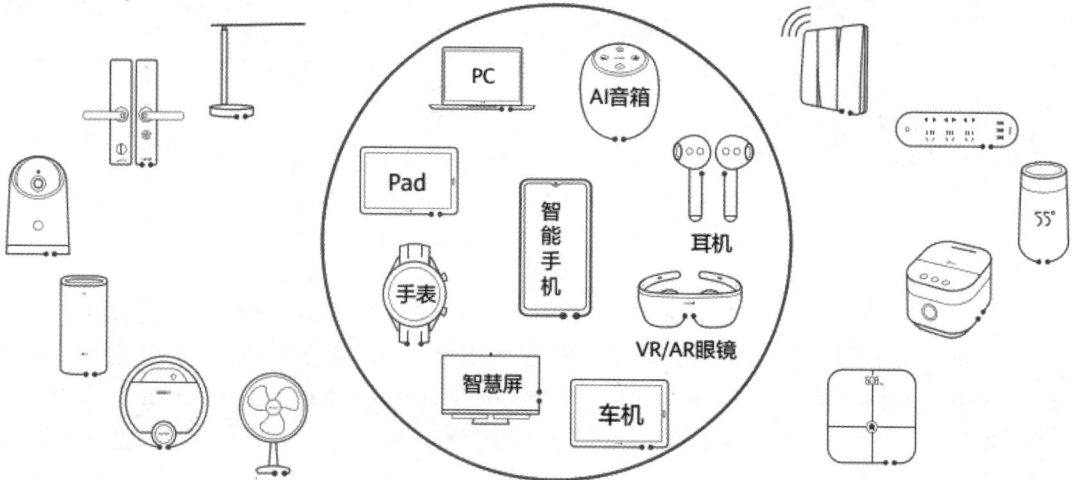

图1-6　HarmonyOS 1+8+N全场景应用

HarmonyOS典型的应用场景如表1-1所示。

表1-1　HarmonyOS典型的应用场景

设备类型	具体实现	技术支撑
智能家居	实现灯光、温控等设备的跨屏协同控制,通过手机/平板统一管理全屋生态	分布式软总线技术
车载系统	车机与手机无缝流转导航/音乐,仪表盘可实时显示手机日程或健康数据	原子化服务跨端调用
工业设备	支持工业机器人、自动化产线的远程监控与协同调度,提供标准化控制接口	低时延通信协议
穿戴设备	与手机协同实现健康监测报警,数据自动同步至云端健康档案	轻量化服务卡片

第 2 章

应用开发准备

上一章简要介绍了HarmonyOS系统，本章将继续介绍鸿蒙应用开发的准备工作，包括下载和安装DevEco Studio开发工具、DevEco Studio的用法、应用工程结构以及应用/服务开发流程。华为鸿蒙DevEco Studio 是面向全场景的一站式集成开发环境（Integrated Development Environment，IDE），支持全场景多设备，提供集分布式多端开发、分布式多端调测、多端模拟仿真于一体的研发平台，并提供全方位的质量与安全保障。

2.1 开发环境搭建

俗话说："工欲善其事，必先利其器。"为了顺利进行HarmonyOS应用开发，需要事先准备好DevEco Studio开发工具，即HarmonyOS的一站式集成开发环境。

2.1.1 下载DevEco Studio

下面以在Windows系统中安装 DevEco Studio为例，介绍如何下载、安装和配置开发环境。
为保证DevEco Studio正常运行，建议计算机配置满足如下要求：

- 操作系统：Windows 10 64位。
- 内存：8GB及以上。
- 硬盘：100GB及以上。
- 分辨率：1280 × 800像素及以上。

具体操作步骤如下：

01 打开 DevEco Studio官方网站，在页面上单击"立即下载"按钮，如图2-1所示。

02 单击"立即下载"按钮，会跳转到华为账号登录界面，如图2-2所示。

03 注册账号后继续下载，DevEco Studio提供了Windows版本和Mac版本，可以根据操作系统选择对应的版本进行下载。笔者下载的是DevEco Studio 5.0.5 Release版本，版本信息如图2-3所示。

图2-1　HarmonyOS官方网页

图2-2　华为账号登录页面

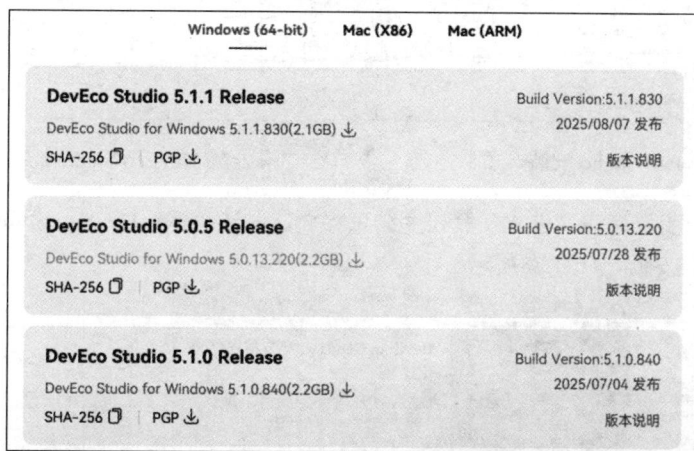

图2-3　DevEco Studio下载版本

2.1.2　安装DevEco Studio

01 解压下载的DevEco Studio压缩包，启动exe安装程序，进入安装欢迎界面，如图2-4所示。

02 单击"下一步"按钮，进入"选择安装位置"界面，选择安装路径，这里根据自己的喜好选择即可，需要约10GB的存储空间，如图2-5所示。

03 单击"下一步"按钮，进入"安装选项"界面，勾选"DevEco Studio"和"添加'bin'文件夹到PATH"复选框，如图2-6所示。

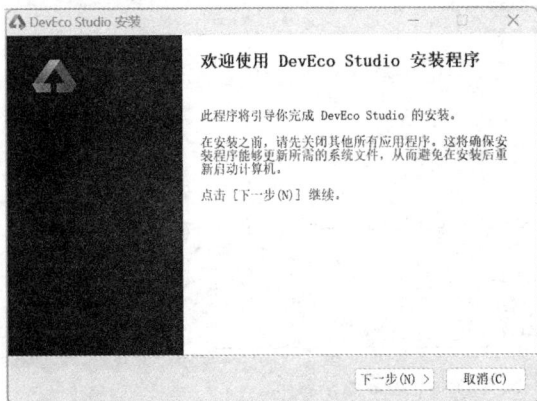

图 2-4　DevEco Studio 安装欢迎界面　　　　图 2-5　DevEco Studio 安装路径

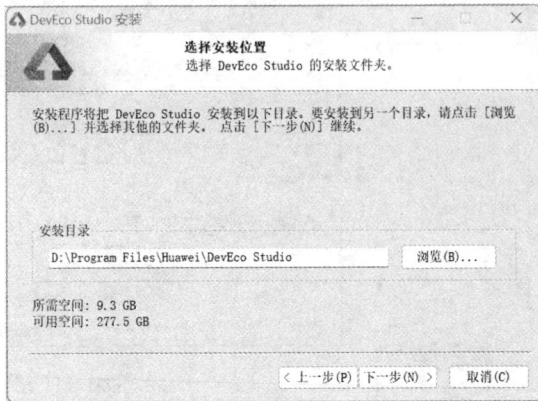

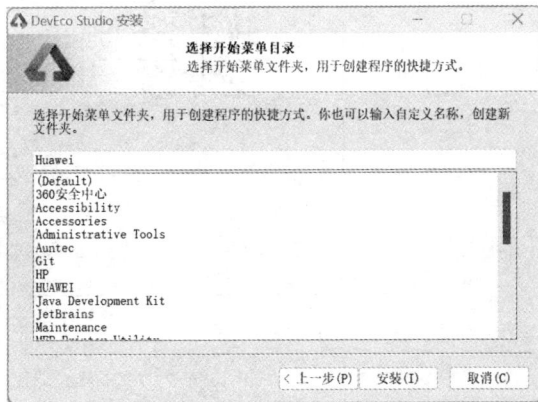

04 单击"下一步"按钮，进入"选择开始菜单目录"，选择开始菜单文件夹，这里保持默认即可，如图2-7所示。

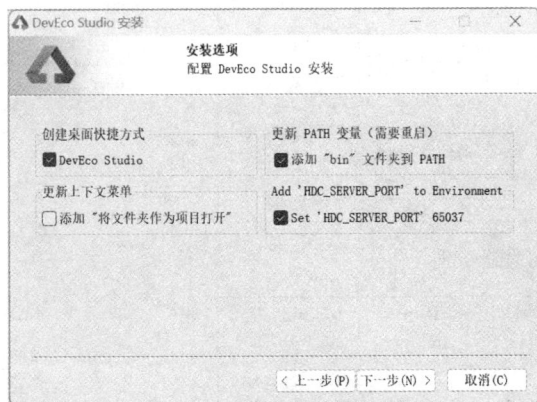

图 2-6　DevEco Studio 安装选项　　　　图 2-7　DevEco Studio 选择开始菜单目录

05 单击"下一步"按钮，进入安装程序结束界面，勾选"运行DevEco Studio"复选框，并单击"完成"按钮，如图2-8所示。

图2-8　DevEco Studio安装完成

至此，DevEco Studio安装完成。

2.2 创 建 工 程

使用DevEco Studio创建工程（Project，本书翻译为工程）的步骤如下：

01 创建工程。若是首次打开DevEco Studio，则在欢迎页面单击Create Project创建工程，如图2-9所示。如果已经打开了一个工程，则在菜单栏中依次单击File→New→Create Project来创建一个新工程。

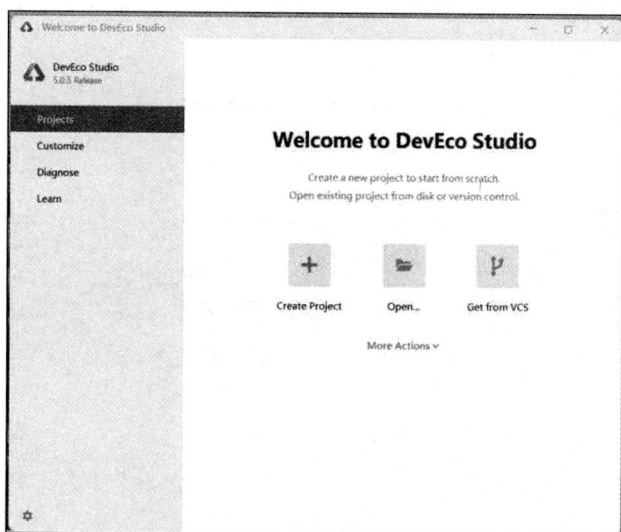

图2-9 DevEco Studio首页

02 选择Application项目。进入选择能力模板页面，在页面左侧选择Application，然后在页面右侧选择Empty Ability，再单击Next按钮，如图2-10所示。

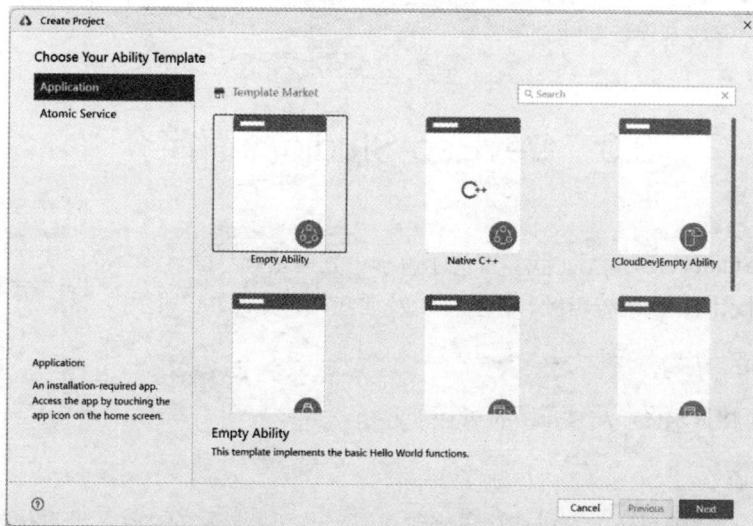

图2-10 DevEco Studio创建项目

03 配置工程。进入工程配置页，如图2-11所示。

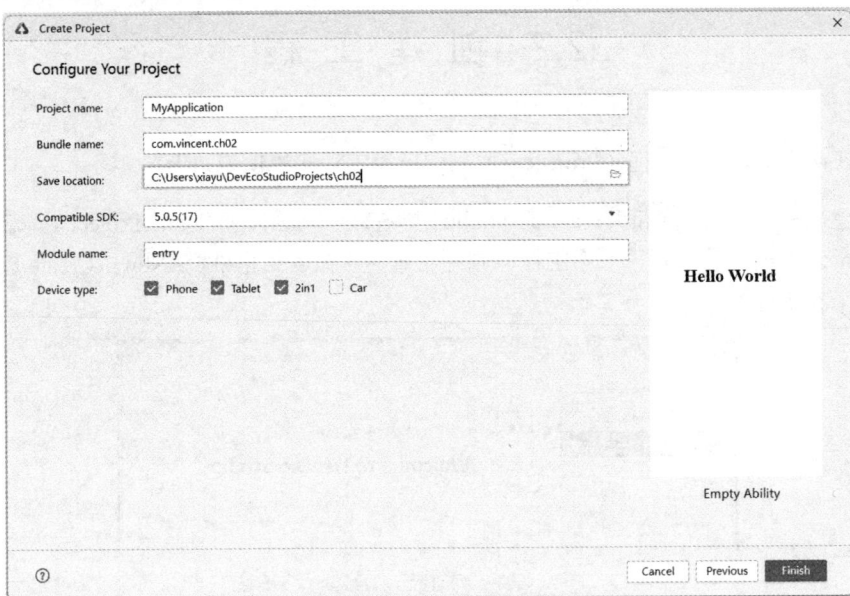

图2-11　工程配置信息

在工程配置页中，几个关键配置项的详细信息说明如下：

- Project name: 开发者可以自行设置的项目名称。
- Bundle name: 包名称，默认情况下应用ID也会使用该名称，应用发布时对应的ID需要保持一致。
- Save location: 工程保存路径，建议用户自行设置相应位置。
- Compile SDK: 编译的API版本，这里默认选择5.0.5。
- Model name: 模型名称，保持默认即可。

04 成功创建工程框架。配置完成后，单击Finish按钮，DevEco Studio会自动生成示例代码和相关资源，完成工程框架的创建。

2.3　DevEco Studio界面简介

进入DevEco Studio（IDE）后，我们首先了解一下它的基础界面。整个界面大致上可以分为4个部分，分别是工程目录区、代码编辑区、预览区以及通知栏，如图2-12所示。

1. 工程目录区

界面左侧为工程目录区，后续章节将会详细介绍。

2. 代码编辑区

界面中间的是代码编辑区，可以在这里修改代码以及切换显示的文件。通过按住Ctrl键并滚动鼠标滚轮，可以实现界面的放大与缩小。

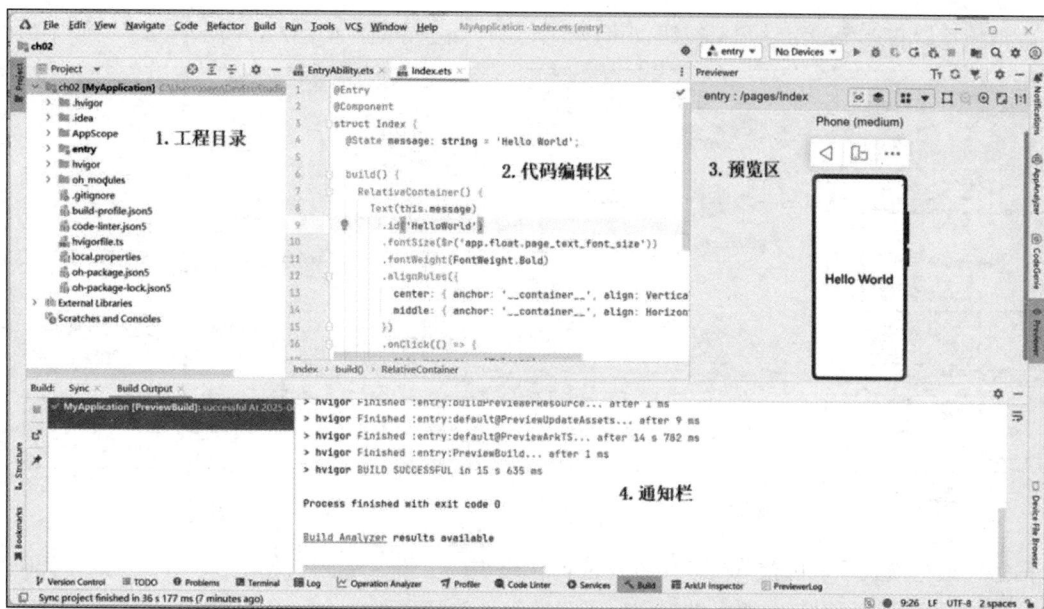

图2-12　DevEco Studio界面介绍

3. 预览区

单击DevEco Studio右侧的Previewer按钮，可以预览相应文件的UI展示效果，如图2-13所示。

预览器提供了一些基本功能，包括旋转屏幕、切换显示设备及多设备预览等。单击旋转按钮，可以切换竖屏和横屏的显示效果，如图2-14所示。也可以单击图2-14中框选的按钮，切换显示的设备类型。弹出框内会显示Available Profiles，即可用的设备类型，如图2-15所示。如单击Foldable切换设备，也可以单击旋转按钮切换Foldable的横竖屏显示模式。

打开 Muti-profile preview 开关，可以实现多个尺寸设备的实时预览，如图2-16所示。

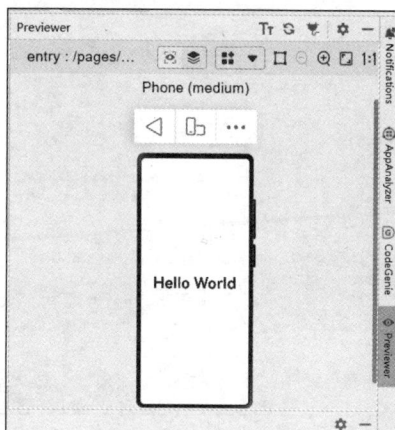

图2-13　竖屏预览

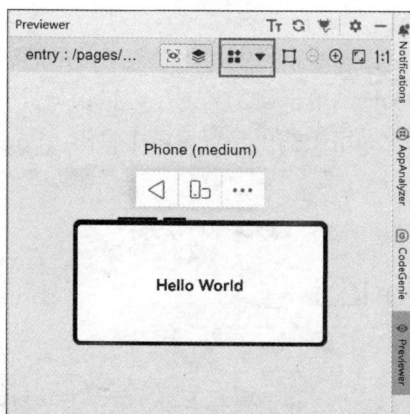

图 2-14　横屏预览

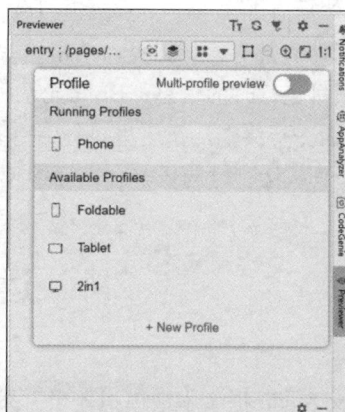

图 2-15　切换设备

单击预览器右上角的组件预览按钮，可以进入组件预览界面，如图2-17所示。

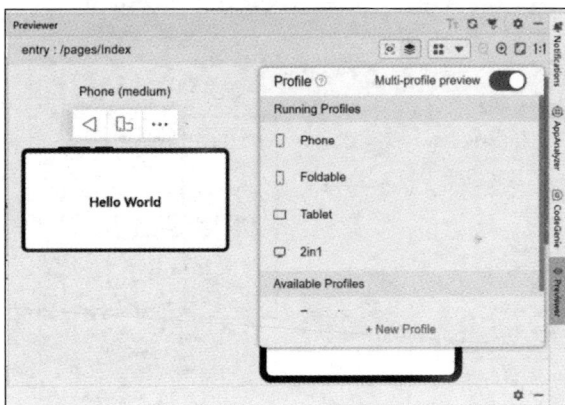

图 2-16   多尺寸设备预览

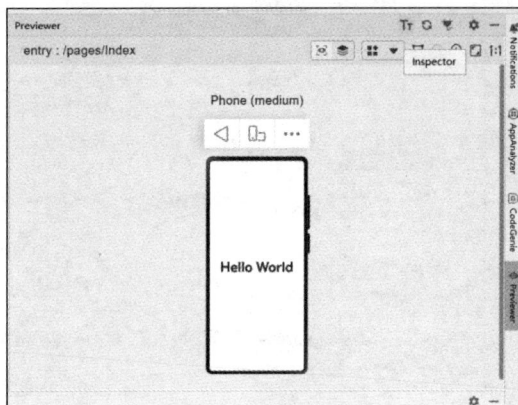

图 2-17   组件预览模式

在组件预览模式下可以预览当前组件对应的代码块。在预览界面中单击相应组件，则在代码文件中会框选对应的组件代码，右侧组件树则展示当前组件的基本属性，如图2-18所示。

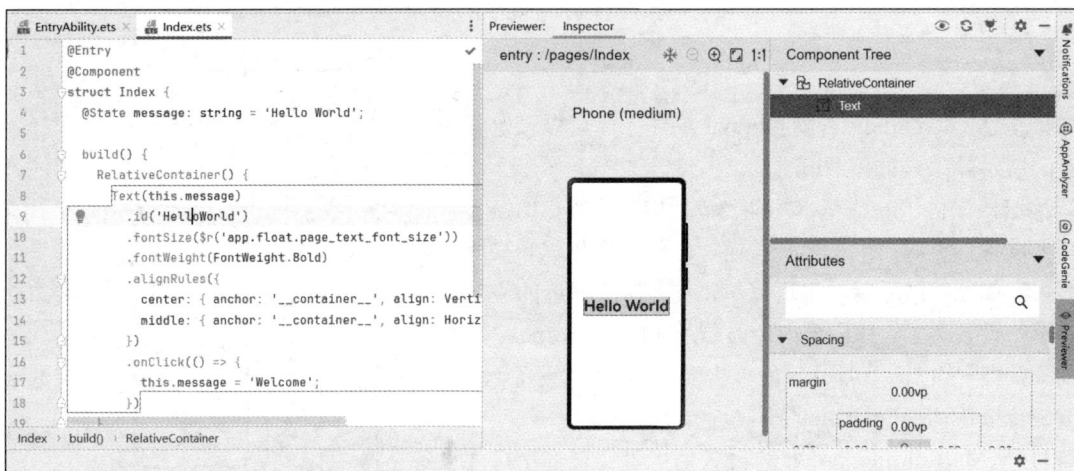

图2-18   组件属性预览

4. 通知栏

在编辑器底部有一行工具，单击这些工具，对应的信息将在通知栏中显示。其中常用的有：Run用于显示项目运行时的信息；Build显示程序编译情况；Problems用于显示当前工程错误与提醒信息；Terminal是命令行终端，在这里执行命令行操作；PreviewerLog用于输出预览器日志输出；Log用于输出模拟器和真机运行时的日志。在后续使用中会陆续接触这些工具。

2.4　运行Hello World工程

DevEco Studio提供本地模拟器供开发者（读者，下文同）模拟运行本地开发的工程，本节将以Hello World为例，演示一下工程运行方法。首先需要在DevEco Studio中安装本地模拟器，然后运行。

01 依次单击顶部工具栏菜单中的Tools→Device Manager，如图2-19所示。

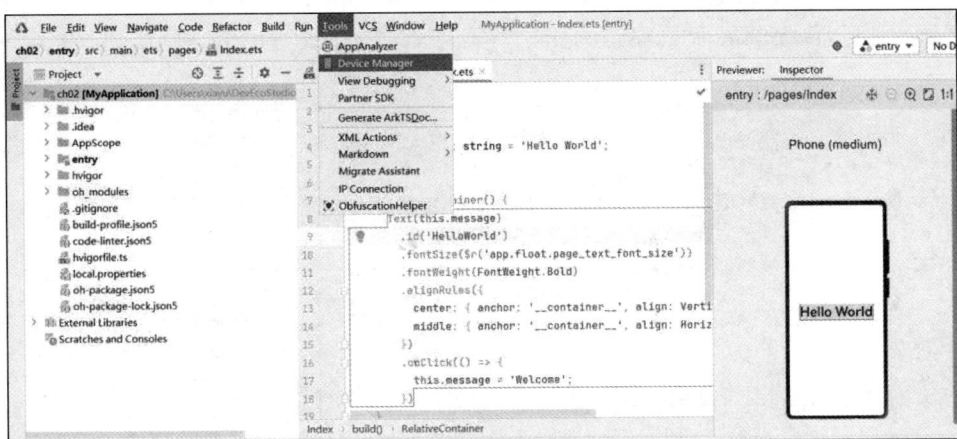

图2-19　IDE工具栏

02 选择Local Emulator，安装模拟器（需要登录），如图2-20所示。

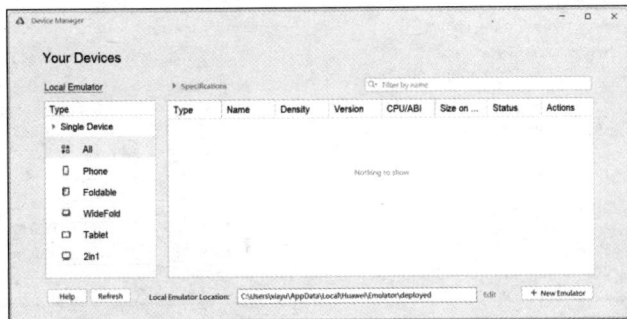

图2-20　模拟器列表

03 设置合适的 Local Emulator Location 存储地址，然后单击左下角的"+ New Emulator"按钮，进入选择模拟器界面，如图2-21所示。

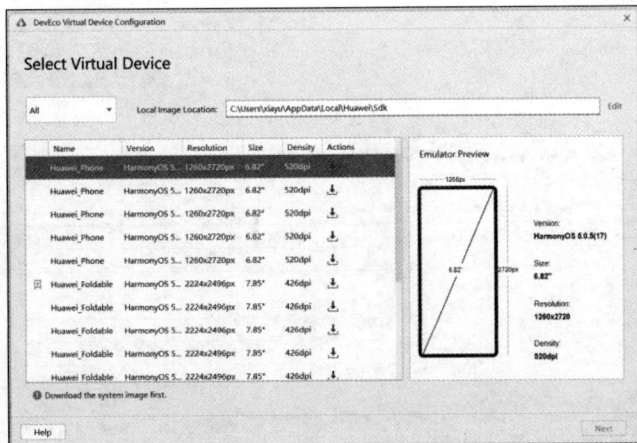

图2-21　模拟器列表

04 选择Huawei_Phone手机模拟器，单击下载箭头，进入下载模拟器界面，如图2-22所示。

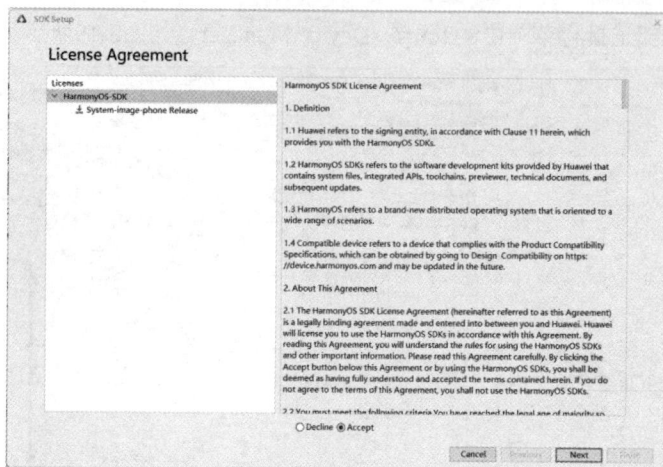

图2-22 下载模拟器界面

05 单击Accept单选按钮，再单击Next按钮，等待下载完成，如图2-23所示。

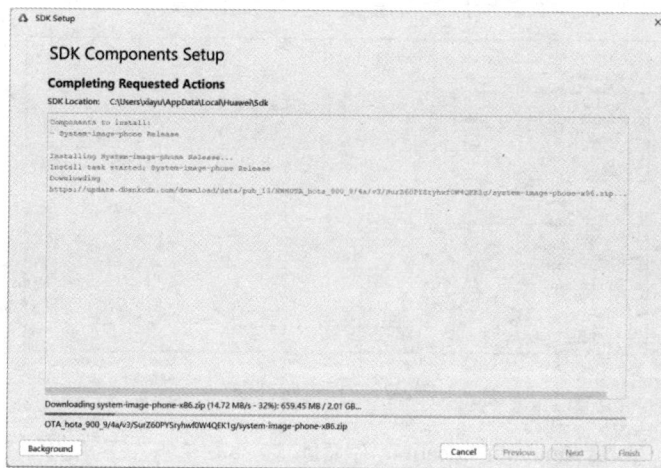

图2-23 模拟器下载界面

06 下载完成后，即可创建相应的手机模拟器，单击Finish按钮完成创建，如图2-24所示。

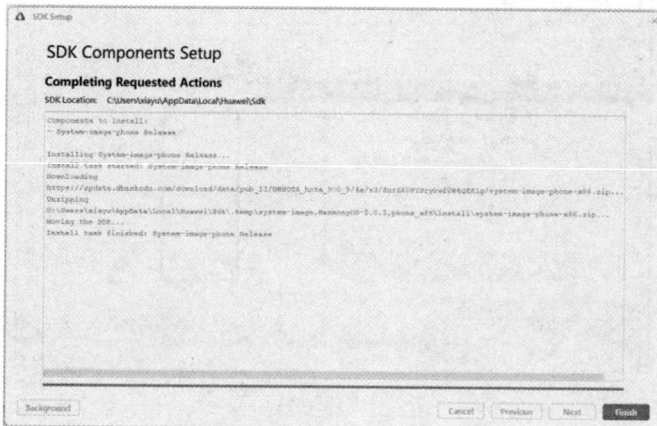

图2-24 模拟器下载完成界面

07 单击Next按钮，进入手机模拟器配置界面，如图2-25所示。

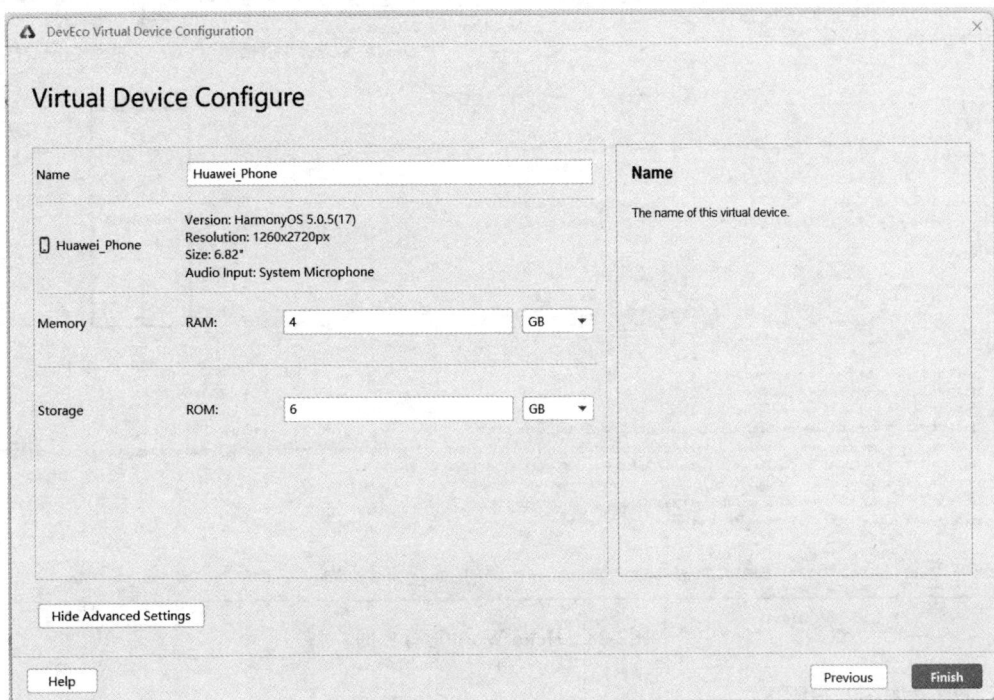

图2-25　模拟器配置界面

08 保持默认配置，单击Finish按钮，完成配置，此时的模拟器管理界面如图2-26所示。

09 配置完成后，在Local Emulator页面中会出现创建的手机模拟器，单击左边Actions列下面的小三角图标按钮，就能够启动模拟器，如图2-27所示。

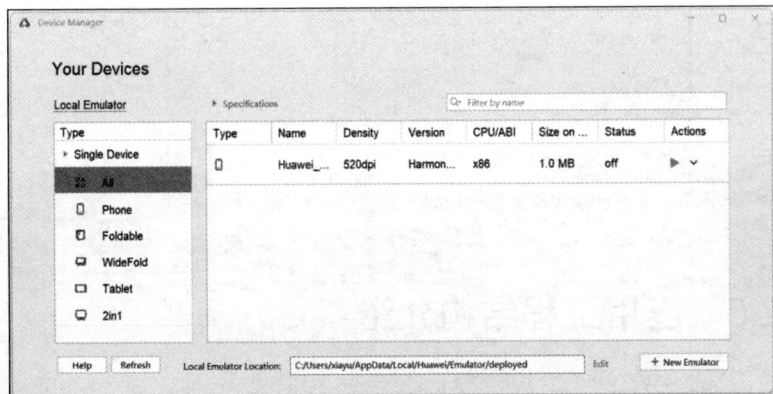

图 2-26　模拟器管理界面

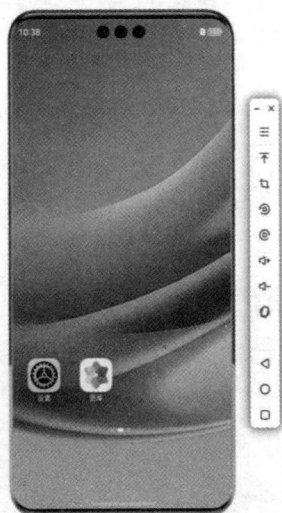

图 2-27　模拟器启动后的界面

10 模拟器启动后，在IDE右上角单击绿色的小三角启动按钮，就能将Hello World工程运行到模拟器上，如图2-28所示。

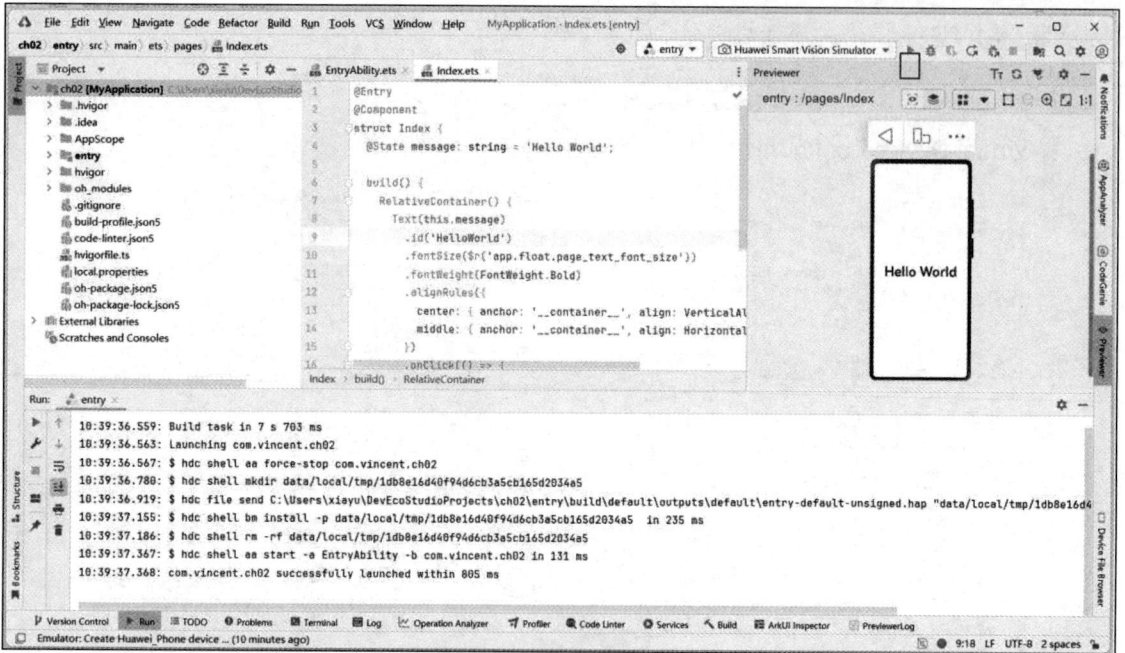

图2-28　Hello World运行界面

运行效果如图2-29所示。

图2-29　Hello World运行结果

2.5　应用工程结构介绍

本节以2.4节的Hello World工程为例，介绍应用工程结构。

2.5.1　工程级目录

2.4节的Hello World工程的目录结构如图2-30所示。其中几个主要目录介绍如下：

- AppScope：用于存放应用全局所需的资源文件，其中有resources文件夹和配置文件app.json5（在2.5.3节详细介绍）。AppScope>resources>base中又包含element和media两个文件夹，如图2-31所示。
  - Element：用于存放公共的字符串、布局文件等资源。
  - media：用于存放全局公共的多媒体资源文件。

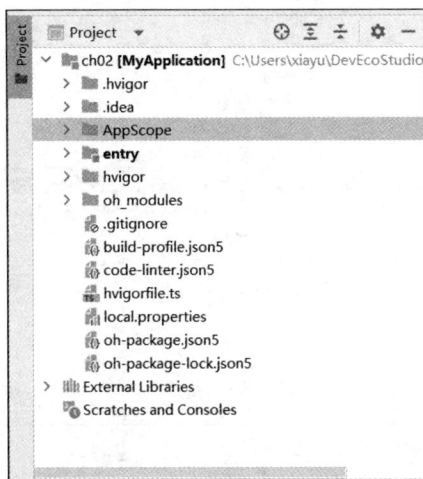

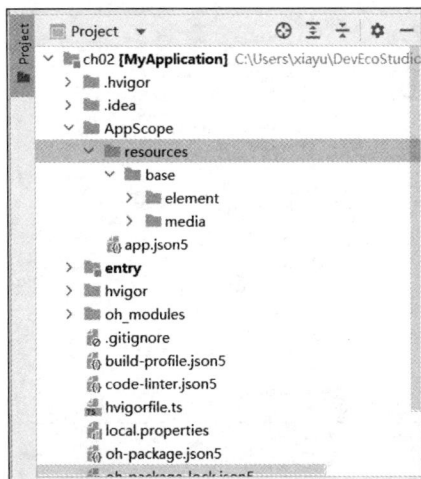

图 2-30　工程目录结构图　　　　　　　　图 2-31　多媒体资源目录

- entry：应用的主模块，用于存放HarmonyOS应用的代码、资源等，并编译构建生成一个HAP包。
- oh-package.json5：用来描述包名、版本、入口文件（类型声明文件）和依赖项等信息。
- oh_modules：工程的依赖包，用于存放三方库依赖信息。
- build-profile.json5：工程级配置信息，包括签名、产品配置等。
- hvigorfile.ts：工程级编译构建任务脚本。hvigor是基于任务管理机制实现的一款全新的自动化构建工具，主要提供任务注册编排、工程模型管理、配置管理等核心能力。
- oh-package.json5：工程级依赖配置文件，用于记录引入包的配置信息。

2.5.2　模块级目录

模块级目录entry如图2-32所示，其中几个主要目录介绍如下：

- src>main>ets：用于存放ets代码。
- src>main>resources：用于存放模块内的多媒体及布局文件等。
- src>main>module.json5：为模块的配置文件，在2.5.4节详细介绍。
- ohosTes：是单元测试目录。
- build-profile.json5：是模块级配置信息，包括编译和构建配置项。
- hvigorfile.ts：是模块级构建脚本。
- oh-package.json5：是模块级依赖配置信息文件。

进入src > main > ets目录，其中有entryability、entrybackupabilit、pages三个文件夹。

- entryability：用于存放ability文件，负责当前ability应用逻辑和生命周期管理。

- entrybackupability：为应用提供扩展的备份恢复能力。
- pages：用于存放UI界面相关代码文件，初始会生成一个Index页面，如图2-33所示。

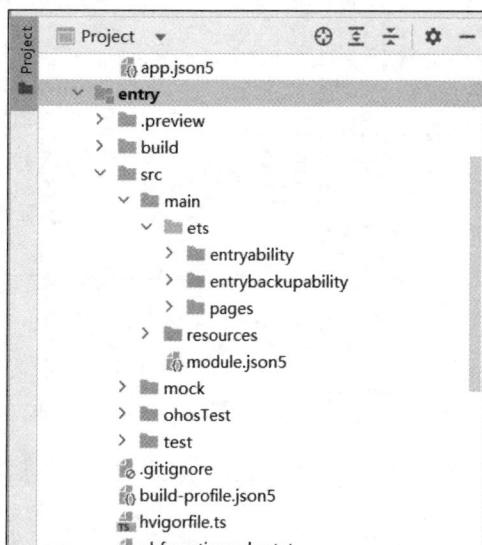

图 2-32　entry 目录结构

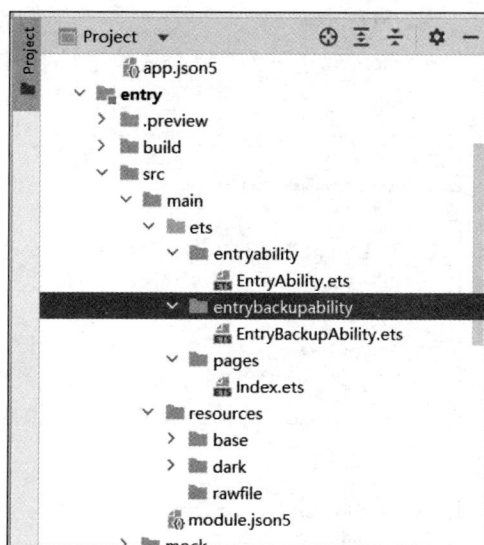

图 2-33　page 页面目录结构

2.5.3　app.json5

AppScope > app.json5是应用的全局配置文件，用于存放应用公共的配置信息，如图2-34所示。

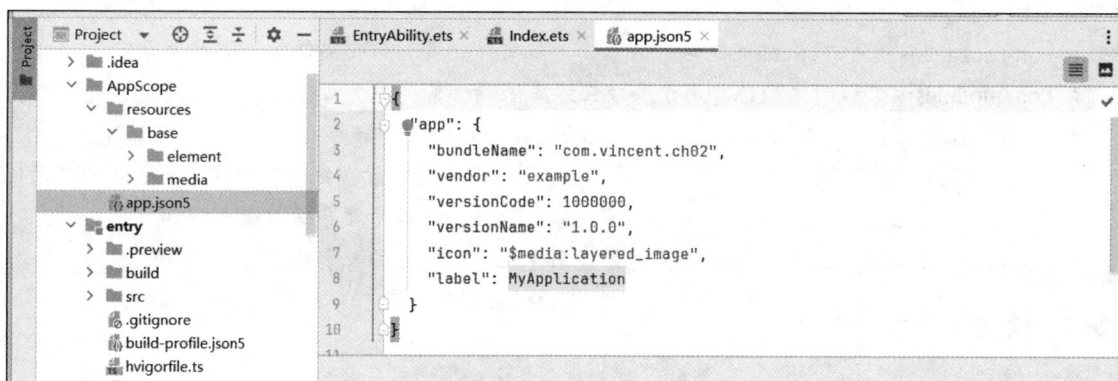

图2-34　全局配置文件app.json5

其中主要的配置信息如下：

- bundleName：包名。
- vendor：应用程序供应商。
- versionCode：用于区分应用版本。
- versionName：版本号。

2.5.4　module.json5

entry > src > main > module.json5是模块的配置文件，包含当前模块的配置信息，如图2-35所示。

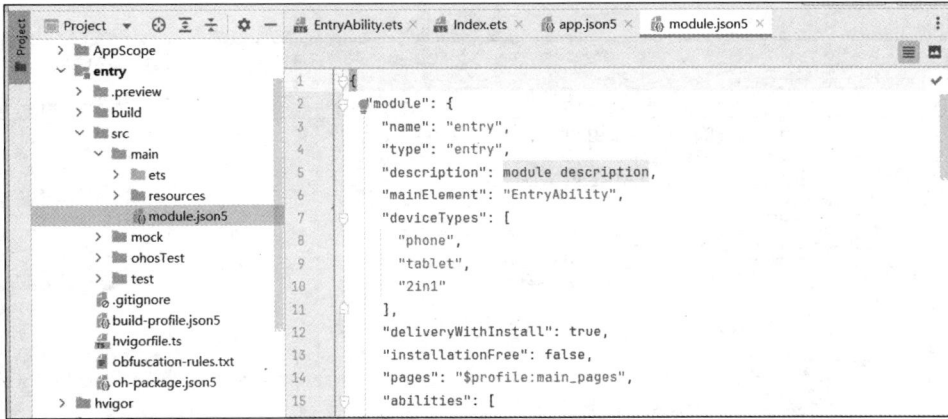

图2-35　模块配置文件module.json5

其中module对应的是模块的配置信息，一个模块对应一个打包后的HAP包。HAP包全称是HarmonyOS Ability Package，其中包含了ability、第三方库、资源和配置文件。其具体属性及描述可以参照表2-1。

表2-1　module.json5配置文件标签说明

属性名称	含　　义	数据类型	是否可缺省
name	标识当前模块的名称，确保该名称在整个应用中唯一。取值为长度不超过128字节的字符串（当前DevEco新建Module时，name最大长度为31字节。后续DevEco版本支持name长度最大128字节），不支持中文。 应用升级时允许修改该名称，但需要应用适配Module相关数据目录的迁移，详见文件管理接口	字符串	该标签不可缺省
type	标识当前模块的类型。支持的取值如下： - entry：应用的主模块。 - feature：应用的动态特性模块。 - har：静态共享包模块。 - shared：动态共享包模块	字符串	该标签不可缺省
srcEntry	标识当前模块所对应的代码路径，取值为长度不超过127字节的字符串	字符串	该标签可缺省，默认值为空
description	标识当前模块的描述信息，取值为长度不超过255字节的字符串，可以采用字符串资源索引格式	字符串	该标签可缺省，默认值为空
process	标识当前模块的进程名，取值为长度不超过31字节的字符串。如果在HAP标签下配置了process，则该应用的所有UIAbility、DataShareExtensionAbility、ServiceExtensionAbility都运行在该进程中。 说明：仅支持系统应用配置，三方应用配置不生效	字符串	该标签可缺省，默认为app.json5文件下app标签下的bundleName
mainElement	标识当前模块的入口UIAbility名称或者ExtensionAbility名称，取值为长度不超过255字节的字符串	字符串	该标签可缺省，默认值为空

（续表）

属性名称	含　　义	数据类型	是否可缺省
deviceTypes	标识当前模块可以运行在哪类设备上	字符串数组	该标签不可缺省
deliveryWithInstall	标识当前模块是否在用户主动安装的时候安装，即该模块对应的HAP是否跟随应用一起安装。 - true：主动安装时安装。 - false：主动安装时不安装	布尔值	该标签不可缺省
installationFree	标识当前模块是否支持免安装特性。 - true：表示支持免安装特性，且符合免安装约束条件。 - false：表示不支持免安装特性。 说明：当bundleType为元服务时，该字段需要配置为true；反之，该字段需要配置为false	布尔值	该标签不可缺省
virtualMachine	标识当前模块运行的目标虚拟机类型，供云端分发使用，如应用市场和分发中心。如果目标虚拟机类型为ArkTS引擎，则其值为"ark+版本号"	字符串	该标签由IDE构建HAP的时候自动插入
pages	标识当前模块的profile资源，用于列举每个页面信息，取值为长度不超过255字节的字符串	字符串	在有UIAbility的场景下，该标签不可缺省
metadata	标识当前模块的自定义元信息，可通过资源引用的方式配置distributionFilter、shortcuts等信息。只对当前Module、UIAbility、ExtensionAbility生效	对象数组	该标签可缺省，默认值为空
abilities	标识当前模块中UIAbility的配置信息，只对当前UIAbility生效	对象数组	该标签可缺省，默认值为空
extensionAbilities	标识当前模块中ExtensionAbility的配置信息，只对当前ExtensionAbility生效	对象数组	该标签可缺省，默认值为空
definePermissions	标识系统资源HAP定义的权限，不支持应用自定义权限	对象数组	该标签可缺省，默认值为空
requestPermissions	标识当前应用运行时需向系统申请的权限集合	对象数组	该标签可缺省，默认值为空
testRunner	标识用于测试当前模块的测试框架的配置	对象	该标签可缺省，默认值为空
atomicService	当前应用是元服务时，标识相关元服务的配置	对象	该标签可缺省，默认值为空
dependencies	标识当前模块运行时依赖的共享库列表	对象数组	该标签可缺省，默认值为空
targetModuleName	标识当前包所指定的目标模块，确保该名称在整个应用中唯一。取值为长度不超过31字节的字符串，不支持中文。配置该字段的Module具有overlay特性。仅在动态共享包（HSP）中适用	字符串	该标签可缺省，默认值为空
targetPriority	标识当前模块的优先级，取值范围为1~100。配置targetModuleName字段之后，才需要配置该字段。仅在动态共享包（HSP）中适用	整型数值	该标签可缺省，默认值为1
proxyData	标识当前模块提供的数据代理列表	对象数组	该标签可缺省，默认值为空

（续表）

属性名称	含　义	数据类型	是否可缺省
isolationMode	标识当前模块的多进程配置项。支持的取值如下： - nonisolationFirst：优先在非独立进程中运行。 - isolationFirst：优先在独立进程中运行。 - isolationOnly：只在独立进程中运行。 - nonisolationOnly：只在非独立进程中运行	字符串	该标签可缺省，默认值为nonisolationFirst
generateBuildHash	标识当前HAP/HSP是否由打包工具生成哈希值。当配置为true时，在系统OTA升级时应用versionCode保持不变，可根据哈希值判断应用是否需要升级。该字段仅在app.json5文件中的generateBuildHash字段为false时使能。说明：该字段仅对预置应用生效	布尔值	该标签可缺省，默认值为false
compressNativeLibs	标识libs库是否以压缩存储的方式打包到HAP。 - true：libs库以压缩方式存储。 - false：libs库以不压缩方式存储	布尔值	该标签可缺省，默认值为false
libIsolation	用于区分同应用不同HAP下的.so文件，以防止.so冲突。 - true：当前HAP的.so文件会储存在libs目录中以模块名命名的路径下。 - false：当前HAP的.so文件会直接储存在libs目录中	布尔值	该标签可缺省，默认值为false
fileContextMenu	标识当前HAP的快捷菜单配置项。取值为长度不超过255字节的字符串	字符串	该标签可缺省，默认值为空
querySchemes	标识允许当前应用进行跳转查询的URL schemes，只允许entry类型模块配置，最多50个，每个字符串取值不超过128字节	字符串数组	该标签可缺省，默认值为空
routerMap	标识当前模块配置的路由表路径。取值为长度不超过255字节的字符串	字符串	该标签可缺省，默认值为空
appEnvironments	标识当前模块配置的应用环境变量，只允许entry和feature模块配置	对象数组	该标签可缺省，默认值为空
appStartup	标识当前模块启动框架配置路径，仅在entry中生效	字符串	该标签可缺省，默认值为空
hnpPackages	标识当前应用包含的Native软件包信息。只允许entry类型模块配置	对象数组	该标签可缺省，默认值为空

具体标签内容详见官方网站中有关module.json5配置文件的说明文档。

2.5.5　main_pages.json

src/main/resources/base/profile/main_pages.json文件保存的是页面的路径配置信息，所有需要进行路由跳转的页面都要在这里配置，如图2-36所示。

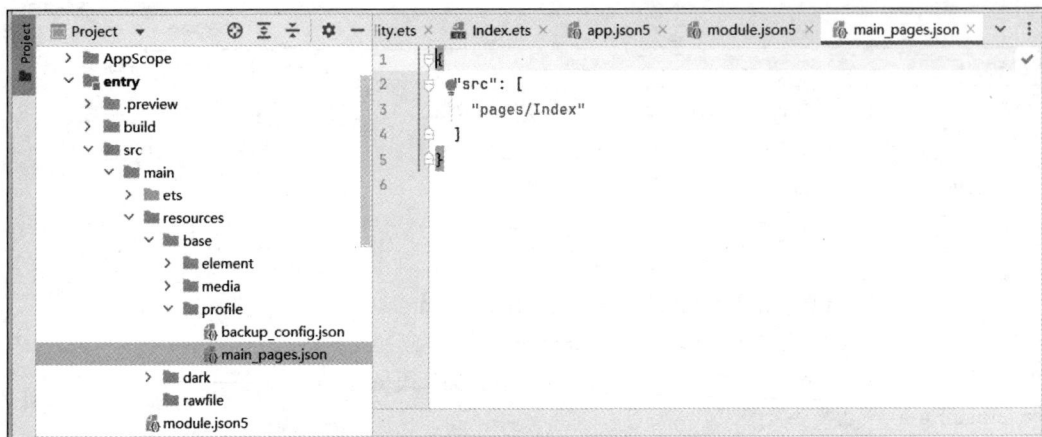

图2-36   界面展示配置文件main_pages.json

2.6 应用/服务开发流程

使用DevEco Studio，只需要按照如下几个步骤，即可轻松开发并上架一个应用/服务（APP/Service）到华为应用市场，如图2-37所示。

（1）开发准备。获取HUAWEI DevEco Studio，完成开发工具的安装及环境配置。

（2）开发应用/服务。DevEco Studio集成了Phone、Tablet、2in1、Car等设备的典型场景模板，可以通过工程向导轻松地创建一个新的工程。

接下来还需要定义应用/服务的UI、开发业务功能等编码工作，可以根据HarmonyOS应用开发概述来查看具体的开发过程，通过API接口文档查阅需要调用的API接口。

在开发代码的过程中，可以使用预览器查看应用/服务效果，支持实时预览、动态预览、双向预览等功能，使编码的过程更高效。

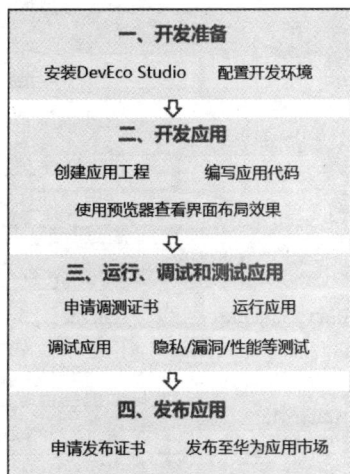

图2-37   开发并上架应用流程

（3）运行、调试和测试应用/服务。应用/服务开发完成后，可以使用真机进行调试（需要申请调测证书进行签名），支持单步调试、跨语言调试等调试手段，使得应用/服务调试更加高效。

HarmonyOS应用/服务开发完成后，在发布到应用/服务市场前，还需要对应用进行测试，主要包含Instrument Test、Local Test，以确保HarmonyOS应用/服务纯净、安全，给用户带来更好的使用体验。

（4）发布应用/服务。HarmonyOS应用/服务开发、测试完成后，需要将应用/服务发布至应用市场，以便应用市场对应用/服务进行分发，普通消费者可以通过应用市场获取到对应的HarmonyOS应用/服务。需要注意的是，发布到华为应用市场的HarmonyOS应用/服务，必须使用应用市场颁发的发布证书进行签名。

第 **3** 章

学习ArkTS语言

ArkTS是专为鸿蒙生态打造的现代化应用开发语言。它基于TypeScript，融合了声明式UI、响应式编程和高效状态管理等先进特性及开发理念，为开发者提供了更简洁、更优雅、更高效的开发体验。本章将详解ArkTS的基本语法，带领读者深入探索ArkTS的核心特性和应用开发实践。让我们共同开启这段高效、愉悦的开发之旅，掌握构建下一代智能终端应用的关键技能！

3.1 ArkTS语言及其基本组成

ArkTS是一种为构建高性能应用而设计的编程语言。它在TypeScript语法的基础上进行了优化，以提供更高的性能和开发效率。

3.1.1 ArkTS语言简介

目前流行的编程语言TypeScript是在JavaScript(JS)基础上通过添加类型定义扩展而来的，而ArkTS则是TypeScript（TS）的进一步扩展。TypeScript之所以深受开发者的喜爱，是因为它提供了一种更结构化的JavaScript编码方法。ArkTS旨在保持TypeScript的大部分语法，为现有的TypeScript开发者实现无缝过渡，让移动开发者快速上手ArkTS。ArkTS、TypeScript和JavaScript三者之间的关系如图3-1所示。

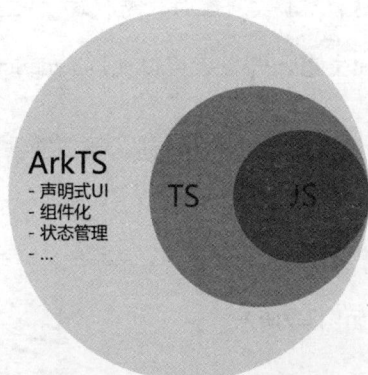

图3-1 ArkTS、TypeScript与JavaScript的关系

ArkTS的一大特性是它专注于低运行时开销。ArkTS对TypeScript的动态类型特性施加了更严格的限制，以减少运行时开销，提高执行效率。通过取消动态类型特性，ArkTS代码能更有效地被运行前编译和优化，从而实现更快的应用启动和更低的功耗。

与JavaScript的互通性是ArkTS语言设计中的关键考虑因素。鉴于许多移动应用开发者希望重用其TypeScript和JavaScript代码和库，ArkTS提供了与JavaScript的无缝互通，使开发者可以很容易地将JavaScript代码集成到他们的应用中。这意味着开发者可以利用现有的代码和库进行ArkTS开发。

为了确保应用开发的最佳体验，ArkTS提供对方舟开发框架ArkUI的声明式语法和其他特性的支持。

从API Version 10开始，ArkTS进一步通过规范强化静态检查与分析能力。与标准TypeScript的差异可参考官方文档中的"从TypeScript到ArkTS的适配规则"。

- 强制使用静态类型：静态类型是ArkTS的重要特性之一。如果使用静态类型，那么程序中变量的类型就是确定的。同时，由于所有类型在程序实际运行前都是已知的，编译器可以验证代码的正确性，从而减少运行时的类型检查，有助于性能提升。
- 禁止在运行时改变对象布局：为实现最大性能，ArkTS要求在程序执行期间不能更改对象布局。
- 限制运算符语义：为获得更好的性能并鼓励开发者编写更清晰的代码，ArkTS限制了一些运算符的语义。比如，一元加法运算符只能作用于数字，不能用于其他类型的变量。
- 不支持结构化类型（Structural Typing）：对结构化类型的支持需要在语言、编译器和运行时进行仔细的考虑和实现，当前ArkTS不支持该特性。未来官方可能会根据实际场景的需求和反馈，再重新考虑是否支持结构化类型。

当前，在UI开发框架中，ArkTS主要扩展了如下能力：

- 基本语法：ArkTS定义了声明式UI描述、自定义组件和动态扩展UI元素的能力，再配合ArkUI开发框架中的系统组件及其相关的事件方法、属性方法等，共同构成了UI开发的主体。
- 状态管理：ArkTS提供了多维度的状态管理机制。在UI开发框架中，与UI相关联的数据可以在组件内使用，也可以在不同组件层级间传递，比如父子组件之间、爷孙组件之间，还可以在应用全局范围内传递或跨设备传递。另外，从数据的传递形式来看，可分为只读的单向传递和可变更的双向传递。开发者可以灵活地利用这些能力来实现数据和UI的联动。
- 渲染控制：ArkTS提供了渲染控制的能力。条件渲染可根据应用的不同状态，渲染对应状态下的UI内容。循环渲染可从数据源中迭代获取数据，并在每次迭代过程中创建相应的组件。数据懒加载从数据源中按需迭代数据，并在每次迭代过程中创建相应的组件。

ArkTS兼容TypeScrip/JavaScript生态，开发者可以使用TypeScrip/JavaScript进行开发或复用已有代码。

未来，ArkTS会结合应用开发/运行的需求持续演进，逐步提供并行和并发能力增强、系统类型增强、分布式开发范式等更多特性。

3.1.2　ArkTS的基本组成

ArkTS的基本组成和组件名称如图3-2所示。

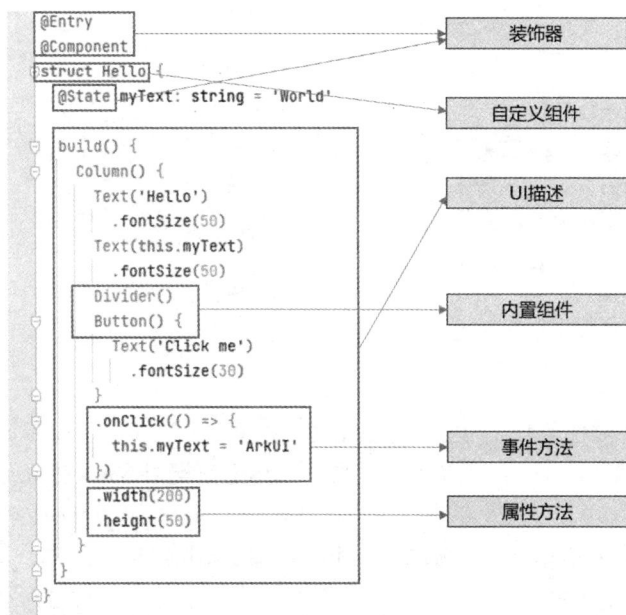

图3-2　ArkTS的基本组成及组件名称

组成一个基本ArkTS结构的各类装饰器和组件的含义说明如下：

- 装饰器：用于装饰类、结构、方法以及变量，并赋予其特殊的含义。如@Component、@Entry和@State都是装饰器，@Component表示自定义组件，@Entry表示该自定义组件为入口组件，@State表示组件中的状态变量，状态变量变化会触发UI刷新。
- UI描述：以声明的方式来描述UI的结构，例如build()方法中的代码块。
- 系统组件：ArkUI框架中默认内置的基础和容器组件，可直接被开发者调用，比如示例中的Column、Text、Divider、Button。
- 属性方法：组件可以通过链式调用配置多项属性，如fontSize()、width()、height()、backgroundColor()等。
- 事件方法：组件可以通过链式调用设置多个事件的响应逻辑，如跟随在Button后面的onClick()。
- 自定义组件：可复用的UI单元，可组合其他组件，如被@Component装饰的struct Hello。

自定义组件、系统组件、属性方法、事件方法的具体使用可参考官方文档中的"基于ArkTS的声明式开发范式"。除此之外，ArkTS扩展了多种语法范式来使开发更加便捷，具体可查阅官方文档。

3.2　声　　明

ArkTS通过声明引入变量、常量、函数和类型。

3.2.1　变量、常量与自动类型推断

1. 变量

以关键字let开头的声明引入变量，该变量在程序执行期间可以具有不同的值。例如：

```
const mTag: string = 'Ch03Ability================';
let hi: string = 'hello';
hi = 'hello, world';
hilog.error(0x0000, mTag,mTag + '%{public}s',hi);
```

2. 常量

以关键字const开头的声明引入只读常量，该常量只能被赋值一次。例如：

```
const mTag: string = 'Ch03Ability================';
```

对常量重新赋值会造成编译时错误。

3. 自动类型推断

由于ArkTS是一种静态类型语言，因此所有数据的类型都必须在编译时确定。但是，如果一个变量或常量的声明包含了初始值，那么开发者就不需要显式指定其类型。ArkTS规范中列举了所有允许自动推断类型的场景。

在以下示例中，两条声明语句都是有效的，两个变量都是string类型：

```
let hi1: string = 'hello';
let hi2 = 'hello, world';
```

3.2.2　数据类型

1. number类型

ArkTS提供number类型，任何整数和浮点数都可以被赋给此类型的变量。数字字面量包括整数字面量和十进制浮点数字面量。

整数字面量包括以下类别：

- 由数字序列组成的十进制整数。例如：0、117、-345。
- 以0x（或0X）开头的十六进制整数，可以包含数字（0~9）和字母a~f或A~F。例如：0x1123、0x00111、-0xF1A7。
- 以0o（或0O）开头的八进制整数，只能包含数字（0~7）。例如：0o777。
- 以0b（或0B）开头的二进制整数，只能包含数字0和1。例如：0b11、0b0011、-0b11。

浮点字面量包括以下内容：

- 十进制整数，可为有符号数（即前缀为"+"或"-"）。
- 小数点（"."）。
- 小数部分（由十进制数字字符串表示）。
- 以"e"或"E"开头的指数部分，后跟有符号（即前缀为"+"或"-"）或无符号整数。

例如：

```
let n1 = 3.14;
let n2 = 3.141592;
let n3 = .5;
let n4 = 1e2;

function factorial(n: number): number {
    if (n <= 1) {
        return 1;
```

```
  }
    return n * factorial(n - 1);
}
factorial(n1)  // 7.660344000000002
factorial(n2)  // 7.680640444893748
factorial(n3)  // 1
factorial(n4)  // 9.33262154439441e+157
```

2. boolean类型

boolean类型由true和false两个逻辑值组成。

通常在条件语句中使用boolean类型的变量：

```
let isDone: boolean = false;
// ...
if (isDone) {
  console.log ('Done!');
}
```

3. string类型

String代表字符序列；可以使用转义字符来表示字符。字符串字面量由单引号（'）或双引号（"）引起来的零个或多个字符组成。字符串字面量还有一种特殊形式，是用反向单引号（`）引起来的模板字面量。例如：

```
let s1 = 'Hello, world!\n';
let s2 = 'this is a string';
let a = 'Success';
let s3 = `The result is ${a}`;
```

4. void类型

void类型用于指定函数没有返回值。此类型只有一个值，同样是void。由于void是引用类型，因此它可以用于泛型类型参数。例如：

```
class Class<T> {
  //...
}
let instance: Class <void>
```

5. Object类型

Object类型是所有引用类型的基类型。任何值，包括基本类型的值（它们会被自动装箱），都可以直接被赋给Object类型的变量。

6. array类型

array，即数组，是由可赋值给数组声明中指定的元素类型的数据组成的对象。数组可由数组复合字面量（即用方括号括起来的零个或多个表达式的列表，其中每个表达式为数组中的一个元素）来赋值。数组的长度由数组中元素的个数来确定。数组中第一个元素的索引为0。

以下示例将创建包含3个元素的数组：

```
let names: string[] = ['Alice', 'Bob', 'Carol'];
```

7. enum类型

enum类型，又称枚举类型，是预先定义的一组命名值的值类型，其中命名值又称为枚举常量。使用枚举常量时必须以枚举类型名称为前缀。例如：

```
enum ColorSet { Red, Green, Blue }
let c: ColorSet = ColorSet.Red;
```

常量表达式可用于显式设置枚举常量的值。例如：

```
enum ColorSet { White = 0xFF, Grey = 0x7F, Black = 0x00 }
let c: ColorSet = ColorSet.Black;
```

8. Union类型

Union类型，即联合类型，是由多个类型组合成的引用类型。联合类型包含了变量可能的所有类型。例如：

```
class Cat {
  // ...
}
class Dog {
  // ...
}
class Frog {
  // ...
}
type Animal = Cat | Dog | Frog | number
// Cat、Dog、Frog是一些类型（类或接口）

let animal: Animal = new Cat();
animal = new Frog();
animal = 42;
// 可以将类型为联合类型的变量赋值为任何组成类型的有效值
```

可以用不同的机制获取联合类型中特定类型的值。例如：

```
class Cat { sleep () {}; meow () {} }
class Dog { sleep () {}; bark () {} }
class Frog { sleep () {}; leap () {} }

type Animal = Cat | Dog | Frog

function foo(animal: Animal) {
  if (animal instanceof Frog) {
    animal.leap();  // animal在这里是Frog类型
  }
  animal.sleep(); // Animal具有sleep方法
}
```

9. Aliases类型

Aliases类型为匿名类型（数组、函数、对象字面量或联合类型）提供名称，或为已有类型提供替代名称。例如：

```
type Matrix = number[][];
type Handler = (s: string, no: number) => string;
type Predicate <T> = (x: T) => boolean;
type NullableObject = Object | null;
```

3.2.3　运算符

1. 赋值运算符

赋值运算符为"="，使用方式如x=y。复合赋值运算符将赋值与运算符组合在一起，比如x op = y 等价于x = x op y。复合赋值运算符包括：+=、-=、*=、/=、%=、<<=、>>=、>>>=、&=、|=、^=。

2. 比较运算符

比较运算符如表3-1所示。

表3-1　比较运算符

运　算　符	说　　明
===	如果两个操作数严格相等（不同类型的操作数是不相等的），则返回true
!==	如果两个操作数严格不相等（不同类型的操作数是不相等的），则返回true
==	如果两个操作数相等（尝试先转换不同类型的操作数，再进行比较），则返回true
!=	如果两个操作数不相等（尝试先转换不同类型的操作数，再进行比较），则返回true
>	如果左操作数大于右操作数，则返回true
>=	如果左操作数大于或等于右操作数，则返回true
<	如果左操作数小于右操作数，则返回true
<=	如果左操作数小于或等于右操作数，则返回true

3. 算术运算符

一元运算符为-、+、--、++，比如i-、i+、i--、i++。二元算术运算符如表3-2所示。

表3-2　二元算术运算符

运　算　符	说　　明
+	加法
−	减法
*	乘法
/	除法
%	除法后余数

4. 位运算符

位运算符如表3-3所示。

表3-3　位运算符

运　算　符	说　　明
a & b	按位与：如果两个操作数的对应位都为1，则将这个位设置为1，否则设置为0
a | b	按位或：如果两个操作数的相应位中至少有一个为1，则将这个位设置为1，否则设置为0
a ^ b	按位异或：如果两个操作数的对应位不同，则将这个位设置为1，否则设置为0
~ a	按位非：反转操作数的位

（续表）

运 算 符	说 明
a << b	左移：将a的二进制表示向左移b位
a >> b	算术右移：将a的二进制表示向右移b位，带符号扩展
a >>> b	逻辑右移：将a的二进制表示向右移b位，左边补0

5. 逻辑运算符

逻辑运算符如表3-4所示。

表3-4　逻辑运算符

运 算 符	说 明
a && b	逻辑与
a ‖ b	逻辑或
! a	逻辑非

3.2.4　语句

1. if语句

if语句用于需要根据逻辑条件执行不同语句的场景。当逻辑条件为真时，执行对应的一组语句，否则执行另一组语句（如果有）。else部分也可以包含if语句。

if语句语法如下：

```
if (condition1) {
  // 语句1
} else if (condition2) {
  // 语句2
} else {
  // else语句
}
```

条件表达式可以是任何类型，但是对于除boolean以外的类型，会进行隐式类型转换：

```
let s1 = 'Hello';
if (s1) {
  console.log(s1); // 打印 "Hello"
}

let s2 = 'World';
if (s2.length != 0) {
  console.log(s2); // 打印 "World"
}
```

2. switch语句

使用switch语句来执行与switch表达式值匹配的代码块。switch语句语法如下：

```
switch (expression) {
  case label1: // 如果label1匹配，则执行
    // ...
    // 语句1
    // ...
    break; // 可省略
```

```
   case label2:
   case label3: // 如果label2或label3匹配，则执行
    // ...
    // 语句23
    // ...
    break; // 可省略
  default:
    // 默认语句
 }
```

如果switch表达式的值等于某个label的值，则执行相应的语句。如果没有任何一个label值与表达式值相匹配，并且switch具有default子句，那么程序会执行default子句对应的代码块。

break语句（可选的）允许跳出switch语句并继续执行switch语句之后的语句。如果没有break语句，则执行switch中的下一个label对应的代码块。

3. 条件表达式

条件表达式由第一个表达式的布尔值来决定返回其他两个表达式中的哪一个。其语法为：

```
condition ? expression1 : expression2
```

如果condition为真值（转换后为true的值），则使用expression1作为该表达式的结果；否则，使用expression2。示例如下：

```
let isValid = Math.random() > 0.5 ? true : false;
let message = isValid ? 'Valid' : 'Failed';
```

4. for语句

for语句会被重复执行，直到循环退出语句值为false。for语句语法如下：

```
for ([init]; [condition]; [update]) {
  statements
}
```

for语句的执行流程如下：

（1）执行init表达式（如有）。此表达式通常用于初始化一个或多个循环计数器。

（2）计算condition。如果它为真值（转换后为true的值），则执行循环主体的语句；如果它为假值（转换后为false的值），则for循环终止。

（3）执行循环主体的语句。

（4）如果有update表达式，则执行该表达式。

（5）回到步骤（2）。

示例如下：

```
let sum = 0;
for (let i = 0; i < 10; i += 2) {
  sum += i;
}
```

5. for-of语句

使用for-of语句可遍历数组或字符串。其语法如下：

```
for (forVar of expression) {
  statements
}
```

示例如下：

```
for (let ch of 'a string object') {
  /* process ch */
}
```

6. while语句

while语句语法如下：

```
while (condition) {
  statements
}
```

只要condition为真值（转换后为true的值），while语句就会执行statements语句。示例如下：

```
let n = 0;
let x = 0;
while (n < 3) {
  n++;
  x += n;
}
```

7. do-while语句

do-while语句语法如下：

```
do {
  statements
} while (condition)
```

如果condition的值为真值（转换后为true的值），那么statements语句会重复执行。示例如下：

```
let i = 0;
do {
  i += 1;
} while (i < 10)
```

8. break语句

使用break语句可以终止循环语句或switch。示例如下：

```
let x = 0;
while (true) {
  x++;
  if (x > 5) {
    break;
  }
}
```

如果break语句后带有标识符，则将控制流转移到该标识符所包含的语句块之外。示例如下：

```
let x = 1
label: while (true) {
  switch (x) {
    case 1:
```

```
    // statements
    break label; // 中断while语句
  }
}
```

9. continue语句

continue语句会停止当前循环迭代的执行，并将控制传递给下一个迭代。示例如下：

```
let sum = 0;
for (let x = 0; x < 100; x++) {
  if (x % 2 == 0) {
    continue
  }
  sum += x;
}
```

10. throw和try语句

throw语句用于抛出异常或错误：

```
throw new Error('this error')
```

try语句用于捕获和处理异常或错误：

```
try {
  // 可能发生异常的语句块
} catch (e) {
  // 异常处理
}
```

下面示例中的throw和try语句用于处理除数为0的错误：

```
class ZeroDivisor extends Error {}

function divide (a: number, b: number): number{
  if (b == 0) throw new ZeroDivisor();
  return a / b;
}

function process (a: number, b: number) {
  try {
    let res = divide(a, b);
    console.log('result: ' + res);
  } catch (x) {
    console.log('some error');
  }
}
```

支持finally语句：

```
function processData(s: string) {
  let error: Error | null = null;
  try {
    console.log('Data processed: ' + s);
    // ...
    // 可能发生异常的语句
    // ...
  } catch (e) {
```

```
    error = e as Error;
    // ...
    // 异常处理
    // ...
  } finally {
    if (error != null) {
      console.log(`Error caught: input='${s}', message='${error.message}'`);
    }
  }
}
```

第 4 章

认识UIAbility组件

UIAbility是HarmonyOS应用的基础运行单元，负责管理应用界面和系统交互。其核心要点包括：完整的三级生命周期管理，涵盖Ability整体生命周期、WindowStage窗口阶段和页面可见性状态；多窗口适配能力，支持全屏、悬浮窗和分屏等多种窗口模式；任务导航机制，实现应用内和应用间的页面跳转与返回；状态保持功能，通过onSaveState/onRestoreState实现进程恢复时的数据保存与还原。本章将讲解UIAbility的工作机制，帮助开发者构建符合HarmonyOS规范的应用框架，优化应用启动速度和内存占用，实现流畅的多任务体验。

4.1　UIAbility组件概述

UIAbility组件是一种包含UI的应用组件，主要用于和用户交互。

1. 概述

UIAbility的设计理念：

- 原生支持应用组件级的跨端迁移和多端协同。
- 支持多设备和多窗口形态。

UIAbility划分原则：

- UIAbility组件是系统调度的基本单元，为应用提供绘制界面的窗口。一个应用可以包含一个或多个UIAbility组件。例如，在支付应用中，可以将入口功能和收付款功能分别配置为独立的UIAbility。
- 每一个UIAbility组件实例都会在最近任务列表中显示一个对应的任务。

对于开发者而言，可以根据具体场景选择单个或多个UIAbility，划分建议如下：

- 如果开发者希望在任务视图中看到一个任务，则建议使用"一个UIAbility，多个页面"的方式。
- 如果开发者希望在任务视图中看到多个任务，或者需要同时开启多个窗口，则建议使用多个UIAbility开发不同的模块功能。

2. 声明配置

为使应用能够正常使用UIAbility，需要在module.json5配置文件的abilities标签中声明UIAbility的名称、入口、标签等相关信息。示例如下：

```
{
  "module": {
    // ...
    "abilities": [
      {
        "name": "EntryAbility", // UIAbility组件的名称
        "srcEntry": "./ets/entryability/EntryAbility.ets", // UIAbility组件的代码路径
        "description": "$string:EntryAbility_desc", // UIAbility组件的描述信息
        "icon": "$media:icon", // UIAbility组件的图标
        "label": "$string:EntryAbility_label", // UIAbility组件的标签
        "startWindowIcon": "$media:icon", // UIAbility组件启动页面图标资源文件的索引
        "startWindowBackground": "$color:start_window_background", // UIAbility组件启动页面背景颜色资源文件的索引
        // ...
      }
    ]
  }
}
```

4.2   UIAbility组件生命周期

当用户打开、切换和返回到某个应用时，应用中的UIAbility实例会在其生命周期的不同状态之间转换。UIAbility类提供了一系列回调方法，通过这些回调可以获知当前UIAbility实例的状态变化，包括实例的创建与销毁，以及前后台切换等状态转换。

UIAbility的生命周期包括Create、Foreground、Background、Destroy四个状态，如图4-1所示。

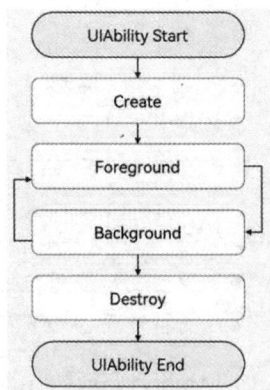

图4-1   UIAbility生命周期

4.2.1   Create状态

Create状态在应用加载过程中UIAbility实例创建完成时触发，系统会调用onCreate()回调。可以在该回调中进行页面初始化操作，例如变量定义、资源加载等，用于后续的UI展示。例如：

```
import { AbilityConstant, UIAbility, Want } from '@kit.AbilityKit';

export default class EntryAbility extends UIAbility {
  onCreate(want: Want, launchParam: AbilityConstant.LaunchParam): void {
    // 页面初始化
  }
  // ...
}
```

说明：Want是对象间信息传递的载体，可以用于应用组件间的信息传递。Want的详细介绍请参见官网有关信息传递载体Want的文档。

4.2.2 WindowStageCreate和WindowStageDestroy状态

UIAbility实例创建完成之后，在进入Foreground之前，系统会创建一个WindowStage。WindowStage创建完成后会进入onWindowStageCreate()回调，可以在该回调中设置UI加载、WindowStage的事件订阅，如图4-2所示。

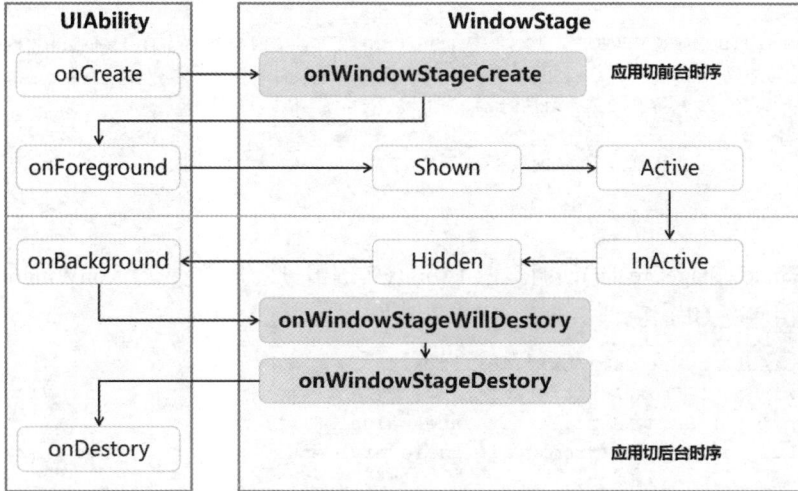

图4-2   WindowStage事件订阅

在onWindowStageCreate()回调中，通过loadContent()方法设置应用要加载的页面，并根据需要调用on('windowStageEvent')方法来订阅WindowStage的事件（比如获焦/失焦，可见/不可见）。

```
import { UIAbility } from '@kit.AbilityKit';
import { window } from '@kit.ArkUI';
import { hilog } from '@kit.PerformanceAnalysisKit';

const TAG: string = '[EntryAbility]';
const DOMAIN_NUMBER: number = 0xFF00;

export default class EntryAbility extends UIAbility {
  // ...
  onWindowStageCreate(windowStage: window.WindowStage): void {
    // 设置WindowStage的事件订阅（获焦/失焦，可见/不可见）
    try {
      windowStage.on('windowStageEvent', (data) => {
        let stageEventType: window.WindowStageEventType = data;
        switch (stageEventType) {
          case window.WindowStageEventType.SHOWN: // 切到前台
            hilog.info(DOMAIN_NUMBER, TAG, 'windowStage foreground.');
            break;
          case window.WindowStageEventType.ACTIVE: // 获焦状态
            hilog.info(DOMAIN_NUMBER, TAG, 'windowStage active.');
            break;
          case window.WindowStageEventType.INACTIVE: // 失焦状态
```

```
            hilog.info(DOMAIN_NUMBER, TAG, 'windowStage inactive.');
            break;
          case window.WindowStageEventType.HIDDEN: // 切到后台
            hilog.info(DOMAIN_NUMBER, TAG, 'windowStage background.');
            break;
          default:
            break;
        }
      });
    } catch (exception) {
      hilog.error(DOMAIN_NUMBER, TAG, 'Failed to enable the listener for window stage event
changes. Cause:' + JSON.stringify(exception));
    }
    hilog.info(DOMAIN_NUMBER, TAG, '%{public}s', 'Ability onWindowStageCreate');
    // 设置UI加载
    windowStage.loadContent('pages/Index', (err, data) => {
      // ...
    });
  }
}
```

对应于onWindowStageCreate()回调。在UIAbility实例销毁之前，会先进入onWindowStageDestroy()回调，在该回调中释放UI资源。

```
import { UIAbility } from '@kit.AbilityKit';
import { window } from '@kit.ArkUI';
import { hilog } from '@kit.PerformanceAnalysisKit';
import { BusinessError } from '@kit.BasicServicesKit';

const TAG: string = '[EntryAbility]';
const DOMAIN_NUMBER: number = 0xFF00;

export default class EntryAbility extends UIAbility {
  windowStage: window.WindowStage | undefined = undefined;

  // ...
  onWindowStageCreate(windowStage: window.WindowStage): void {
    this.windowStage = windowStage;
    // ...
  }

  onWindowStageDestroy() {
    // 释放UI资源
    // 例如在onWindowStageDestroy()中注销获焦/失焦等WindowStage事件
    try {
      if (this.windowStage) {
        this.windowStage.off('windowStageEvent');
      }
    } catch (err) {
      let code = (err as BusinessError).code;
      let message = (err as BusinessError).message;
      hilog.error(DOMAIN_NUMBER, TAG, `Failed to disable the listener for windowStageEvent.
Code is ${code}, message is ${message}`);
    }
  }
}
```

4.2.3　WindowStageWillDestroy状态

WindowStageWillDestroy状态对应onWindowStageWillDestroy()回调，在WindowStage销毁前触发，此时WindowStage仍可正常使用。

```
import { UIAbility } from '@kit.AbilityKit';
import { window } from '@kit.ArkUI';

export default class EntryAbility extends UIAbility {
  windowStage: window.WindowStage | undefined = undefined;
  // ...
  onWindowStageCreate(windowStage: window.WindowStage): void {
    this.windowStage = windowStage;
    // ...
  }
  onWindowStageWillDestroy(windowStage: window.WindowStage) {
    // 释放通过windowStage对象获取的资源
  }
  onWindowStageDestroy() {
    // 释放UI资源
  }
}
```

4.2.4　Foreground和Background状态

Foreground 和 Background 状态分别在 UIAbility 实例切换至前台和后台时触发，对应于onForeground()回调和onBackground()回调。

- 可以在onForeground()回调中申请系统需要的资源，或者重新申请在onBackground()中释放的资源。
- 可以在onBackground()回调中释放UI不可见时无用的资源，或者在此回调中执行较为耗时的操作，例如状态保存等。

例如，当应用需要使用用户定位时，假设应用已获得用户的定位权限授权。在UI显示之前，可以在onForeground()回调中开启定位功能，从而获取当前的位置信息。当应用切换到后台状态时，可以在onBackground()回调中停止定位功能，以节省系统的资源消耗。

```
import { UIAbility } from '@kit.AbilityKit';
export default class EntryAbility extends UIAbility {
  // ...
  onForeground(): void {
    // 申请系统需要的资源，或者重新申请在onBackground()中释放的资源
  }

  onBackground(): void {
    // 释放UI不可见时无用的资源，或者在此回调中执行较为耗时的操作
    // 例如状态保存等
  }
}
```

当应用的UIAbility实例已创建，且UIAbility配置为singleton启动模式时，再次调用startAbility()方法启动该UIAbility实例时，只会进入该UIAbility的onNewWant()回调，不会进入其onCreate()和

onWindowStageCreate()生命周期回调。应用可以在该回调中更新要加载的资源和数据等，用于后续的UI展示。

```
import { AbilityConstant, UIAbility, Want } from '@kit.AbilityKit';

export default class EntryAbility extends UIAbility {
  // ...
  onNewWant(want: Want, launchParam: AbilityConstant.LaunchParam) {
    // 更新资源、数据
  }
}
```

4.2.5　Destroy状态

Destroy状态在UIAbility实例销毁时触发。可以在onDestroy()回调中进行系统资源的释放、数据的保存等操作。例如，调用terminateSelf()方法停止当前UIAbility实例，执行onDestroy()回调，并完成UIAbility实例的销毁。

```
import { UIAbility } from '@kit.AbilityKit';
export default class EntryAbility extends UIAbility {
  // ...

  onDestroy() {
    // 系统资源的释放、数据的保存等
  }
}
```

> **说明**：如果用户使用最近任务列表上滑来关闭该UIAbility实例，将会直接终止该进程。这个过程并不会执行onDestroy()回调。

4.2.6　自定义组件生命周期

自定义组件的生命周期回调函数用于通知用户该自定义组件的生命周期变化，这些回调函数是私有的，在运行时由开发框架在特定的时间进行调用，不能从应用程序中手动调用。

● 允许在生命周期函数中使用Promise和异步回调函数，比如网络资源获取、定时器设置等。
● 不允许在生命周期函数中使用async await。

自定义组件的生命周期包括aboutToAppear、onPageShow、onPageHide、onBackPress、aboutToDisappear五种状态，如图4-3所示。

1. aboutToAppear

```
aboutToAppear?(): void
```

aboutToAppear函数在创建自定义组件的新实例后，在执行其build函数之前执行。aboutToAppear不同于onPageShow的地方在于，该函数仅会在自定义组件实例创建后执行一次。允许在aboutToAppear函数中改变状态变量，更改将在后续执行build函数时生效。aboutToAppear函数可以接收自定义组件实例创建时的状态参数、初始化页面状态变量等。

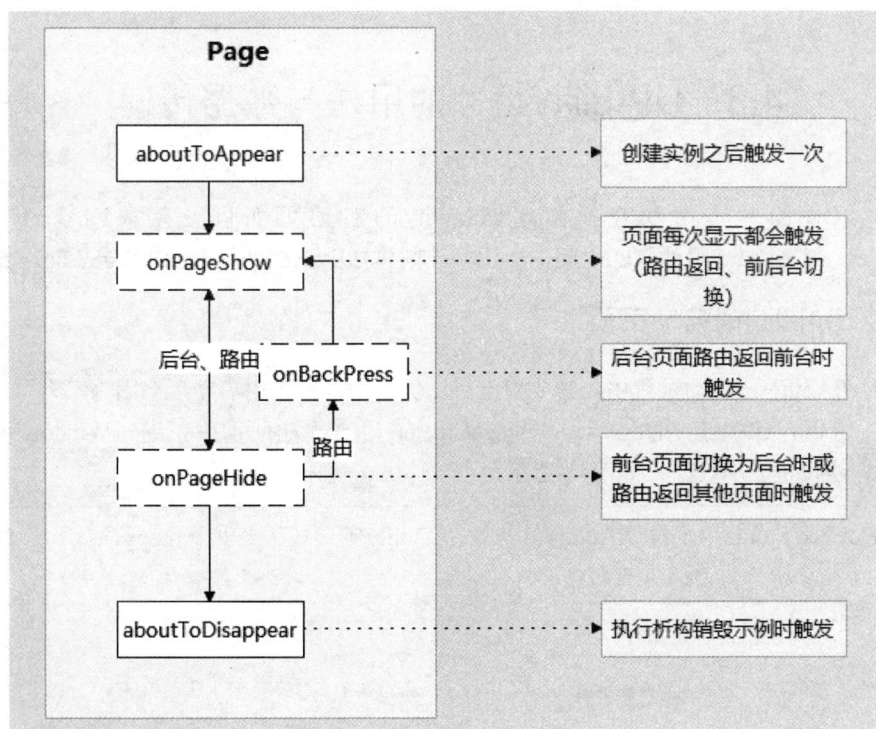

图4-3　自定义组件的生命周期

2. aboutToDisappear

```
aboutToDisappear?(): void
```

aboutToDisappear函数在自定义组件析构销毁之前执行。不允许在aboutToDisappear函数中改变状态变量，特别是@Link变量的修改可能会导致应用程序行为不稳定。

3. onPageShow

```
onPageShow?(): void
```

页面每次显示时触发一次，包括路由过程、应用进入前后台等场景，仅@Entry修饰的自定义组件生效。

4. onPageHide

```
onPageHide?(): void
```

页面每次隐藏时触发一次，包括路由过程、应用进入前后台等场景，仅@Entry修饰的自定义组件生效。

5. onBackPress

```
onBackPress?(): void
```

当用户单击返回按钮时触发，仅@Entry修饰的自定义组件生效。返回true表示页面自己处理返回逻辑，不进行页面路由；返回false表示使用默认的路由返回逻辑。若不设置，则返回值按照false处理。

4.3　UIAbility组件的用法与数据传递

UIAbility组件的基本用法包括指定UIAbility的启动页面以及获取UIAbility的上下文UIAbilityContext。UIAbility组件与UI之间的数据同步则包括EventHub、AppStorage/LocalStorage。

4.3.1　指定UIAbility的启动页面

应用中的UIAbility在启动过程中，需要指定启动页面，否则应用启动后会因为没有默认加载页面而导致白屏。可以在UIAbility的onWindowStageCreate()生命周期回调中，通过WindowStage对象的loadContent()方法设置启动页面，如图4-4所示。

说明：在DevEco Studio中创建UIAbility时，该UIAbility实例默认会加载Index页面，根据需要将Index页面路径替换为需要的页面路径即可。

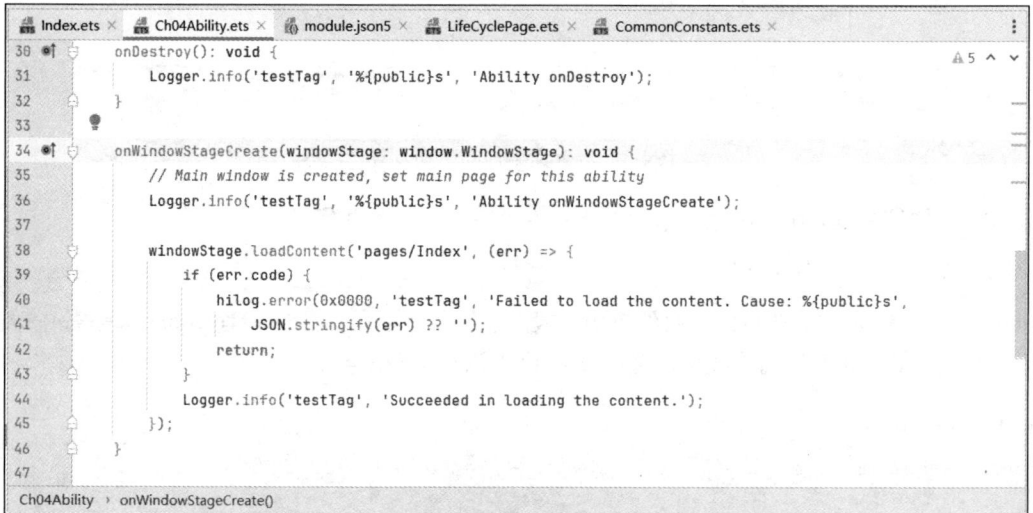

图4-4　指定启动页代码

4.3.2　获取UIAbility的上下文信息

UIAbility类拥有自身的上下文信息，该信息为UIAbilityContext类的实例，UIAbilityContext类拥有abilityInfo、currentHapModuleInfo等属性。通过UIAbilityContext可以获取UIAbility的相关配置信息，如包代码路径、Bundle名称、Ability名称和应用程序需要的环境状态等属性信息，以及可以获取操作UIAbility实例的方法，如startAbility()、connectServiceExtensionAbility()、terminateSelf()等。

如果需要在页面中获得当前Ability的Context，可调用getContext接口获取当前页面关联的UIAbilityContext或ExtensionContext。

在UIAbility中，可以通过this.context获取UIAbility实例的上下文信息。

```
onCreate(want: Want, launchParam: AbilityConstant.LaunchParam): void {
    // 获取UIAbility实例的上下文
    let context = this.context;
```

```
        hilog.info(0x0000, 'testTag', '%{public}s', 'Ability onCreate');
    }
```

在页面中获取UIAbility实例的上下文信息，包括导入依赖资源context模块和在组件中定义一个context变量两个部分。

```
import { common, Want } from '@kit.AbilityKit';

@Entry
@Component
struct Page_EventHub {
  private context = getContext(this) as common.UIAbilityContext;

  startAbilityTest(): void {
    let want: Want = {
      // Want参数信息
    };
    this.context.startAbility(want);
  }

  // 页面展示
  build() {
    // ...
  }
}
```

也可以在导入依赖资源context模块后，在具体使用UIAbilityContext前进行变量定义。

```
import { common, Want } from '@kit.AbilityKit';

@Entry
@Component
struct Page_UIAbilityComponentsBasicUsage {
  startAbilityTest(): void {
    let context = getContext(this) as common.UIAbilityContext;
    let want: Want = {
      // Want参数信息
    };
    context.startAbility(want);
  }

  // 页面展示
  build() {
    // ...
  }
}
```

4.3.3　使用EventHub进行数据通信

EventHub为UIAbility组件提供了事件机制，使它们能够具备订阅、取消订阅和触发事件等数据通信能力。

在基类Context中，提供了EventHub对象，可用于在UIAbility组件实例内通信。使用EventHub实现UIAbility与UI之间的数据通信需要先获取EventHub对象。

（1）在UIAbility中调用eventHub.on()方法注册一个自定义事件event1。eventHub.on()有如下两种调用方式，使用其中一种即可。

```
import { hilog } from '@kit.PerformanceAnalysisKit';
import { UIAbility, Context, Want, AbilityConstant } from '@kit.AbilityKit';

const DOMAIN_NUMBER: number = 0xFF00;
const TAG: string = '[Ch04Ability]';

export default class Ch04Ability extends UIAbility {
  onCreate(want: Want, launchParam: AbilityConstant.LaunchParam): void {
    // 获取eventHub
    let eventhub = this.context.eventHub;
    // 执行订阅操作（方法一：自定义函数）
    eventhub.on('event1', this.eventFunc);
    // 执行订阅操作（方法二：匿名内部函数）
    eventhub.on('event1', (data: string) => {
    // 触发事件，完成相应的业务操作
    });
    hilog.info(DOMAIN_NUMBER, TAG, '%{public}s', 'Ability onCreate');
  }

  // ...
  eventFunc(argOne: Context, argTwo: Context): void {
    hilog.info(DOMAIN_NUMBER, TAG, '1. ' + `${argOne}, ${argTwo}`);
    return;
  }
}
```

（2）在UI中通过eventHub.emit()方法触发该事件，在触发事件的同时，根据需要传入参数信息。

```
import { common } from '@kit.AbilityKit';
import { promptAction } from '@kit.ArkUI';

@Entry
@Component
struct Page_EventHub {
  private context = getContext(this) as common.UIAbilityContext;

  eventHubFunc(): void {
    // 不带参数触发自定义event1事件
    this.context.eventHub.emit('event1');
    // 带1个参数触发自定义event1事件
    this.context.eventHub.emit('event1', 1);
    // 带2个参数触发自定义event1事件
    this.context.eventHub.emit('event1', 2, 'test');
    // 开发者可以根据实际的业务场景设计事件传递的参数
  }

  build() {
    Column() {
      // ...
      List({ initialIndex: 0 }) {
        ListItem() {
          Row() {
            // ...
          }
          .onClick(() => {
            this.eventHubFunc();
            promptAction.showToast({
              message: 'EventHubFuncA'
            });
          })
```

```
    }
    // ...
    ListItem() {
      Row() {
        // ...
      }
      .onClick(() => {
        this.context.eventHub.off('event1');
        promptAction.showToast({
          message: 'EventHubFuncB'
        });
      })
    }
    // ...
    }
    // ...
    }
    // ...
  }
}
```

（3）在UIAbility的注册事件回调中可以得到对应的触发事件结果，运行日志结果如下：

```
[Example].[Entry].[Ch04Ability] 1. []
[Example].[Entry].[Ch04Ability] 1. [1]
[Example].[Entry].[Ch04Ability] 1. [2,"test"]
```

（4）在自定义事件event1使用完成后，可以根据需要调用eventHub.off()方法取消该事件的订阅。

```
import { UIAbility } from '@kit.AbilityKit';

export default class Ch04Ability extends UIAbility {
  // ...
  onDestroy(): void {
    this.context.eventHub.off('event1');
  }
}
```

4.3.4 使用AppStorage/LocalStorage进行数据同步

ArkUI提供了AppStorage和LocalStorage两种应用级别的状态管理方案，可用于实现应用级别和UIAbility级别的数据同步。使用这两个方案可以方便地管理应用状态，提高应用性能和用户体验。其中，AppStorage是一个全局的状态管理器，适用于多个UIAbility共享同一状态数据的情况；而LocalStorage则是一个局部的状态管理器，适用于单个UIAbility内部使用的状态数据。通过这两种方案，开发者可以更加灵活地控制应用状态，提高应用的可维护性和可扩展性。

如果开发者要实现应用级或者多个页面的状态数据共享，就需要用到应用状态管理的概念。ArkTS根据不同特性，提供了多种应用状态管理的能力：

- LocalStorage：页面级UI状态存储，通常用于UIAbility页面内或页面间的状态共享。
- AppStorage：特殊的单例LocalStorage对象，由UI框架在应用程序启动时创建，为应用程序UI态属性提供中央存储。
- PersistentStorage：持久化存储UI状态，通常和AppStorage配合使用，选择将AppStorage存储的数据写入磁盘，以确保这些属性在应用程序重新启动时的值与应用程序关闭时的值相同。

● Environment：应用程序运行的设备的环境参数，环境参数会同步到AppStorage中，可以和AppStorage搭配使用。

4.4 应用内页面跳转及数据交互

UIAbility是系统调度的最小单元。当在设备内的功能模块之间跳转时，会涉及启动特定的UIAbility，包括应用内的其他UIAbility，或者其他应用的UIAbility（例如启动三方支付UIAbility）。这里主要介绍启动应用内的UIAbility组件的方式。

4.4.1 启动应用内的UIAbility

当一个应用内包含多个UIAbility时，存在应用内启动UIAbility的场景。例如，在支付应用中从入口UIAbility启动收付款UIAbility。

假设应用中有两个UIAbility：Ch04Ability和FuncAbility（可以在同一个模块中，也可以在不同的模块中），需要从Ch04Ability的页面中启动FuncAbility。

（1）在Ch04Ability中，通过调用startAbility()方法启动UIAbility，want为UIAbility实例启动的入口参数，其中bundleName为待启动应用的Bundle名称，abilityName为待启动的Ability名称，moduleName在待启动的UIAbility属于不同的模块时添加，parameters为自定义信息参数。示例中的context的获取方式请参见"4.3.2 获取UIAbility的上下文信息"。

```
import { common, Want } from '@kit.AbilityKit';
import { hilog } from '@kit.PerformanceAnalysisKit';
import { BusinessError } from '@kit.BasicServicesKit';

const TAG: string = '[PageAbilityComponentsInteractive]';
const DOMAIN_NUMBER: number = 0xFF00;

@Entry
@Component
struct PageAbilityComponentsInteractive {
    private context = getContext(this) as common.UIAbilityContext;

    build() {
        Column() {
            List({ initialIndex: 0 }) {
                ListItem() {
                    Row() {
                    }
                    .onClick(() => {
                        // context为Ability对象的成员，在非Ability对象内部调用时，
                        // 需要将Context对象传递过去
                        let wantInfo: Want = {
                            deviceId: '', // deviceId为空，表示本设备
                            bundleName: 'com.vincent.myapplication',
                            moduleName: 'ch04', // moduleName非必选
                            abilityName: 'FuncAbility',
                            parameters: {
                                // 自定义信息
                                info: '来自Ch04Ability PageAbilityComponentsInteractive页面'
```

```
                },
            };
            // context为调用方UIAbility的UIAbilityContext
            this.context.startAbility(wantInfo).then(() => {
                hilog.info(DOMAIN_NUMBER, TAG, 'startAbility success.');
            }).catch((error: BusinessError) => {
                hilog.error(DOMAIN_NUMBER, TAG, 'startAbility failed.');
            });
        })
    }
    }
    }
    .height('100%')
    .width('100%')
    }
}
```

（2）在FuncAbility的onCreate()或者onNewWant()生命周期回调文件中，接收EntryAbility传递过来的参数。

```
export default class FuncAbility extends UIAbility {
    onCreate(want: Want, launchParam: AbilityConstant.LaunchParam): void {
        // 接收调用方UIAbility传过来的参数
        let info = want?.parameters?.info.toString();
        Logger.error('FuncAbility onCreate=====', info + "");
        Logger.error('FuncAbility onCreate=====', want.bundleName?.toString() + "." +
want.abilityName?.toString());
    }
}
```

> **说明**：在被拉起的FuncAbility中，可以通过获取传递过来的want参数的parameters方法，来获取拉起方UIAbility的PID、Bundle Name等信息。

打印信息如图4-5所示。

图4-5　UIAbility接收参数

（3）在FuncAbility业务完成之后，如果需要停止当前UIAbility实例，可以在FuncAbility中调用terminateSelf()方法。

```
PageAbilityComponentsInteractive：
Button('停止当前UIAbility实例')
    .margin(10)
    .padding(10)
    .onClick(() => {
        let context: common.UIAbilityContext = getContext(this) as common.UIAbilityContext;
// UIAbilityContext
        // context为需要停止的UIAbility实例的AbilityContext
```

```
context.terminateSelf((err) => {
    if (err.code) {
        Logger.error(`Failed to terminate self. Code is ${err.code}, message is
${err.message}`);
        return;
    }
});
})
```

> **说明**：调用terminateSelf()方法停止当前UIAbility实例时，默认会保留该实例的快照（Snapshot），
> 即在最近任务列表中仍然能查看到该实例对应的任务。如果不需要保留该实例的快照，可以在
> 其对应UIAbility的module.json5配置文件中，将abilities标签的removeMissionAfterTerminate字段
> 配置为true。

（4）如果需要关闭应用所有的UIAbility实例，可以调用ApplicationContext的killAllProcesses()方法来关闭应用所有的进程。

4.4.2　启动应用内的UIAbility并获取返回结果

在一个EntryAbility启动另外一个FuncAbility时，通常希望在被启动的FuncAbility完成相关业务后，能将结果返回给调用方。例如，在应用中将入口功能和账号登录功能分别设计为两个独立的UIAbility，在账号登录UIAbility中完成登录操作后，需要将登录的结果返回给入口UIAbility。

（1）在Ch04Ability中，调用startAbilityForResult()接口启动FuncAbility，异步回调中的data用于接收FuncAbility停止自身后返回给Ch04Ability的信息。

```
private startAbilityMethodForResult() {
    const RESULT_CODE: number = 1001;
    // context为Ability对象的成员，在非Ability对象内部调用时，需要将Context对象传递过去
    let wantInfo: Want = {
        deviceId: '',
        bundleName: 'com.vincent.myapplication',
        moduleName: 'ch04',
        abilityName: 'FuncAbility',
        parameters: {
            // 自定义信息
            info: '来自Ch04Ability PageAbilityComponentsInteractive页面'
        },
    };
    // context为调用方UIAbility的UIAbilityContext
    this.context.startAbilityForResult(wantInfo).then((data) => {
        Logger.info('=========startAbilityForResult:' ?? JSON.stringify(data.resultCode) ?? '')
        if (data?.resultCode === RESULT_CODE) {
            // 解析被调用方UIAbility返回的信息
            let info = data.want?.parameters?.info;
            Logger.info(JSON.stringify(info) ?? '');
            if (info !== null) {
                promptAction.showToast({ message: JSON.stringify(info) });
            }
        }
    }).catch((error: BusinessError) => {
        Logger.error(TAG, 'startAbility failed.' + error.message);
    });
```

Page页面配置为：

```
Button('页面内跳转并返回结果')
    .id('btnAbility')
    .backgroundColor('#FF0000')
    .padding(10)
    .margin(10)
    .onClick(() => {
        this.startAbilityMethodForResult();
    });
```

（2）在FuncAbility停止自身时，需要调用terminateSelfWithResult()方法，入参abilityResult为FuncAbility需要返回给EntryAbility的信息。

```
PageAbilityComponentsInteractive：
Button('停止当前UIAbility实例带返回结果')
    .margin(10)
    .padding(10)
    .onClick(() => {
        let context: common.UIAbilityContext = getContext(this) as common.UIAbilityContext;
// UIAbilityContext
        const RESULT_CODE: number = 1001;
        let abilityResult: common.AbilityResult = {
            resultCode: RESULT_CODE,
            want: {
                bundleName: 'com.samples.stagemodelabilitydevelop',
                moduleName: 'entry', // moduleName非必选
                abilityName: 'FuncAbilityB',
                parameters: {
                    info: '来自FuncAbility Index页面'
                },
            },
        };
        context.terminateSelfWithResult(abilityResult, (err) => {
            if (err.code) {
                Logger.error(`Failed to terminate self. Code is ${err.code}, message is
${err.message}`);
                return;
            }
        });
    })
```

（3）FuncAbility停止自身后，Ch04Ability通过startAbilityForResult()方法接收被FuncAbility返回的信息，RESULT_CODE需要与前面的数值保持一致。

4.4.3　启动UIAbility的指定页面

一个UIAbility可以对应多个页面，在不同的场景下启动该UIAbility时需要展示不同的页面。例如，从一个UIAbility的页面中跳转到另外一个UIAbility时，希望启动目标UIAbility的指定页面。

UIAbility的启动分为两种情况：UIAbility冷启动和UIAbility热启动。

● UIAbility冷启动：指的是UIAbility实例在完全关闭状态下被启动，这需要完整地加载和初始化UIAbility实例的代码、资源等。

- UIAbility热启动：指的是UIAbility实例已经启动并在前台运行过，但由于某些原因被切换到后台，此时再次启动该UIAbility实例，这种情况下可以快速恢复UIAbility实例的状态。

1. 调用方UIAbility指定启动页面

调用方UIAbility启动另外一个UIAbility时，通常需要跳转到指定的页面。例如，FuncAbility包含两个页面（Index对应首页，Second对应功能A页面），此时需要在传入的want参数中配置指定的页面路径信息，可以通过want中的parameters参数增加一个自定义参数传递页面跳转信息。

2. 目标UIAbility冷启动

目标UIAbility冷启动时，首先在目标UIAbility的onCreate()生命周期回调中，接收调用方传过来的参数。

```
Button('目标UIAbility冷启动')
    .id('btnAbilityColdStart')
    .backgroundColor('#FF0000')
    .padding(10)
    .margin({ top: 10 })
    .onClick(() => {
        promptAction.showToast({ message : 'FuncAbility冷启动' });
        this.startAbilityMethod();
    });

private startAbilityMethod() {
    // context为Ability对象的成员，在非Ability对象内部调用时，需要将Context对象传递过去
    let wantInfo: Want = {
        deviceId: '',
        bundleName: 'com.vincent.myapplication',
        moduleName: 'ch04',
        abilityName: 'FuncAbility',
        parameters: {
            router: 'funcA',
            // 自定义信息
            info: '来自Ch04Ability PageAbilityComponentsInteractive页面'
        },
    };
    // context为调用方UIAbility的UIAbilityContext
    this.context.startAbility(wantInfo).then(() => {
        Logger.info(TAG, 'startAbility success.');
    }).catch((error: BusinessError) => {
        Logger.error(TAG, 'startAbility failed.' + error.message);
    });
}
```

然后，在目标UIAbility的onWindowStageCreate()生命周期回调中，解析调用方传递过来的want参数，获取需要加载的页面信息url，并将其传入windowStage.loadContent()方法。

```
onWindowStageCreate(windowStage: window.WindowStage): void {
    // 主窗口已创建，为此能力设置主页
    Logger.info('Ability onWindowStageCreate ', this.funcAbilityWant?.parameters?.router
+ "");

    let url = 'pages/PageAbilityComponentsInteractive';
    if (this.funcAbilityWant?.parameters?.router  &&  this.funcAbilityWant.parameters.
router === 'funcA') {
```

```
            url = 'pages/PageStartupCold';
        }
        Logger.info(url ?? '======= Succeeded in loading the content.');
        windowStage.loadContent(url, (err, data) => {
            if (err.code) {
                Logger.error(JSON.stringify(err) ?? '', JSON.stringify(data));
                return;
            }
        });
    }
```

3. 目标UIAbility热启动

在应用开发中,会遇到目标UIAbility实例之前已经启动过的场景,这时再次启动目标UIAbility时,不会重新走初始化逻辑,只会直接触发onNewWant()生命周期方法。为了实现跳转到指定页面,需要在onNewWant()中解析参数进行处理。

例如短信应用和联系人应用配合使用的场景, 如图4-6所示。

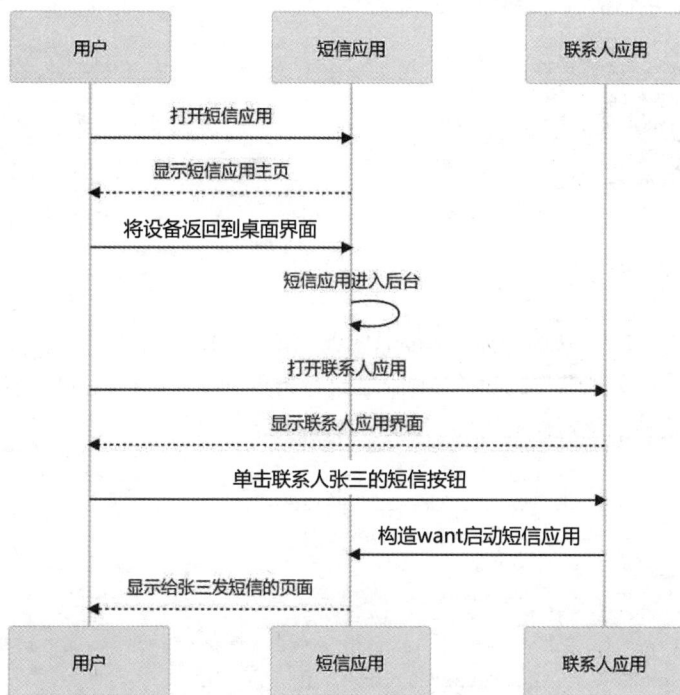

图4-6　短信应用和联系人应用配合场景

（1）用户先打开短信应用，短信应用的UIAbility实例启动，显示短信应用的主页。

（2）用户将设备返回到桌面界面，短信应用进入后台运行状态。

（3）用户打开联系人应用，找到联系人张三。

（4）用户单击联系人张三的短信按钮，会重新启动短信应用的UIAbility实例。

（5）由于短信应用的UIAbility实例已经启动过了，此时会触发该UIAbility的onNewWant()回调，而不会再执行onCreate()和onWindowStageCreate()等初始化逻辑。

（6）冷启动短信应用的UIAbility实例（FuncAbility）时，在onWindowStageCreate()生命周期回调中，通过调用getUIContext()接口获取UI上下文实例UIContext对象。

```
onWindowStageCreate(windowStage: window.WindowStage): void {
    // 主窗口已创建，为此能力设置主页
    Logger.info('Ability onWindowStageCreate ', this.funcAbilityWant?.parameters?.router
+ "");

    let url = 'pages/PageAbilityComponentsInteractive';
    if (this.funcAbilityWant?.parameters?.router &&
this.funcAbilityWant.parameters.router === 'funcA') {
        url = 'pages/PageStartupCold';
    }
    Logger.info(url ?? '======= Succeeded in loading the content.');
    windowStage.loadContent(url, (err, data) => {
        if (err.code) {
            Logger.error(JSON.stringify(err) ?? '', JSON.stringify(data));
            return;
        }
    });

    let windowClass: window.Window;
    windowStage.getMainWindow((err, data) => {
        if (err.code) {
            Logger.error(`Failed to obtain the main window. Code is ${err.code}, message
is ${err.message}`);
            return;
        }
        windowClass = data;
        this.uiContext = windowClass.getUIContext();
    });

}
```

（7）在短信应用UIAbility的onNewWant()回调中解析调用方传递过来的want参数，通过调用UIContext中的getRouter()方法获取Router对象，并进行指定页面的跳转。此时再次启动该短信应用的UIAbility实例，即可跳转到该短信应用的UIAbility实例的指定页面。

```
onNewWant(want: Want, launchParam: AbilityConstant.LaunchParam): void {
    if (want?.parameters?.router && want.parameters.router === 'funcA') {
        let funcAUrl = 'pages/PageStartupHot';
        if (this.uiContext) {
            let router: Router = this.uiContext.getRouter();
            router.pushUrl({
                url: funcAUrl
            }).catch((err: BusinessError) => {
                Logger.error(`Failed to push url. Code is ${err.code}, message is
${err.message}`);
            });
        }
    }
}
```

4.5　UIAbility组件启动模式

UIAbility的启动模式是指UIAbility实例在启动时的不同呈现状态。针对不同的业务场景，系统提供了3种启动模式：

- Singleton（单实例模式）。
- Multiton（多实例模式）。（说明：Standard是Multiton的曾用名，两种名字的模式效果一致）
- Specified（指定实例模式）。

4.5.1　Singleton启动模式

Singleton启动模式为单实例模式，也是默认情况下的启动模式。

每次调用startAbility()方法时，如果应用进程中该类型的UIAbility实例已经存在，则复用系统中的UIAbility实例。系统中只存在一个该UIAbility实例，即在最近任务列表中只存在一个该类型的UIAbility实例，如图4-7所示。

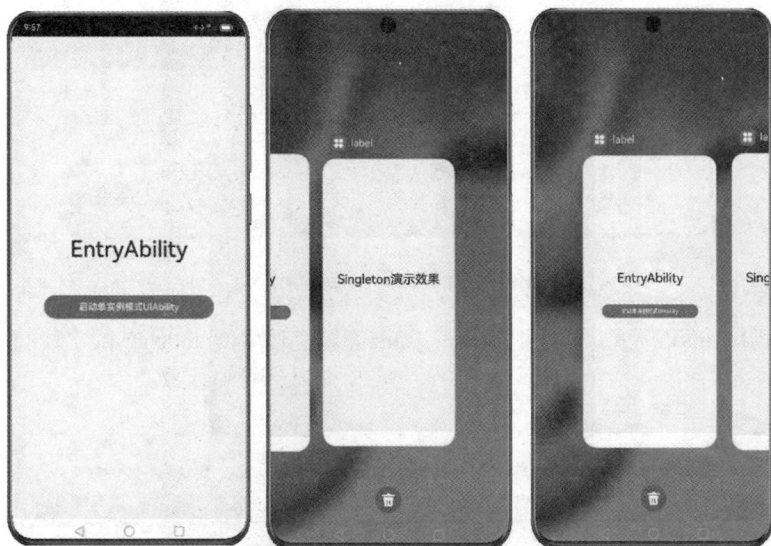

图4-7　UIAbility单实例模式

说明：应用的UIAbility实例已创建，该UIAbility配置为单实例模式，再次调用startAbility()方法启动该UIAbility实例，由于启动的还是原来的UIAbility实例，并未重新创建一个新的UIAbility实例，因此只会进入该UIAbility的onNewWant()回调，而不会进入其onCreate()和onWindowStageCreate()生命周期回调。

如果需要使用Singleton模式，只需把module.json5配置文件中的launchType字段配置为singleton即可。

```
{
  "module": {
    // ...
    "abilities": [
      {
        "launchType": "singleton",
        // ...
      }
    ]
  }
}
```

4.5.2　Multiton启动模式

Multiton启动模式为多实例模式，每次调用startAbility()方法时，都会在应用进程中创建一个新的该类型UIAbility实例，即在最近任务列表中可以看到多个该类型的UIAbility实例，如图4-8所示。

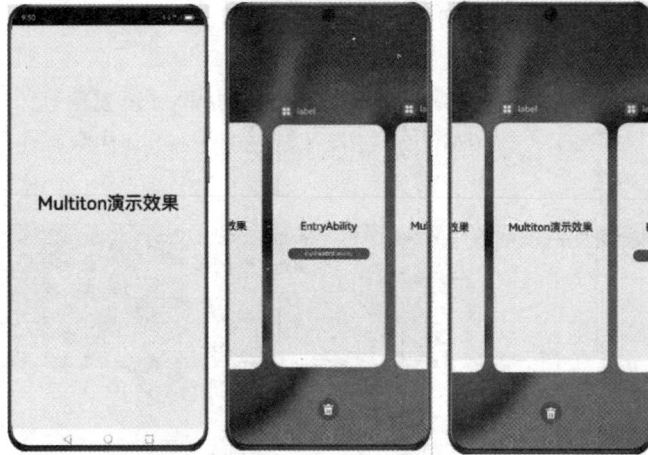

图4-8　UIAbility多实例模式

如果需要使用Multiton模式，只需把module.json5配置文件中的launchType字段配置为multiton即可。

```
{
  "module": {
    // ...
    "abilities": [
      {
        "launchType": "multiton",
        // ...
      }
    ]
  }
}
```

4.5.3　Specified启动模式

Specified启动模式为指定实例模式，针对一些特殊场景使用。例如，在文档应用中，每次新建文档都希望能新建一个文档实例，重复打开一个已保存的文档希望打开的是同一个文档实例。

假设有两个UIAbility：EntryAbility和SpecifiedAbility，SpecifiedAbility配置为指定实例模式，需要从EntryAbility的页面中启动SpecifiedAbility。

（1）在SpecifiedAbility中，将module.json5配置文件的launchType字段配置为specified。

```
{
    "name": "SpecifiedAbility",
    "srcEntry": "./ets/ch04ability/SpecifiedAbility.ets",
    "launchType": "specified",
    "description": "$string:SpecifiedAbility_desc",
    "icon": "$media:layered_image",
    "label": "$string:SpecifiedAbility_label",
    "startWindowIcon": "$media:startIcon",
    "startWindowBackground": "$color:start_window_background"
}
```

（2）在创建UIAbility实例之前，开发者可以为该实例指定唯一的字符串Key，这样在调用startAbility()方法时，应用就可以根据指定的Key来识别响应请求的UIAbility实例。在EntryAbility中，在调用startAbility()方法时，可以在want参数中增加一个自定义参数，例如instanceKey，以此来区分不同的UIAbility实例。

```
function getInstance(): string {
    return 'Open';
}
private startSpecifiedLaunchMode(abilityName : string, instanceKey: string) {
    let context: common.UIAbilityContext = getContext(this) as common.UIAbilityContext
    // context为调用方UIAbility的UIAbilityContext;
    let want: Want = {
        deviceId: '',
        bundleName: 'com.vincent.myapplication',
        moduleName: 'ch04',
        abilityName: abilityName,
        parameters: {
            // 自定义信息
            instanceKey: instanceKey
        }
    }
    context.startAbility(want).then(() => {
        Logger.error('====Succeeded in starting SpecifiedAbility. abilityName: ' +
abilityName + ', instanceKey: ' + instanceKey)
    }).catch((err: BusinessError) => {
        Logger.error(`Failed to start SpecifiedAbility. Code is ${err.code}, message is
${err.message}`)
    })
    this.KEY_NEW = this.KEY_NEW + 'a'
}
```

（3）在Page页面创建按钮，处理文档的创建和打开。

```
Button('specifiedLaunchModeOpen', { stateEffect: true, type: ButtonType.Capsule })
    .width('80%')
    .height(40)
    .margin({ top: 20 })
    .onClick(() => {
        this.startSpecifiedLaunchMode('SpecifiedAbility',getInstance())
    })
Button('specifiedLaunchModeCreate', { stateEffect: true, type: ButtonType.Capsule })
    .width('80%')
    .height(40)
    .margin({ top: 20 })
    .onClick(() => {
        this.startSpecifiedLaunchMode('SpecifiedAbility', this.KEY_NEW)
    })
```

（4）由于SpecifiedAbility的启动模式被配置为指定实例模式，因此在启动SpecifiedAbility之前，会先进入对应的AbilityStage的onAcceptWant()生命周期回调中，以获取该UIAbility实例的Key值。然后系统会自动匹配，如果存在与该UIAbility实例匹配的Key，则会启动与之绑定的UIAbility实例，并进入该UIAbility实例的onNewWant()回调函数；否则会创建一个新的UIAbility实例，并进入该UIAbility实例的onCreate()回调函数和onWindowStageCreate()回调函数。

创建MyAbilityStage类代码如下：

```
export default class MyAbilityStage extends AbilityStage {
    onAcceptWant(want: Want): string {
        Logger.info('MyAbilityStage onAcceptWant', JSON.stringify(want) ?? '');
        if(want && want.abilityName === 'SpecifiedAbility') {
            if(want.parameters?.instanceKey) {
                return `SpecifiedAbilityInstance_${want.parameters.instanceKey}`;
            }
        }
        return '';
    }
}
```

创建MyAbilityStage类并在module.json5中进行配置，如图4-9所示。

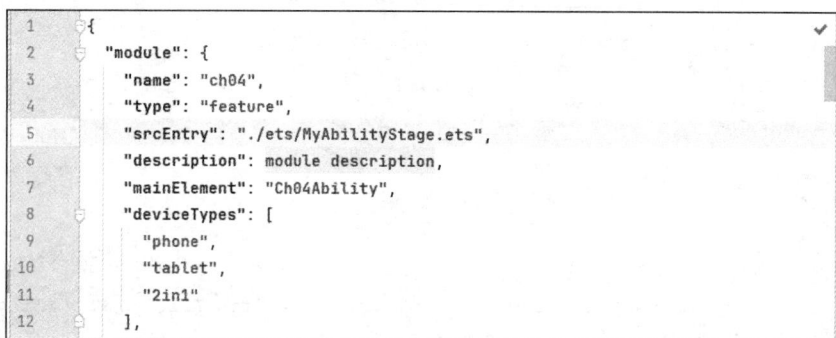

图4-9　AbilityStage配置示例

> **说明：** 当应用的UIAbility实例已经被创建，并且配置为指定实例模式时，如果再次调用startAbility()方法启动该UIAbility实例，且AbilityStage的onAcceptWant()回调匹配到一个已创建的UIAbility实例，则系统会启动原来的UIAbility实例，不会重新创建一个UIAbility实例。此时，该UIAbility实例的onNewWant()回调会被触发，而不会触发onCreate()和onWindowStageCreate()生命周期回调。

在文档应用中，可以为不同的文档实例内容绑定不同的Key值。每次新建文档时，可以传入一个新的Key值（例如，可以将文件的路径作为一个Key标识），此时在AbilityStage中启动UIAbility都会创建一个新的UIAbility实例；当新建的文档保存并关闭之后，先回到桌面，然后再次打开该文档；或者打开一个已保存的文档，此时AbilityStage中将再次启动该UIAbility，打开的仍然是之前已经保存的文档界面。

以如下步骤进行举例说明：

01 打开文件A，对应启动一个新的UIAbility实例，例如启动UIAbility实例1。

02 在最近任务列表中关闭文件A的任务进程，此时UIAbility实例1被销毁。回到桌面，再次打开文件A，此时对应启动一个新的UIAbility实例，例如启动UIAbility实例2。

03 回到桌面，打开文件B，此时对应启动一个新的UIAbility实例，例如启动UIAbility实例3。

04 回到桌面，再次打开文件A，此时仍然启动之前的UIAbility实例2，因为系统会自动匹配UIAbility实例的Key，如果存在与之匹配的Key，则会启动与之绑定的UIAbility实例。在此例中，之前启动的UIAbility实例2与文件A绑定的Key是相同的，因此系统会拉回UIAbility实例2并让其获焦，而不会创建新的实例。

第 5 章

ArkUI概述与布局

ArkUI是HarmonyOS的声明式UI开发框架，基于ArkTS语言，提供高效、灵活的界面构建能力。其核心特点包括：

- 声明式语法：通过简洁的代码描述UI结构，自动处理渲染逻辑。
- 响应式设计：数据变化驱动UI自动更新，减少手动操作。
- 跨设备适配：一套代码可适配手机、平板电脑、智能穿戴等多种设备。

ArkUI的布局系统能帮助开发者高效构建美观、流畅的跨设备界面，本章将介绍9种布局效果，读者在学习过程中需要重点理解组件化思想、掌握布局容器特性、实现自适应UI，以及优化渲染性能。

5.1 ArkUI 概 述

ArkUI（方舟UI框架）为应用的UI开发提供了完整的基础设施，包括简洁的UI语法、丰富的UI功能（组件、布局、动画以及交互事件），以及实时界面预览工具等，可以支持开发者进行可视化界面开发。ArkUI框架示意如图5-1所示。

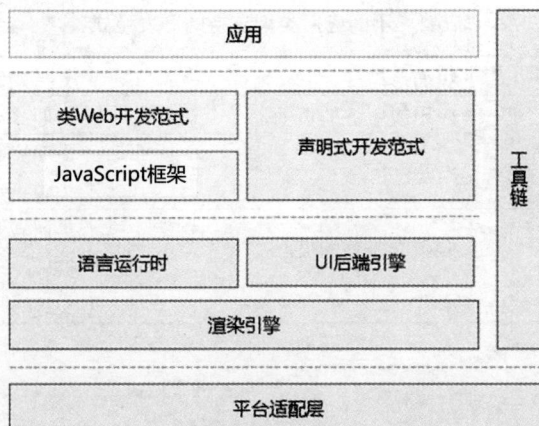

图5-1　ArkUI框架

1. ArkUI的基本概念

- UI：即用户界面。开发者可以将应用的用户界面设计为多个功能页面，每个页面进行单独的文件管理，并通过页面路由API完成页面间的调度管理（如跳转、回退等操作），以实现应用内的功能解耦。
- 组件：UI构建与显示的最小单位，如列表、网格、按钮、单选按钮、进度条、文本等。开发者通过多种组件的组合，构建出满足应用需求的完整界面。

2. 两种开发范式

针对不同的应用场景及技术背景，方舟UI框架提供了两种开发范式，分别是基于ArkTS的声明式开发范式（简称"声明式开发范式"）和兼容JavaScript的类Web开发范式（简称"类Web开发范式"）。

- 声明式开发范式：采用基于TypeScript声明式UI语法扩展而来的ArkTS语言，从组件、动画和状态管理三个维度提供UI绘制能力。
- 类Web开发范式：采用经典的HML、CSS、JavaScript三段式开发方式，即使用HML标签文件搭建布局，使用CSS文件描述样式，使用JavaScript文件处理逻辑。该范式更符合Web前端开发者的使用习惯，便于快速将已有的Web应用改造成方舟UI框架应用。

在开发一款新应用时，推荐采用声明式开发范式来构建UI，主要基于以下几点考虑：

- 开发效率：声明式开发范式更接近自然语义的编程方式，开发者可以直观地描述UI，无须关心如何实现UI绘制和渲染，开发高效简捷。
- 应用性能：两种开发范式的UI后端引擎和语言运行时是共用的，但是相比类Web开发范式，声明式开发范式无须JavaScript框架进行页面DOM管理，渲染更新链路更为精简，占用内存更少，应用性能更佳。
- 发展趋势：声明式开发范式后续会作为主推的开发范式持续演进，为开发者提供更丰富、强大的能力。

3. 不同应用类型支持的开发范式

根据所选用的应用模型（Stage模型、FA模型）和页面形态（应用或服务的普通页面、卡片）的不同，对应支持的UI开发范式也有所差异，如表5-1所示。

表5-1　不同应用类型支持的开发范式

应用模型	页面形态	支持的 UI 开发范式
Stage模型（推荐）	应用或服务的页面	声明式开发范式（推荐）
	卡片	声明式开发范式（推荐） 类Web开发范式
FA模型	应用或服务的页面	声明式开发范式 类Web开发范式
	卡片	类Web开发范式

5.2　ArkTS声明式开发范式

5.2.1　声明式开发范式的基本组成

基于ArkTS的声明式开发范式的方舟开发框架（ArkUI）是一套开发极简、高性能、支持跨设备的UI开发框架，提供了构建应用UI所必需的能力。方舟开发框架主要包括以下组成部分。

1. ArkTS

ArkTS是优选的主力应用开发语言，围绕应用开发在TypeScript生态基础上做了进一步扩展。扩展能力包含声明式UI描述、自定义组件、动态扩展UI元素、状态管理和渲染控制。状态管理作为基于ArkTS的声明式开发范式的特色，通过功能不同的装饰器为开发者提供了清晰的页面更新渲染流程和管道。状态管理包括UI组件状态管理和应用程序状态管理，两者协作可以使开发者完整地构建整个应用的数据更新和UI渲染。ArkTS语言的基础知识请参考第3章"学习ArkTS语言"。

2. 布局

布局是UI的必要元素，它定义了组件在界面中的位置。ArkUI框架提供了多种布局方式，除了基础的线性布局、层叠布局、弹性布局、相对布局、栅格布局外，还提供了相对复杂的列表、宫格、轮播。

3. 组件

组件是UI的必要元素，包括界面设计常用的系统组件和自定义组件。由框架直接提供的称为系统组件，由开发者定义的称为自定义组件。系统内置组件包括按钮、单选按钮、进度条、文本等。开发者可以通过链式调用的方式设置系统内置组件的渲染效果。开发者还可以将系统内置组件组合为自定义组件，通过这种方式将页面组件化为一个个独立的UI单元，实现页面不同单元的独立创建、开发和复用，具有更强的工程性。

4. 页面路由和组件导航

应用可能包含多个页面，可通过页面路由实现页面间的跳转。一个页面内可能存在组件间的导航，比如典型的分栏，可通过导航组件实现组件间的导航。

5. 图形

方舟开发框架提供了多种类型图片的显示能力和多种自定义图形绘制的能力，以满足开发者的自定义绘图需求，支持绘制形状、填充颜色、绘制文本、变形与裁剪、嵌入图片等。

6. 动画

动画是UI的重要元素之一，优秀的动画设计能够极大地提升用户体验。方舟开发框架提供了丰富的动画能力，除了组件内置动画效果外，还包括属性动画、显式动画、自定义转场动画以及动画API等。开发者可以通过封装的物理模型或者调用动画能力API来实现自定义动画轨迹。

7. 交互事件

交互事件是UI和用户交互的必要元素。方舟开发框架提供了多种交互事件，除了触摸事件、鼠标事件、键盘按键事件、焦点事件等通用事件外，还包括基于通用事件进行进一步识别的手势事件。手势事件有单一手势事件，如单击手势、长按手势、拖动手势、捏合手势、旋转手势、滑动手势等，以及通过单一手势事件进行组合的组合手势事件。

8. 自定义能力

自定义能力是UI开发框架提供给开发者对UI界面进行开发和定制化的能力，包括自定义组合、自定义扩展、自定义节点和自定义渲染。

5.2.2　声明式开发范式的特点

1. 开发效率高，开发体验好

- 代码简洁：通过接近自然语义的方式描述UI，不必关心框架如何实现UI绘制和渲染。
- 数据驱动UI变化：让开发者更专注于自身业务逻辑的处理。当UI发生变化时，开发者无须编写在不同的UI之间进行切换的UI代码，仅需要编写引起界面变化的数据，具体UI如何变化交给框架。
- 开发体验好：界面也是代码，让开发者的编程体验得到提升。

2. 性能优越

- 声明式UI前端和后端分层：UI后端采用C++语言构建，提供对应前端的基础组件、布局、动效、交互事件、组件状态管理和渲染管线。
- 语言编译器和运行时的优化：统一字节码、高效FFI（Foreign Function Interface）、AOT（Ahead Of Time）、引擎极小化、类型优化等。

3. 生态容易快速推进

能够借力主流语言生态快速推进，语言相对中立友好，有相应的标准组织，可以逐步演进。

5.2.3　声明式开发范式的整体架构

声明式开发规范的整体架构如图5-2所示。

1. 声明式UI前端

提供了UI开发范式的基础语言规范，并提供内置的UI组件、布局、动画，以及多种状态管理机制，为应用开发者提供一系列接口支持。

2. 语言运行时

选用方舟语言运行时，提供了针对UI范式语法的解析能力、跨语言调用支持的能力和TypeScript语言高性能运行环境。

3. 声明式UI后端引擎

后端引擎提供了兼容不同开发范式的UI渲染管线，并提供多种基础组件、布局计算、动效、交互事件，以及状态管理和绘制能力。

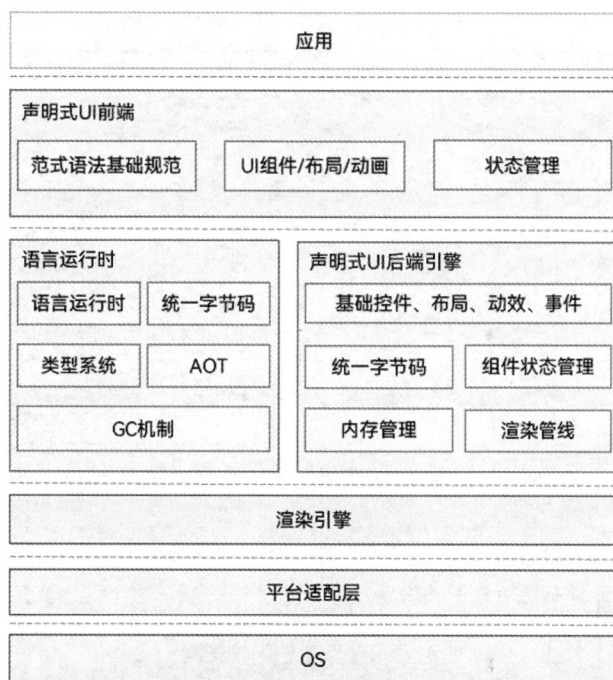

图5-2 声明式开发规范整体架构

4. 渲染引擎

提供了高效的绘制能力，具备将渲染管线收集的渲染指令绘制到屏幕的能力。

5. 平台适配层

提供了对系统平台的抽象接口，具备接入不同系统的能力，如系统渲染管线、生命周期调度等。

5.2.4 声明式开发范式的开发流程

使用UI开发框架开发应用时，主要涉及的开发过程如表5-2所示。

表5-2 UI开发过程

任 务	简 介	相关指导
学习ArkTS	掌握ArkTS的基本语法、状态管理和渲染控制的场景	- 基本语法 - 状态管理 - 渲染控制
开发布局	掌握几种常用的布局方式	- 常用布局
添加组件	掌握几种常用的内置组件、自定义组件以及通过API方式支持的界面元素	- 常用组件 - 自定义组件 - 气泡和菜单
设置组件导航和页面路由	掌握如何设置组件间的导航以及页面路由	- 组件导航 - 页面路由
显示图形	掌握如何显示图片、绘制自定义几何图形以及使用画布绘制自定义图形	- 图片 - 几何图形 - 画布

（续表）

任　　务	简　　介	相关指导
使用动画	掌握组件和页面使用动画的典型场景	- 属性动画 - 转场动画 - 组件动画 - 动画曲线 - 动画衔接 - 动画效果 - 帧动画
绑定事件	掌握事件的基本概念，以及如何使用通用事件和手势事件	- 通用事件 - 手势事件
使用自定义能力	掌握自定义能力的基本概念和如何使用自定义能力	- 自定义节点 - 自定义扩展
使用镜像能力	掌握镜像能力的基本概念和如何使用镜像能力	- 使用镜像能力
支持适老化	掌握适老化的使用场景和使用方法	- 支持适老化
主题设置	掌握应用级和页面级的主题设置能力	- 应用深浅色适配 - 设置主题换肤
使用NDK接口构建UI	掌握ArkUI NDK接口提供的能力，以及如何通过NDK接口创建UI界面	- 接入ArkTS页面 - 添加交互事件 - 使用动画 - 使用懒加载开发长列表界面 - 构建弹窗 - 构建自定义组件 - 嵌入ArkTS组件

5.2.5　声明式开发范式的通用规则

1. 默认单位

表示长度的入参单位默认为vp（虚拟像素），即入参为number类型。Length和Dimension类型中的number单位为vp。

2. 异常值处理

输入的参数为异常（undefined、null或无效值）时，处理规则如下：

（1）如果对应参数有默认值，则按默认值处理。
（2）如果对应参数无默认值，则该参数对应的属性或接口不生效。

5.3　布　局　设　计

组件按照布局的要求依次排列，构成应用的页面。在声明式UI中，所有的页面都是由自定义组件构成，开发者可以根据自己的需求，选择合适的布局进行页面开发。

　　布局是指用特定的组件或者属性来管理用户页面所放置UI组件的大小和位置。在实际的开发过程中，需要遵守以下流程来保证整体的布局效果：

- 确定页面的布局结构。
- 分析页面中的元素构成。
- 选用合适的布局容器组件或属性控制页面中各个元素的位置和大小。

1. 布局结构

　　布局通常为分层结构，一个常见的页面结构如图5-3所示。为实现该页面结构，开发者需要在页面中声明对应的元素。其中，Page表示页面的根节点，Column/Row等元素为系统组件。针对不同的页面结构，ArkUI提供了不同的布局组件来帮助开发者实现对应布局的效果，例如Row用于实现线性布局。

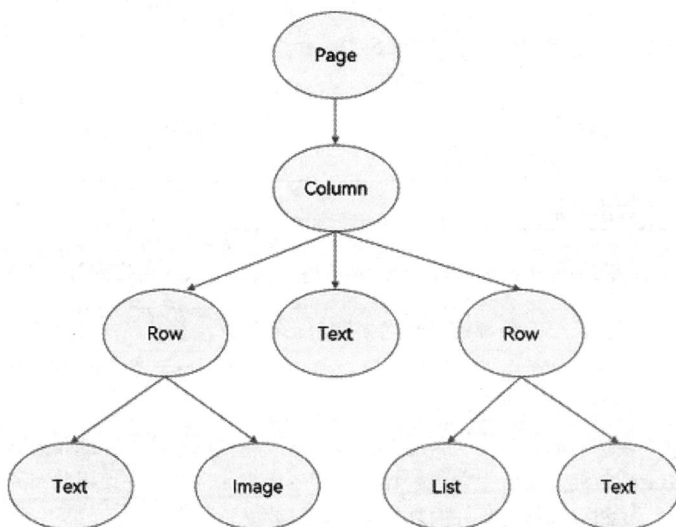

图5-3　常见的页面结构

2. 布局元素

　　布局相关的容器组件可形成对应的布局效果，如图5-4所示。

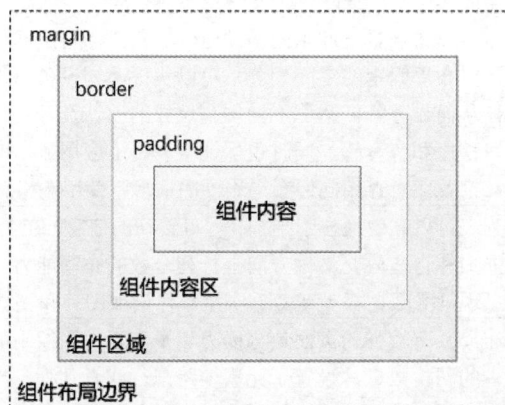

图5-4　布局效果示例

- 组件区域：组件区域表示组件的大小，width、height属性用于设置组件区域的大小。

- 组件内容区：组件内容区大小为组件区域大小减去组件的border值，组件内容区大小会作为组件内容（或者子组件）大小测算时的布局测算限制。
- 组件内容：组件内容本身占用的大小，比如文本内容占用的大小。组件内容和组件内容区不一定匹配，比如设置了固定的width和height，此时组件内容的大小就是设置的width和height减去padding和border值，但文本内容大小则是通过文本布局引擎测算后得到的大小，可能出现文本真实大小小于设置的组件内容区大小。当组件内容和组件内容区大小不一致时，align属性生效，可定义组件内容在组件内容区的对齐方式，如居中对齐。
- 组件布局边界：当组件通过margin属性设置外边距时，组件布局边界就是组件区域加上margin的大小。

3. 布局组件

声明式UI提供了9种常见的布局方式，如表5-3所示。开发者可根据实际应用场景选择合适的布局进行页面开发。

表5-3　常见的9种布局

布　　局	应用场景
线性布局 （Row、Column）	当布局内子元素超过1个，且能够以某种方式线性排列时，优先考虑此布局
层叠布局（Stack）	组件需要有堆叠效果时优先考虑此布局。层叠布局的堆叠效果不会占用或影响同容器内其他子组件的布局空间。例如Panel作为子组件弹出时，如果覆盖其他组件更为合理，则优先考虑在外层使用堆叠布局
弹性布局（Flex）	弹性布局是与线性布局类似的布局方式，区别在于弹性布局默认能够使子组件压缩或拉伸。在子组件需要计算拉伸或压缩比例时优先使用此布局，可使得多个容器内子组件都能有更好的视觉上的填充效果
相对布局 （RelativeContainer）	相对布局是在二维空间中的布局方式，不需要遵循线性布局的规则，布局方式更为自由。通过在子组件上设置锚点规则（AlignRules），使子组件能够将自己在横轴、纵轴中的位置与容器或容器内其他组件的位置对齐。设置的锚点规则天然支持子元素的压缩、拉伸、堆叠或形成多行效果。在页面元素分布复杂或通过线性布局会使容器嵌套层数过深时，推荐使用相对布局
栅格布局 （GridRow、GridCol）	栅格是多设备场景下通用的辅助定位工具，可将空间分割为有规律的栅格。栅格不同于网格布局固定的空间划分，可以实现不同设备下不同的布局，空间划分更随心所欲，从而显著降低适配不同屏幕尺寸的设计及开发成本，使得整体设计和开发流程更有秩序和节奏感，同时也保证多设备上应用显示的协调性和一致性，提升用户体验。推荐在内容相同但布局不同的情形下使用栅格布局
列表（List）	使用列表可以高效地显示结构化、可滚动的信息。在ArkUI中，列表具有垂直与水平布局能力和自适应交叉轴方向上排列个数的布局能力，超出屏幕时可以滚动。列表适合呈现同类数据类型或数据类型集，例如图片和文本
网格布局（Grid）	网格布局具有较强的页面均分能力、子元素占比控制能力。网格布局可以控制子元素所占的网格数量，设置子元素横跨几行或者几列。当网格容器尺寸发生变化时，所有子元素以及间距等比例调整。推荐在需要按照固定比例或者均匀分配空间的布局场景下使用网格布局，例如计算器、相册、日历等
轮播（Swiper）	轮播组件通常用于实现广告轮播、图片预览等

（续表）

布　　局	应用场景
选项卡（Tabs）	选项卡可以在一个页面内快速实现视图内容的切换，一方面提升查找信息的效率，另一方面精简用户单次获取到的信息量

4. 布局位置

position、offset等属性提供了布局容器相对于自身或其他组件的位置，如表5-4所示。

表5-4　布局位置

定位能力	使用场景	实现方式
绝对定位	对于不同尺寸的设备，使用绝对定位的适应性会比较差，在屏幕的适配上有缺陷	使用position实现绝对定位，设置元素左上角相对于父容器左上角的偏移位置。在布局容器中，设置该属性不影响父容器布局，仅在绘制时进行位置调整
相对定位	相对定位不脱离文档流，即原位置依然保留，不影响元素本身的特性，仅相对于原位置进行偏移	使用offset可以实现相对定位，设置元素相对于自身的偏移量。设置该属性，不影响父容器布局，仅在绘制时进行位置调整

5. 对子元素的约束

布局设计对子元素的约束如表5-5所示。

表5-5　对子元素的约束

约束能力	使用场景	实现方式
拉伸	当容器组件尺寸发生变化时，增加或减小的空间全部分配给容器组件内的指定区域	flexGrow和flexShrink属性： （1）flexGrow基于父容器的剩余空间分配来控制组件拉伸。 （2）flexShrink设置父容器的压缩尺寸来控制组件压缩
缩放	子组件的宽高按照预设的比例随容器组件发生变化，且变化过程中子组件的宽高比不变	aspectRatio属性通过指定当前组件的宽高比来控制缩放，公式为：aspectRatio=width/height
占比	占比能力是指子组件的宽高按照预设的比例随父容器组件发生变化	基于通用属性的两种实现方式： （1）将子组件的宽高设置为父组件宽高的百分比。 （2）layoutWeight属性，使得子元素自适应占满剩余空间
隐藏	隐藏能力是指容器组件内的子组件按照其预设的显示优先级，随容器组件尺寸变化而显示或隐藏，其中相同显示优先级的子组件同时显示或隐藏	通过displayPriority属性来控制组件的显示和隐藏

5.4　布　局　详　解

ArkUI支持多种布局方式，包括Column、Row、Stack、Flex等。这些布局方式能够满足不同的UI设计需求，帮助开发者高效地创建复杂的用户界面。

5.4.1　线性布局（Row/Column）

线性布局是开发中最常用的布局，通过线性容器Row和Column构建。线性布局是其他布局的基础，其子元素在线性方向上（水平方向和垂直方向）依次排列，如图5-5所示。线性布局的排列方向由所选容器组件决定，Column容器内子元素按照垂直方向排列，Row容器内子元素按照水平方向排列。根据不同的排列方向，开发者可选择使用Row或Column容器创建线性布局。

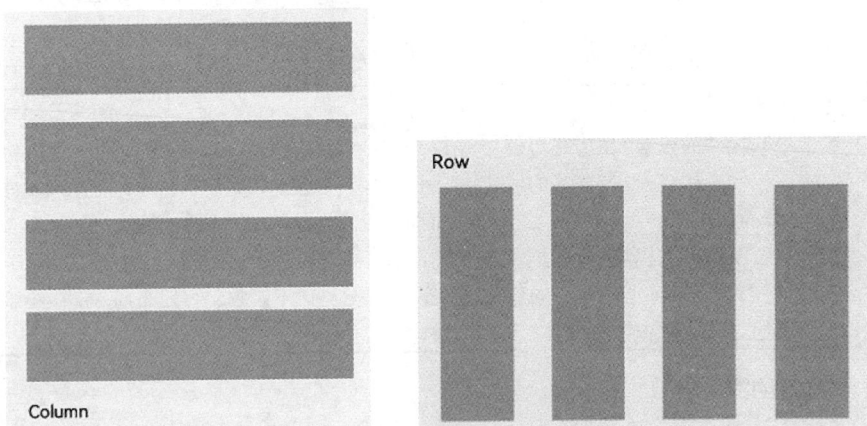

图5-5　线性布局中的行布局和列布局

1. 基本概念

- 布局容器：具有布局能力的容器组件，可以承载其他元素作为其子元素，布局容器会对其子元素进行尺寸计算和布局排列。
- 布局子元素：布局容器内部的元素。
- 主轴：线性布局容器在布局方向上的轴线，子元素默认沿主轴排列。Row容器主轴为水平方向，Column容器主轴为垂直方向。
- 交叉轴：垂直于主轴方向的轴线。Row容器交叉轴为垂直方向，Column容器交叉轴为水平方向。
- 间距：布局子元素的间距。

2. 间距设置（space）

在布局容器内，可以通过space属性设置排列方向上子元素的间距，使各子元素在排列方向上有等间距效果。

例如，在垂直方向上设置间距，代码如下：

```
Column({ space: 20 }) {
    Text('垂直间距, space: 20').fontSize(15).fontColor(Color.Gray).width('90%')
    Row().width('90%').height(50).backgroundColor(0xF5DEB3)
    Row().width('90%').height(50).backgroundColor(0xD2B48C)
    Row().width('90%').height(50).backgroundColor(0xF5DEB3)
    Blank('')
}.width('100%')
 .margin({ top: 10 })
```

各子元素间距如图5-6所示。

又如，在水平方向上设置间距，代码如下：

```
Row({ space: 35 }) {
    Text('水平间距，space: 35').fontSize(15).fontColor(Color.Gray)
    Row().width('10%').height(150).backgroundColor(0xF5DEB3)
    Row().width('10%').height(150).backgroundColor(0xD2B48C)
    Row().width('10%').height(150).backgroundColor(0xF5DEB3)
    Blank('')
}.width('90%')
.margin({ top: 10 })
```

各子元素间距如图5-7所示。

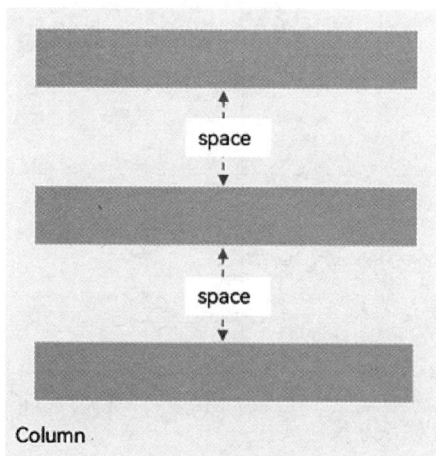

图 5-6　线性布局行布局间距设置

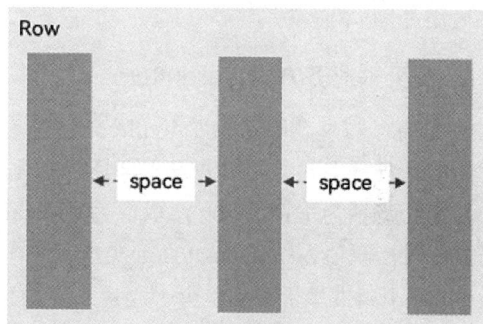

图 5-7　线性布局列布局间距设置

整体示例代码如下：

```
Navigation() {
    Column() {
        Text('线性布局，间距设置')
            .fontSize(25)
            .fontColor(Color.Blue)
            .width('90%')
    }.width('100%')
    .height(30)

    Column({ space: 20 }) {
        Text('垂直间距，space：20').fontSize(15).fontColor(Color.Gray).width('90%')
        Row().width('90%').height(50).backgroundColor(0xF5DEB3)
        Row().width('90%').height(50).backgroundColor(0xD2B48C)
        Row().width('90%').height(50).backgroundColor(0xF5DEB3)
        Blank('')
    }.width('100%')
    .margin({ top: 10 })

    Row({ space: 35 }) {
        Text('水平间距，space: 35').fontSize(15).fontColor(Color.Gray)
        Row().width('10%').height(150).backgroundColor(0xF5DEB3)
        Row().width('10%').height(150).backgroundColor(0xD2B48C)
        Row().width('10%').height(150).backgroundColor(0xF5DEB3)
        Blank('')
    }.width('90%')
    .margin({ top: 10 })
```

```
Column() {
    Text('线性布局，间距设置')
        .fontSize(25)
        .fontColor(Color.Blue)
        .width('90%')
}.width('100%')
.height(30)
.margin({ top: 10 })

}
.height('100%')
.width('100%')
.title('LinearLayout')
.titleMode(NavigationTitleMode.Mini)
```

效果如图5-8所示。

3. 交叉轴对齐方式（alignItems）

在布局容器内，可以通过alignItems属性设置子元素在交叉轴（排列方向的垂直方向）上的对齐方式，且在各类尺寸屏幕中，表现一致。其中，当交叉轴为垂直方向时，取值为VerticalAlign类型；当交叉轴为水平方向时，取值为HorizontalAlign类型。

图5-8   线性布局效果示例

alignSelf属性用于控制单个子元素在容器交叉轴上的对齐方式，其优先级高于alignItems属性，如果设置了alignSelf属性，则在单个子元素上会覆盖alignItems属性。

1）Column 容器内子元素在水平方向上的排列

Column容器内子元素在水平方向上的排列有3种方式，如图5-9所示。

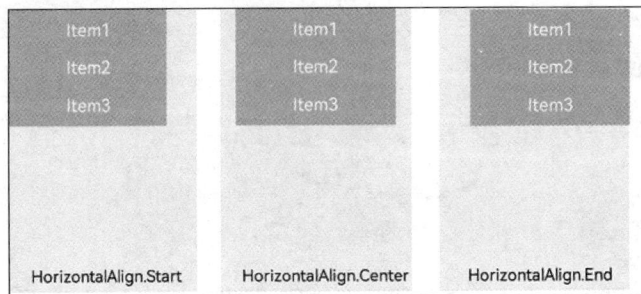

图5-9   线性布局列布局对齐方式

- HorizontalAlign.Start：子元素在水平方向左对齐。
- HorizontalAlign.Center：子元素在水平方向居中对齐。
- HorizontalAlign.End：子元素在水平方向右对齐。

例如，定义水平对齐方式代码，设置全局变量mHorizontalAlign，定义默认值为HorizontalAlign.Start。

```
@State mHorizontalAlign: HorizontalAlign = HorizontalAlign.Start;
@State typeHorizontalStr : string[] = [
    '.Start',
    '.Center',
    '.End'
]
```

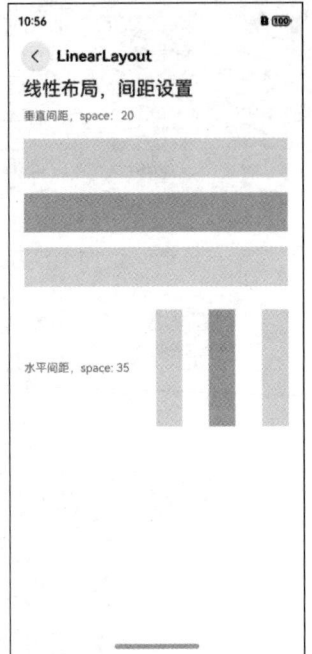

```
// 水平对齐方式
Column() {
    Text('线性布局, 水平对齐方式')
        .fontSize(25)
        .fontColor(Color.Blue)
        .width('90%')

    Row() {
        this.radioHorizontalText(HorizontalAlign.Start, true)
        this.radioHorizontalText(HorizontalAlign.Center, false)
        this.radioHorizontalText(HorizontalAlign.End, false)
    }
    Column({}) {
        Column() {
        }.width('70%').height(50).backgroundColor(0xF5DEB3)
        Column() {
        }.width('70%').height(50).backgroundColor(0xD2B48C)
        Column() {
        }.width('70%').height(50).backgroundColor(0xF5DEB3)
    }
    .width('100%').alignItems(this.mHorizontalAlign).backgroundColor('rgb(242,242,242)')
}.width('100%')
.margin({ top : 20 })
```

在Page页面设置Radio按钮，切换3种对齐方式，可以动态看到页面效果，代码如下：

```
@Builder
radioHorizontalText(alignType : HorizontalAlign, check : boolean) {
    Column() {
        Radio({  value:  this.typeHorizontalStr[alignType.valueOf()  -  1],  group:
'horizontalRadioGroup' }).checked(check)
            .height(50)
            .width(50)
            .onChange((isChecked: boolean) => {
                if (isChecked) {
                    this.mHorizontalAlign = alignType;
                }
            })
        Text(this.typeHorizontalStr[alignType.valueOf() - 1])
    }
}
```

2）Row 容器内子元素在垂直方向上的排列

Row容器内子元素在垂直方向上的排列也有3
种方式，如图5-10所示。

- VerticalAlign.Top: 子元素在垂直方向顶部
  对齐。
- VerticalAlign.Center: 子元素在垂直方向居
  中对齐。
- VerticalAlign.Bottom: 子元素在垂直方向底
  部对齐。

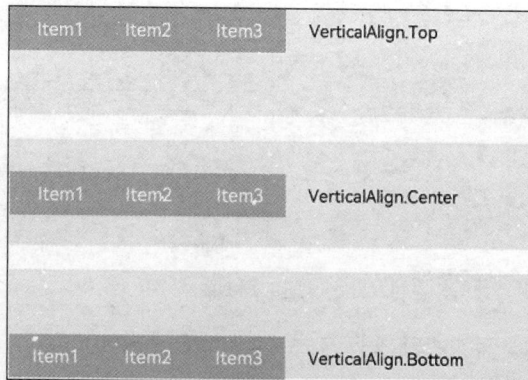

图5-10　线性布局行布局对齐方式

例如，定义垂直对齐方式代码，设置全局变量mVerticalAlign，定义默认值为VerticalAlign.Top。

```
@State mVerticalAlign: VerticalAlign = VerticalAlign.Top;
@State typeVerticalStr : string[] = [
    '.Top',
    '.Center',
    '.Bottom'
]
// 垂直对齐方式
Column() {
    Text('线性布局，垂直对齐方式')
        .fontSize(25)
        .fontColor(Color.Blue)
        .width('90%')

    Row() {
        this.radioVerticalText(VerticalAlign.Top, true)
        this.radioVerticalText(VerticalAlign.Center, false)
        this.radioVerticalText(VerticalAlign.Bottom, false)
    }
    Row({}) {
        Column() {
        }.width('20%').height(30).backgroundColor(0xF5DEB3)
        Column() {
        }.width('20%').height(30).backgroundColor(0xD2B48C)
        Column() {
        }.width('20%').height(30).backgroundColor(0xF5DEB3)
    }.width('100%').height(100).alignItems(this.mVerticalAlign).backgroundColor('rgb(2
42,242,242)')
}.width('100%')
.margin({ top : 20 })
```

在Page页面设置Radio按钮，切换3种对齐方式，可以动态看到页面效果，代码如下：

```
@Builder
radioVerticalText(alignType : VerticalAlign, check : boolean) {
    Column() {
        Radio({    value:    this.typeVerticalStr[alignType.valueOf()    -    1],    group:
'verticalRadioGroup' }).checked(check)
            .height(50)
            .width(50)
            .onChange((isChecked: boolean) => {
                if (isChecked) {
                    this.mVerticalAlign = alignType;
                }
            })
        Text(this.typeVerticalStr[alignType.valueOf() - 1])
    }
}
```

整体运行效果如图5-11所示。

4. 主轴排列方式（justifyContent）

在布局容器内，可以通过justifyContent属性设置子元素在容器主轴上的排列方式。可以从主轴起始位置开始排布，也可以从主轴结束位置开始排布，或者均匀分割主轴的空间。

- justifyContent(FlexAlign.Start)：元素在垂直（水平）方向首端对齐，第一个元素与行首对齐，同时后续的元素与前一个对齐。
- justifyContent(FlexAlign.Center)：元素在垂直（水平）方向中心对齐，第一个元素与行首的距离与最后一个元素与行尾的距离相同。
- justifyContent(FlexAlign.End)：元素在垂直（水平）方向尾部对齐，最后一个元素与行尾对齐，其他元素与后一个对齐。
- justifyContent(FlexAlign.SpaceBetween)：垂直（水平）方向均匀分配元素，相邻元素之间距离相同。第一个元素与行首对齐，最后一个元素与行尾对齐。
- justifyContent(FlexAlign.SpaceAround)：垂直（水平）方向均匀分配元素，相邻元素之间距离相同。第一个元素到行首的距离和最后一个元素到行尾的距离是相邻元素之间距离的一半。
- justifyContent(FlexAlign.SpaceEvenly)：垂直（水平）方向均匀分配元素，相邻元素之间的距离、第一个元素与行首的距离、最后一个元素到行尾的距离都完全一样。

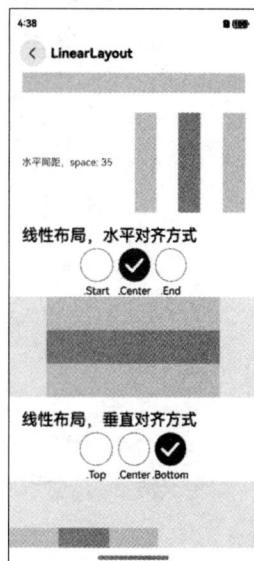

图5-11　线性布局效果

1）Column 容器内子元素在垂直方向上的排列

Column容器内子元素在垂直方向上的排列如图5-12所示。

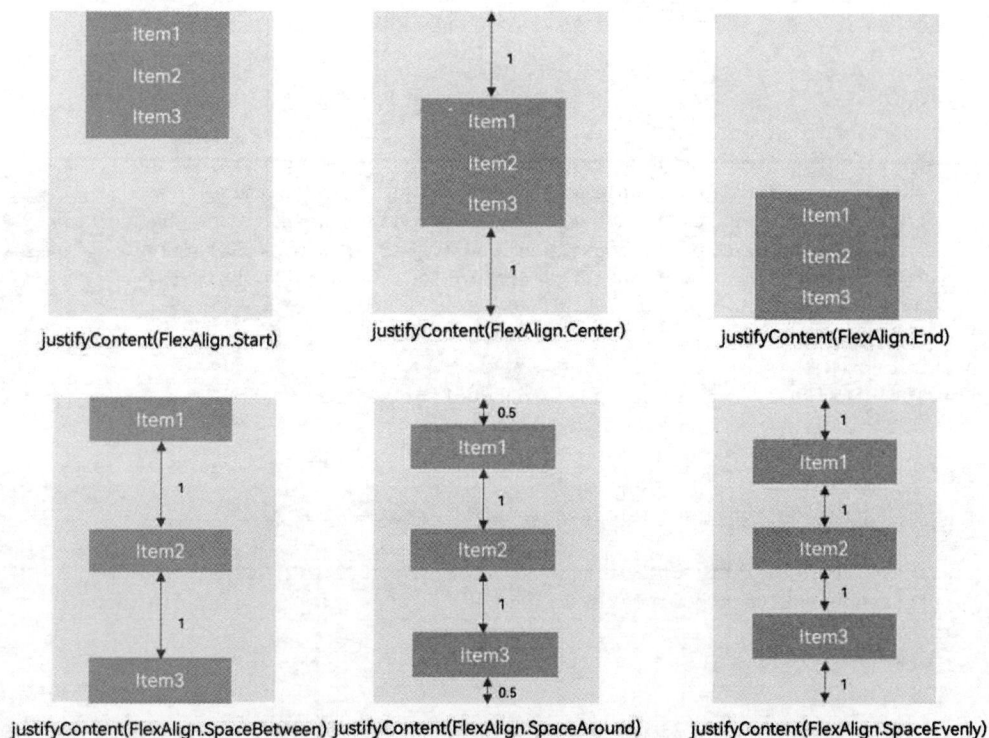

图5-12　Column容器内子元素在垂直方向上的排列

2）Row 容器内子元素在水平方向上的排列

Row容器内子元素在水平方向上的排列如图5-13所示。

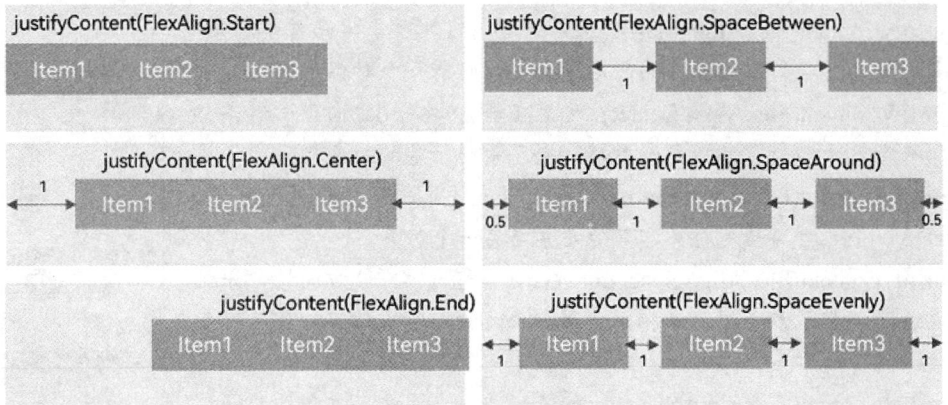

图5-13   Row容器内子元素在水平方向上的排列

定义对齐方式代码，设置全局变量，代码如下：

```
@State mColumnFlexAlign : FlexAlign = FlexAlign.Start
@State mRowFlexAlign : FlexAlign = FlexAlign.Start

// 垂直对齐方式
Column() {
    Text('线性布局，主轴垂直排列')
        .fontSize(25)
        .fontColor(Color.Blue)
        .width('90%')

    Row() {
        this.radioColumnFlexAlignText(FlexAlign.Start, '.Start', true)
        this.radioColumnFlexAlignText(FlexAlign.Center, '.Center', false)
        this.radioColumnFlexAlignText(FlexAlign.End, '.End', false)
        this.radioColumnFlexAlignText(FlexAlign.SpaceBetween, '.Sb', false)
        this.radioColumnFlexAlignText(FlexAlign.SpaceAround, '.Sa',false)
        this.radioColumnFlexAlignText(FlexAlign.SpaceEvenly, '.Se', false)
    }
    Column({}) {
        Column() {
        }.width('80%').height(25).backgroundColor(0xF5DEB3)
        Column() {
        }.width('80%').height(25).backgroundColor(0xD2B48C)
        Column() {
        }.width('80%').height(25).backgroundColor(0xF5DEB3)
    }
    .width('100%').height(150).backgroundColor('rgb(242,242,242)')
    .justifyContent(this.mColumnFlexAlign)
}.width('100%')
.margin({ top : 20 })

// 水平对齐方式
Column() {
    Text('线性布局，主轴水平排列')
        .fontSize(25)
        .fontColor(Color.Blue)
        .width('90%')

    Row() {
```

```
        this.radioRowFlexAlignText(FlexAlign.Start, '.Start', true)
        this.radioRowFlexAlignText(FlexAlign.Center, '.Center', false)
        this.radioRowFlexAlignText(FlexAlign.End, '.End', false)
        this.radioRowFlexAlignText(FlexAlign.SpaceBetween, '.Sb', false)
        this.radioRowFlexAlignText(FlexAlign.SpaceAround, '.Sa',false)
        this.radioRowFlexAlignText(FlexAlign.SpaceEvenly, '.Se', false)
    }
    Row({}) {
        Column() {
        }.width('20%').height(30).backgroundColor(0xF5DEB3)
        Column() {
        }.width('20%').height(30).backgroundColor(0xD2B48C)
        Column() {
        }.width('20%').height(30).backgroundColor(0xF5DEB3)
    }.width('100%').height(200).backgroundColor('rgb(242,242,242)')
    .justifyContent(this.mRowFlexAlign)
}.width('100%')
.margin({ top : 20 })

@Builder
radioColumnFlexAlignText(alignType : FlexAlign, name : string, check : boolean) {
    Column() {
        Radio({ value: name, group: 'flexColRadioGroup' }).checked(check)
            .height(50)
            .width(50)
            .onChange((isChecked: boolean) => {
                if (isChecked) {
                    this.mColumnFlexAlign = alignType;
                }
            })
        Text(name)
    }
}
@Builder
radioRowFlexAlignText(alignType : FlexAlign, name : string, check : boolean) {
    Column() {
        Radio({ value: name, group: 'flexRowRadioGroup' }).checked(check)
            .height(50)
            .width(50)
            .onChange((isChecked: boolean) => {
                if (isChecked) {
                    this.mRowFlexAlign = alignType;
                }
            })
        Text(name)
    }
}
```

5. 自适应拉伸

在线性布局下，常用空白填充组件Blank在容器主轴方向自动填充空白空间，达到自适应拉伸的效果。Row和Column作为容器，只需要将宽高设置为百分比，当屏幕宽高发生变化时，就会产生自适应效果。示例代码如下：

```
Column() {
    Text('自适应拉伸')
        .fontSize(25)
```

```
        .fontColor(Color.Blue)
        .width('90%')
    Row() {
        Text('Bluetooth').fontSize(18)
        Blank()
        Toggle({ type: ToggleType.Switch, isOn: true })
    }.backgroundColor(0xEEEEEE)
    .borderRadius(5)
    .padding({ left: 12 }).width('100%')
    .margin({ top : 20 })
}.width('100%')
.padding(20)
.margin({ top : 20 })
```

6. 自适应缩放

自适应缩放是指子元素随容器尺寸的变化而按照预设的比例自动调整尺寸，适应各种不同大小的设备。在线性布局中，可以使用以下两种方法实现自适应缩放。

1）layoutWeight

当父容器尺寸确定时，使用layoutWeight属性设置子元素和兄弟元素在主轴上的权重，忽略元素本身的尺寸设置，使它们在任意尺寸的设备下自适应占满剩余空间。示例代码如下：

```
Column() {
    Text('自适应缩放, layoutWeight')
        .fontSize(25)
        .fontColor(Color.Blue)
        .width('90%')

    Text('1:2:3').width('100%')
    Row() {
        Column() {
            Text('layoutWeight(1)').textAlign(TextAlign.Center)
        }.layoutWeight(1).backgroundColor(0xF5DEB3).height('100%')
        Column() {
            Text('layoutWeight(2)').textAlign(TextAlign.Center)
        }.layoutWeight(2).backgroundColor(0xD2B48C).height('100%')
        Column() {
            Text('layoutWeight(3)').textAlign(TextAlign.Center)
        }.layoutWeight(3).backgroundColor(0xF5DEB3).height('100%')
    }.backgroundColor(0xffd306).height('30%')
}.margin({top:20})
```

2）width

当父容器尺寸确定后，使用百分比设置子元素和兄弟元素的宽度，使它们在任意尺寸的设备下保持固定的自适应占比。示例代码如下：

```
Column() {
    Text('自适应缩放, width百分比')
        .fontSize(25)
        .fontColor(Color.Blue)
        .width('90%')
    Row() {
        Column() {
            Text('left width 20%').textAlign(TextAlign.Center)
        }.width('20%').backgroundColor(0xF5DEB3).height('100%')
```

```
     Column() {
         Text('center width 50%').textAlign(TextAlign.Center)
     }.width('50%').backgroundColor(0xD2B48C).height('100%')
     Column() {
         Text('right width 30%').textAlign(TextAlign.Center)
     }.width('30%').backgroundColor(0xF5DEB3).height('100%')
   }.backgroundColor(0xffd306).height('30%')
}.margin({top:20})
```

7. 自适应延伸

自适应延伸是指在不同尺寸设备下,当页面的内容超出屏幕大小而无法完全显示时,可以通过滚动条进行拖动展示。这种方法适用于线性布局中内容无法一屏展示的场景。通常有以下两种实现方式。

- 在List中添加滚动条:当List子项过多一屏放不下时,可以将每一项子元素放置在不同的组件中,通过滚动条进行拖动展示。可以通过scrollBar属性设置滚动条的常驻状态,通过edgeEffect属性设置拖动到内容最末端时的回弹效果。
- 使用Scroll组件:在线性布局中,开发者可以进行垂直方向或者水平方向的布局。当一屏无法完全显示内容时,可以在Column或Row组件的外层包裹一个可滚动的容器组件Scroll来实现可滑动的线性布局。

```
Scroll() {
    // ...
}
.scrollable(ScrollDirection.Vertical) // 滚动方向为垂直方向
.scrollBar(BarState.On) // 滚动条常驻显示
.scrollBarColor(Color.Gray) // 滚动条颜色
.scrollBarWidth(10) // 滚动条宽度
.edgeEffect(EdgeEffect.Spring) // 滚动到边沿后回弹
```

5.4.2　层叠布局(Stack)

层叠布局用于在屏幕上预留一块区域来显示组件中的元素,提供元素可以重叠的布局。层叠布局通过Stack容器组件实现位置的固定定位与层叠,容器中的子元素依次入栈,后一个子元素覆盖前一个子元素。子元素可以叠加,也可以设置位置。

层叠布局具有较强的页面层叠、位置定位能力,其使用场景有广告、卡片层叠效果等。Stack作为容器,其子元素的顺序为Item1>Item2>Item3,如图5-14所示。

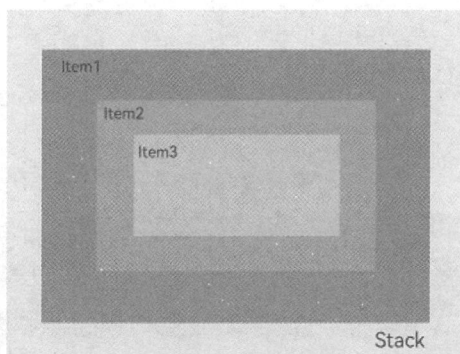

图5-14　层叠布局

1. 开发布局

Stack组件为容器组件,容器内可包含各种子元素。其中子元素默认进行居中堆叠。子元素被约束在Stack下,进行自己的样式定义以及排列。

```
let mTop:Record<string,number> = { 'top': 20 }

Stack({ }) {
    Column(){}.width('90%').height('100%').backgroundColor('#ff58b87c')
    Text('text').width('60%').height('60%').backgroundColor('#ffc3f6aa')
```

```
        Button('button').width('30%').height('30%').backgroundColor('#ff8ff3eb').
fontColor('#000')
    }.width('100%').height(150).margin(mTop)
```

2. 对齐方式

Stack组件通过alignContent参数实现位置的相对移动，支持9种对齐方式，如图5-15所示。

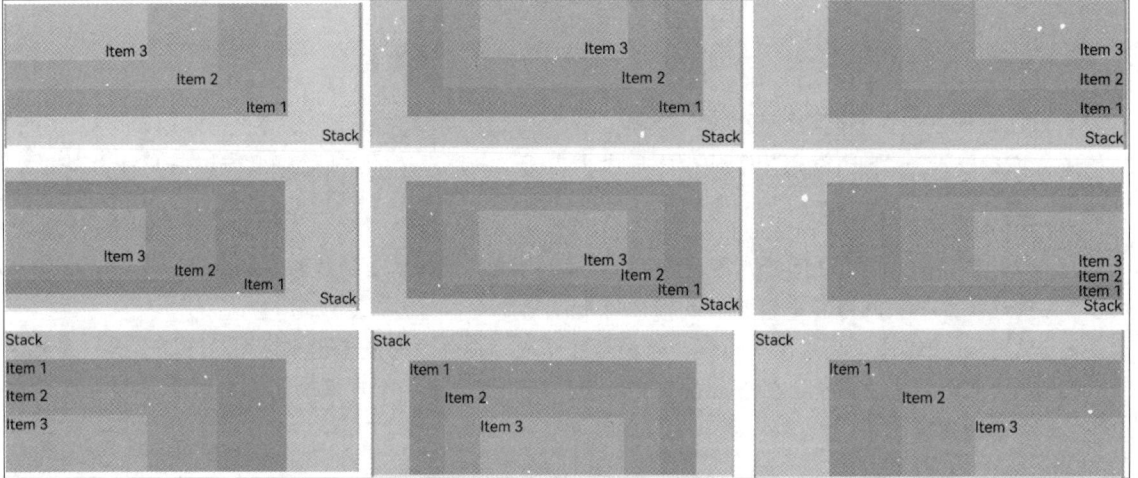

图5-15　层叠布局对齐方式

下面示例代码中通过RadioButton设置9种对齐方式：

```
@State mStackAlign : Alignment = Alignment.TopStart

Column() {
    Text('对齐方式')
        .fontSize(25)
        .fontColor(Color.Blue)
        .width('90%')
}.width('100%')
.height(30)
.margin(20)

Row() {
    this.radioStackText(Alignment.TopStart, '.TopStart', true)
    this.radioStackText(Alignment.Top, '.Top', false)
    this.radioStackText(Alignment.TopEnd, '.TopEnd', false)
}
Row() {
    this.radioStackText(Alignment.Start,'.Start', false)
    this.radioStackText(Alignment.Center,'.Center', false)
    this.radioStackText(Alignment.End,'.End', false)
}
Row() {
    this.radioStackText(Alignment.BottomStart,'.BottomStart', false)
    this.radioStackText(Alignment.Bottom,'.Bottom', false)
    this.radioStackText(Alignment.BottomEnd,'.BottomEnd', false)
}
Stack({ alignContent: this.mStackAlign }) {
    Text('Stack').width('90%').height('100%').backgroundColor('#e1dede').
```

```
align(Alignment.BottomEnd)
        Text('Item                    1').width('70%').height('80%').backgroundColor(0xd2cab3).
align(Alignment.BottomEnd)
        Text('Item                    2').width('50%').height('60%').backgroundColor(0xc1cbac).
align(Alignment.BottomEnd)
    }.width('100%').height(150)
    .margin(20)


    @Builder
    radioStackText(alignType : Alignment, stackTypeName: string, check : boolean) {
        Column() {
            Radio({ value: stackTypeName, group: 'stackRadioGroup' }).checked(check)
                .height(50)
                .width(50)
                .onChange((isChecked: boolean) => {
                    if (isChecked) {
                        this.mStackAlign = alignType;
                    }
                })
            Text(stackTypeName)
        }.layoutWeight(1)
    }
```

3. Z序控制

Stack容器中子组件的显示层级关系可以通过Z序控制的zIndex属性改变。zIndex值越大,显示层级越高,即zIndex值大的组件会覆盖在zIndex值小的组件上方。

在层叠布局中,如果后面子元素尺寸大于前面子元素尺寸,则前面子元素完全隐藏。

示例代码如下:

```
Column() {
    Text('Z序控制')
        .fontSize(25)
        .fontColor(Color.Blue)
        .width('90%')
}.width('100%')
.height(30)
.margin(20)

Stack({ alignContent: Alignment.BottomStart }) {
    Column() {
        Text('Stack子元素1').textAlign(TextAlign.End).fontSize(20)
    }.width(100).height(50).backgroundColor(0xffd306)
    Column() {
        Text('Stack子元素2').fontSize(20)
    }.width(150).height(75).backgroundColor(Color.Pink)
    Column() {
        Text('Stack子元素3').fontSize(20)
    }.width(200).height(100).backgroundColor(Color.Grey)
}.width(350).height(125).backgroundColor(0xe0e0e0)
.margin({ top: 10 })
Stack({ alignContent: Alignment.BottomStart }) {
    Column() {
        Text('Stack子元素1').textAlign(TextAlign.End).fontSize(20)
    }.width(100).height(50).backgroundColor(0xffd306).zIndex(2)
    Column() {
```

```
        Text('Stack子元素2').fontSize(20)
    }.width(150).height(75).backgroundColor(Color.Pink).zIndex(1)
    Column() {
        Text('Stack子元素3').fontSize(20)
    }.width(200).height(100).backgroundColor(Color.Grey)
}.width(350).height(125).backgroundColor(0xe0e0e0)
.margin({ top : 20})
```

效果如图5-16所示。

在图5-16中，子元素3的尺寸大于前面两个子元素的尺寸，所以前面两个元素完全隐藏；改变子元素1、子元素2的zIndex属性后，可以将前两个元素展示出来。

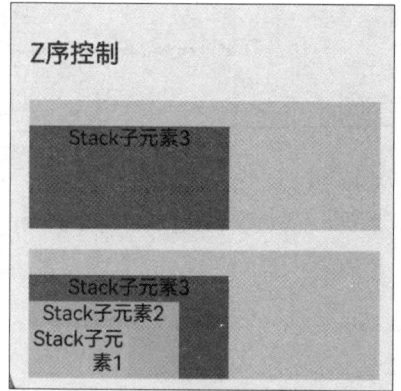

图5-16   层叠布局Z序控制

5.4.3 弹性布局（Flex）

弹性布局提供更加有效的方式对容器中的子元素进行排列、对齐和分配剩余空间，常用于页面头部导航栏的均匀分布、页面框架的搭建、多行数据的排列等。

容器默认存在主轴与交叉轴，子元素默认沿主轴排列，子元素在主轴方向的尺寸称为主轴尺寸，在交叉轴方向的尺寸称为交叉轴尺寸，如图5-17所示。

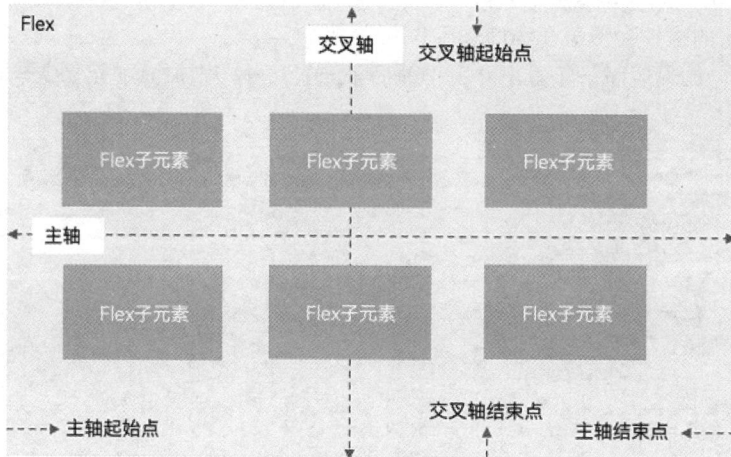

图5-17   弹性布局

1. 基本概念

- 主轴：Flex组件布局方向的轴线，子元素默认沿着主轴排列。主轴开始的位置称为主轴起始点，结束位置称为主轴结束点。
- 交叉轴：垂直于主轴方向的轴线。交叉轴开始的位置称为交叉轴起始点，结束位置称为交叉轴结束点。

2. 布局方向

在弹性布局中，容器的子元素可以按照任意方向排列。通过设置参数direction，可以决定主轴的方向，从而控制子元素的排列方向，如图5-18所示。

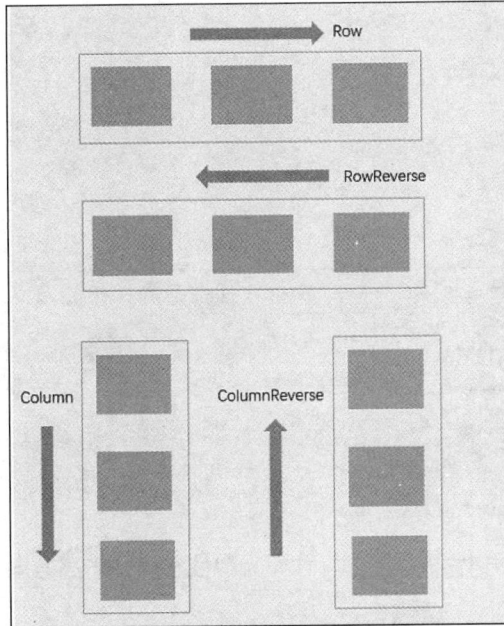

图5-18　弹性布局的方向

- FlexDirection.Row（默认值）：主轴为水平方向，子元素从起始端沿着水平方向开始排布。
- FlexDirection.RowReverse: 主轴为水平方向，子元素从终点端沿着FlexDirection.Row相反的方向开始排布。
- FlexDirection.Column: 主轴为垂直方向，子元素从起始端沿着垂直方向开始排布。
- FlexDirection.ColumnReverse: 主轴为垂直方向，子元素从终点端沿着FlexDirection.Column相反的方向开始排布。

示例代码如下：

```
Column() {
    Text('弹性布局，布局方向')
        .fontSize(25)
        .fontColor(Color.Blue)
        .width('90%')
        .height(30)

    Row() {
        this.radioStackText(FlexDirection.Row, '.Row', true)
        this.radioStackText(FlexDirection.RowReverse, '.RowReverse', false)
        this.radioStackText(FlexDirection.Column, '.Column', false)
        this.radioStackText(FlexDirection.ColumnReverse, '.ColumnReverse', false)
    }

    Flex({ direction: this.flexDirection }) {
        Text('1').layoutWeight(1).width('100%').height(50).
backgroundColor(0xF5DEB3).margin(5)
        Text('2').layoutWeight(1).width('100%').height(50).
backgroundColor(0xD2B48C).margin(5)
        Text('3').layoutWeight(1).width('100%').height(50).
backgroundColor(0xF5DEB3).margin(5)
    }
    .height(80)
```

```
    .width('90%')
    .padding(10)
    .backgroundColor(0xAFEEEE)

}
.height('100%')
.width('100%')
```

效果如图5-19所示。

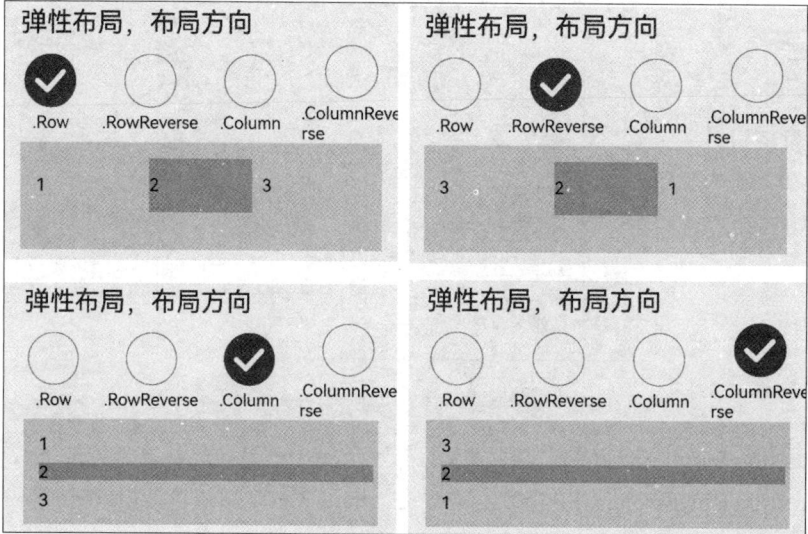

图5-19   弹性布局的布局方向效果

3. 布局换行

弹性布局分为单行布局和多行布局。默认情况下，Flex容器中的子元素都排在一条线（又称"轴线"）上。wrap属性控制当子元素主轴尺寸之和大于容器主轴尺寸时，Flex是单行布局还是多行布局。在多行布局中，通过交叉轴方向，确认新行排列方向。

- FlexWrap.NoWrap（默认值）：不换行。如果子元素的宽度总和大于父元素的宽度，则子元素会被压缩宽度。
- FlexWrap.Wrap：换行，每一行子元素按照主轴方向排列。
- FlexWrap.WrapReverse：换行，每一行子元素按照主轴反方向排列。

示例代码如下：

```
@Extend(Text) function styleCustomTitle () {
    .fontSize(25)
    .fontColor(Color.Blue)
    .width('90%')
    .height(30)
}

@State flexWrap: FlexWrap = FlexWrap.NoWrap

Text('弹性布局，布局换行').styleCustomTitle()

Row() {
    this.radioFlexWrapText(FlexWrap.NoWrap, '.NoWrap', true)
    this.radioFlexWrapText(FlexWrap.Wrap, '.Wrap', false)
```

```
        this.radioFlexWrapText(FlexWrap.WrapReverse, '.WrapReverse', false)
}

Flex({ wrap: this.flexWrap }) {
    Text('1').width('40%').height(50).backgroundColor(0xF5DEB3).margin(5)
    Text('2').width('40%').height(50).backgroundColor(0xD2B48C).margin(5)
    Text('3').width('40%').height(50).backgroundColor(0xF5DEB3).margin(5)
}
.width('90%')
.padding(10)
.backgroundColor(0xAFEEEE)

@Builder
radioFlexWrapText(wrap: FlexWrap, stackTypeName: string, check: boolean) {
    Column() {
        Radio({ value: stackTypeName, group: 'flexWrapRadioGroup' }).checked(check)
            .height(50)
            .width(50)
            .onChange((isChecked: boolean) => {
                if (isChecked) {
                    this.flexWrap = wrap;
                }
            })
        Text(stackTypeName)
    }.layoutWeight(1)
}
```

效果如图5-20所示。

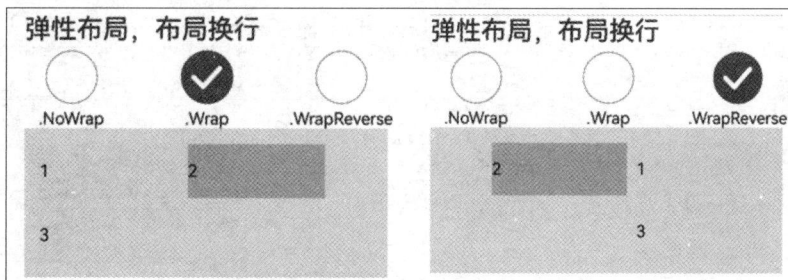

图5-20　弹性布局的布局换行效果

4. 主轴对齐方式

通过justifyContent参数设置子元素在主轴方向的对齐方式，如图5-21所示。

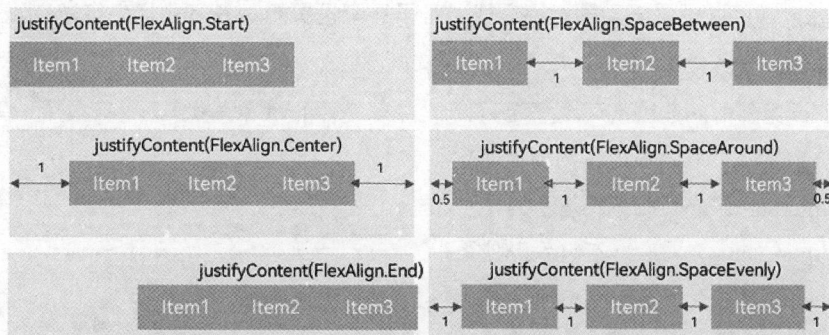

图5-21　弹性布局主轴对齐方式

- FlexAlign.Start（默认值）: 子元素在主轴方向起始端对齐，第一个子元素与父元素边沿对齐，其他元素与前一个元素对齐。
- FlexAlign.Center: 子元素在主轴方向居中对齐。
- FlexAlign.End: 子元素在主轴方向终点端对齐，最后一个子元素与父元素边沿对齐，其他元素与后一个元素对齐。
- FlexAlign.SpaceBetween: Flex主轴方向均匀分配弹性元素，相邻子元素之间距离相同。第一个子元素和最后一个子元素与父元素边沿对齐。
- FlexAlign.SpaceAround: Flex主轴方向均匀分配弹性元素，相邻子元素之间距离相同。第一个子元素到主轴起始端的距离和最后一个子元素到主轴终点端的距离是相邻元素之间距离的一半。
- FlexAlign.SpaceEvenly: Flex主轴方向元素等间距布局，相邻子元素之间的间距、第一个子元素与主轴起始端的间距、最后一个子元素与主轴终点端的间距均相等。

示例代码如下：

```
@State flexAlign: FlexAlign = FlexAlign.Start

Text('弹性布局，主轴对齐方式').styleCustomTitle()

Row() {
    this.radioFlexAlignText(FlexAlign.Start, '.Start', true)
    this.radioFlexAlignText(FlexAlign.Center, '.Center', false)
    this.radioFlexAlignText(FlexAlign.End, '.End', false)
}
Row() {
    this.radioFlexAlignText(FlexAlign.SpaceBetween, '.SpaceBetween', false)
    this.radioFlexAlignText(FlexAlign.SpaceAround, '.SpaceAround', false)
    this.radioFlexAlignText(FlexAlign.SpaceEvenly, '.SpaceEvenly', false)
}
Flex({ justifyContent: this.flexAlign }) {
    Text('1').width('20%').height(50).backgroundColor(0xF5DEB3)
    Text('2').width('20%').height(50).backgroundColor(0xD2B48C)
    Text('3').width('20%').height(50).backgroundColor(0xF5DEB3)
}
.width('90%')
.padding(pTopBottom)
.backgroundColor(0xAFEEEE)
```

效果如图5-22所示。

5. 交叉轴对齐方式

容器和子元素都可以设置交叉轴对齐方式，且子元素设置的对齐方式优先级较高。

1）容器组件设置交叉轴对齐

可以通过Flex组件的alignItems参数设置子元素在交叉轴的对齐方式。

- ItemAlign.Auto: 使用Flex容器中的默认配置。
- ItemAlign.Start: 交叉轴方向首部对齐。
- ItemAlign.Center: 交叉轴方向居中对齐。
- ItemAlign.End: 交叉轴方向底部对齐。
- ItemAlign.Stretch: 交叉轴方向拉伸填充，在未设置尺寸时，拉伸到容器尺寸。
- ItemAlign.Baseline: 交叉轴方向文本基线对齐。

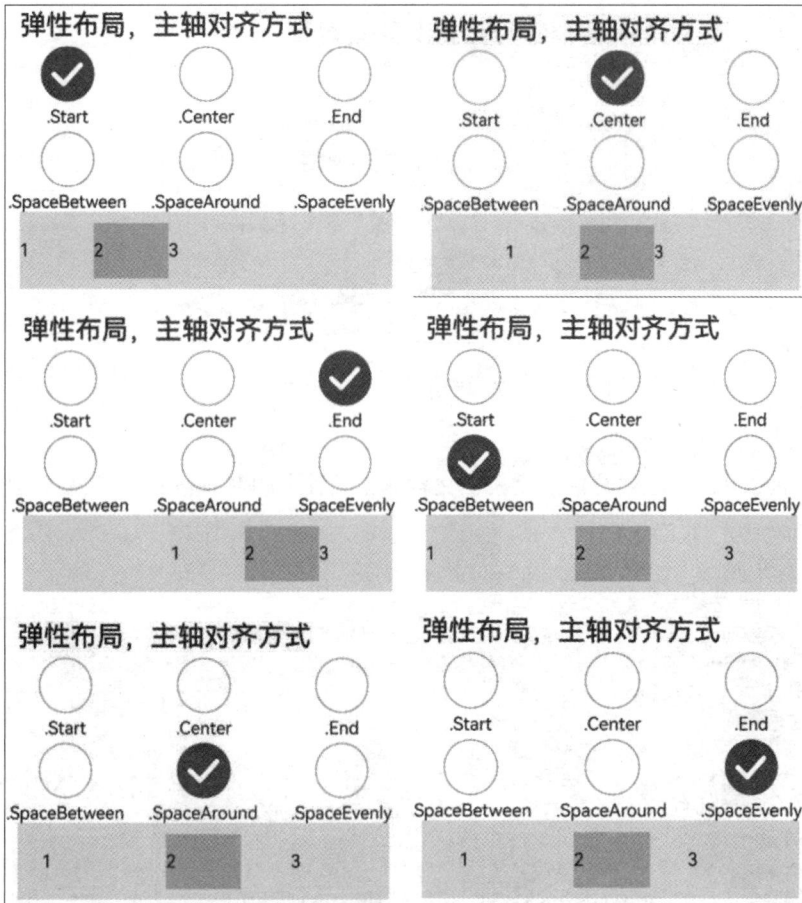

图5-22　弹性布局主轴对齐方式效果

示例代码如下：

```
Text('容器组件设置交叉轴对齐').styleCustomTitle()

Row() {
    this.radioItemAlignText(ItemAlign.Auto, '.Auto', true)
    this.radioItemAlignText(ItemAlign.Start, '.Start', false)
    this.radioItemAlignText(ItemAlign.Center, '.Center', false)
}
Row() {
    this.radioItemAlignText(ItemAlign.End, '.End', false)
    this.radioItemAlignText(ItemAlign.Stretch, '.Stretch', false)
    this.radioItemAlignText(ItemAlign.Baseline, '.Baseline', false)
}
Flex({ alignItems: this.itemAlign }) {
    Text('1').width('33%').height(30).backgroundColor(0xF5DEB3)
    Text('2').width('33%').height(40).backgroundColor(0xD2B48C)
    Text('3').width('33%').height(50).backgroundColor(0xF5DEB3)
}
.size(mItemSize)
.padding(10)
.backgroundColor(0xAFEEEE)
```

效果如图5-23所示。

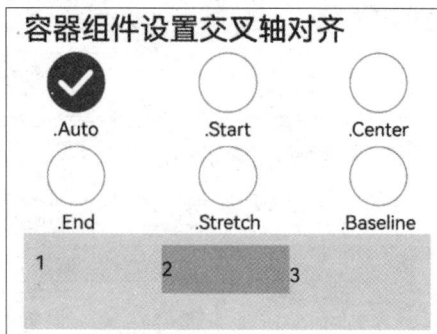

图5-23　弹性布局容器组件交叉轴对齐方式效果

2）子元素设置交叉轴对齐

子元素的alignSelf属性可以设置子元素在父容器交叉轴上的对齐格式，且会覆盖Flex布局容器中的alignItems配置。示例如下：

```
Text('子元素设置交叉轴对齐').styleCustomTitle()
// 容器组件设置子元素居中
Flex({ direction: FlexDirection.Row, alignItems: ItemAlign.Center }) {
    Text('alignSelf Start').width('25%').height(80)
        .alignSelf(ItemAlign.Start)
        .backgroundColor(0xF5DEB3)
    Text('alignSelf Baseline')
        .alignSelf(ItemAlign.Baseline)
        .width('25%')
        .height(80)
        .backgroundColor(0xD2B48C)
    Text('alignSelf Baseline').width('25%').height(100)
        .backgroundColor(0xF5DEB3)
        .alignSelf(ItemAlign.Baseline)
    Text('no alignSelf').width('25%').height(100)
        .backgroundColor(0xD2B48C)
    Text('no alignSelf').width('25%').height(100)
        .backgroundColor(0xF5DEB3)
}.width('90%').height(220).backgroundColor(0xAFEEEE)
```

效果如图5-24所示。

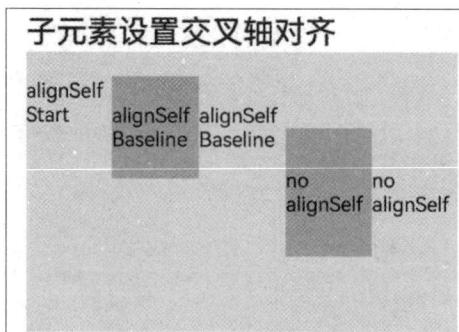

图5-24　弹性布局子元素交叉轴对齐方式

Flex容器中的alignItems设置交叉轴子元素的对齐方式为居中，而子元素自身设置了alignSelf属性，覆盖掉父组件的alignItems值，表现为alignSelf的定义。

3）内容对齐

可以通过alignContent参数设置子元素各行在交叉轴剩余空间内的对齐方式，只在多行的Flex布局中生效。

- FlexAlign.Start：子元素各行与交叉轴起点对齐。
- FlexAlign.Center：子元素各行在交叉轴方向居中对齐。
- FlexAlign.End：子元素各行与交叉轴终点对齐。
- FlexAlign.SpaceBetween：子元素各行与交叉轴两端对齐，各行间垂直间距平均分布。
- FlexAlign.SpaceAround：子元素各行间距相等，并且是元素首尾行与交叉轴两端距离的两倍。
- FlexAlign.SpaceEvenly：子元素各行间距、子元素首尾行与交叉轴两端距离都相等。

示例代码如下：

```
Text('弹性布局，内容对齐').styleCustomTitle()

Row() {
    this.radioContentAlignText(FlexAlign.Start, '.Start', true)
    this.radioContentAlignText(FlexAlign.Center, '.Center', false)
    this.radioContentAlignText(FlexAlign.End, '.End', false)
}
Row() {
    this.radioContentAlignText(FlexAlign.SpaceBetween, '.SpaceBetween', false)
    this.radioContentAlignText(FlexAlign.SpaceAround, '.SpaceAround', false)
    this.radioContentAlignText(FlexAlign.SpaceEvenly, '.SpaceEvenly', false)
}
Flex({ justifyContent: FlexAlign.SpaceBetween, wrap: FlexWrap.Wrap, alignContent:
this.contentAlign }) {
    Text('1').width('30%').height(20).backgroundColor(0xF5DEB3)
    Text('2').width('60%').height(20).backgroundColor(0xD2B48C)
    Text('3').width('40%').height(20).backgroundColor(0xD2B48C)
    Text('4').width('30%').height(20).backgroundColor(0xF5DEB3)
    Text('5').width('20%').height(20).backgroundColor(0xD2B48C)
}
.width('90%')
.height(100)
.backgroundColor(0xAFEEEE)
```

效果如图5-25所示。

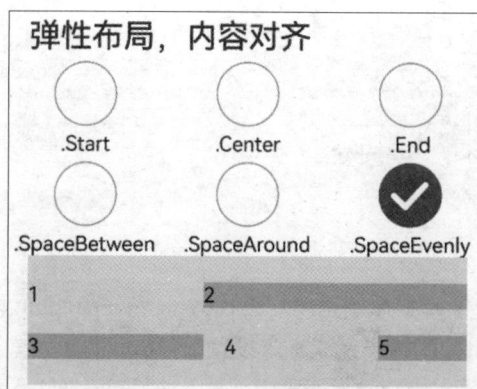

图5-25　弹性布局内容对齐

6. 自适应拉伸

当弹性布局的父组件尺寸过小时，通过子元素的以下属性设置其在父容器中的占比，达到自适应布局。

- flexBasis：设置子元素在父容器主轴方向上的基准尺寸。如果设置了该属性，则子项占用的空间为该属性所设置的值；如果没有设置该属性，则子项的空间为width/height的值。

```
Flex() {
    Text('flexBasis("auto")')
        .flexBasis('auto') // 未设置width以及flexBasis值为auto, 内容自身宽度
        .height(100)
        .backgroundColor(0xF5DEB3)
    Text('flexBasis("auto")'+' width("40%")')
        .width('40%')
        .flexBasis('auto') //设置width以及flexBasis值为auto, 使用width的值
        .height(100)
        .backgroundColor(0xD2B48C)

    Text('flexBasis(100)')   // 未设置width以及flexBasis值为100, 宽度为100vp
        .flexBasis(100)
        .height(100)
        .backgroundColor(0xF5DEB3)

    Text('flexBasis(100)')
        .flexBasis(100)
        .width(200) // flexBasis值为100, 覆盖width的设置值，宽度为100vp
        .height(100)
        .backgroundColor(0xD2B48C)
}.width('90%').height(120).padding(10).backgroundColor(0xAFEEEE)
```

- flexGrow：设置父容器的剩余空间分配给此属性所在组件的比例。用于分配父组件的剩余空间。

```
Flex() {
    Text('flexGrow(2)')
        .flexGrow(2)
        .width(100)
        .height(100)
        .backgroundColor(0xF5DEB3)
    Text('flexGrow(3)')
        .flexGrow(3)
        .width(100)
        .height(100)
        .backgroundColor(0xD2B48C)

    Text('no flexGrow')
        .width(100)
        .height(100)
        .backgroundColor(0xF5DEB3)
}.width(420).height(120).padding(10).backgroundColor(0xAFEEEE)
```

父容器宽度为420vp，3个子元素原始宽度均为100vp，左右padding为20vp，总和为320vp，剩余空间100vp根据flexGrow值的占比分配给子元素，未设置flexGrow的子元素不参与"瓜分"。即第一个元素和第二个元素以2:3分配剩下的100vp。第一个元素为100vp＋100vp×2/5＝140vp，第二个元素为100vp＋100vp×3/5＝160vp。

- flexShrink：当父容器空间不足时，子元素的压缩比例。

```
Flex({ direction: FlexDirection.Row }) {
    Text('flexShrink(3)')
        .flexShrink(3)
        .width(200)
        .height(100)
        .backgroundColor(0xF5DEB3)

    Text('no flexShrink')
        .width(200)
        .height(100)
        .backgroundColor(0xD2B48C)

    Text('flexShrink(2)')
        .flexShrink(2)
        .width(200)
        .height(100)
        .backgroundColor(0xF5DEB3)
}.width(400).height(120).padding(10).backgroundColor(0xAFEEEE)
```

5.4.4　相对布局（RelativeContainer）

在应用的开发过程中，经常需要设计复杂界面，此时涉及多个相同或不同组件之间的嵌套。如果布局组件嵌套深度过深，或者嵌套组件数过多，会带来额外的开销。此时在布局的方式上进行优化，就可以有效提升性能，减少时间开销。

RelativeContainer为采用相对布局的容器，支持容器内部的子元素设置相对位置关系，适用于界面复杂的情况，对多个子组件进行对齐和排列。子元素支持指定兄弟元素作为锚点，也支持指定父容器作为锚点，基于锚点做相对位置布局。相对布局的概念图如图5-26所示，图中的虚线表示位置的依赖关系。

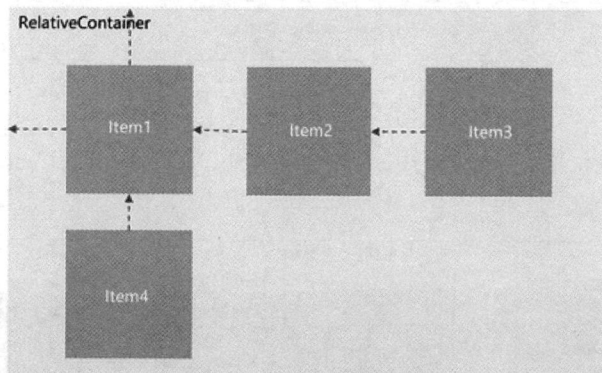

图5-26　相对布局概念图

注意，子元素并不完全是图5-26所示的依赖关系。比如，Item4可以以Item2为依赖锚点，也可以以RelativeContainer父容器为依赖锚点。

1. 基本概念

- 锚点：通过锚点设置当前元素基于哪个元素确定位置。
- 对齐方式：通过对齐方式，设置当前元素是基于锚点的上中下对齐，还是基于锚点的左中右对齐。

2. 设置依赖关系

1）锚点设置

锚点设置是指设置子元素相对于父元素或兄弟元素的位置依赖关系。在水平方向上，可以设置left、middle、right的锚点。在竖直方向上，可以设置top、center、bottom的锚点。

为了明确定义锚点，必须为 RelativeContainer 及其子元素设置 ID，以指定锚点信息。RelativeContainer的默认ID为"__container__"，其余子元素的ID通过id属性进行设置。未设置id的组件可以正常显示，但不能作为其他子组件的锚点；相对布局容器会为其自动生成ID，但该ID的生成规则不可预知，应用无法感知。当子组件之间存在互相依赖或环形依赖时，容器内的所有子组件均不绘制。在同方向上设置了两个以上锚点但锚点位置逆序时，对应子组件的尺寸为0，即不绘制。

> 说明：在使用锚点时要注意子元素的相对位置关系，避免出现错位或遮挡的情况。
>
> - RelativeContainer父组件可以作为锚点，__container__代表父容器的ID。
> - 子组件可选择兄弟组件作为锚点。
> - 子组件的锚点可任意指定，但需避免形成相互依赖或环形依赖，防止布局异常或组件无法绘制。

2）设置相对于锚点的对齐位置

设置了锚点之后，可以通过align设置相对于锚点的对齐位置。在水平方向上，对齐位置可以设置为HorizontalAlign.Start、HorizontalAlign.Center、HorizontalAlign.End，如图5-27所示。

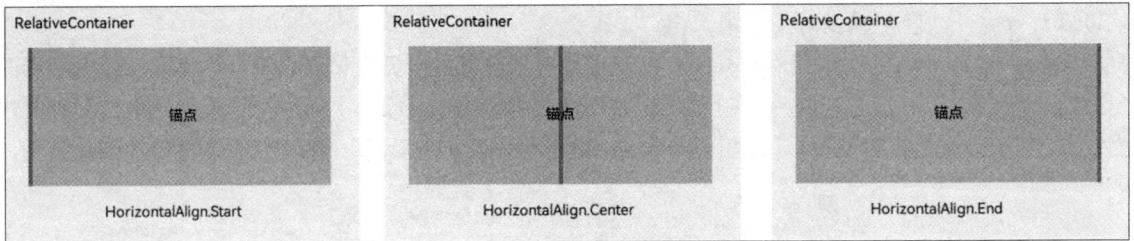

图5-27 相对布局锚点水平对齐

在竖直方向上，对齐位置可以设置为VerticalAlign.Top、VerticalAlign.Center、VerticalAlign.Bottom，如图5-28所示。

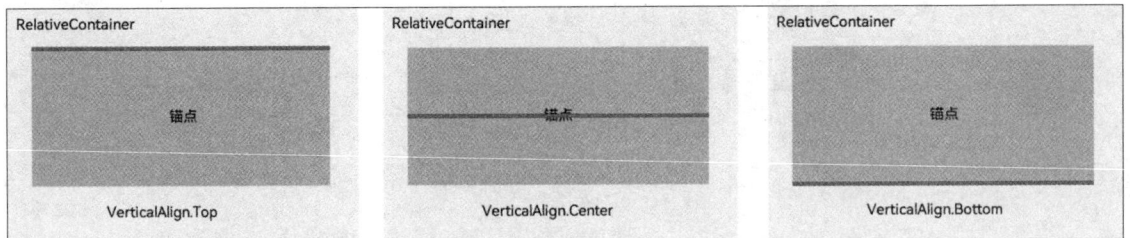

图5-28 相对布局锚点垂直对齐

3）子组件位置偏移

子组件经过相对位置对齐后，其位置可能还不是目标位置，开发者可以根据需要使用offset进行额外偏移设置。

示例如下：

```
export class TextSubTitle implements AttributeModifier<TextAttribute> {
    applyNormalAttribute(instance: TextAttribute): void {
        instance.fontSize(25)
        instance.fontColor(Color.Blue)
        instance.width('90%')
        instance.height(30)
        instance.margin({ top : 5 })
    }
}


let AlignRus:Record<string,Record<string,string|VerticalAlign|HorizontalAlign>> = {
    'top': { 'anchor': '__container__', 'align': VerticalAlign.Top },
    'left': { 'anchor': '__container__', 'align': HorizontalAlign.Start }
}
let AlignRue:Record<string,Record<string,string|VerticalAlign|HorizontalAlign>> = {
    'top': { 'anchor': '__container__', 'align': VerticalAlign.Top },
    'right': { 'anchor': '__container__', 'align': HorizontalAlign.End }
}
let BWC:Record<string,number|string> = { 'width': 2, 'color': '#6699FF' }

@State textSubTitle: TextSubTitle = new TextSubTitle()

RelativeContainer() {
    Text('相对布局，锚点设置').attributeModifier(this.textSubTitle).id('tid1')

    Row() {
        Text('row1')
    }
    .justifyContent(FlexAlign.Center).width(100).height(100)
    .backgroundColor("#FF3333")
    .alignRules(AlignRus)
    .id("row1")

    Row() {
        Text('row2')
    }
    .justifyContent(FlexAlign.Center).width(100).height(100)
    .backgroundColor("#FFCC00")
    .alignRules(AlignRue)
    .id("row2")

    Row() {
        Text('row3')
    }
    .justifyContent(FlexAlign.Center).width(100).height(100)
    .backgroundColor("#3333FF")
    .alignRules({
        'top': { 'anchor': 'row2', 'align': VerticalAlign.Bottom },
        'left': { 'anchor': '__container__', 'align': HorizontalAlign.Center }
    })
    .id("row3")

    Row(){Text('row4')}.justifyContent(FlexAlign.Center)
    .backgroundColor('#ff33fffd')
    .alignRules({
```

```
        top: {anchor: "row3", align: VerticalAlign.Bottom},
        left: {anchor: "row1", align: HorizontalAlign.Center},
        right: {anchor: "row2", align: HorizontalAlign.End}
    })
    .height(50)
    .id("row4")

    Row() {
        Text('row5')
    }.justifyContent(FlexAlign.Center)
    .backgroundColor("#FF66FF")
    .alignRules({
        top: {anchor: "row3", align: VerticalAlign.Bottom},
        left: {anchor: "row2", align: HorizontalAlign.Start},
        right: {anchor: "row2", align: HorizontalAlign.End}
    })
    .offset({
        x:10,
        y:20
    })
    .id("row5")
    .height(100)
}
.width('100%')
.border(BWC)
```

效果如图5-29所示。

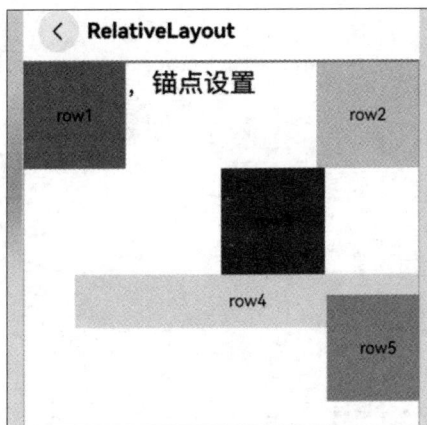

图5-29   相对布局位置偏移效果

3. 组件尺寸

子组件尺寸大小不会受到相对布局规则的影响。若子组件在某个方向上设置两个或以上alignRules时，最好不设置此方向尺寸大小，否则对齐规则确定的组件尺寸与开发者设置的尺寸可能产生冲突。

4. 多种组件的对齐布局

Row、Column、Flex、Stack等多种布局组件，可按照RelativeContainer组件规则进行排布。
示例如下：

```
Flex({ direction: FlexDirection.Row }) {
    Text('1').width('20%').height(50).backgroundColor(0xF5DEB3)
```

```
        Text('2').width('20%').height(50).backgroundColor(0xD2B48C)
        Text('3').width('20%').height(50).backgroundColor(0xF5DEB3)
        Text('4').width('20%').height(50).backgroundColor(0xD2B48C)
    }
    .padding(10)
    .backgroundColor('#ffedafaf')
    .alignRules({
        top: {anchor: "row5", align: VerticalAlign.Bottom},
        left: {anchor: "__container__", align: HorizontalAlign.Start},
        right: {anchor: "row5", align: HorizontalAlign.Center}
    })
    .id("row6")
    .height(70)

    Stack({ alignContent: Alignment.Bottom }) {
        Text('First child, show in bottom').width('90%').height('100%').backgroundColor
(0xd2cab3).align(Alignment.Top)
        Text('Second child, show in top').width('70%').height('60%').backgroundColor
(0xc1cbac).align(Alignment.Top)
    }
    .margin({ top: 5 })
    .alignRules({
        top: {anchor: "row6", align: VerticalAlign.Bottom},
        left: {anchor: "__container__", align: HorizontalAlign.Start},
        right: {anchor: "row5", align: HorizontalAlign.End}
    })
    .height(100)
    .id("row7")
```

效果如图5-30所示。

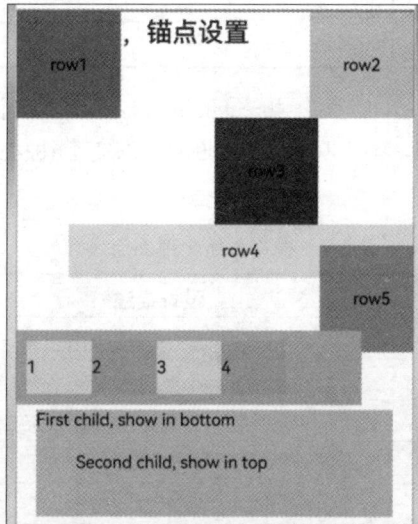

图5-30　相对布局多组件对齐

5.4.5　栅格布局（GridRow/GridCol）

栅格布局是一种通用的辅助定位工具，对移动设备的界面设计有较好的借鉴作用，其主要优势包括：

（1）提供可循的规律：栅格布局可以为布局提供规律性的结构，解决多尺寸多设备的动态布局问题。通过将页面划分为等宽的列数和行数，可以方便地对页面元素进行定位和排版。

（2）统一的定位标注：栅格布局可以为系统提供统一的定位标注，保证不同设备上各个模块的布局一致性。这可以减少设计和开发的复杂度，提高工作效率。

（3）灵活的间距调整方法：栅格布局可以提供一种灵活的间距调整方法，满足特殊场景布局调整的需求。通过调整列与列之间和行与行之间的距离，可以控制整个页面的排版效果。

（4）自动换行和自适应：栅格布局可以完成一对多布局的自动换行和自适应。当页面元素的数量超出了一行或一列的容量时，它们会自动换到下一行或下一列，并且在不同的设备上自适应排版，使得页面布局更加灵活，适应性更强。

GridRow为栅格容器组件，需与栅格子组件GridCol在栅格布局场景中联合使用。

1. 栅格容器GridRow

1）栅格系统断点

栅格系统以设备的水平宽度（屏幕密度像素值，单位vp）作为断点依据，定义设备的宽度类型，形成了一套断点规则。开发者可根据需求在不同的断点区间实现不同的页面布局效果。

栅格系统默认断点将设备宽度分为xs、sm、md、lg四类，尺寸范围如表5-6所示。

表5-6　栅格系统默认断点尺寸

断点名称	取值范围（vp）	设备描述
xs	[0, 320)	最小宽度类型设备
sm	[320, 520)	小宽度类型设备
md	[520, 840)	中等宽度类型设备
lg	[840, +∞)	大宽度类型设备

在GridRow栅格组件中，允许开发者使用breakpoints自定义修改断点的取值范围，最多支持6个断点，除了默认的4个断点外，还可以启用xl和xxl两个断点，以支持6种不同尺寸（xs, sm, md, lg, xl, xxl）设备的布局设置，如表5-7所示。

表5-7　栅格系统全部断点尺寸

断点名称	设备描述
xs	最小宽度类型设备
sm	小宽度类型设备
md	中等宽度类型设备
lg	大宽度类型设备
xl	特大宽度类型设备
xxl	超大宽度类型设备

- 针对断点位置，开发者可根据实际使用场景，通过一个单调递增数组设置。由于breakpoints最多支持6个断点，因此单调递增数组长度最大为5。

```
breakpoints: {value: ['100vp', '200vp']}
```

表示启用xs、sm、md共3个断点，小于100vp为xs，100～200vp为sm，大于200vp为md。

```
breakpoints: {value: ['320vp', '520vp', '840vp', '1080vp']}
```

表示启用xs、sm、md、lg、xl共5个断点，小于320vp为xs，320～520vp为sm，520～840vp为md，840～1080vp为lg，大于1080vp为xl。

- 栅格系统通过监听窗口或容器的尺寸变化进行断点，通过reference设置断点切换参考物。

考虑到应用可能以非全屏窗口的形式显示，因此以应用窗口宽度为参照物更为通用。例如，使用栅格的默认列数12列，通过断点设置将应用宽度分成6个区间，在各区间中，每个栅格子元素占用的列数均不同。

2）布局的总列数

GridRow中通过columns设置栅格布局的总列数。

- columns默认值为12，即在未设置columns时，任何断点下栅格布局被分成12列。

```
Text('GridLayout, 默认12列').attributeModifier(this.textSubTitle)
GridRow() {
    ForEach(this.bgColors, (item:Color, index?:number|undefined) => {
        GridCol() {
            Row() {
                Text(`${index}`)
            }.width('100%').height('50')
        }.backgroundColor(item)
    })
}
```

- 当columns为自定义值，栅格布局在任何尺寸设备下都被分为columns列。下面分别设置栅格布局列数为4和8，子元素默认占一列，代码如下：

```
Text('GridLayout, 设置列数').attributeModifier(this.textSubTitle)
Row() {
    TextInput({placeholder: this.colCount + ''})
        .type(InputType.Number)
        .onChange(value => {
            console.log('ch05==========' + value)
            this.colCount = parseInt(value)
        })
}
Row() {
    GridRow({ columns: this.colCount }) {
        ForEach(this.bgColors, (item:Color, index?:number|undefined) => {
            GridCol() {
                Row() {
                    Text(`${index}`)
                }.width('100%').height('50')
            }.backgroundColor(item)
        })
    }
    .width('100%').height('100%')
    .onBreakpointChange((breakpoint:string) => {
        let CurrSet:CurrTmp = new CurrTmp()
        CurrSet.set(breakpoint)
    })
}
```

```
.height(160)
.border(BorderWH)
.width('90%')
```

● 当columns类型为GridRowColumnOption时，支持6种不同尺寸（xs、sm、md、lg、xl、xxl）
设备的总列数设置，各个尺寸下数值可以不同，代码如下：

```
Text('GridLayout，根据尺寸设置列数').attributeModifier(this.textSubTitle)
GridRow({ columns: { sm: 4, md: 8 }, breakpoints: { value: ['200vp', '300vp', '400vp',
'500vp', '600vp'] } }) {
    ForEach(this.bgColors, (item:Color, index?:number|undefined) => {
        GridCol() {
            Row() {
                Text(`${index}`)
            }.width('100%').height('50')
        }.backgroundColor(item)
    })
}
```

若只设置sm、md的栅格总列数，未配置xs、lg、xl、xxl，则设备将根据栅格列数补全取默认值。

3）排列方向

在栅格布局中，可以通过设置GridRow的direction属性来指定栅格子组件在栅格容器中的排列方向。
该属性可以设置为GridRowDirection.Row（从左往右排列）或GridRowDirection.RowReverse（从右往
左排列），以满足不同的布局需求。通过合理的direction属性设置，可以使得页面布局更加灵活和符
合设计要求。

子组件默认从左往右排列：

```
GridRow({ direction: GridRowDirection.Row }){}
```

子组件从右往左排列：

```
GridRow({ direction: GridRowDirection.RowReverse }){}
```

示例如下：

```
Text('子组件默认从左往右').attributeModifier(this.textSubTitle)
GridRow({ direction: GridRowDirection.Row }) {
    ForEach(this.bgColors, (item:Color, index?:number|undefined) => {
        GridCol() {
            Row() {
                Text(`${index}`)
            }.width('100%').height('50')
        }.backgroundColor(item)
    })
}
Text('子组件从右往左').attributeModifier(this.textSubTitle)
GridRow({ direction: GridRowDirection.RowReverse }) {
    ForEach(this.bgColors, (item:Color, index?:number|undefined) => {
        GridCol() {
            Row() {
                Text(`${index}`)
            }.width('100%').height('50')
        }.backgroundColor(item)
    })
}
```

效果如图5-31所示。

4）子组件间距

GridRow中通过gutter属性设置子元素在水平方向和垂直方向上的间距。

图5-31　栅格容器排列方向效果

（1）当gutter类型为number时，同时设置栅格子组件水平方向和垂直方向间距且相等。在下面示例中，设置子组件水平与垂直方向与相邻元素的间距为10。

```
GridRow({ gutter: 10 }){}
```

（2）当gutter类型为GutterOption时，单独设置栅格子组件水平方向和垂直方向间距，x属性为水平方向间距，y为垂直方向间距。示例如下：

```
GridRow({ gutter: { x: 20, y: 50 } }){}
Text('子组件间距').attributeModifier(this.textSubTitle)
GridRow({ columns: 8, gutter: { x: 20, y: 10 } }) {
    ForEach(this.bgColors, (item:Color, index?:number|undefined) => {
        GridCol() {
            Row() {
                Text(`${index}`)
            }.width('100%').height('50')
        }.backgroundColor(item)
    })
}
```

效果如图5-32所示。

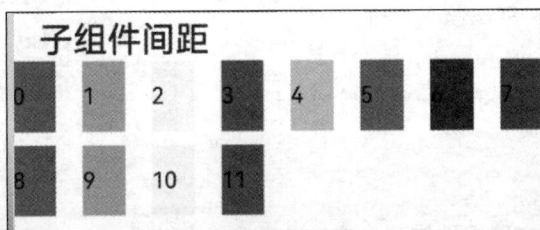

图5-32　栅格容器子组件间距效果

2. 子组件GridCol

GridCol组件作为GridRow组件的子组件，通过给GridCol传参或者设置属性两种方式，设置span（占用列数）、offset（偏移列数）、order（元素序号）的值。

1）span

子组件占栅格布局的列数，决定了子组件的宽度，默认值为1。

- 当类型为number时，子组件在所有尺寸设备下占用的列数相同。
- 当类型为GridColColumnOption时，支持6种尺寸（xs, sm, md, lg, xl, xxl）设备中子组件所占列数的设置，各个尺寸下数值可不同。

示例如下：

```
Text('GridCol, span number').attributeModifier(this.textSubTitle)
GridRow({ columns: 8 }) {
    ForEach(this.bgColors, (item:Color, index?:number|undefined) => {
        GridCol({span: 2}) {
            Row() {
                Text(`${index}`)
            }.width('100%').height('50vp')
        }.backgroundColor(item)
    })
}
Text('GridCol, span option').attributeModifier(this.textSubTitle)
GridRow({ columns: 8 }) {
    ForEach(this.bgColors, (color: Color, index?: number | undefined) => {
        GridCol({
            span: { xs: 1, sm: 2, md: 3, lg: 4 }
        }) {
            Row() {
                Text(`${index}`)
            }.width('100%').height('50vp')
        }
        .backgroundColor(color)
    })
}
```

效果如图5-33所示。

2）offset

栅格子组件相对于前一个子组件的偏移列数，默认值为0。

- 当类型为number时，子组件偏移相同列数。栅格默认分成12列，每一个子组件默认占1列，若偏移2列，则每个子组件及间距共占3列，一行放4个子组件。
- 当类型为GridColColumnOption时，支持6种尺寸（xs, sm, md, lg, xl, xxl）设备中子组件所占列数的设置，各个尺寸下数值可不同。

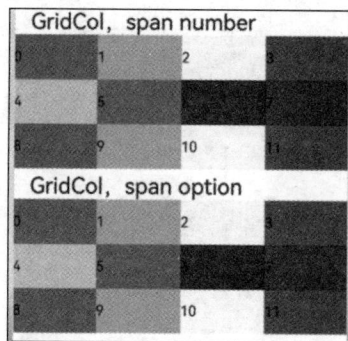

图5-33 栅格容器子组件span效果

3）order

栅格子组件的序号，决定子组件排列次序。当子组件不设置order或者设置相同的order时，子组件按照代码顺序展示。当子组件设置不同的order时，order较小的组件在前，较大的在后。

当子组件部分设置order，部分不设置order时，未设置order的子组件依次排序靠前，设置了order的子组件按照数值从小到大排列。

- 当类型为number时，子组件在任何尺寸下排列次序一致。
- 当类型为GridColColumnOption时，支持6种尺寸（xs, sm, md, lg, xl, xxl）设备中子组件排列次序的设置。在xs设备中，子组件排列顺序为1234；在sm设备中，为2341；在md设备中，为3412；在lg设备中，为2431。

5.4.6　网格布局（Grid/GridItem）

网格布局由"行"和"列"分割的单元格组成，通过指定"项目"所在的单元格做出各种各样的布局。网格布局具有较强的页面均分能力和子组件占比控制能力，是一种重要的自适应布局，其使用场景有九宫格图片展示、日历、计算器等。

ArkUI提供了Grid容器组件和子组件GridItem，用于构建网格布局。Grid用于设置网格布局相关参数，GridItem定义子组件相关特征。Grid组件支持使用条件渲染、循环渲染、懒加载等方式生成子组件。

1. 布局与约束

Grid组件为网格容器，其中容器内各条目对应一个GridItem组件，如图5-34所示。

说明：Grid的子组件必须是GridItem组件。

图5-34　网格布局GridItem

网格布局是一种二维布局。Grid组件支持自定义行列数和每行每列尺寸占比、设置子组件横跨几行或者几列，同时提供了垂直和水平布局能力。当网格容器组件尺寸发生变化时，所有子组件及其间距会等比例调整，从而实现网格布局的自适应能力。根据Grid的这些布局能力，可以构建出不同样式的网格布局，如图5-35所示。

图5-35　不同网格布局效果

如果Grid组件设置了宽高属性，则其尺寸为设置值；如果Grid组件没有设置宽高属性，则其尺寸默认适应其父组件的尺寸。

Grid组件根据行列数量与占比属性的设置，可以分为3种布局情况：

- 行、列数量与占比同时设置：Grid只展示固定行列数的元素，其余元素不展示，且Grid不可滚动。（推荐使用该种布局方式）
- 只设置行、列数量与占比中的一个：元素按照设置的方向进行排布，超出的元素可通过滚动的方式展示。
- 行、列数量与占比都不设置：元素在布局方向上排布，其行列数由布局方向、单个网格的宽高等多个属性共同决定。超出行列容纳范围的元素不展示，且Grid不可滚动。

2. 设置排列方式

1）设置行列数量与占比

通过设置行列数量与尺寸占比可以确定网格布局的整体排列方式。Grid组件提供了rowsTemplate和columnsTemplate属性来设置网格布局行、列数量与尺寸占比。

rowsTemplate和columnsTemplate属性值是一个由多个空格和"数字+fr"间隔拼接的字符串。fr的个数即网格布局的行或列数；fr前面的数值大小，用于计算该行或列在网格布局宽度上的占比，最终决定该行或列的宽度。

如图5-36所示，构建的是一个3行3列的网格布局，其在垂直方向上分为3等份，每行占1份；在水平方向上分为4等份，第一列占1份，第二列占2份，第三列占1份。

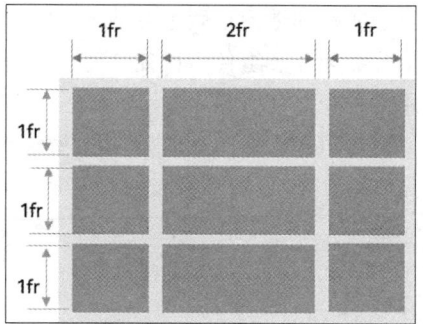

图5-36　网格布局设置行列数量与占比

只要将rowsTemplate的值设置为'1fr 1fr 1fr'，同时将columnsTemplate的值设置为'1fr 2fr 1fr'，即可实现上述网格布局。

```
Grid() {
    ...
}
.rowsTemplate('1fr 1fr 1fr')
.columnsTemplate('1fr 2fr 1fr')
```

说明：当Grid组件设置了rowsTemplate或columnsTemplate时，Grid的layoutDirection、maxCount、minCount、cellLength属性不生效，属性说明可参考官方文档中的"Grid-属性"。

2）设置子组件所占行列数

除了大小相同的等比例网格布局，由不同大小的网格组成不均匀分布的网格布局在实际应用中也十分常见。在Grid组件中，可以通过在创建Grid时传入合适的GridLayoutOptions实现单个网格横跨多行或多列的场景。其中，irregularIndexes和onGetIrregularSizeByIndex可对仅设置rowsTemplate或columnsTemplate的Grid使用；onGetRectByIndex可对同时设置rowsTemplate和columnsTemplate的Grid使用。

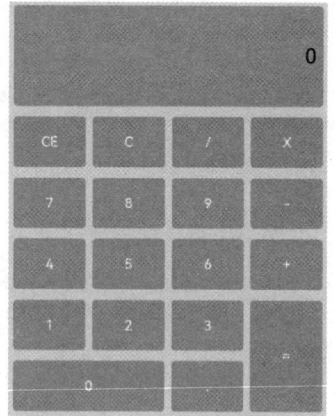

例如，计算器的按键布局就是常见的不均匀网格布局场景，如图5-37所示。计算器中的按键"0"横跨第一、二两列，按键"="横跨第五、六两行。使用Grid构建的网格布局，其行、列标号从0开始，依次编号。

图 5-37　不同大小的网格布局

在网格中，可以通过onGetRectByIndex返回的[rowStart, columnStart,rowSpan,columnSpan]来实现跨行、跨列布局，其中rowStart和columnStart属性指定当前元素起始行号和起始列号，rowSpan和columnSpan属性指定当前元素的占用行数和占用列数。

因此，要实现"0"按键横跨第一列和第二列，按键"="横跨第五行和第六行，只需将"0"对应的onGetRectByIndex的rowStart和columnStart设为5和0，rowSpan和columnSpan设为1和2，将"="对应的onGetRectByIndex的rowStart和columnStart设为4和3，rowSpan和columnSpan设为2和1即可。

```
layoutOptions: GridLayoutOptions = {
  regularSize: [1, 1],
  onGetRectByIndex: (index: number) => {
    if (index == key1) { // key1是按键 "0" 对应的index
      return [5, 0, 1, 2]
    } else if (index == key2) { // key2是按键 "=" 对应的index
      return [4, 3, 2, 1]
    }
    // ...
    // 这里需要根据具体布局返回其他item的位置
  }
}

Grid(undefined, this.layoutOptions) {
  // ...
}
.columnsTemplate('1fr 1fr 1fr 1fr')
.rowsTemplate('2fr 1fr 1fr 1fr 1fr 1fr')
```

3）设置主轴方向

使用Grid构建网格布局时，若没有设置行、列数量与占比，可以通过layoutDirection设置网格布局的主轴方向，决定子组件的排列方式。此时可以结合minCount和maxCount属性来约束主轴方向上的网格数量，如图5-38所示。

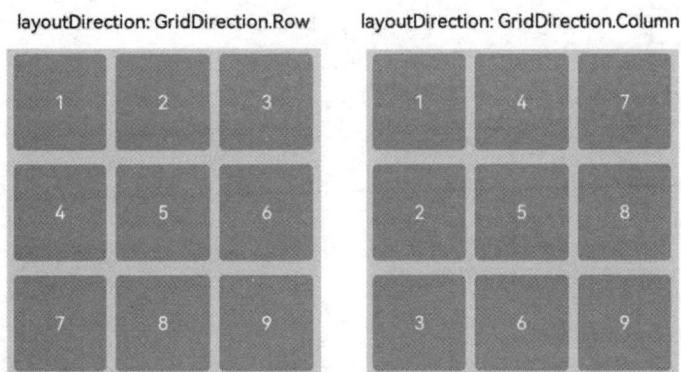

图5-38　网格布局设置主轴方向

当layoutDirection设置为Row时，子组件先从左到右排列，排满一行再排下一行。当layoutDirection设置为Column时，子组件先从上到下排列，排满一列再排下一列。此时，将maxCount属性设为3，表示主轴方向上最大显示的网格单元数量为3。

说明：
- layoutDirection属性仅在不设置rowsTemplate和columnsTemplate时生效，此时元素在layoutDirection方向上排列。
- 仅设置rowsTemplate时，Grid主轴为水平方向，交叉轴为垂直方向。
- 仅设置columnsTemplate时，Grid主轴为垂直方向，交叉轴为水平方向。

3. 在网格布局中显示数据

网格布局采用二维布局的方式组织其内部元素，如图5-39所示。

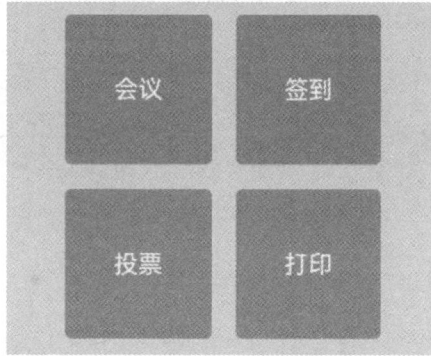

图5-39　网格布局的二维布局方式

Grid组件可以通过二维布局的方式显示一组GridItem子组件。

```
Grid() {
  GridItem() {
    Text('会议')
    ...
  }

  GridItem() {
    Text('签到')
    ...
  }

  GridItem() {
    Text('投票')
    ...
  }

  GridItem() {
    Text('打印')
    ...
  }
}
.rowsTemplate('1fr 1fr')
.columnsTemplate('1fr 1fr')
```

对于内容结构相似的多个GridItem，通常更推荐使用ForEach语句嵌套GridItem的形式，来减少重复代码。

```
@Entry
@Component
struct OfficeService {
  @State services: Array<string> = ['会议', '投票', '签到', '打印']

  build() {
    Column() {
      Grid() {
        ForEach(this.services, (service:string) => {
          GridItem() {
            Text(service)
          }
        }, (service:string):string => service)
      }
      .rowsTemplate(('1fr 1fr') as string)
```

```
        .columnsTemplate(('1fr 1fr') as string)
    }
  }
}
```

4. 设置行列间距

两个网格单元之间的横向间距称为行间距，纵向间距称为列间距，如图5-40所示。

通过Grid的rowsGap和columnsGap可以设置网格布局的行列间距。在图5-37所示的计算器中，行间距为15vp，列间距为10vp。

```
Grid() {
  ...
}
.columnsGap(10)
.rowsGap(15)
```

5. 构建可滚动的网格布局

可滚动的网格布局常用在文件管理、购物或视频列表等页面

图5-40　网格布局设置行列间距

中，如图5-41所示。在设置Grid的行、列数量与占比时，如果仅设置行、列数量与占比中的一个，即仅设置rowsTemplate或仅设置columnsTemplate属性，则网格单元按照设置的方向排列，超出Grid显示区域后，Grid拥有可滚动能力。

如果设置的是columnsTemplate，则Grid的滚动方向为垂直方向；如果设置的是rowsTemplate，则Grid的滚动方向为水平方向。

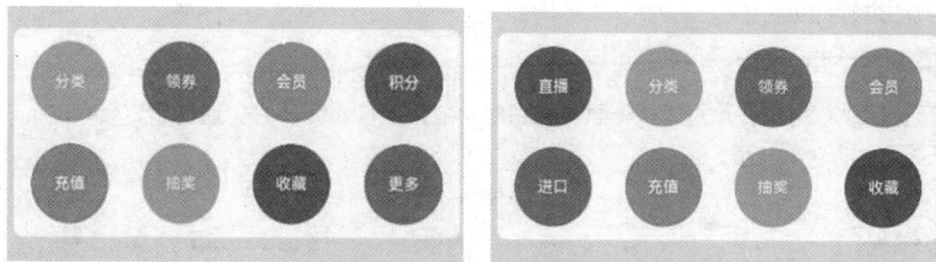

图5-41　可滚动的网格布局

如图5-41所示的横向可滚动网格布局，只要设置rowsTemplate属性的值且不设置columnsTemplate属性，当内容超出Grid组件宽度时，Grid可横向滚动进行内容展示。

示例如下：

```
Text('GridItem, 可滚动显示数据').attributeModifier(this.textSubTitle)
Grid() {
    ForEach(this.servicesData, (service: string, index) => {
        GridItem() {
            Text(service)
        }
        .backgroundColor(Color.Gray)
        .width('30%')
    }, (service:string):string => service)
}
.rowsTemplate('1fr') // 只设置rowsTemplate属性，当内容超出Grid区域时，可水平滚动。
.rowsGap(15)
```

```
.columnsGap(10)
.height(80)
```

6. 控制滚动位置

与新闻列表返回顶部的场景类似，控制滚动位置功能在网格布局中也很常用，如图5-42所示日历的翻页功能。

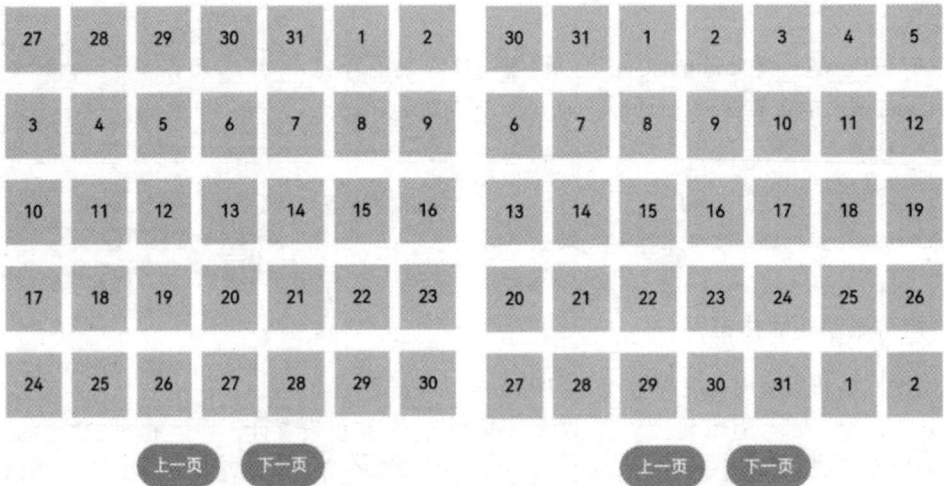

图5-42   控制滚动位置

Grid组件初始化时，可以绑定一个Scroller对象，用于进行滚动控制，例如通过Scroller对象的scrollPage方法进行翻页。

```
private scroller: Scroller = new Scroller()
```

在日历页面中，用户在单击"下一页"按钮时，应用响应单击事件，通过指定scrollPage方法的参数next为true，滚动到下一页。

```
Column({ space: 5 }) {
  Grid(this.scroller) {
  }
  .columnsTemplate('1fr 1fr 1fr 1fr 1fr 1fr 1fr')

  Row({space: 20}) {
    Button('上一页')
    .onClick(() => {
      this.scroller.scrollPage({
        next: false
      })
    })

    Button('下一页')
    .onClick(() => {
      this.scroller.scrollPage({
        next: true
      })
    })
  }
}
```

7. 性能优化

与长列表的处理类似，循环渲染适用于数据量较小的布局场景，当构建具有大量网格项的可滚动网格布局时，推荐使用数据懒加载方式实现按需迭代加载数据，从而提升列表性能。

当使用懒加载方式渲染网格时，为提升滚动体验、减少滑动过程中出现白块，可通过cachedCount属性设置GridItem的预加载数量。该属性仅在懒加载LazyForEach中生效。

设置预加载数量后，会在Grid显示区域前后各缓存cachedCount*列数个GridItem，超出显示和缓存范围的GridItem会被释放。

```
Grid() {
  LazyForEach(this.dataSource, () => {
    GridItem() {
    }
  })
}
.cachedCount(3)
```

图5-43　计算器主界面

> **说明**：增加cachedCount的数值，会增大UI的CPU、内存开销。使用时需要根据实际情况，综合性能和用户体验进行调整。

8. GridItem创建计算器界面

首先设计计算器界面布局，上半部分为计算结果，下半部分为进行交互计算的按钮，如图5-43所示。

上半部分显示计算结果框的代码如下：

```
Column({ space: 30 }) {
    Text(this.answer)
        .fontSize(50)
        .fontColor(Color.White)
        .height(40)
        .margin({ top: 30 })
        .width('100%')
        .textAlign(TextAlign.End)
        .onTouch((event?: TouchEvent) => {
        })
}
.height('25%')
.width('100%')
.alignItems(HorizontalAlign.End)
```

使用GridItem设计计算器按钮的功能，代码如下：

```
@State answer: string = ''
number: string = '0'
// 计算器界面布局
arr: string[] = [
    'AC', '+/-', '%', '÷',
    '7', '8', '9', 'x',
    '4', '5', '6', '-',
    '1', '2', '3', '+',
    '0'    , '.', '='
]
```

```
layoutOptions: GridLayoutOptions = {
    regularSize: [1, 1],
    onGetRectByIndex: (index: number) => {
        if (index == 16) { // key1是按键 "0" 对应的index
            return [4, 4, 1, 2]
        } else {
            return [0, 0, 0, 0]
        }
    }
}

Grid(undefined, this.layoutOptions) {
    ForEach(this.arr, (item: string, index: number) => {
        GridItem() {
            if (check_num(item)) {
                if (item == '0') {
                    Button(item, { type: ButtonType.Capsule })
                        .button_zero('#333333', '#FFFFFF')
                        .onClick(() => {
                        })
                } else {
                    Button(item, { type: ButtonType.Capsule })
                        .button('#333333', '#FFFFFF')
                        .onClick(() => {
                        })
                }
            } else {
                //
                if (index < 3) {
                    Button(item, { type: ButtonType.Capsule })
                        .button('#A5A5A5', '#000000')
                        .onClick(() => {
                        })
                } else if (item == '.') {
                    Button(item, { type: ButtonType.Capsule })
                        .button('#333333', '#FFFFFF')
                        .onClick(() => {
                        })
                } else {
                    // 处理最右边+、-、x、÷、=按钮
                    Button(item, { type: ButtonType.Capsule })
                        .button('#FEA00C', '#FEFEFE')
                        .onClick(() => {
                        })
                }
            }
        }
    })
}
//.columnsGap(10)
.rowsGap(20)
.maxCount(4)
.columnsTemplate('1fr 1fr 1fr 1fr ')
.rowsTemplate('1fr 1fr 1fr 1fr 1fr')
.height(500)
.margin({ top: 40, bottom: 10 })
```

展示效果如图5-44所示。

图5-44　计算器布局效果

5.4.7　创建列表（List）

列表是一种复杂的容器，当列表项达到一定数量，内容超过屏幕大小时，可以自动提供滚动功能。它适用于呈现同类数据类型或数据类型集，例如图片和文本。在列表中显示数据集合是许多应用程序中的常见要求（如通讯录、音乐列表、购物清单等）。

列表可用于轻松高效地显示结构化、可滚动的内容。通过List组件，可将子组件ListItemGroup或ListItem按垂直或水平方向线性排列，为列表的行或列提供单个视图；也可通过循环渲染批量生成行或列，或混合使用单个视图与ForEach结构，灵活构建列表。List组件支持条件渲染、循环渲染和懒加载等渲染控制方式，用于动态生成子组件。

1. 布局与约束

列表作为一种容器，会自动按其滚动方向排列子组件，向列表中添加组件或从列表中移除组件会重新排列子组件。如图5-45所示，在垂直列表中，List按垂直方向自动排列ListItemGroup或ListItem。

ListItemGroup用于列表数据的分组展示，其子组件也是ListItem。ListItem表示单个列表项，可以包含单个子组件。

> 说明：List 的子组件必须是 ListItemGroup 或 ListItem，ListItem 和 ListItemGroup必须配合List来使用。

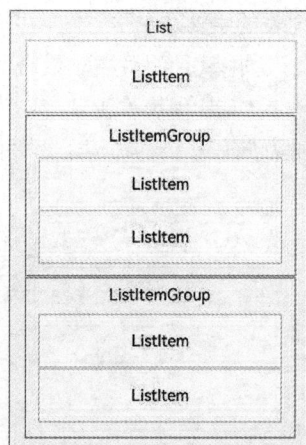

图5-45　列表布局Item

1）布局

List除了提供垂直和水平布局能力、超出屏幕时可以滚动的自适应延伸能力之外，还提供了自适应交叉轴方向上排列子组件的布局能力。利用垂直布局能力可以构建单列或者多列垂直滚动列表，如图5-46所示。

利用水平布局能力可以是构建单行或多行水平滚动列表，如图5-47所示。

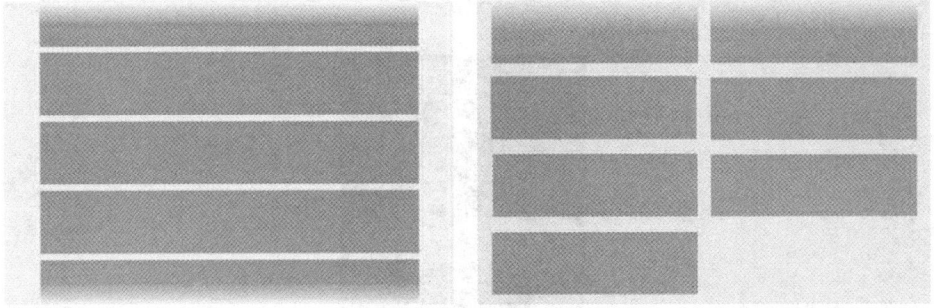

图5-46   垂直列表布局

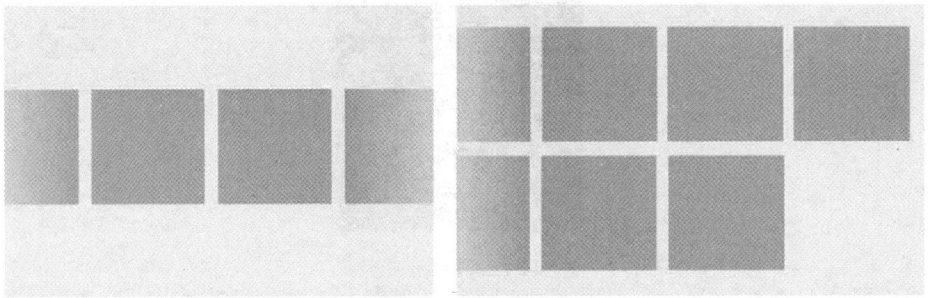

图5-47   水平列表布局

Grid和WaterFlow也可以实现单列、多列布局。如果设置每列等宽，且不需要跨行跨列布局，相比Gird和WaterFlow，更推荐使用List。

2）约束

列表的主轴方向是指子组件列的排列方向，也是列表的滚动方向。垂直于主轴的轴称为交叉轴，其方向与主轴方向相互垂直。如图5-48所示，垂直列表的主轴是垂直方向，交叉轴是水平方向；水平列表的主轴是水平方向，交叉轴是垂直方向。

如果List组件主轴或交叉轴方向设置了尺寸，则其对应方向上的尺寸为设置值。

如果List组件主轴方向没有设置尺寸，当List子组件主轴方向总尺寸小于其父组件尺寸时，List主轴方向尺寸自动适应子组件的总尺寸。

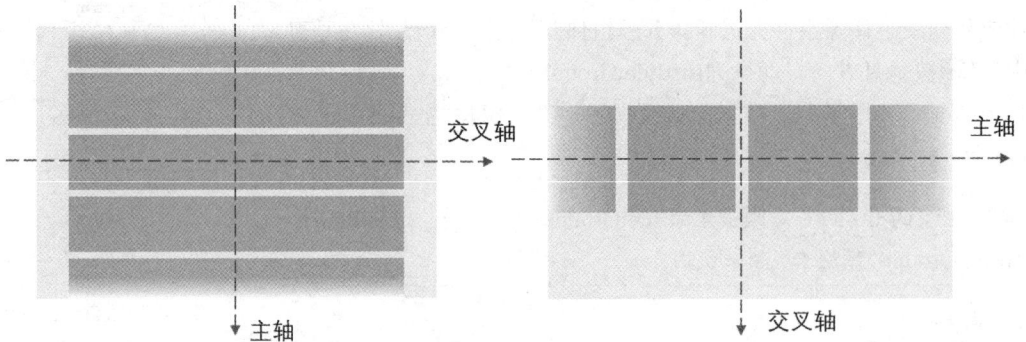

图5-48   列表局部约束

如图5-49所示，一个垂直列表B没有设置高度，其父组件A高度为200vp，若其所有子组件C的高度总和为150vp，则此时列表B的高度为150vp。

如果List子组件主轴方向总尺寸超过其父组件尺寸，则List主轴方向尺寸适应其父组件尺寸。

如图5-50所示，同样是没有设置高度的垂直列表B，其父组件A高度为200vp，若其所有子组件C的高度总和为300vp，则此时列表B的高度为200vp。

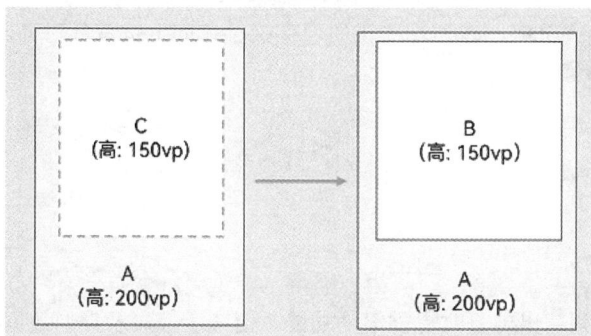

图 5-49　列表布局高度约束 1

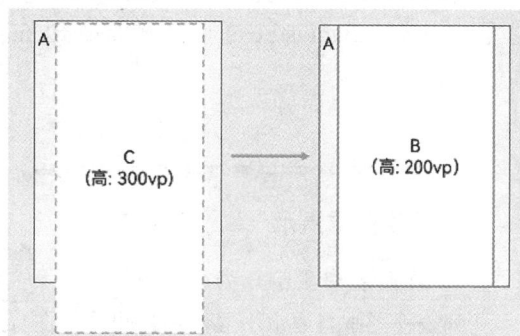

图 5-50　列表布局高度约束 2

List组件交叉轴方向在没有设置尺寸时，其尺寸默认自适应父组件尺寸。

2. 开发布局

1）设置主轴方向

List组件主轴默认是垂直方向，即默认情况下不需要手动设置List方向，就可以构建一个垂直滚动列表。

若要实现水平滚动列表，只要将List的listDirection属性设置为Axis.Horizontal即可。listDirection默认为Axis.Vertical，即主轴默认是垂直方向。

```
List() {
  // ...
}
.listDirection(Axis.Horizontal)
```

2）设置交叉轴布局

List组件的交叉轴布局可以通过lanes和alignListItem属性进行设置：lanes属性用于确定交叉轴排列的列表项数量，alignListItem用于设置子组件在交叉轴方向的对齐方式。

List组件的lanes属性通常用于不同尺寸的设备自适应构建不同行数或列数的列表，即一次开发、多端部署的场景，例如歌单列表。lanes属性的取值类型是number或LengthConstrain，即整数或者LengthConstrain类型。以垂直列表为例，如果将lanes属性设为2，表示构建的是一个两列的垂直列表。lanes的默认值为1，即默认情况下，垂直列表的列数是1。

```
List() {
  // ...
}
.lanes(2)
```

当Lanes的取值为LengthConstrain类型时，表示会根据LengthConstrain与List组件的尺寸自适应决定行或列数。

```
@State egLanes: LengthConstrain = { minLength: 200, maxLength: 300 }
```

例如，在垂直列表中设置lanes的值为{ minLength: 200, maxLength: 300 }，此时有：

- 当List组件宽度为300vp时，由于minLength为200vp，因此列表为一列。
- 当List组件宽度变化至400vp时，由于符合两倍的minLength，因此列表自适应为两列。

同样以垂直列表为例，当alignListItem属性设置为ListItemAlign.Center时，表示列表项在水平方向上居中对齐。alignListItem的默认值是ListItemAlign.Start，即列表项在列表交叉轴方向上按首部对齐。

```
List() {
  // ...
}
.alignListItem(ListItemAlign.Center)
```

3. 列表数据展示

1）在列表中显示数据

列表视图垂直或水平显示项目集合，在行或列超出屏幕时提供滚动功能，使其适合显示大型数据集合。在最简单的列表形式中，List静态地创建其列表项ListItem的内容。

```
List() {
    ListItem() { Text('北京').fontSize(24) }
    ListItem() { Text('杭州').fontSize(24) }
    ListItem() { Text('上海').fontSize(24) }
}
.backgroundColor('#FFF1F3F5')
.alignListItem(ListItemAlign.Center)
```

由于在ListItem中只能有一个根节点组件，不支持以平铺形式使用多个组件，因此，若列表项由多个组件元素组成的，则需要将多个元素组合到一个容器组件内或组成一个自定义组件。

```
List() {
    ListItem() {
        Row() {
            Image($r('app.media.person_crop_circle_fill_f'))
                .width(40)
                .height(40)
                .margin(10)
            Text('小红').fontSize(20)
        }
    }
    ListItem() {
        Row() {
            Image($r('app.media.person_crop_circle_fill_m'))
                .width(40)
                .height(40)
                .margin(10)
            Text('小明').fontSize(20)
        }
    }
}
.backgroundColor('#FFF1F3F5')
.alignListItem(ListItemAlign.Center)
```

2）迭代列表内容

通常，应用通过数据集合动态地创建列表。使用循环渲染可从数据源中迭代获取数据，并在每次迭代过程中创建相应的组件，以降低代码复杂度。

ArkTS通过ForEach提供了组件的循环渲染能力。以简单形式的联系人列表为例，将联系人名称和头像数据以Contact类结构存储到contacts数组，使用在ForEach中嵌套ListItem的形式来代替多个平铺的、内容相似的ListItem，从而减少重复代码。

示例如下：

```
class Contact {
    key: string = util.generateRandomUUID(true);
    name: string;
    icon: Resource;

    constructor(name: string, icon: Resource) {
        this.name = name;
        this.icon = icon;
    }
}

private contacts: Array<object> = [
    new Contact('小明', $r('app.media.person_crop_circle_fill_m')),
    new Contact('小红', $r('app.media.person_crop_circle_fill_f')),
]

List() {
    ForEach(this.contacts, (item: Contact) => {
        ListItem() {
            Row() {
                Image(item.icon)
                    .width(40)
                    .height(40)
                    .margin(10)
                Text(item.name).fontSize(20)
            }
            .width('100%')
            .justifyContent(FlexAlign.Start)
        }
    }, (item: Contact) => JSON.stringify(item))
}
.width('100%')
.backgroundColor('#FFF1F3F5')
```

效果如图5-51所示。

4. 分组列表

1）常规分组列表展示

在列表中支持数据的分组展示，以使列表显示结构清晰、查找方便，从而提高使用效率。分组列表在实际应用中十分常见，如图5-52所示的联系人列表。

在List组件中，使用ListItemGroup对项目进行分组，可以构建二维列表。在List组件中可以直接使用一个或者多个ListItemGroup组件，ListItemGroup的宽度默认充满List组件。在初始化ListItemGroup时，可以通过header参数设置列表分组的头部组件。

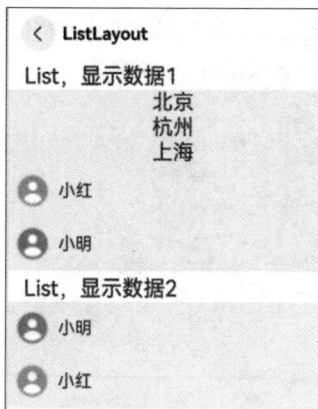

图 5-51　列表显示数据效果

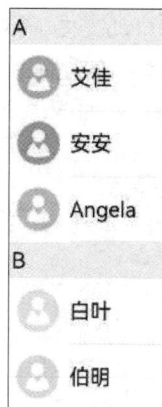

图 5-52　分组列表示例

示例代码如下：

```
@Builder itemHead(text: string) {
    // 列表分组的头部组件，对应联系人分组A、B等位置的组件
    Text(text)
        .fontSize(20)
        .backgroundColor('#fff1f3f5')
        .width('100%')
        .padding(5)
}

Text('List，普通分组').attributeModifier(this.textSubTitle)
List() {
    ListItemGroup({ header: this.itemHead('A') }) {
        // 循环渲染分组A的ListItem
        ListItem() { Text('艾佳').fontSize(24) }
        ListItem() { Text('安安').fontSize(24) }
        ListItem() { Text('Angle').fontSize(24) }
    }
    ListItemGroup({ header: this.itemHead('B') }) {
        // 循环渲染分组B的ListItem
        ListItem() { Text('Baby').fontSize(24) }
        ListItem() { Text('白叶').fontSize(24) }
    }
}.height(150)
```

如果多个ListItemGroup结构类似，可以将多个分组的数据组成数组，然后使用ForEach对多个分组进行循环渲染。例如在联系人列表中，将每个分组的联系人数据contacts和对应分组的标题数据title进行组合，定义为数组contactsGroups。然后在ForEach中对contactsGroups进行循环渲染，即可实现多个分组的联系人列表。

2）添加粘性标题

粘性标题是一种常见的标题模式，常用于定位字母列表的头部元素。比如，在联系人列表中滚动A部分时，B部分开始的头部元素始终处于A的下方。而在开始滚动B部分时，B的头部会固定在屏幕顶部，直到B的所有项完成滚动后，才被后面的头部替代。

粘性标题不仅有助于阐明列表中数据的表示形式和用途，还可以帮助用户在大量信息中进行数据定位，从而避免用户在标题所在的表的顶部与感兴趣区域之间反复滚动。

　　List组件的sticky属性配合ListItemGroup组件使用，可以设置ListItemGroup中的头部组件是否呈现吸顶效果或者尾部组件是否呈现吸底效果。

　　通过给List组件设置sticky属性为StickyStyle.Header，即可实现列表的粘性标题效果。如果需要支持吸底效果，可以通过footer参数初始化ListItemGroup的底部组件，并将sticky属性设置为StickyStyle.Footer。

　　示例代码如下：

```
class Contact {
    key: string = util.generateRandomUUID(true);
    name: string;
    icon: Resource;

    constructor(name: string, icon: Resource) {
        this.name = name;
        this.icon = icon;
    }
}
class ContactsGroup {
    title: string = ''
    contacts: Array<object> | null = null
    key: string = ""
}
export let contactsGroups: object[] = [
    {
        title: 'A',
        contacts: [
            new Contact('艾佳', $r('app.media.person_crop_circle_fill_m')),
            new Contact('安安', $r('app.media.person_crop_circle_fill_f')),
            new Contact('Angela', $r('app.media.person_crop_circle_fill_m')),
        ],
        key: util.generateRandomUUID(true)
    } as ContactsGroup,
    {
        title: 'B',
        contacts: [
            new Contact('白叶', $r('app.media.person_crop_circle_fill_m')),
            new Contact('伯明', $r('app.media.person_crop_circle_fill_f')),
        ],
        key: util.generateRandomUUID(true)
    } as ContactsGroup,
    // ...
]

Text('List，粘性分组').attributeModifier(this.textSubTitle)
List() {
    // 循环渲染ListItemGroup，contactsGroups为多个分组联系人contacts和标题title的数据集合
    ForEach(contactsGroups, (itemGroup: ContactsGroup) => {
        ListItemGroup({ header: this.itemHead(itemGroup.title) }) {
            // 循环渲染ListItem
            if (itemGroup.contacts) {
                ForEach(itemGroup.contacts, (item: Contact) => {
                    ListItem() {
                        Row() {
                            Image(item.icon)
                                .width(40)
```

```
                              .height(40)
                              .margin(10)
                          Text(item.name).fontSize(20)
                      }
                      .width('100%')
                      .justifyContent(FlexAlign.Start)
              }
          }, (item: Contact) => JSON.stringify(item))
      }
  }
}, (itemGroup: ContactsGroup) => JSON.stringify(itemGroup))
}
.height(150)
.sticky(StickyStyle.Header)  // 设置吸顶，实现粘性标题效果
```

效果如图5-53所示。

5. 自定义列表样式

1）设置内容间距

在初始化列表时，如需在列表项之间添加间距，可以使用space参数。例如，在各列表项之间沿主轴方向添加10vp的间距：

```
List({ space: 10 }) {
  // ...
}
```

图5-53　粘性标题效果

2）添加分隔线

分隔线用来将界面元素隔开，使单个元素更加容易识别。如图5-54所示，当列表项左边有图标（如蓝牙图标）时，由于图标本身就能很好地区分单个元素，因此分隔线从图标之后开始显示即可。

List提供了divider属性用于给列表项之间添加分隔线。在设置divider属性时，可以通过strokeWidth和color属性设置分隔线的粗细和颜色。

startMargin和endMargin属性分别用于设置分隔线距离列表侧边起始端和结束端的距离。

示例代码如下：

图5-54　列表添加分隔线

```
class DividerTmp {
  strokeWidth: Length = 1
  startMargin: Length = 60
  endMargin: Length = 10
  color: ResourceColor = '#ffe9f0f0'

  constructor(strokeWidth: Length, startMargin: Length, endMargin: Length, color:
ResourceColor) {
    this.strokeWidth = strokeWidth
    this.startMargin = startMargin
    this.endMargin = endMargin
    this.color = color
  }
}
@Entry
```

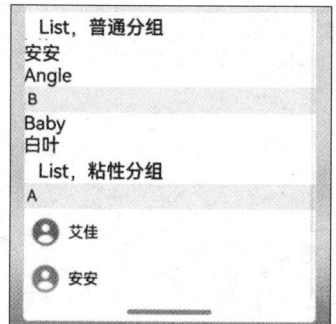

```
@Component
struct EgDivider {
  @State egDivider: DividerTmp = new DividerTmp(1, 60, 10, '#ffe9f0f0')
  build() {
    List() {
      // ...
    }
    .divider(this.egDivider)
  }
}
```

此示例表示从距离列表侧边起始端60vp开始到距离结束端10vp的位置，画一条粗细为1vp的分割线，可以实现图5-54所示的列表分隔线样式。

说明：
- 分隔线的宽度会使ListItem之间存在一定间隔，当List设置的内容间距小于分隔线宽度时，ListItem之间的间隔会使用分隔线的宽度。
- 当List存在多列时，分割线的startMargin和endMargin作用于每一列上。
- List组件的分隔线画在两个ListItem之间，第一个ListItem上方和最后一个ListItem下方不会绘制分隔线。

3）添加滚动条

当列表项高度（宽度）超出屏幕高度（宽度）时，列表可以沿垂直（水平）方向滚动。当页面内容很多时，若用户需快速定位，可拖曳滚动条。

在使用List组件时，可通过scrollBar属性控制列表滚动条的显示。scrollBar的取值类型为BarState，当取值为BarState.Auto时，表示按需显示滚动条。此时，触摸到滚动条区域可显示控件，可上下拖曳滚动条快速浏览内容，拖曳时滚动条会变粗；若不进行任何操作，2秒后滚动条自动消失。

scrollBar属性在API version 9及以下版本中的默认值为BarState.Off；从API version 10版本开始，其默认值为BarState.Auto。

```
List() {
  // ...
}
.scrollBar(BarState.Auto)
```

6. 滚动设置

1）控制滚动位置

控制滚动位置在实际应用中十分常见，例如当新闻页列表项数量庞大，用户滚动列表到一定位置时，希望快速滚动到列表底部或返回列表顶部。此时，可以通过控制滚动位置来实现列表的快速定位。

List组件初始化时，可以通过scroller参数绑定一个Scroller对象，进行列表的滚动控制。例如，用户在新闻应用中，单击新闻页面底部的返回顶部按钮，就可以通过Scroller对象的scrollToIndex方法，使列表滚动到指定的列表项索引位置。

要想控制滚动位置，首先需要创建一个Scroller对象listScroller。

```
private listScroller: Scroller = new Scroller();
```

然后，通过将listScroller用于初始化List组件的scroller参数，完成listScroller与列表的绑定。在需要跳转的位置指定scrollToIndex的参数为0，表示返回列表顶部。

```
Stack({ alignContent: Alignment.Bottom }) {
  // 将listScroller用于初始化List组件的scroller参数，完成listScroller与列表的绑定
  List({ space: 20, scroller: this.listScroller }) {
    // ...
  }

  Button() {
    // ...
  }
  .onClick(() => {
    // 单击按钮时，指定跳转位置，返回列表顶部
    this.listScroller.scrollToIndex(0)
  })
}
```

2）响应滚动位置

许多应用需要监听列表的滚动位置变化并做出响应。例如，在联系人列表滚动时，如果跨越了不同字母开头的分组，则侧边字母索引栏也需要更新到对应的字母位置。

除了字母索引之外，结合多级分类索引的滚动列表在应用开发过程中也很常见，例如购物应用的商品分类页面。多级分类也需要监听列表的滚动位置。

当联系人列表从A滚动到B时，右侧索引栏也需要同步从选中A状态变成选中B状态。此场景可以通过监听List组件的onScrollIndex事件来实现，右侧索引栏需要使用字母表索引组件AlphabetIndexer。

在列表滚动时，根据列表此时所在的索引值位置firstIndex，重新计算字母索引栏对应字母的位置selectedIndex。由于AlphabetIndexer组件通过selected属性设置了选中项索引值，因此当selectedIndex变化时，会触发AlphabetIndexer组件重新渲染，从而显示为对应字母的状态。

```
const alphabets = ['#', 'A', 'B', 'C', 'D', 'E', 'F', 'G', 'H', 'I', 'J', 'K',
 'L', 'M', 'N', 'O', 'P', 'Q', 'R', 'S', 'T', 'U', 'V', 'W', 'X', 'Y', 'Z'];
@Entry
@Component
struct ContactsList {
  @State selectedIndex: number = 0;
  private listScroller: Scroller = new Scroller();

  build() {
    Stack({ alignContent: Alignment.End }) {
      List({ scroller: this.listScroller }) {}
      .onScrollIndex((firstIndex: number) => {
        // 根据列表滚动到的索引值，重新计算对应联系人索引栏的位置this.selectedIndex
      })

      // 字母表索引组件
      AlphabetIndexer({ arrayValue: alphabets, selected: 0 })
        .selected(this.selectedIndex)
    }
  }
}
```

说明：计算索引值时，ListItemGroup作为一个整体占一个索引值，不计算ListItemGroup内部ListItem的索引值。

3）响应列表项侧滑

侧滑菜单在许多应用中都很常见。例如，通讯类应用通常会给消息列表提供侧滑删除功能，即用户可以通过向左侧滑列表的某一项，再单击删除按钮删除消息。

ListItem的swipeAction属性可用于实现列表项的左右滑动功能。swipeAction属性方法初始化时有必填参数SwipeActionOptions，其中，start参数表示设置列表项右滑时起始端滑出的组件，end参数表示设置列表项左滑时尾端滑出的组件。

在消息列表中，end参数表示设置ListItem左滑时尾端划出自定义组件，即删除按钮。在初始化end方法时，将滑动列表项的索引传入删除按钮组件，当用户单击删除按钮时，可以根据索引值来删除列表项对应的数据，从而实现侧滑删除功能。

实现尾端滑出组件的构建示例如下：

（1）实现尾端滑出组件的构建。

```
@Builder itemEnd(index: number) {
  // 构建尾端滑出组件
  Button({ type: ButtonType.Circle }) {
    Image($r('app.media.ic_public_delete_filled'))
      .width(20)
      .height(20)
  }
  .onClick(() => {
    // this.messages为列表数据源，可根据实际场景构造，单击后从数据源中删除指定数据项
    this.messages.splice(index, 1);
  })
}
```

（2）绑定swipeAction属性到可左滑的ListItem上。

```
// 构建List时，通过ForEach基于数据源this.messages循环渲染ListItem
ListItem() {
  // ...
}
.swipeAction({
  end: {
    // index为该ListItem在List中的索引值
    builder: () => { this.itemEnd(index) },
  }
}) // 设置侧滑属性
```

7. 编辑列表

列表的编辑模式用途十分广泛，常见于待办事项管理、文件管理、备忘录的记录管理等应用场景。在列表的编辑模式下，新增和删除列表项是最基础的功能，其核心是对列表项对应的数据集合进行数据添加和删除。

下面以待办事项管理为例，介绍如何快速实现新增和删除列表项功能。

1）新增列表项

当用户单击添加按钮时，提供用户新增列表项内容的选择或填写的交互界面，用户单击确定按钮后，列表中新增对应的项目。

实现添加列表项功能的主要流程如下：

（1）定义列表项数据结构：

```
import { util } from "@kit.ArkTS";

export class ToDoEntity {
    key: string = util.generateRandomUUID(true);
    name: string;

    constructor(name: string) {
        this.name = name;
    }
}
```

（2）构建列表整体布局和列表项：

```
@Component
export struct ToDoListItem {
    @Link isEditMode: boolean
    @Link selectedItems: ToDoEntity[]
    private toDoItem: ToDoEntity = new ToDoEntity("");

    build() {
        Flex({ justifyContent: FlexAlign.SpaceBetween, alignItems: ItemAlign.Center }) {
            // ...
            Row() {
                Image($r('sys.media.ohos_app_icon'))
                    .height(50)
                    .width(50)
                    .enabled(false)
                Text(this.toDoItem.name).fontColor(Color.White).fontSize(25).
margin({ left: 10 })
            }
            .margin({ left : 20 })
            Radio({ value: this.toDoItem.key, group: this.toDoItem.key })
                .height(50)
                .width(50)
                .margin({ right : 20 })
                .visibility(Visibility.Hidden)
        }
        .width('90%')
        .height(80)
        .backgroundColor(Color.Gray)
        //.padding() 根据具体使用场景设置
        .borderRadius(24)
        //.linearGradient() 根据具体使用场景设置
        .gesture(
            GestureGroup(GestureMode.Exclusive,
                LongPressGesture()
                    .onAction(() => {
                        // ...

                    })
            )
        )
    }
}
```

（3）初始化待办列表数据和可选事项，最后构建列表布局和列表项：

```
@Entry
@Component
struct PageListEdit {
    @State toDoData: ToDoEntity[] = []
    @Watch('onEditModeChange') @State isEditMode: boolean = false
    @State selectedItems: ToDoEntity[] = []
    private availableThings: string[] = ['读书', '运动', '旅游', '听音乐', '看电影', '唱歌']

    onEditModeChange() {
        if (!this.isEditMode) {
            this.selectedItems = []
        }
    }
    build() {
        Navigation() {
            Column() {
                Row() {
                    if (this.isEditMode) {
                        Text('X')
                            .fontSize(20)
                            .onClick(() => {
                                this.isEditMode = false;
                            })
                            .margin({ left: 20, right: 20 })
                    } else {
                        Text('待办')
                            .fontSize(36)
                            .margin({ left: 40 })
                        Blank()
                        Text('+')
                            .fontSize(36)
                            .margin({ right: 40 })

                            //提供新增列表项入口，即给新增按钮添加单击事件
                            .onClick(() => {
                                this.getUIContext().showTextPickerDialog({
                                    range: this.availableThings,
                                    onAccept: (value: TextPickerResult) => {
                                        let arr = Array.isArray(value.index) ? value.index :
[value.index];
                                        for (let i = 0; i < arr.length; i++) {
                                            this.toDoData.push(new
ToDoEntity(this.availableThings[arr[i]])); // 新增列表项数据toDoData(可选事项)
                                        }
                                    },
                                })
                            })
                    }
                }
                .width('100%')

                List({ space: 15 }) {
                    ForEach(this.toDoData, (toDoItem: ToDoEntity) => {
                        ListItem() {
                            // 将toDoData的每个数据以model的形式放进ListItem里
                            ToDoListItem({
                                isEditMode: this.isEditMode,
                                toDoItem: toDoItem,
```

```
                                    selectedItems: this.selectedItems })
                        }
                        .width('100%')
                    }, (toDoItem: ToDoEntity) => toDoItem.key.toString())
                }
            }
        }
        .title('ListEdit')
        .titleMode(NavigationTitleMode.Mini)
    }
}
```

2）删除列表项

当用户长按列表项进入删除模式时，提供用户删除列表项的选择交互界面，用户勾选完成后单击删除按钮，列表中删除对应的项目。

实现删除列表项功能的主要流程如下：

（1）列表的删除功能一般进入编辑模式后才可使用，所以需要提供编辑模式的入口。

以待办列表为例，通过监听列表项的长按事件，当用户长按列表项时，进入编辑模式。

```
// 实现参考
Flex({ justifyContent: FlexAlign.SpaceBetween, alignItems: ItemAlign.Center }) {
  // ...
}
.gesture(
GestureGroup(GestureMode.Exclusive,
  LongPressGesture()
    .onAction(() => {
      if (!this.isEditMode) {
        this.isEditMode = true; //进入编辑模式
      }
    })
  )
)
```

（2）需要响应用户的选择交互，记录要删除的列表项数据。

在待办列表中，通过勾选框的勾选或取消勾选，响应用户勾选列表项的变化，记录选择的所有列表项。

```
@Component
export struct ToDoListItem {
    @Link isEditMode: boolean
    @Link selectedItems: ToDoEntity[]
    private toDoItem: ToDoEntity = new ToDoEntity("");

    build() {
        Flex({ justifyContent: FlexAlign.SpaceBetween, alignItems: ItemAlign.Center }) {
            // ...
            Row() {
                Image($r('sys.media.ohos_app_icon'))
                    .height(50)
                    .width(50)
                    .enabled(false)
                Text(this.toDoItem.name).fontColor(Color.White).fontSize(25).
margin({ left: 10 })
```

```
            }
            .margin({ left : 20 })
            // 实现参考
            if (this.isEditMode) {
                Checkbox()
                    .onChange((isSelected) => {
                        if (isSelected) {
                            this.selectedItems.push(this.toDoItem) // this.selectedItems为勾
```
选时，记录选中的列表项，可根据实际场景构造
```
                        } else {
                            let index = this.selectedItems.indexOf(this.toDoItem)
                            if (index !== -1) {
                                this.selectedItems.splice(index, 1) // 取消勾选时，将此项从
```
selectedItems中删除
```
                            }
                        }
                    })
            }
        }
        .width('90%')
        .height(80)
        .backgroundColor(Color.Gray)
        //.padding() 根据具体使用场景设置
        .borderRadius(24)
        //.linearGradient() 根据具体使用场景设置
        .gesture(
            GestureGroup(GestureMode.Exclusive,
                LongPressGesture()
                    .onAction(() => {
                        // ...
                        this.isEditMode = true;
                    })
            )
        )
    }
}
```

（3）需要响应用户单击删除按钮事件，删除列表中对应的选项。

```
if (this.isEditMode) {
    Button('Delete')
        .alignRules({
            middle: { anchor: '__container__', align: HorizontalAlign.Center },
            bottom: { anchor: '__container__', align: VerticalAlign.Bottom }
        })
        .backgroundColor(Color.Red).onClick(() => {
            // this.toDoData为待办的列表项，可根据实际场景构造。单击后删除选中的列表项对应的toDoData
            数据
            let leftData = this.toDoData.filter((item) => {
                return !this.selectedItems.find((selectedItem) => selectedItem == item);
            })
            this.toDoData = leftData;
            this.isEditMode = false;
        })
        .width('90%')
        .margin({ bottom: 40})
}
```

8. 长列表的处理（懒加载）

循环渲染适用于短列表。当构建具有大量列表项的长列表时，如果直接采用循环渲染方式，会一次性加载所有的列表元素，导致页面启动时间过长，影响用户体验。因此，推荐使用数据懒加载（LazyForEach）方式实现按需迭代加载数据，从而提升列表性能。

LazyForEach从提供的数据源中按需迭代数据，并在每次迭代过程中创建相应的组件。当在滚动容器中使用LazyForEach时，框架会根据滚动容器可视区域按需创建组件，当组件滑出可视区域时，框架会对组件进行销毁回收，以降低内存占用。

1）使用限制

（1）LazyForEach必须在容器组件内使用，仅有List、Grid、Swiper以及WaterFlow组件支持数据懒加载（可配置cachedCount属性，即只加载可视部分及其前后少量数据用于缓冲），其他组件仍然是一次性加载所有的数据。

（2）在容器组件内使用LazyForEach时，只能包含一个LazyForEach。以List为例，同时包含ListItem、ForEach、LazyForEach的情形是不推荐的；同时包含多个LazyForEach也是不推荐的。

（3）LazyForEach在每次迭代中，必须创建且只允许创建一个子组件，即LazyForEach的子组件生成函数有且只有一个根组件。

（4）生成的子组件必须是允许包含在LazyForEach父容器组件中的子组件。

（5）允许LazyForEach包含在if/else条件渲染语句中，也允许LazyForEach中出现if/else条件渲染语句。

（6）键值生成器必须针对每个数据生成唯一的值，如果键值相同，将导致键值相同的UI组件渲染出现问题。

（7）LazyForEach必须使用DataChangeListener对象进行更新，对第一个参数dataSource重新赋值会产生异常；dataSource使用状态变量时，状态变量的改变不会触发LazyForEach的UI刷新。

（8）为了实现高性能渲染，在通过DataChangeListener对象的onDataChange方法更新UI时，需要生成不同于原来的键值来触发组件刷新。

（9）LazyForEach必须和@Reusable装饰器一起使用才能触发节点复用。使用方法：将@Reusable装饰在LazyForEach列表的组件上。

2）键值生成规则

在LazyForEach循环渲染过程中，系统会为每个item生成唯一且持久的键值，用于标识对应的组件。当这个键值变化时，ArkUI框架将视为该数组元素已被替换或修改，并会基于新的键值创建一个新的组件。

LazyForEach提供了一个名为keyGenerator的参数，这是一个函数，开发者可以通过它自定义键值的生成规则。如果开发者没有定义keyGenerator函数，则ArkUI框架会使用默认的键值生成函数，即(item: Object, index: number) => { return viewId + '-' + index.toString(); }。viewId在编译器转换过程中生成，同一个LazyForEach组件内的viewId是一致的。

3）组件创建及缓存

当使用懒加载方式渲染列表时，为了获得更好的列表滚动体验，减少列表滑动时出现白块，List组件提供了cachedCount参数来设置列表项缓存数。该参数只在LazyForEach中生效。

以垂直列表为例：

- 若懒加载用于 ListItem，则当列表为单列模式时，会在 List 显示的 ListItem 前后各缓存 cachedCount 个 ListItem；当列表为多列模式时，会在 List 显示的 ListItem 前后各缓存 cachedCount * 列数个 ListItem。
- 若懒加载用于 ListItemGroup，则无论是单列模式还是多列模式，都在 List 显示的 ListItem 前后各缓存 cachedCount 个 ListItemGroup。

示例代码如下：

```
// 数据源监听器的基本实现
class BasicDataSource implements IDataSource {
    private listeners: DataChangeListener[] = [];
    private originDataArray: string[] = [];

    public totalCount(): number {
        return 0;
    }

    public getData(index: number): string {
        return this.originDataArray[index];
    }

    // 该方法为框架侧调用，为LazyForEach组件向其数据源处添加listener监听
    registerDataChangeListener(listener: DataChangeListener): void {
        if (this.listeners.indexOf(listener) < 0) {
            console.info('add listener');
            this.listeners.push(listener);
        }
    }

    // 该方法为框架侧调用，为对应的LazyForEach组件在数据源处去除listener监听
    unregisterDataChangeListener(listener: DataChangeListener): void {
        const pos = this.listeners.indexOf(listener);
        if (pos >= 0) {
            console.info('remove listener');
            this.listeners.splice(pos, 1);
        }
    }

    // 通知LazyForEach组件需要重载所有子组件
    notifyDataReload(): void {
        this.listeners.forEach(listener => {
            listener.onDataReloaded();
        })
    }

    // 通知LazyForEach组件需要在index对应索引处添加子组件
    notifyDataAdd(index: number): void {
        this.listeners.forEach(listener => {
            listener.onDataAdd(index);
        })
    }

    // 通知LazyForEach组件在index对应索引处的数据有变化，需要重建该子组件
    notifyDataChange(index: number): void {
        this.listeners.forEach(listener => {
            listener.onDataChange(index);
        })
    }
```

```
    // 通知LazyForEach组件需要在index对应索引处删除该子组件
    notifyDataDelete(index: number): void {
        this.listeners.forEach(listener => {
            listener.onDataDelete(index);
        })
    }

    // 通知LazyForEach组件对from索引和to索引处的子组件进行交换
    notifyDataMove(from: number, to: number): void {
        this.listeners.forEach(listener => {
            listener.onDataMove(from, to);
        })
    }
}
class MyDataSource extends BasicDataSource {
    private dataArray: string[] = [];

    public totalCount(): number {
        return this.dataArray.length;
    }

    public getData(index: number): string {
        return this.dataArray[index];
    }

    public addData(index: number, data: string): void {
        this.dataArray.splice(index, 0, data);
        this.notifyDataAdd(index);
    }

    public pushData(data: string): void {
        this.dataArray.push(data);
        this.notifyDataAdd(this.dataArray.length - 1);
    }
}

@Entry
@Component
struct MyComponent {
    private data: MyDataSource = new MyDataSource();

    aboutToAppear() {
        for (let i = 0; i <= 20; i++) {
            this.data.pushData(`Hello ${i}`)
        }
    }

    build() {
        List({ space: 3 }) {
            LazyForEach(this.data, (item: string) => {
                ListItem() {
                    Row() {
                        Text(item).fontSize(50)
                            .onAppear(() => {
                                console.info("appear:" + item)
                            })
                    }.margin({ left: 10, right: 10 })
                }
            }, (item: string) => item)
```

```
    }.cachedCount(5)
  }
}
```

说明：增加cachedCount的数值，会增大UI的CPU、内存开销。使用时需要根据实际情况，综合性能和用户体验进行调整。

在列表使用数据懒加载时，除了显示区域的列表项和前后缓存的列表项之外，其他列表项会被销毁。

5.4.8 创建轮播（Swiper）

Swiper组件提供滑动轮播显示的能力。Swiper本身是一个容器组件，当设置了多个子组件后，可以对这些子组件进行轮播显示。通常，在一些应用首页显示推荐内容时，需要用到轮播显示的能力。

针对复杂页面场景，可以使用 Swiper 组件的预加载机制，利用主线程的空闲时间来提前构建和布局组件，优化滑动体验。

1. 布局与约束

Swiper作为一个容器组件，如果设置了自身尺寸属性，则在轮播显示过程中该尺寸生效；如果未设置自身尺寸属性，则分两种情况：

● 如果设置了prevMargin或者nextMargin属性，则Swiper自身尺寸会跟随其父组件。
● 如果未设置prevMargin或者nextMargin属性，则会自动根据子组件的大小设置自身的尺寸。

2. 循环播放

通过loop属性控制是否循环播放，该属性默认值为true，即在显示第一页或最后一页时，可以继续往前切换至末页或者往后切换至首页。

```
@Builder
swiperContent() {
    Text('0')
        .width('90%')
        .height('100%')
        .backgroundColor(Color.Gray)
        .textAlign(TextAlign.Center)
        .fontSize(30)
    Text('1')
        .width('90%')
        .height('100%')
        .backgroundColor(Color.Green)
        .textAlign(TextAlign.Center)
        .fontSize(30)
    Text('2')
        .width('90%')
        .height('100%')
        .backgroundColor(Color.Pink)
        .textAlign(TextAlign.Center)
        .fontSize(30)
}
Text('Swiper, 循环播放').attributeModifier(this.textSubTitle)
```

```
Swiper() {
    this.swiperContent()
}
.loop(true)
.height(150)
```

如果loop属性值为false，则在显示第一页或最后一页时，无法继续向前或者向后切换页面。

```
Text('Swiper, 不循环播放').attributeModifier(this.textSubTitle)
Swiper() {
    this.swiperContent()
}
.loop(false)
.height(150)
```

3. 自动轮播

Swiper通过设置autoPlay属性，控制是否自动轮播子组件。该属性默认值为false。

当autoPlay为true时，会自动切换播放子组件，子组件与子组件之间的播放间隔通过interval属性设置。interval属性默认值为3000，单位为毫秒。

```
Text('Swiper, 自动循环').attributeModifier(this.textSubTitle)
Swiper() {
    this.swiperContent()
}
.loop(true)
.autoPlay(true)
.interval(1000)
.height(150)
```

4. 导航点样式

1）导航点使用默认样式

Swiper提供了默认的导航点样式和导航点箭头样式。导航点默认在Swiper下方居中的位置显示，开发者也可以通过indicator属性自定义导航点的位置和样式。导航点箭头默认不显示。

通过indicator属性，开发者可以设置导航点相对于Swiper组件上下左右四个方位的位置，同时也可以设置每个导航点的尺寸、颜色、蒙层和被选中导航点的颜色。

2）自定义导航点样式

导航点直径设为30vp，左边距为0，导航点颜色设为红色。

```
Text('Swiper, 自定义导航点样式').attributeModifier(this.textSubTitle)
Swiper() {
    this.swiperContent()
}
.indicator(
    Indicator.dot()
        .left(0)
        .itemWidth(15)
        .itemHeight(15)
        .selectedItemWidth(30)
        .selectedItemHeight(15)
        .color(Color.Red)
        .selectedColor(Color.Blue)
)
.height(150)
```

3）箭头使用默认样式

Swiper通过设置displayArrow属性，可以控制导航点箭头的大小、位置、颜色，还可以控制底板的大小及颜色，以及鼠标悬停时是否显示箭头。

```
Text('Swiper，箭头使用默认样式').attributeModifier(this.textSubTitle)
Swiper() {
    this.swiperContent()
}
.displayArrow(true, false)
.height(150)
```

4）自定义箭头样式

箭头显示在组件两侧，大小为18vp，导航点箭头颜色设为蓝色。

```
Text('Swiper，自定义箭头样式').attributeModifier(this.textSubTitle)
Swiper() {
    this.swiperContent()
}
.displayArrow({
    showBackground: true,
    isSidebarMiddle: true,
    backgroundSize: 24,
    backgroundColor: Color.White,
    arrowSize: 18,
    arrowColor: Color.Blue
}, false)
.height(150)
```

5. 页面切换方式

Swiper支持手指滑动、单击导航点和通过控制器3种方式切换页面。以下示例展示通过控制器切换页面的方法。

```
Text('Swiper，页面切换，默认').attributeModifier(this.textSubTitle)
Column({ space: 5 }) {
    Swiper(this.swiperController1) {
        this.swiperContent();
    }
    .indicator(true)
    .height(150)

    Row({ space: 12 }) {
        Button('showNext')
            .onClick(() => {
                this.swiperController1.showNext(); // 通过controller切换到后一页
            })
        Button('showPrevious')
            .onClick(() => {
                this.swiperController1.showPrevious(); // 通过controller切换到前一页
            })
    }.margin(5)
}.width('100%')
.margin({ top: 5 })
```

6. 轮播方向

Swiper支持在水平和垂直方向上进行轮播，这主要通过vertical属性控制。

当vertical为true时，表示在垂直方向上进行轮播；当vertical为false时，表示在水平方向上进行轮播。Vertical的默认值为false。

```
Text('Swiper,页面切换,垂直轮播').attributeModifier(this.textSubTitle)
Column({ space: 5 }) {
    Swiper(this.swiperController2) {
        this.swiperContent();
    }
    .indicator(true)
    .height(150)
    .vertical(true)

    Row({ space: 12 }) {
        Button('showNext')
            .onClick(() => {
                this.swiperController2.showNext(); // 通过controller切换到后一页
            })
        Button('showPrevious')
            .onClick(() => {
                this.swiperController2.showPrevious(); // 通过controller切换到前一页
            })
    }.margin(5)
}.width('100%')
.margin({ top: 5 })
```

7. 自定义切换动画

Swiper支持在一个页面内同时显示多个子组件，这可以通过displayCount属性设置。

Swiper支持通过customContentTransition自定义切换动画，可以通过在回调中对视窗内所有页面逐帧设置透明度、缩放比例、位移、渲染层级等属性，来实现自定义切换动画。

```
@Entry
@Component
struct PageSwiperCustomAnimation {
    private DISPLAY_COUNT: number = 2
    private MIN_SCALE: number = 0.75

    @State backgroundColors: Color[] = [Color.Green, Color.Blue, Color.Yellow, Color.Pink,
Color.Gray, Color.Orange]
    @State opacityList: number[] = []
    @State scaleList: number[] = []
    @State translateList: number[] = []
    @State zIndexList: number[] = []

    aboutToAppear(): void {
        for (let i = 0; i < this.backgroundColors.length; i++) {
            this.opacityList.push(1.0)
            this.scaleList.push(1.0)
            this.translateList.push(0.0)
            this.zIndexList.push(0)
        }
    }

    build() {
        Navigation() {
            Column() {
                Swiper() {
```

```
                        ForEach(this.backgroundColors, (backgroundColor: Color, index: number)
=> {
                            Text(index.toString())
                                .width('100%')
                                .height('100%')
                                .fontSize(50)
                                .textAlign(TextAlign.Center)
                                .backgroundColor(backgroundColor)
                                .opacity(this.opacityList[index])
                                .scale({ x: this.scaleList[index], y: this.scaleList[index] })
                                .translate({ x: this.translateList[index] })
                                .zIndex(this.zIndexList[index])
                        })
                    }
                    .height(300)
                    .indicator(false)
                    .displayCount(this.DISPLAY_COUNT, true)
                    .customContentTransition({
                        timeout: 1000,
                        transition: (proxy: SwiperContentTransitionProxy) => {
                            if (proxy.position <= proxy.index % this.DISPLAY_COUNT ||
                                proxy.position >= this.DISPLAY_COUNT + proxy.index %
this.DISPLAY_COUNT) {
                                // 同组页面完全滑出视窗时，重置属性值
                                this.opacityList[proxy.index] = 1.0
                                this.scaleList[proxy.index] = 1.0
                                this.translateList[proxy.index] = 0.0
                                this.zIndexList[proxy.index] = 0
                            } else {
                                //同组页面未滑出视窗时，对同组中左右两个页面逐帧根据position修改属性值
                                if (proxy.index % this.DISPLAY_COUNT === 0) {
                                    this.opacityList[proxy.index] = 1 - proxy.position /
this.DISPLAY_COUNT
                                    this.scaleList[proxy.index] =
    this.MIN_SCALE + (1 - this.MIN_SCALE) * (1 - proxy.position / this.DISPLAY_COUNT)
                                    this.translateList[proxy.index] = -proxy.position *
proxy.mainAxisLength + (1 - this.scaleList[proxy.index]) * proxy.mainAxisLength / 2.0
                                } else {
                                    this.opacityList[proxy.index] = 1 - (proxy.position - 1) /
this.DISPLAY_COUNT
                                    this.scaleList[proxy.index] = this.MIN_SCALE +
    (1 - this.MIN_SCALE) * (1 - (proxy.position - 1) / this.DISPLAY_COUNT)
                                    this.translateList[proxy.index] = -(proxy.position - 1) *
proxy.mainAxisLength - (1 - this.scaleList[proxy.index]) * proxy.mainAxisLength / 2.0
                                }
                                this.zIndexList[proxy.index] = -1
                            }
                        }
                    })
                }.width('100%')
            }
        .title('Swiper自定义动画')
        .titleMode(NavigationTitleMode.Mini)
    }
}
```

5.4.9   选项卡（Tabs）

当页面信息较多时，为了让用户能够聚焦于当前显示的内容，需要对页面内容进行分类，提高页面空间利用率。Tabs组件可以在一个页面内快速实现视图内容的切换，一方面提升了查找信息的效率，另一方面精简了用户单次获取到的信息量。

Tabs组件的页面组成包含两个部分，分别是TabContent和TabBar。TabContent是内容页，TabBar是导航页签栏，页面结构如图5-55所示。根据不同的导航类型，布局会有区别，可以分为底部导航、顶部导航、侧边导航，其导航栏分别位于底部、顶部和侧边。

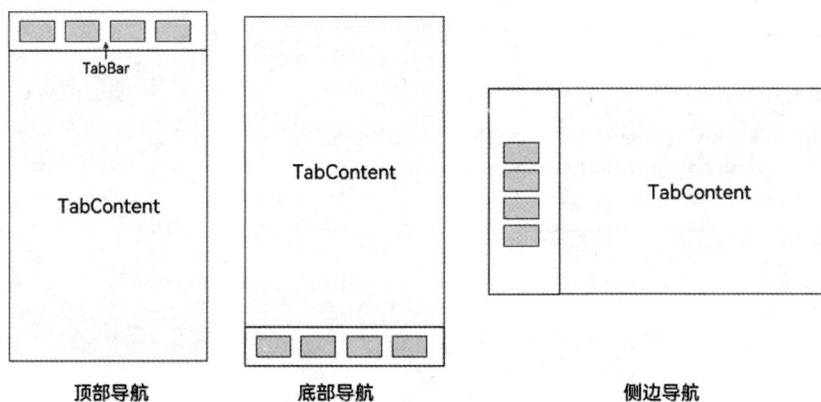

图5-55   选项卡页面结构

说明:

- TabContent组件不支持设置通用宽度属性，其宽度默认撑满Tabs父组件。
- TabContent组件不支持设置通用高度属性，其高度由Tabs父组件高度与TabBar组件高度决定。

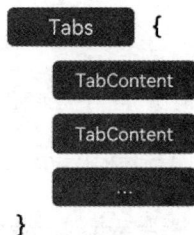

图5-56   选项卡布局内容

Tabs使用花括号包裹TabContent，如图5-56所示。TabContent显示相应的内容页。

每一个TabContent对应的内容需要有一个页签，可以通过TabContent的tabBar属性进行配置。在如下示例代码中，在TabContent组件上设置tabBar属性，可以设置其对应页签中的内容（tabBar作为内容的页签）。设置多个内容时，需在Tabs内按照顺序放置。

```
Tabs() {
  TabContent() {
    Text('首页的内容').fontSize(30)
  }
  .tabBar('首页')

  TabContent() {
    Text('推荐的内容').fontSize(30)
  }
  .tabBar('推荐')

  TabContent() {
    Text('发现的内容').fontSize(30)
```

```
  }
  .tabBar('发现')

  TabContent() {
    Text('我的内容').fontSize(30)
  }
  .tabBar("我的")
}
```

1. 底部导航

底部导航是应用中常见的导航方式之一，位于一级页面的底部。用户打开应用后，可通过底部导航清晰了解应用的功能分类及各页签对应的内容，且其位置便于单手操作。底部导航通常作为应用的主导航形式，将用户关注的内容按功能分类，符合用户使用习惯，便于在不同模块间快速切换。

导航栏位置使用Tabs的barPosition参数进行设置。默认情况下，导航栏位于顶部，此时，barPosition为BarPosition.Start。设置为底部导航时，需要将barPosition设置为BarPosition.End。

```
Tabs({ barPosition: BarPosition.End }) {
    // TabContent的内容：首页、推荐、发现、我的
    TabContent() {
        Text('首页的内容').fontSize(30)
    }
    .backgroundColor(Color.Blue)
    .tabBar('首页')

    TabContent() {
        Text('推荐的内容').fontSize(30)
    }
    .backgroundColor(Color.Green)
    .tabBar('推荐')

    TabContent() {
        Text('发现的内容').fontSize(30)
    }
    .backgroundColor(Color.Yellow)
    .tabBar('发现')

    TabContent() {
        Text('我的内容').fontSize(30)
    }
    .backgroundColor(Color.Orange)
    .tabBar("我的")
}
```

效果如图5-57所示。

2. 顶部导航

当内容分类较多，用户对不同内容的浏览概率相差不大，需要经常快速切换时，一般采用顶部导航模式进行设计，作为对底部导航内容的进一步划分。例如，一些资讯类应用对内容分类为关注、视频、数码，或者在主题应用中对主题进一步划分为图片、视频、字体等。

```
Tabs({ barPosition: BarPosition.Start }) {
    // TabContent的内容：首页、推荐、发现、我的
    ...
}
```

3. 侧边导航

侧边导航是较为少见的一种导航模式，更多适用于横屏界面。由于用户的视觉习惯是从左到右，因此侧边导航栏默认为左侧侧边栏。

实现侧边导航栏需要将Tabs的vertical属性设置为true。vertical的默认值为false，表明内容页和导航栏在垂直方向排列。

```
Tabs({ barPosition: BarPosition.Start }) {
  // TabContent的内容：首页、推荐、发现、我的
  ...
}
.vertical(true)
.barWidth(100)
.barHeight(200)
```

说明：

- vertical为false时，tabbar的宽度默认为撑满屏幕的宽度，需要设置barWidth为合适值。
- vertical为true时，tabbar的高度默认为实际内容的高度，需要设置barHeight为合适值。

图5-57　选项卡布局效果

4. 导航栏设置

1）限制导航栏的滑动切换

默认情况下，导航栏都支持滑动切换，这在一些内容信息量需要进行多级分类的页面，如支持底部导航+顶部导航组合的情况，会使得底部导航栏的滑动效果与顶部导航产生冲突。此时需要限制底部导航的滑动，避免引起不好的用户体验。

控制滑动切换的属性为scrollable，其默认值为true，表示可以滑动。若要限制滑动切换页签，则需要将它设置为false。

```
Tabs({ barPosition: BarPosition.End }) {
  TabContent(){
    Column(){
      Tabs(){
        // 顶部导航栏内容
        ...
      }
    }
    .backgroundColor('#ff08a8f1')
    .width('100%')
  }
  .tabBar('首页')
  // 其他TabContent内容：推荐、发现、我的
  ...
}
.scrollable(false)
```

2）固定导航栏

当内容分类较为固定且不具有拓展性时，例如底部导航内容分类一般固定，分类数量一般在3~5个，此时可以使用固定导航栏。固定导航栏不可滚动，无法被拖曳滚动，内容均分tabBar的宽度。

Tabs的barMode属性用于控制导航栏是否可以滚动，默认值为BarMode.Fixed。

```
Tabs({ barPosition: BarPosition.End }) {
    // TabContent的内容：首页、推荐、发现、我的
    ...
}
.barMode(BarMode.Fixed)
```

3）滚动导航栏

滚动导航栏可以用于顶部导航栏或者侧边导航栏的设置。在内容分类较多，屏幕宽度无法容纳所有分类页签的情况下，需要使用可滚动的导航栏，支持用户单击和滑动来加载隐藏的页签内容。

滚动导航栏需要设置Tabs组件的barMode属性，其默认值为BarMode.Fixed，表示固定导航栏；BarMode.Scrollable表示可滚动导航栏。

```
Tabs({ barPosition: BarPosition.Start }) {
    // TabContent的内容：
    ...
}
.barMode(BarMode.Scrollable)
```

5. 自定义导航栏

对于底部导航栏，一般用于应用主页面功能区分。为了获得更好的用户体验，会组合文字以及对应语义图标来表示页签内容，在这种情况下，需要自定义导航页签的样式，如图5-58所示。

图5-58　自定义选项卡导航栏

系统默认情况下采用下画线标志当前活跃的页签，而自定义导航栏需要自行实现相应的样式，用于区分当前活跃页签和未活跃页签。

1）自定义样式

设置自定义导航栏需要使用tabBar的参数，以其支持的CustomBuilder方式传入自定义的函数组件样式。例如在下面示例代码中，声明了tabBuilder的自定义函数组件，传入参数包括页签文字title、对应位置index以及选中状态和未选中状态的图片资源。通过当前活跃的currentIndex和页签对应的targetIndex匹配与否，来决定UI显示的样式。

```
@Builder tabBuilder(title: string, targetIndex: number, normalImg: Resource, selectedImg:
Resource) {
    Column() {
        Image(this.currentIndex === targetIndex ? selectedImg : normalImg)
            .size({ width: 25, height: 25 })
        Text(title)
            .fontColor(this.currentIndex === targetIndex ? '#1698CE' : '#6B6B6B')
    }
    .width('100%')
    .height(50)
    .justifyContent(FlexAlign.Center)
}
```

在TabContent对应的tabBar属性中传入自定义函数组件，并传递相应的参数。

```
Tabs({ barPosition: BarPosition.End }) {
    // TabContent的内容：首页、通讯录、发现、我的
    TabContent() {
        Text('首页的内容').fontSize(30)
    }
    .backgroundColor(Color.Blue)
    .tabBar('首页')
    .tabBar(this.tabBuilder('    首    页    ',    0,    $r('app.media.tab_wechat'),
$r('app.media.tab_wechat2')))

    TabContent() {
        Text('通讯录的内容').fontSize(30)
    }
    .backgroundColor(Color.Green)
    .tabBar(this.tabBuilder('    通    讯    录    ',    1,    $r('app.media.tab_contacts'),
$r('app.media.tab_contacts2')))

    TabContent() {
        Text('发现的内容').fontSize(30)
    }
    .backgroundColor(Color.Yellow)
    .tabBar(this.tabBuilder('    发    现    ',    2,    $r('app.media.tab_find'),
$r('app.media.tab_find2')))

    TabContent() {
        Text('我的内容').fontSize(30)
    }
    .backgroundColor(Color.Orange)
    .tabBar(this.tabBuilder('我的', 3, $r('app.media.tab_me'), $r('app.media.tab_me2')))
}
```

2）切换至指定页签

在不使用自定义导航栏时，默认的Tabs会实现切换逻辑。在使用了自定义导航栏后，默认的Tabs仅实现滑动内容页和单击页签时内容页的切换逻辑，页签切换逻辑需要自行实现，即用户滑动内容页和单击页签时，页签栏需要同步切换至内容页对应的页签。此时需要使用Tabs提供的onChange事件方法，监听index的变化，并将当前活跃的index值传递给currentIndex，从而实现页签的切换。

```
Tabs({ barPosition: BarPosition.End }) {
    // TabContent的内容：首页、通讯录、发现、我的
    ...
}
.onChange((index: number) => {
    this.currentIndex = index
})
```

若希望不滑动内容页和单击页签也能实现内容页和页签的切换，可以将currentIndex传给Tabs的index参数，通过改变currentIndex来实现跳转至指定索引值对应的TabContent内容。也可以使用TabsController的changeIndex方法来实现跳转至指定索引值对应的TabContent内容，TabsController是Tabs组件的控制器，用于控制Tabs组件进行内容页切换。

```
@Entry
@Component
struct PageTabsCustom {
    @State currentIndex: number = 0;
    private controller: TabsController = new TabsController()
```

```
    build() {
        Navigation() {
            Button('动态修改index').width('50%').margin({ top: 20 })
                .onClick(()=>{
                    this.currentIndex = (this.currentIndex + 1) % 4
                })
            Button('changeIndex').width('50%').margin({ top: 20 })
                .onClick(()=>{
                    let index = (this.currentIndex + 1) % 4
                    this.controller.changeIndex(index)
                })
            Tabs({ barPosition: BarPosition.End, index: this.currentIndex, controller:
this.controller }) {
                // TabContent的内容: 首页、通讯录、发现、我的
                TabContent() {
                    Text('首页的内容').fontSize(30)
                }
                .backgroundColor(Color.Blue)
                .tabBar('首页')
                .tabBar(this.tabBuilder(' 首 页 ', 0, $r('app.media.tab_wechat'),
$r('app.media.tab_wechat2')))

                TabContent() {
                    Text('通讯录的内容').fontSize(30)
                }
                .backgroundColor(Color.Green)
                .tabBar(this.tabBuilder(' 通 讯 录 ', 1, $r('app.media.tab_contacts'),
$r('app.media.tab_contacts2')))

                TabContent() {
                    Text('发现的内容').fontSize(30)
                }
                .backgroundColor(Color.Yellow)
                .tabBar(this.tabBuilder(' 发 现 ', 2, $r('app.media.tab_find'),
$r('app.media.tab_find2')))

                TabContent() {
                    Text('我的内容').fontSize(30)
                }
                .backgroundColor(Color.Orange)
                .tabBar(this.tabBuilder(' 我 的 ', 3, $r('app.media.tab_me'),
$r('app.media.tab_me2')))
            }
            .height(500)
            .margin({ top: 20 })
            .onChange((index: number) => {
                this.currentIndex = index
            })
        }
        .title('TabsBottom')
        .titleMode(NavigationTitleMode.Mini)
    }

    @Builder tabBuilder(title: string, targetIndex: number, normalImg: Resource,
selectedImg: Resource) {
        Column() {
```

```
            Image(this.currentIndex === targetIndex ? selectedImg : normalImg)
                .size({ width: 25, height: 25 })
            Text(title)
                .fontColor(this.currentIndex === targetIndex ? '#1698CE' : '#6B6B6B')
        }
        .width('100%')
        .height(50)
        .justifyContent(FlexAlign.Center)
    }
}
```

效果如图5-59所示。

开发者可以通过Tabs组件的onContentWillChange接口，自定义拦截回调函数。拦截回调函数在下一个页面即将展示时被调用，如果回调返回true，则展示新页面；如果回调返回false，则不展示新页面，仍显示原来页面。

```
Tabs({    barPosition:    BarPosition.End,    controller:
this.controller, index: this.currentIndex }) {...}
    .onContentWillChange((currentIndex, comingIndex) => {
      if (comingIndex == 2) {
        return false
      }
      return true
    })
```

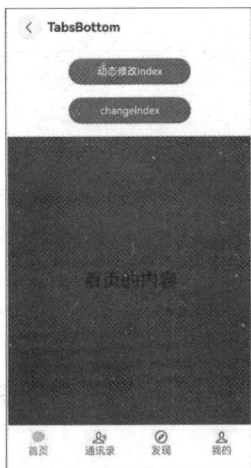

图5-59　自定义导航栏效果

5.5　沉浸式效果

典型的应用全屏窗口UI元素包括状态栏、应用界面和底部导航条，如图5-60所示。其中状态栏和导航条在沉浸式布局下被称为避让区；避让区之外的区域被称为安全区。开发应用沉浸式效果主要指通过调整状态栏、应用界面和导航条的显示效果来减少状态栏、导航条等系统界面的突兀感，从而使用户获得最佳的UI体验。

开发应用沉浸式效果主要考虑如下几个设计要素：

- UI元素避让处理：导航条底部区域可以响应单击事件，除此之外的可交互UI元素和应用关键信息不建议放到导航条区域。状态栏显示系统信息，如果与界面元素有冲突，则需考虑避让状态栏。

- 沉浸式效果处理：将状态栏和导航条的颜色与界面元素的颜色相匹配，不出现明显的突兀感。

图5-60　沉浸式导航栏示例

针对上面的设计要求，可以通过如下两种方式实现应用沉浸式效果：

- 窗口全屏布局方案：调整布局系统为全屏布局，界面元素延伸到状态栏和导航条区域，实现沉浸式效果。当不隐藏避让时，可通过接口查询状态栏和导航条区域进行可交互元素避让处理，并设置状态栏或导航条的颜色等属性与界面元素匹配。当隐藏避让区时，通过对应接口设置全屏布局即可。
- 组件安全区方案：布局系统保持安全区内布局，然后通过接口延伸绘制内容（如背景色、背景图）到状态栏和导航条区域，实现沉浸式效果。

在组件安全区方案下，界面元素仅做绘制延伸，无法单独布局到状态栏和导航条区域。针对需要单独布局UI元素到状态栏和导航条区域的场景，建议使用窗口全屏布局方案。

5.5.1　窗口全屏布局方案

窗口全屏布局方案主要涉及的应用扩展布局包括全屏显示且不隐藏避让区和应用扩展布局且隐藏避让区。

1. 全屏显示且不隐藏避让区

可以通过调用窗口强制全屏布局接口setWindowLayoutFullScreen()实现界面元素延伸到状态栏和导航条；然后通过接口getWindowAvoidArea()和on('avoidAreaChange')获取并动态监听避让区域的变更信息，页面布局根据避让区域信息进行动态调整；最后设置状态栏或导航条的颜色等属性与界面元素进行匹配。

（1）调用setWindowLayoutFullScreen()接口设置窗口全屏。

```
// Ch05Ability.ets   onWindowStageCreate
let windowClass: window.Window = windowStage.getMainWindowSync(); // 获取应用主窗口
// 1. 设置窗口全屏
let isLayoutFullScreen = true;
windowClass.setWindowLayoutFullScreen(isLayoutFullScreen).then(() => {
    console.info('Succeeded in setting the window layout to full-screen mode.');
}).catch((err: BusinessError) => {
    console.error('Failed to set the window layout to full-screen mode. Cause:' +
JSON.stringify(err));
});
```

（2）使用getWindowAvoidArea()接口获取当前布局遮挡区域（例如状态栏、导航条）。

```
// Ch05Ability.ets   onWindowStageCreate
// 2. 获取布局避让遮挡的区域
let type = window.AvoidAreaType.TYPE_NAVIGATION_INDICATOR; // 以导航条避让为例
let avoidArea = windowClass.getWindowAvoidArea(type);
let bottomRectHeight = avoidArea.bottomRect.height; // 获取导航条区域的高度
AppStorage.setOrCreate('bottomRectHeight', bottomRectHeight);

type = window.AvoidAreaType.TYPE_SYSTEM; // 以状态栏避让为例
avoidArea = windowClass.getWindowAvoidArea(type);
let topRectHeight = avoidArea.topRect.height; // 获取状态栏区域的高度
AppStorage.setOrCreate('topRectHeight', topRectHeight);
```

（3）注册监听函数，动态获取避让区域的实时数据。

```
// Ch05Ability.ets   onWindowStageCreate
// 3. 注册监听函数，动态获取避让区域数据
windowClass.on('avoidAreaChange', (data) => {
  if (data.type === window.AvoidAreaType.TYPE_SYSTEM) {
    let topRectHeight = data.area.topRect.height;
    AppStorage.setOrCreate('topRectHeight', topRectHeight);
  } else if (data.type == window.AvoidAreaType.TYPE_NAVIGATION_INDICATOR) {
    let bottomRectHeight = data.area.bottomRect.height;
    AppStorage.setOrCreate('bottomRectHeight', bottomRectHeight);
  }
});
```

（4）布局中的UI元素需要避让状态栏和导航条，否则可能产生UI元素重叠等情况。

对控件顶部设置padding（具体数值与状态栏高度一致），实现对状态栏的避让；对底部设置padding（具体数值与底部导航条区域高度一致），实现对底部导航条的避让。如果去掉顶部和底部的padding设置，即不避让状态栏和导航条，UI元素就会发生重叠。

```
// Index.ets
@Entry
@Component
struct Index {
  @StorageProp('bottomRectHeight')
  bottomRectHeight: number = 0;
  @StorageProp('topRectHeight')
  topRectHeight: number = 0;

  build() {
    Row() {
      Column() {
        Row() {
          Text('DEMO-ROW1').fontSize(40)
        }.backgroundColor(Color.Orange).padding(20)

        Row() {
          Text('DEMO-ROW2').fontSize(40)
        }.backgroundColor(Color.Orange).padding(20)

        Row() {
          Text('DEMO-ROW3').fontSize(40)
        }.backgroundColor(Color.Orange).padding(20)

        Row() {
          Text('DEMO-ROW4').fontSize(40)
        }.backgroundColor(Color.Orange).padding(20)

        Row() {
          Text('DEMO-ROW5').fontSize(40)
        }.backgroundColor(Color.Orange).padding(20)

        Row() {
          Text('DEMO-ROW6').fontSize(40)
        }.backgroundColor(Color.Orange).padding(20)
      }
      .width('100%')
      .height('100%')
      .alignItems(HorizontalAlign.Center)
      .justifyContent(FlexAlign.SpaceBetween)
```

```
        .backgroundColor('#008000')
        // top数值与状态栏区域高度保持一致；bottom数值与导航条区域高度保持一致
        .padding({ top: px2vp(this.topRectHeight), bottom: px2vp(this.bottomRectHeight) })
      }
    }
  }
```

（5）根据实际的UI界面显示或隐藏相关UI元素背景颜色等，还可以按需设置状态栏的文字颜色、背景色或者设置导航条的显示或隐藏，以使UI界面的呈现和谐。状态栏默认是透明的，透过来的是应用界面的背景色，如图5-61所示。

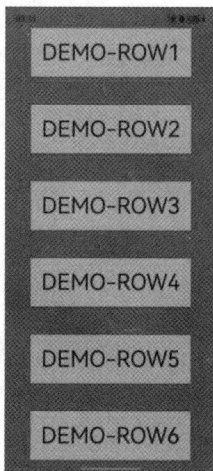

布局避让状态栏和导航条　　　　　　　　布局未避让状态栏和导航条

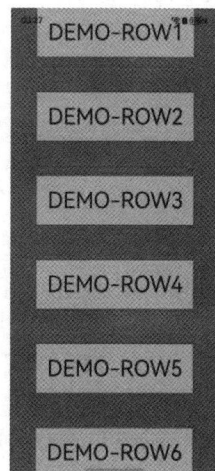

图5-61　避让状态栏

2. 应用扩展布局且隐藏避让区

此场景下导航条会自动隐藏，适用于游戏、电影等应用场景。可以通过从底部上滑唤出导航条。

（1）调用setWindowLayoutFullScreen()接口设置窗口全屏。

```
// Ch05Ability.ets  onWindowStageCreate
let windowClass: window.Window = windowStage.getMainWindowSync(); // 获取应用主窗口
// 1. 设置窗口全屏
let isLayoutFullScreen = true;
windowClass.setWindowLayoutFullScreen(isLayoutFullScreen).then(() => {
    console.info('Succeeded in setting the window layout to full-screen mode.');
}).catch((err: BusinessError) => {
    console.error('Failed to set the window layout to full-screen mode. Cause:' +
JSON.stringify(err));
});
```

（2）调用setSpecificSystemBarEnabled()接口设置状态栏和导航条的具体显示/隐藏状态，此场景下将它设置为隐藏。

```
// Ch05Ability.ets  onWindowStageCreate
// 2. 设置状态栏隐藏
windowClass.setSpecificSystemBarEnabled('status', false).then(() => {
  console.info('Succeeded in setting the status bar to be invisible.');
}).catch((err: BusinessError) => {
```

```
      console.error(`Failed to set the status bar to be invisible. Code is ${err.code}, message
is ${err.message}`);
    });
    // 3. 设置导航条隐藏
    windowClass.setSpecificSystemBarEnabled('navigationIndicator', false).then(() => {
      console.info('Succeeded in setting the navigation indicator to be invisible.');
    }).catch((err: BusinessError) => {
      console.error(`Failed to set the navigation indicator to be invisible. Code is ${err.code},
message is ${err.message}`);
    });
```

（3）在界面中无须进行导航条避让操作。

```
// Index.ets
@Entry()
@Component
struct Index {
  build() {
    Row() {
      Column() {
        Row() {
          Text('ROW1').fontSize(40)
        }.backgroundColor(Color.Orange).padding(20)

        Row() {
          Text('ROW2').fontSize(40)
        }.backgroundColor(Color.Orange).padding(20)

        Row() {
          Text('ROW3').fontSize(40)
        }.backgroundColor(Color.Orange).padding(20)

        Row() {
          Text('ROW4').fontSize(40)
        }.backgroundColor(Color.Orange).padding(20)

        Row() {
          Text('ROW5').fontSize(40)
        }.backgroundColor(Color.Orange).padding(20)

        Row() {
          Text('ROW6').fontSize(40)
        }.backgroundColor(Color.Orange).padding(20)
      }
      .width('100%')
      .height('100%')
      .alignItems(HorizontalAlign.Center)
      .justifyContent(FlexAlign.SpaceBetween)
      .backgroundColor('#008000')
    }
  }
}
```

5.5.2　组件安全区方案

当应用未使用setWindowLayoutFullScreen()接口设置窗口全屏布局时，默认使能组件安全区布局。

在默认情况下，应用的窗口背景绘制范围是全屏，但UI元素被限制在安全区内（自动排除状态栏和导航条）进行布局，以避免界面元素被状态栏和导航条遮盖，如图5-62所示。

图5-62　组件安全区

针对状态栏和导航条颜色与界面元素颜色不匹配的问题，可以通过如下两种方式实现沉浸式效果。

（1）状态栏和导航条颜色相同的场景，可以通过设置窗口的背景色来实现沉浸式效果。窗口背景色可通过setWindowBackgroundColor()进行设置。

```
// 设置全窗颜色和应用元素颜色一致
windowStage.getMainWindowSync().setWindowBackgroundColor('#008000');
```

（2）状态栏和导航条颜色不同的场景，可以使用expandSafeArea属性扩展安全区域属性来进行调整。

1. 扩展安全区域属性原理

（1）布局阶段按照安全区范围大小进行UI元素布局。

（2）布局完成后查看设置了expandSafeArea属性的组件边界（不包括margin）是否和安全区边界相交。

（3）如果设置了expandSafeArea属性的组件和安全区边界相交，则根据expandSafeArea传递的属性进一步扩大组件绘制区域大小，覆盖状态栏、导航条这些非安全区域。

上述过程仅改变组件自身绘制大小，不进行二次布局，不影响子节点和兄弟节点的大小和位置。

- 子节点可以单独设置expandSafeArea属性，只需要自身边界和安全区域重合就可以延伸自身大小至非安全区域内，不过需要确保父组件未设置clip等裁切属性。
- 配置expandSafeArea属性的组件在进行绘制扩展时，需要注意该组件不能配置固定宽高尺寸，百分比除外。

2. 背景图和视频场景

设置背景图、视频控件大小为安全区域大小并配置expandSafeArea属性。

```
// xxx.ets
@Entry
```

```
@Component
struct SafeAreaExample1 {
  build() {
    Stack() {
      Image($r('app.media.bg'))
        .height('100%').width('100%')
        .expandSafeArea([SafeAreaType.SYSTEM], [SafeAreaEdge.TOP, SafeAreaEdge.BOTTOM])
// 图片组件的绘制区域扩展至状态栏和导航条
    }.height('100%').width('100%')
  }
}
```

3. 滚动类场景

要求在List等滚动类组件滚动过程中，内容元素可以和导航条重合；当滚动至底部时，元素需要在导航条上方进行避让，如图5-63所示。

图5-63　组件滚动类效果

由于expandSafeArea不改变子节点的布局，因此List等滚动类组件可以调用expandSafeArea，延伸List组件视图窗口大小而不改变ListItem的内在布局，由此实现ListItem在滑动过程中显示在导航条下，但滚动至最后一个列表项时显示在导航条上的效果。

4. 图文场景

当状态栏与底部导航条区域同时需要扩展内容显示时，无法单纯通过窗口背景色或者背景图组件延伸实现，此时需要分别对顶部元素和底部元素配置expandSafeArea属性：顶部元素配置expandSafeArea([SafeAreaType.SYSTEM],[SafeAreaEdge.TOP])，底部元素配置expandSafeArea([SafeAreaType.SYSTEM],[SafeAreaEdge.BOTTOM])。

```
@Entry
@Component
struct Index {
  build() {
```

```
  Swiper() {
    Column() {
      Image($r('app.media.start'))
        .height('50%').width('100%')
        // 设置图片延伸到状态栏
        .expandSafeArea([SafeAreaType.SYSTEM], [SafeAreaEdge.TOP])
      Column() {
        Text('HarmonyOS 第一课')
          .fontSize(32)
          .margin(30)
        Text('通过循序渐进的学习路径，无经验和有经验的开发者都可以掌握ArkTS语言声明式开发范式，体验
更简捷、更友好的HarmonyOS应用开发旅程。')
          .fontSize(20).margin(20)
      }.height('50%').width('100%')
      .backgroundColor(Color.White)
      // 设置文本内容区背景延伸到导航栏
      .expandSafeArea([SafeAreaType.SYSTEM], [SafeAreaEdge.BOTTOM])
    }
  }
  .width('100%')
  .height('100%')
  // 关闭Swiper组件默认的裁切效果，以便子节点可以绘制在Swiper外
  .clip(false)
}
}
```

第6章

ArkUI 基础

组件（Component）是界面搭建与显示的最小单位，HarmonyOS ArkUI声明式开发范式为开发者提供了丰富多样的UI组件，我们可以使用这些组件轻松地编写出更加丰富、漂亮的界面。

组件根据功能可以分为以下五大类：

- 基础组件：视图层的基本组成单元，包括Text、Image、TextInput、Button、LoadingProgress等。如图6-1所示，这个常用的登录界面就是由这些基础组件组合而成。
- 容器组件：用于布局和组织其他组件，例如Column、Row、Stack等容器组件可以帮助开发者管理复杂的界面布局（容器组件在上一章已经详细讲解过）。
- 媒体组件：用于播放音频和视频，比如Video（视频）和Audio（音频）等。
- 绘制组件：绘制组件提供自定义绘制能力，包括Shape、Path等，适用于需要自定义图形和动画的场景。这些组件允许开发者在界面中创建复杂的图形和动画效果等。
- 画布组件：画布组件用于更高级的绘制操作，允许开发者直接在画布上进行绘制，实现复杂的图形和交互效果。

这些组件在需要高度自定义界面的场景中非常有用。

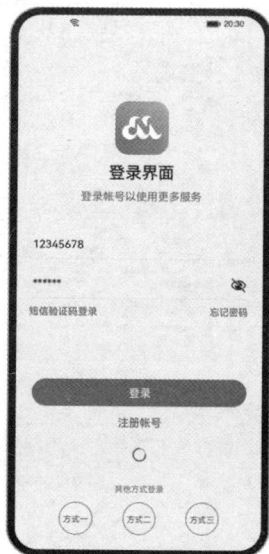

图6-1　登录界面示例

6.1　基础组件

6.1.1　Blank

Blank是空白填充组件。在容器主轴方向上，空白填充组件具有自动填充容器空余部分的能力。仅当父组件为Row、Column和Flex时生效。

```
Blank(min?: number | string)
```

从API version 10开始：

- 当父容器为Row、Column或Flex，且其主轴方向未设置明确尺寸时，Blank组件会自动拉伸或压缩以填充可用空间；当父容器已设置尺寸或容器大小由子节点决定时，Blank不会自动拉伸或压缩。
- Blank在主轴方向设置大小（size）与min时，其约束关系为max(min, size)。
- 当Blank在父容器的交叉轴上设置了大小时，不会撑满交叉轴；当Blank在父容器的交叉轴上未设置大小时，alignSelf默认值为ItemAlign.Stretch，此时会撑满父容器的交叉轴。

示例代码如下：

```
Column() {
    Button('返回')
        .onClick(() => {
            router.back();
        })
        .width('90%')
        .margin( {top : 5})

    Button('横竖屏切换')
        .onClick(() => {
            console.log('ch06=============this.isPortrait: ' + this.isPortrait);
            CommonUtils.changeOrientation(this.context, !this.isPortrait);
            this.isPortrait = !this.isPortrait;
        })
        .width('90%')
        .margin( {top : 5})

    Row() {
        Text('Bluetooth').fontSize(18)
        Blank()
        Toggle({ type: ToggleType.Switch }).margin({ top: 14, bottom: 14, left: 6, right:
6 })
    }.width('100%').backgroundColor(0xEEFFFF).borderRadius(15).padding({ left: 12 })

    // Blank父组件不设置宽度时，Blank失效，可以通过设置min（最小宽度）填充固定宽度
    Row() {
        Text('Bluetooth').fontSize(18)
        Blank().color(Color.Yellow)
        Toggle({ type: ToggleType.Switch }).margin({ top: 14, bottom: 14, left: 6, right:
6 })
    }.backgroundColor(0xFFFFFF).borderRadius(15).padding({ left: 12 })

    Row() {
        Text('Bluetooth').fontSize(18)
        // 设置最小宽度为160
        Blank('160').color(Color.Yellow)
        Toggle({ type: ToggleType.Switch }).margin({ top: 14, bottom: 14, left: 6, right:
6 })
    }.backgroundColor(0xFFFFFF).borderRadius(15).padding({ left: 12 })

}.padding(20)
```

Blank组件的父组件设置了宽度时，横竖屏占满空余空间，如图6-2所示。

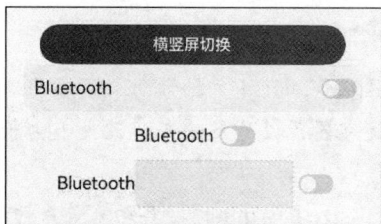

图6-2　Blank组件示例1

Blank组件的父组件未设置宽度时，可以使用min参数，如图6-3所示。

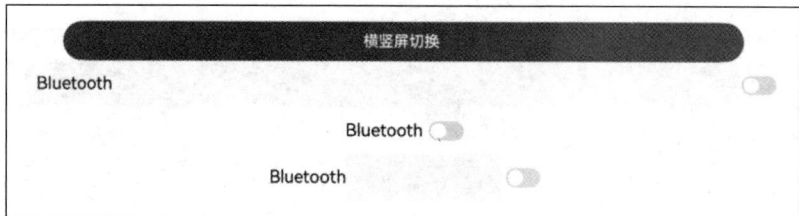

图6-3　Blank组件示例2

6.1.2　Text/Span

Text是文本组件，通常用于展示用户视图，如显示文字。

1. 创建文本

Text可通过string字符串和引用Resource资源这两种方式来创建。

1）string 字符串创建

```
Text('我是一段文本')
```

2）引用 Resource 资源创建

资源引用类型可以通过$r创建Resource类型对象，文件位置为/resources/base/element/string.json。

```
Text($r('app.string.module_desc'))
  .baselineOffset(0)
  .fontSize(30)
  .border({ width: 1 })
  .padding(10)
  .width(300)
```

2. 添加子组件Span

Span只能作为Text和RichEditor组件的子组件来显示文本内容。可以在一个Text内添加多个Span来显示一段信息，例如产品说明书、承诺书等。

Span组件需要写到Text组件内，单独写Span组件不会显示信息，当Text与Span同时配置文本内容时，Span内容会覆盖Text内容。

（1）创建Span。

```
Text('我是Text') {
  Span('我是Span')
}
```

```
  .padding(10)
  .borderWidth(1)
```

（2）通过decoration设置文本装饰线及颜色。

```
Text() {
  Span('我是Span1, ').fontSize(16).fontColor(Color.Grey)
    .decoration({ type: TextDecorationType.LineThrough, color: Color.Red })
  Span('我是Span2').fontColor(Color.Blue).fontSize(16)
    .fontStyle(FontStyle.Italic)
    .decoration({ type: TextDecorationType.Underline, color: Color.Black })
  Span(', 我是Span3').fontSize(16).fontColor(Color.Grey)
    .decoration({ type: TextDecorationType.Overline, color: Color.Green })
}
.borderWidth(1)
.padding(10)
```

（3）通过textCase设置英文字母一直保持大写或者小写状态。

```
Text() {
  Span('I am Upper-span').fontSize(12)
    .textCase(TextCase.UpperCase)
}
.borderWidth(1)
.padding(10)
```

（4）添加事件。由于Span组件无尺寸信息，因此仅支持添加单击事件onClick。

```
Text() {
  Span('I am Upper-span').fontSize(12)
    .textCase(TextCase.UpperCase)
    .onClick(()=>{
      console.info('我是Span——onClick')
    })
}
```

3. 自定义文本样式

（1）通过textAlign属性设置文本对齐样式。

```
Text('左对齐')
  .width(300)
  .textAlign(TextAlign.Start)
  .border({ width: 1 })
  .padding(10)
Text('中间对齐')
  .width(300)
  .textAlign(TextAlign.Center)
  .border({ width: 1 })
  .padding(10)
Text('右对齐')
  .width(300)
  .textAlign(TextAlign.End)
  .border({ width: 1 })
  .padding(10)
```

（2）通过textOverflow属性控制文本超长处理，textOverflow需配合maxLines一起使用（默认情况下文本自动折行）。

```
    Text('This is the setting of textOverflow to Clip text content This is the setting of
textOverflow to None text content. This is the setting of textOverflow to Clip text content
This is the setting of textOverflow to None text content.')
        .width(250)
        .textOverflow({ overflow: TextOverflow.None })
        .maxLines(1)
        .fontSize(12)
        .border({ width: 1 })
        .padding(10)
    Text('我是超长文本，超出的部分显示省略号。I am an extra long text, with ellipses displayed for
any excess。')
        .width(250)
        .textOverflow({ overflow: TextOverflow.Ellipsis })
        .maxLines(1)
        .fontSize(12)
        .border({ width: 1 })
        .padding(10)
    Text('当文本溢出其尺寸时，文本将滚动显示。When the text overflows its dimensions, the text will
scroll for displaying.')
        .width(250)
        .textOverflow({ overflow: TextOverflow.MARQUEE })
        .maxLines(1)
        .fontSize(12)
        .border({ width: 1 })
        .padding(10)
```

（3）通过lineHeight属性设置文本行高。

```
    Text('This is the text with the line height set. This is the text with the line height
set.')
        .width(300).fontSize(12).border({ width: 1 }).padding(10)
    Text('This is the text with the line height set. This is the text with the line height
set.')
        .width(300).fontSize(12).border({ width: 1 }).padding(10)
        .lineHeight(20)
```

（4）通过decoration属性设置文本装饰线的样式及颜色。

```
    Text('This is the text')
      .decoration({
        type: TextDecorationType.LineThrough,
        color: Color.Red
      })
      .borderWidth(1).padding(10).margin(5)
    Text('This is the text')
      .decoration({
        type: TextDecorationType.Overline,
        color: Color.Red
      })
      .borderWidth(1).padding(10).margin(5)
    Text('This is the text')
      .decoration({
        type: TextDecorationType.Underline,
        color: Color.Red
      })
      .borderWidth(1).padding(10).margin(5)
```

（5）通过baselineOffset属性设置文本基线的偏移量。

```
Text('This is the text content with baselineOffset 0.')
  .baselineOffset(0)
  .fontSize(12)
  .border({ width: 1 })
  .padding(10)
  .width('100%')
  .margin(5)
Text('This is the text content with baselineOffset 30.')
  .baselineOffset(30)
  .fontSize(12)
  .border({ width: 1 })
  .padding(10)
  .width('100%')
  .margin(5)

Text('This is the text content with baselineOffset -20.')
  .baselineOffset(-20)
  .fontSize(12)
  .border({ width: 1 })
  .padding(10)
  .width('100%')
  .margin(5)
```

（6）通过letterSpacing属性设置文本字符间距。

```
Text('This is the text content with letterSpacing 0.')
  .letterSpacing(0)
  .fontSize(12)
  .border({ width: 1 })
  .padding(10)
  .width('100%')
  .margin(5)
Text('This is the text content with letterSpacing 3.')
  .letterSpacing(3)
  .fontSize(12)
  .border({ width: 1 })
  .padding(10)
  .width('100%')
  .margin(5)
Text('This is the text content with letterSpacing -1.')
  .letterSpacing(-1)
  .fontSize(12)
  .border({ width: 1 })
  .padding(10)
  .width('100%')
  .margin(5)
```

（7）通过minFontSize与maxFontSize自适应字体大小：minFontSize设置文本最小显示字号，maxFontSize设置文本最大显示字号。minFontSize与maxFontSize必须搭配使用，以及需配合maxline或布局大小限制一起使用，单独设置不生效。

```
Text('我的最大字号为30，最小字号为5，宽度为250，maxLines为1')
  .width(250)
  .maxLines(1)
  .maxFontSize(30)
```

```
  .minFontSize(5)
  .border({ width: 1 })
  .padding(10)
  .margin(5)
Text('我的最大字号为30，最小字号为5，宽度为250，maxLines为2')
  .width(250)
  .maxLines(2)
  .maxFontSize(30)
  .minFontSize(5)
  .border({ width: 1 })
  .padding(10)
  .margin(5)
Text('我的最大字号为30，最小字号为15，宽度为250,高度为50')
  .width(250)
  .height(50)
  .maxFontSize(30)
  .minFontSize(15)
  .border({ width: 1 })
  .padding(10)
  .margin(5)
Text('我的最大字号为30，最小字号为15，宽度为250,高度为100')
  .width(250)
  .height(100)
  .maxFontSize(30)
  .minFontSize(15)
  .border({ width: 1 })
  .padding(10)
  .margin(5)
```

（8）通过textCase属性设置文本的大小写。

```
Text('This is the text content with textCase set to Normal.')
  .textCase(TextCase.Normal)
  .padding(10)
  .border({ width: 1 })
  .padding(10)
  .margin(5)

// 文本全小写展示
Text('This is the text content with textCase set to LowerCase.')
  .textCase(TextCase.LowerCase)
  .border({ width: 1 })
  .padding(10)
  .margin(5)

// 文本全大写展示
Text('This is the text content with textCase set to UpperCase.')
  .textCase(TextCase.UpperCase)
  .border({ width: 1 })
  .padding(10)
  .margin(5)
```

（9）通过copyOption属性设置文本是否可复制粘贴。

```
Text("这是一段可复制文本")
  .fontSize(30)
  .copyOption(CopyOptions.InApp)
```

4. 示例场景

```
Text('热门新闻示例').attributeModifier(this.textSubTitle)
/**
 * 实现展示热门新闻示例
 */
Row() {
    Text("1").fontSize(14).fontColor(Color.Red).margin({ left: 10, right: 10 })
    Text("我是热搜词条1")
        .fontSize(12)
        .fontColor(Color.Blue)
        .maxLines(1)
        .textOverflow({ overflow: TextOverflow.Ellipsis })
        .fontWeight(300)
    Text("爆")
        .margin({ left: 6 })
        .textAlign(TextAlign.Center)
        .fontSize(10)
        .fontColor(Color.White)
        .fontWeight(600)
        .backgroundColor(0x770100)
        .borderRadius(5)
        .width(15)
        .height(14)
}.width('100%').margin(5)

Row() {
    Text("2").fontSize(14).fontColor(Color.Red).margin({ left: 10, right: 10 })
    Text("我是热搜词条2 我是热搜词条2 我是热搜词条2 我是热搜词条2 我是热搜词条2")
        .fontSize(12)
        .fontColor(Color.Blue)
        .fontWeight(300)
        .constraintSize({ maxWidth: 200 })
        .maxLines(1)
        .textOverflow({ overflow: TextOverflow.Ellipsis })
    Text("热")
        .margin({ left: 6 })
        .textAlign(TextAlign.Center)
        .fontSize(10)
        .fontColor(Color.White)
        .fontWeight(600)
        .backgroundColor(0xCC5500)
        .borderRadius(5)
        .width(15)
        .height(14)
}.width('100%').margin(5)

Row() {
    Text("3").fontSize(14).fontColor(Color.Orange).margin({ left: 10, right: 10 })
    Text("我是热搜词条3")
        .fontSize(12)
        .fontColor(Color.Blue)
        .fontWeight(300)
        .maxLines(1)
        .constraintSize({ maxWidth: 200 })
        .textOverflow({ overflow: TextOverflow.Ellipsis })
    Text("热")
```

```
        .margin({ left: 6 })
        .textAlign(TextAlign.Center)
        .fontSize(10)
        .fontColor(Color.White)
        .fontWeight(600)
        .backgroundColor(0xCC5500)
        .borderRadius(5)
        .width(15)
        .height(14)
}.width('100%').margin(5)

Row() {
    Text("4").fontSize(14).fontColor(Color.Grey).margin({ left: 10, right: 10 })
    Text("我是热搜词条4 我是热搜词条4 我是热搜词条4 我是热搜词条4 我是热搜词条4")
        .fontSize(12)
        .fontColor(Color.Blue)
        .fontWeight(300)
        .constraintSize({ maxWidth: 200 })
        .maxLines(1)
        .textOverflow({ overflow: TextOverflow.Ellipsis })
}.width('100%').margin(5)
```

6.1.3　TextInput/TextArea

TextInput、TextArea是输入框组件，通常用于响应用户的输入操作，比如评论区的输入、聊天框的输入、表格的输入等；也可以结合其他组件构建功能页面，例如登录注册页面。

1. 创建并设置输入框类型

TextInput为单行输入框，TextArea为多行输入框。通过以下接口来创建：

```
// 单行输入框
TextInput(value?:{placeholder?: ResourceStr, text?: ResourceStr, controller?:
TextInputController})
// 多行输入框
TextArea(value?:{placeholder?: ResourceStr, text?: ResourceStr, controller?:
TextAreaController})
// 多行输入框中的文字超出一行时会自动折行
TextArea({text:"我是TextArea我是TextArea我是TextArea我是TextArea"}).width(300)
```

TextInput有9种可选类型，分别为Normal（基本输入模式）、Password（密码输入模式）、Email（邮箱地址输入模式）、Number（纯数字输入模式）、PhoneNumber（电话号码输入模式）、USER_NAME（用户名输入模式）、NEW_PASSWORD（新密码输入模式）、NUMBER_PASSWORD（纯数字密码输入模式）、NUMBER_DECIMAL（带小数点的数字输入模式）。这些可选类型通过type属性进行设置，例如：

（1）基本输入模式（默认类型）：

```
TextInput().type(InputType.Normal)
```

（2）密码输入模式：

```
TextInput().type(InputType.Password)
```

2. 输入框样式

设置无输入时的提示文本：

```
TextInput({placeholder:'我是提示文本'})
```

设置输入框当前的文本内容：

```
TextInput({placeholder:'我是提示文本',text:'我是当前文本内容'})
```

添加backgroundColor改变输入框的背景颜色：

```
TextInput({placeholder:'我是提示文本',text:'我是当前文本内容'})
  .backgroundColor(Color.Pink)
```

3. 添加事件

文本框主要用于获取用户输入的信息，把信息处理成数据进行上传。绑定onChange事件可以获取输入框内改变的内容。用户也可以使用通用事件来进行相应的交互操作。

```
TextInput()
  .onChange((value: string) => {
    console.info(value);
  })
  .onFocus(() => {
    console.info('获取焦点');
  })
```

4. 注册登录页面

在登录/注册页面，用户进行登录或注册。

```
struct PageRegister {
    build() {
        Column() {
            TextInput({ placeholder: 'input your username' }).margin({ top: 20 })
                .onSubmit((EnterKeyType)=>{
                    console.info(EnterKeyType+'输入法回车键的类型值')
                })
            TextInput({ placeholder: 'input your password' }).type(InputType.Password).
margin({ top: 20 })
                .onSubmit((EnterKeyType)=>{
                    console.info(EnterKeyType+'输入法回车键的类型值')
                })
            Button('Sign in').width('75%').margin({ top: 20 })
        }.padding(20)
    }
}
```

5. 键盘避让

键盘抬起后，具有滚动能力的容器组件在横竖屏切换时，才会使键盘避让生效。若希望无滚动能力的容器组件也使键盘避让生效，则建议在组件外嵌套一层具有滚动能力的容器组件，比如Scroll、List、Grid。

```
// xxx.ets
@Entry
@Component
```

```
struct Index {
  placeHolderArr: string[] = ['1', '2', '3', '4', '5', '6', '7']

  build() {
    Scroll() {
      Column() {
        ForEach(this.placeHolderArr, (placeholder: string) => {
          TextInput({ placeholder: 'TextInput ' + placeholder })
            .margin(30)
        })
      }
    }
    .height('100%')
    .width('100%')
  }
}
```

6.1.4　Button

Button是按钮组件，通常用于响应用户的单击操作。Button作为容器使用时，可以通过添加子组件实现包含文字、图片等元素的按钮。

Button通过调用接口来创建，接口调用有以下两种形式：

（1）创建不包含子组件的按钮：

```
Button(label?: ResourceStr, options?: { type?: ButtonType, stateEffect?: boolean })
```

其中，label用于设置按钮文字，type用于设置Button类型，stateEffect属性用于设置Button是否开启单击效果。例如：

```
Button('Ok', { type: ButtonType.Normal, stateEffect: true })
  .borderRadius(8)
  .backgroundColor(0x317aff)
  .width(90)
  .height(40)
```

（2）创建包含子组件的按钮：

```
Button(options?: {type?: ButtonType, stateEffect?: boolean})
```

只支持包含一个子组件，子组件可以是基础组件或者容器组件。例如：

```
Button({ type: ButtonType.Normal, stateEffect: true }) {
  Row() {
    Image($r('app.media.loading')).width(20).height(40).margin({ left: 12 })
    Text('loading').fontSize(12).fontColor(0xffffff).margin({ left: 5, right: 12 })
  }.alignItems(VerticalAlign.Center)
}.borderRadius(8).backgroundColor(0x317aff).width(90).height(40)
```

1. 按钮类型

Button有3种可选类型，分别为胶囊类型（Capsule）、圆形按钮（Circle）和普通按钮（Normal）。这些类型通过type进行设置。

1）胶囊按钮（默认类型）

此类型按钮的圆角自动设置为高度的一半，不支持通过borderRadius属性重新设置圆角。

```
Button('Disable', { type: ButtonType.Capsule, stateEffect: false })
  .backgroundColor(0x317aff)
  .width(90)
  .height(40)
```

2）圆形按钮

此类型按钮为圆形，不支持通过borderRadius属性重新设置圆角。

```
Button('Circle', { type: ButtonType.Circle, stateEffect: false })
  .backgroundColor(0x317aff)
  .width(90)
  .height(90)
```

3）普通按钮

此类型的按钮默认圆角为0，支持通过borderRadius属性重新设置圆角。

```
Button('Ok', { type: ButtonType.Normal, stateEffect: true })
  .borderRadius(8)
  .backgroundColor(0x317aff)
  .width(90)
  .height(40)
```

2. 按钮样式

1）设置边框弧度

使用通用属性来自定义按钮样式。例如通过borderRadius属性设置按钮的边框弧度：

```
Button('circle border', { type: ButtonType.Normal })
  .borderRadius(20)
  .height(40)
```

2）设置文本样式

通过添加文本样式设置按钮文本的展示样式：

```
Button('font style', { type: ButtonType.Normal })
  .fontSize(20)
  .fontColor(Color.Pink)
  .fontWeight(800)
```

3）设置背景颜色

添加backgroundColor属性设置按钮的背景颜色：

```
Button('background color').backgroundColor(0xF55A42)
```

4）创建功能型按钮

为删除操作创建一个按钮：

```
let MarLeft: Record<string, number> = { 'left': 20 }
Button({ type: ButtonType.Circle, stateEffect: true }) {
  Image($r('app.media.ic_public_delete_filled')).width(30).height(30)
}.width(55).height(55).margin(MarLeft).backgroundColor(0xF55A42)
```

5）添加事件

Button组件通常用于触发某些操作，可以绑定onClick事件来响应单击操作后的自定义行为：

```
Button('Ok', { type: ButtonType.Normal, stateEffect: true })
  .onClick(()=>{
```

```
      console.info('Button onClick')
    })
```

3. 提交表单

在用户登录/注册页面，使用按钮进行登录或注册操作：

```
// xxx.ets
@Entry
@Component
struct ButtonCase2 {
  build() {
    Column() {
      TextInput({ placeholder: 'input your username' }).margin({ top: 20 })
      TextInput({ placeholder: 'input your password' }).type(InputType.Password).
margin({ top: 20 })
      Button('Register').width(300).margin({ top: 20 })
        .onClick(() => {
          // 需要执行的操作
        })
    }.padding(20)
  }
}
```

4. 悬浮按钮

在可以滑动的界面，界面滑动时按钮始终保持悬浮状态。

```
@Entry
@Component
struct PageButtonHover {
    private arr: number[] = [0, 1, 2, 3, 4, 5, 6, 7, 8, 9]

    build() {
        Stack() {
            List({ space: 20, initialIndex: 0 }) {
                ForEach(this.arr, (item:number) => {
                    ListItem() {
                        Text('' + item)
                            .width('100%').height(100).fontSize(16)
                            .textAlign(TextAlign.Center).borderRadius(10).backgroundColor(
0xFFFFFF)
                    }
                }, (item:number) => item.toString())
            }.width('90%')
            Button() {
                Image($r('app.media.ic_public_add'))
                    .width(50)
                    .height(50)
            }
            .width(60)
            .height(60)
            .position({x: '80%', y: 600})
            .shadow({radius: 10})
            .onClick(() => {
                // 需要执行的操作
            })
        }
```

```
      .width('100%')
      .height('100%')
      .backgroundColor(0xDCDCDC)
      .padding({ top: 5 })
    }

  }
```

效果如图6-4所示。

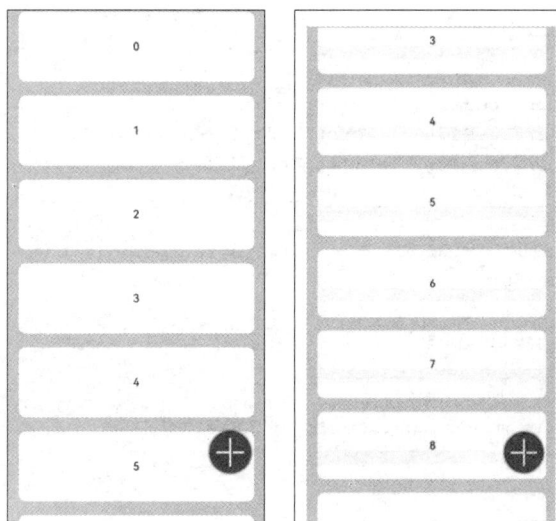

图6-4 悬浮按钮示例效果

6.1.5 Radio

Radio是单选按钮组件，通常用于提供相应的用户交互选择项，同一组的Radio中只有一个可以被选中。

Radio通过调用接口来创建，接口的调用形式如下：

```
Radio(options: {value: string, group: string})
```

其中，value是单选按钮的名称，group是单选按钮的所属群组名称。

可以使用checked属性设置单选按钮的状态，其状态分别为false和true，设置为true时表示单选按钮被选中。

Radio支持设置选中状态和非选中状态的样式，不支持自定义形状。

```
Radio({ value: 'Radio1', group: 'radioGroup' }).checked(false)
Radio({ value: 'Radio2', group: 'radioGroup' }).checked(true)
```

1）添加事件

除支持通用事件外，Radio还可在被选中后触发某些操作，可以绑定onChange事件来响应选中操作后的自定义行为。

```
Radio({ value: 'Radio1', group: 'radioGroup' })
  .onChange((isChecked: boolean) => {
    if(isChecked) {
      //需要执行的操作
    }
```

```
    })
  Radio({ value: 'Radio2', group: 'radioGroup' })
    .onChange((isChecked: boolean) => {
     if(isChecked) {
       //需要执行的操作
     }
    })
```

2）通过单击 Radio 切换声音模式

示例代码如下：

```
Column() {
    Radio({ value: 'createRadio1', group: 'radioGroupCreate' }).checked(false)
    Radio({ value: 'createRadio2', group: 'radioGroupCreate' }).checked(true)
    Text('Radio示例：切换声音模式').attributeModifier(this.subTitle)
    Row() {
        Column() {
            Radio({ value: 'Radio1', group: 'radioGroup' }).checked(true)
                .height(50)
                .width(50)
                .onChange((isChecked: boolean) => {
                    if(isChecked) {
                        // 切换为响铃模式
                        promptAction.showToast(this.Rst)
                    }
                })
            Text('Ringing')
        }
        Column() {
            Radio({ value: 'Radio2', group: 'radioGroup' })
                .height(50)
                .width(50)
                .onChange((isChecked: boolean) => {
                    if(isChecked) {
                        // 切换为振动模式
                        promptAction.showToast(this.Vst)
                    }
                })
            Text('Vibration')
        }
        Column() {
            Radio({ value: 'Radio3', group: 'radioGroup' })
                .height(50)
                .width(50)
                .onChange((isChecked: boolean) => {
                    if(isChecked) {
                        // 切换为静音模式
                        promptAction.showToast(this.Sst)
                    }
                })
            Text('Silent')
        }
    }.width('100%').justifyContent(FlexAlign.Start)
}
```

6.1.6 Toggle

Toggle组件提供状态按钮样式、勾选框样式和开关样式，它们通常用于两种状态之间的切换。

1. 创建Toggle

Toggle通过调用接口来创建，接口调用形式如下：

```
Toggle(options: { type: ToggleType, isOn?: boolean })
```

其中，ToggleType为开关类型，包括Button、Checkbox和Switch；isOn用于切换按钮的状态。从API version 11开始，Checkbox默认样式由圆角方形变为圆形。

1）创建不包含子组件的 Toggle

当ToggleType为Checkbox或者Switch时，可创建不包含子组件的Toggle。例如：

```
Text('ToggleType 为 Checkbox').attributeModifier(this.subTitle)
Row() {
    Toggle({ type: ToggleType.Checkbox, isOn: false })
    Toggle({ type: ToggleType.Checkbox, isOn: true })
}.margin({top : 5})
Text('ToggleType 为 Switch').attributeModifier(this.subTitle)
Row() {
    Toggle({ type: ToggleType.Switch, isOn: false })
    Toggle({ type: ToggleType.Switch, isOn: true })
}.margin({top : 5})
```

效果如图6-5所示。

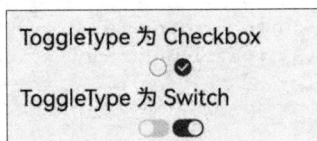

图6-5 不包含子组件的Toggle

2）创建包含子组件的 Toggle

当ToggleType为Button时，只能包含一个子组件，如果子组件有文本设置，则相应的文本内容会显示在按钮上。例如：

```
Text('Toggle包含子组件').attributeModifier(this.subTitle)
Row() {
    Toggle({ type: ToggleType.Button, isOn: false }) {
        Text('status button').fontColor('#182431').fontSize(12)
    }.width(100)
    Toggle({ type: ToggleType.Button, isOn: true }) {
        Text('status button').fontColor('#182431').fontSize(12)
    }.width(100)
}
.width('90%')
.justifyContent(FlexAlign.SpaceAround)
.margin({top : 5})
```

效果如图6-6所示。

图6-6　包含子组件的Toggle

2. 设置样式及事件

通过selectedColor属性设置Toggle被选中后的背景颜色。例如：

```
Text('设置 selectedColor 属性').attributeModifier(this.subTitle)
Row() {
    Toggle({ type: ToggleType.Button, isOn: true }) {
        Text('status button').fontColor('#182431').fontSize(12)
    }.width(100).selectedColor(Color.Pink)
    Toggle({ type: ToggleType.Checkbox, isOn: true }).selectedColor(Color.Pink)
    Toggle({ type: ToggleType.Switch, isOn: true }).selectedColor(Color.Pink)
}.margin({top : 5})
```

效果如图6-7所示。

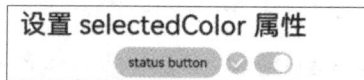

图6-7　Toggle设置背景颜色

通过switchPointColor属性设置Switch类型的圆形滑块颜色，仅在type为ToggleType.Switch时生效。

```
Text('设置 switchPointColor 属性').attributeModifier(this.subTitle)
Row() {
    Toggle({ type: ToggleType.Switch, isOn: false }).switchPointColor(Color.Pink)
    Toggle({ type: ToggleType.Switch, isOn: true }).switchPointColor(Color.Pink)
}.margin({top : 5})
```

效果如图6-8所示。

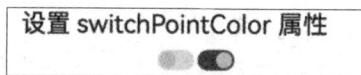

图6-8　Toggle设置切换颜色

除支持通用事件外，Toggle还可在选中和取消选中后触发某些操作，可以绑定onChange事件来响应操作后的自定义行为。

```
Toggle({ type: ToggleType.Switch, isOn: false })
    .onChange((isOn: boolean) => {
        if(isOn) {
            // 需要执行的操作
        }
    })
```

6.1.7　Progress

Progress是进度条显示组件，显示内容通常为目标操作的当前进度。

Progress通过调用接口来创建，接口调用形式如下：

```
Progress(options: {value: number, total?: number, type?: ProgressType})
```

其中，value用于设置初始进度值，total用于设置进度总长度，type用于设置Progress样式。例如：

```
Progress({ value: 24, total: 100, type: ProgressType.Linear }) // 创建一个进度总长为100,
```
初始进度值为24的线性进度条

Progress通过ProgressType进行进度条样式的设置。ProgressType的类型包括：ProgressType.Linear（线性样式）、 ProgressType.Ring（环形无刻度样式）、ProgressType.ScaleRing（环形有刻度样式）、ProgressType.Eclipse（圆形样式）和ProgressType.Capsule（胶囊样式）。

1）线性样式进度条（默认类型）

从API version9开始，当组件高度大于宽度时，进度条自适应垂直显示；当组件高度等于宽度时，进度条保持水平显示。

```
Text('1.线性样式进度条').attributeModifier(this.subTitle)
Row() {
    Progress({ value: 20, total: 100, type: ProgressType.Linear }).width(200).height(50)
    Progress({ value: 20, total: 100, type: ProgressType.Linear }).width(50).height(200)
}.margin({top : 5})
```

2）环形无刻度样式进度条

```
Text('2.环形无刻度样式进度条').attributeModifier(this.subTitle)
Row() {
    // 从左往右, 1号环形进度条, 默认前景色为蓝色渐变, 默认strokeWidth进度条宽度为2.0vp
    Progress({ value: 40, total: 150, type: ProgressType.Ring }).width(100).height(100)
    // 从左往右, 2号环形进度条
    Progress({ value: 40, total: 150, type: ProgressType.Ring }).width(100).height(100)
        .color(Color.Grey)    // 进度条前景色为灰色
        .style({ strokeWidth: 15})    // 设置strokeWidth进度条宽度为15.0vp
}
.width('90%')
.justifyContent(FlexAlign.SpaceAround)
.margin({top : 5})
```

3）环形有刻度样式进度条

```
Text('3.环形有刻度样式进度条').attributeModifier(this.subTitle)
Row() {
    Progress({ value: 20, total: 150, type:
ProgressType.ScaleRing }).width(100).height(100)
        .backgroundColor(Color.Black)
        .style({ scaleCount: 20, scaleWidth: 5 })    // 设置环形有刻度进度条总刻度数为20, 刻度
宽度为5vp
    Progress({ value: 20, total: 150, type:
ProgressType.ScaleRing }).width(100).height(100)
        .backgroundColor(Color.Black)
        .style({ strokeWidth: 15, scaleCount: 20, scaleWidth: 5 })    // 设置环形有刻度进度
条宽度为15vp, 总刻度数为20, 刻度宽度为5vp
    Progress({ value: 20, total: 150, type: ProgressType.ScaleRing }).width(100).
height(100)
        .backgroundColor(Color.Black)
        .style({ strokeWidth: 15, scaleCount: 20, scaleWidth: 3 })    // 设置环形有刻度进度
条宽度为15vp, 总刻度数为20, 刻度宽度为3vp
}.margin({top : 5})
```

4）圆形样式进度条

```
Text('4.圆形样式进度条').attributeModifier(this.subTitle)
Row() {
    // 从左往右，1号圆形进度条，默认前景色为蓝色
    Progress({ value: 10, total: 150, type: ProgressType.Eclipse }).width(100).height(100)
    // 从左往右，2号圆形进度条，指定前景色为灰色
    Progress({ value: 20, total: 150, type: ProgressType.Eclipse }).color(Color.Grey).
width(100).height(100)
}.margin({top : 5})
```

5）胶囊样式进度条

头尾两端圆弧处的进度展示效果与ProgressType.Eclipse样式相同，中段处的进度展示效果为矩形长条，与ProgressType.Linear线性样式相似。

当组件高度大于宽度时，胶囊样式进度条将自适应垂直显示。

```
Text('5.胶囊样式进度条').attributeModifier(this.subTitle)
Row() {
    Progress({ value: 10, total: 150, type: ProgressType.Capsule }).width(100).height(50)
    Progress({ value: 20, total: 150, type: ProgressType.Capsule }).width(50).height(100).
color(Color.Grey)
    Progress({ value: 50, total: 150, type: ProgressType.Capsule }).width(50).height(100).
color(Color.Blue).backgroundColor(Color.Black)
}.margin({top : 5})
```

6.1.8　Image

开发者经常需要在应用中显示一些图片，例如按钮中的icon、网络图片、本地图片等。在应用中显示图片需要使用Image组件实现，Image支持多种图片格式，包括png、jpg、bmp、svg、gif和heif。

Image通过调用接口来创建，接口调用形式如下：

```
Image(src: PixelMap | ResourceStr | DrawableDescriptor)
```

该接口通过图片数据源获取图片，支持本地图片和网络图片的渲染展示。其中，src是图片的数据源。

1. 加载图片资源

Image支持加载存档图、多媒体像素图两种类型。

1）存档图类型数据源

存档图类型的数据源可以分为本地资源、网络资源、Resource资源、媒体库资源和Base64。

（1）本地资源。

创建文件夹，将本地图片放入ets文件夹下的任意位置。

Image组件引入本地图片路径，即可显示图片（根目录为ets文件夹）。

```
Text('加载本地图片').attributeModifier(this.subTitle)
Image('images/login_pic.png').width(200).margin(5)
```

（2）网络资源。

引入网络图片需申请ohos.permission.INTERNET权限。此时，Image组件的src参数为网络图片的链接。

在module.json5中添加网络权限申请：

```
{
  "module" : {
    // ...
    "requestPermissions": [{
      "name": "ohos.permission.INTERNET",
      "usedScene": {
        "abilities": ["Ch06Ability"]
      }
    }]
  }
}
```

当前Image组件仅支持加载简单的网络图片。Image组件首次加载网络图片时，需要请求网络资源；非首次加载时，默认从缓存中直接读取图片。更多图片缓存设置请参考setImageCacheCount、setImageRawDataCacheSize、setImageFileCacheSize。但是，这3个图片缓存接口并不灵活，且后续不继续演进，对于复杂情况，更推荐使用ImageKnife。

```
Text('加载网络图片').attributeModifier(this.subTitle)
// 实际使用时请替换为真实地址
Image('http://gips2.baidu.com/it/u=1674525583,3037683813&fm=3028&app=3028&f=JPEG&fmt=
auto?w=1024&h=1024').width(200).margin(5);
```

（3）Resource资源。

使用资源格式可以跨包/跨模块引入图片。resources文件夹下的图片都可以通过$r资源接口读取到并转换为Resource格式。资源目录如图6-9所示。

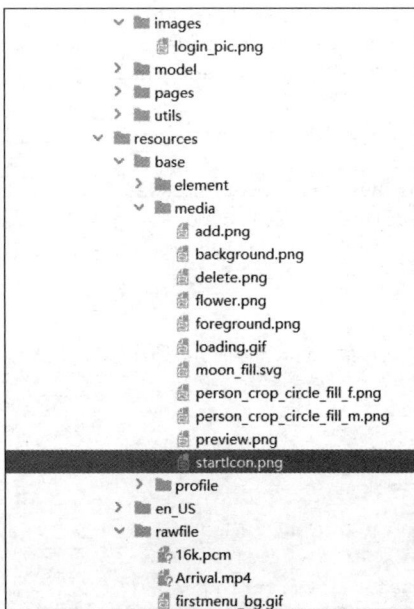

图6-9　资源目录

调用方式：

```
Image($r('app.media.startIcon'))
```

还可以将图片放在rawfile文件夹下，调用方式如下：

```
Image($rawfile(firstmenu_bg.gif'))
```

（4）媒体库资源。

支持"file://路径前缀"的字符串，用于访问通过选择器提供的图片路径。

① 调用接口获取图库中的照片URL。

```
import { photoAccessHelper } from '@kit.MediaLibraryKit';
import { BusinessError } from '@kit.BasicServicesKit';

@Entry
@Component
struct Index {
  @State imgDatas: string[] = [];
  // 获取照片URL集
  getAllImg() {
    try {
      let PhotoSelectOptions:photoAccessHelper.PhotoSelectOptions = new
photoAccessHelper.PhotoSelectOptions();
      PhotoSelectOptions.MIMEType = photoAccessHelper.PhotoViewMIMETypes.IMAGE_TYPE;
      PhotoSelectOptions.maxSelectNumber = 5;
      let photoPicker:photoAccessHelper.PhotoViewPicker = new photoAccessHelper.
PhotoViewPicker();
      photoPicker.select(PhotoSelectOptions).then((PhotoSelectResult:photoAccessHelper.
PhotoSelectResult) => {
        this.imgDatas = PhotoSelectResult.photoUris;
        console.info('PhotoViewPicker.select successfully, PhotoSelectResult uri: ' +
JSON.stringify(PhotoSelectResult));
      }).catch((err:Error) => {
        let message = (err as BusinessError).message;
        let code = (err as BusinessError).code;
        console.error(`PhotoViewPicker.select failed with. Code: ${code}, message:
${message}`);
      });
    } catch (err) {
      let message = (err as BusinessError).message;
      let code = (err as BusinessError).code;
      console.error(`PhotoViewPicker failed with. Code: ${code}, message:
${message}`);    }
  }

  // 在aboutToAppear中调用上述函数，获取图库的所有图片URL，存在imgDatas中
  async aboutToAppear() {
    this.getAllImg();
  }
  // 使用imgDatas的URL加载图片
  build() {
    Column() {
      Grid() {
        ForEach(this.imgDatas, (item:string) => {
          GridItem() {
            Image(item)
              .width(200)
          }
        }, (item:string):string => JSON.stringify(item))
      }
    }.width('100%').height('100%')
  }
}
```

② 从媒体库获取的URL格式通常如下：

```
Image('file://media/Photos/5').width(200)
```

（5）Base64。

路径格式为data:image/[png|jpeg|bmp|webp|heif];base64,[base64 data]，其中[base64 data]为Base64字符串数据。Base64格式字符串可用于存储图片的像素数据，在网页上使用较为广泛。

2）多媒体像素图

PixelMap是图片解码后的像素图。以下示例先将加载的网络图片返回的数据解码成PixelMap格式，再显示在Image组件上。

（1）创建PixelMap状态变量。

```
@State image: PixelMap | undefined = undefined;
```

（2）引用多媒体。

① 引用网络权限与媒体库权限：

```
import { http } from '@kit.NetworkKit';
import { image } from '@kit.ImageKit';
import { BusinessError } from '@kit.BasicServicesKit';
```

② 请求网络图片，填写网络图片地址：

```
http.createHttp()
    .request("https://gips0.baidu.com/it/u=2468870866,2423402795&fm=3028&app=3028&f=JPEG
&fmt=auto&q=100&size=f800_600",
        (error: BusinessError, data: http.HttpResponse) => {
            if (error) {
                console.error(`http request failed with. Code: ${error.code}, message:
${error.message}`);
            } else {
                // 图片请求成功，处理图片
                this.requestSucceed(data);
            }
        }
    );
```

（3）将网络地址成功返回的数据编码转码成pixelMap格式。

```
private requestSucceed(data: http.HttpResponse) {
    let code: http.ResponseCode | number = data.responseCode;
    if (http.ResponseCode.OK === code) {
        let imageData: ArrayBuffer = data.result as ArrayBuffer;
        let imageSource: image.ImageSource = image.createImageSource(imageData);

        class tmp {
            height: number = 100
            width: number = 100
        }

        let si: tmp = new tmp()
        let options: Record<string, number | boolean | tmp> = {
            'alphaType': 0,
            'editable': false,
            'pixelFormat': 3,
```

```
        'scaleMode': 1,
        'size': { height: 100, width: 100 }
    }; // 创建图片大小

    imageSource.createPixelMap(options).then((pixelMap: PixelMap) => {
        this.image = pixelMap;
        this.drawablePixelMap = new PixelMapDrawableDescriptor(this.image);
    });
    }
}
```

（4）显示图片。

```
Button("获取网络图片")
  .onClick(() => {
    this.requestImage();
  })
Image(this.image).height(200).width(200)
```

同时，也可以使用pixelMap创建PixelMapDrawableDescriptor对象，用来显示图片。

```
this.drawablePixelMap = new PixelMapDrawableDescriptor(this.image)
Image(this.drawablePixelMap).height(100).width(100)
```

2. 显示矢量图

Image组件可显示矢量图（svg格式的图片），支持的svg标签包括svg、rect、circle、ellipse、path、line、polyline、polygon和animate。

svg格式的图片可以使用fillColor属性改变图片的颜色：

```
Image($r('app.media.cloud'))
  .width(50)
  .fillColor(Color.Blue)
```

效果如图6-10所示。

原始图片　　　　　　　　　　　　　　　　　设置绘制颜色后的 svg 图片

图6-10　矢量图效果

3. 添加属性

给Image组件设置属性可以使图片显示更灵活，达到一些自定义的效果。以下是几个常用属性的使用示例。

1）设置图片缩放类型

通过objectFit属性使图片缩放到高度和宽度确定的框内：

```
Text('图片缩放').attributeModifier(this.subTitle)
Row() {
```

```
Image($r('app.media.img_1'))
    .width(100)
    .height(75)
    .border({ width: 1 })
        // 保持宽高比进行图片的缩小或者放大，使得图片完全在显示边界内
    .objectFit(ImageFit.Contain)
    .margin(15)
    .overlay('Contain', { align: Alignment.Bottom, offset: { x: 0, y: 20 } })
Image($r('app.media.img_1'))
    .width(100)
    .height(75)
    .border({ width: 1 })
        // 保持宽高比进行图片的缩小或者放大，使得图片两边都大于或等于显示边界
    .objectFit(ImageFit.Cover)
    .margin(15)
    .overlay('Cover', { align: Alignment.Bottom, offset: { x: 0, y: 20 } })
Image($r('app.media.img_1'))
    .width(100)
    .height(75)
    .border({ width: 1 })
        // 自适应显示
    .objectFit(ImageFit.Auto)
    .margin(15)
    .overlay('Auto', { align: Alignment.Bottom, offset: { x: 0, y: 20 } })
}

Row() {
    Image($r('app.media.img_1'))
        .width(100)
        .height(75)
        .border({ width: 1 })
            // 不保持宽高比进行图片的放大或缩小，使得图片充满显示边界
        .objectFit(ImageFit.Fill)
        .margin(15)
        .overlay('Fill', { align: Alignment.Bottom, offset: { x: 0, y: 20 } })
    Image($r('app.media.img_1'))
        .width(100)
        .height(75)
        .border({ width: 1 })
            // 图片缩小或者放大时宽高比保持不变
        .objectFit(ImageFit.ScaleDown)
        .margin(15)
        .overlay('ScaleDown', { align: Alignment.Bottom, offset: { x: 0, y: 20 } })
    Image($r('app.media.img_1'))
        .width(100)
        .height(75)
        .border({ width: 1 })
            // 保持原有尺寸显示
        .objectFit(ImageFit.None)
        .margin(15)
        .overlay('None', { align: Alignment.Bottom, offset: { x: 0, y: 20 } })
}
```

效果如图6-11所示。

图6-11　图片缩放类型设置效果

2）图片插值

当原图分辨率较低并且放大显示时，图片会变得模糊并出现锯齿。这时可以使用interpolation属性对图片进行插值，使图片显示得更清晰。

```
Text('图片插值').attributeModifier(this.subTitle)
Row() {
    Image($r('app.media.flower'))
        .width('20%')
        .interpolation(ImageInterpolation.None)
        .borderWidth(1)
        .overlay("None", { align: Alignment.Bottom, offset: { x: 0, y: 20 } })
        .margin(10)
    Image($r('app.media.flower'))
        .width('20%')
        .interpolation(ImageInterpolation.Low)
        .borderWidth(1)
        .overlay("Low", { align: Alignment.Bottom, offset: { x: 0, y: 20 } })
        .margin(10)
}.width('100%')
.justifyContent(FlexAlign.Center)

Row() {
    Image($r('app.media.flower'))
        .width('20%')
        .interpolation(ImageInterpolation.Medium)
        .borderWidth(1)
        .overlay("Medium", { align: Alignment.Bottom, offset: { x: 0, y: 20 } })
        .margin(10)
    Image($r('app.media.flower'))
        .width('20%')
        .interpolation(ImageInterpolation.High)
        .borderWidth(1)
        .overlay("High", { align: Alignment.Bottom, offset: { x: 0, y: 20 } })
        .margin(10)
}.width('100%')
.justifyContent(FlexAlign.Center)
```

效果如图6-12所示。

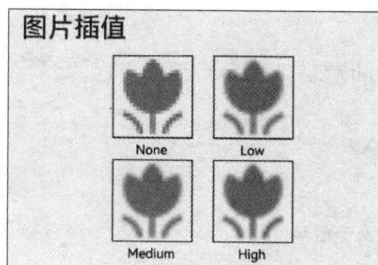

图6-12　图片插值设置

3）设置图片重复样式

通过objectRepeat属性设置图片的重复样式。重复样式请参考官方文档中ImageRepeat枚举说明。

```
Text('设置重复样式').attributeModifier(this.subTitle)
Column({ space: 10 }) {
    Row({ space: 5 }) {
        Image($r('app.media.heart_fill'))
            .width(110)
            .height(115)
            .border({ width: 1 })
            .objectRepeat(ImageRepeat.XY)
            .objectFit(ImageFit.ScaleDown)
                // 在水平轴和竖直轴上同时重复绘制图片
            .overlay('ImageRepeat.XY', { align: Alignment.Bottom, offset: { x: 0, y: 20 } })
        Image($r('app.media.heart_fill'))
            .width(110)
            .height(115)
            .border({ width: 1 })
            .objectRepeat(ImageRepeat.Y)
            .objectFit(ImageFit.ScaleDown)
                // 只在竖直轴上重复绘制图片
            .overlay('ImageRepeat.Y', { align: Alignment.Bottom, offset: { x: 0, y: 20 } })
        Image($r('app.media.heart_fill'))
            .width(110)
            .height(115)
            .border({ width: 1 })
            .objectRepeat(ImageRepeat.X)
            .objectFit(ImageFit.ScaleDown)
                // 只在水平轴上重复绘制图片
            .overlay('ImageRepeat.X', { align: Alignment.Bottom, offset: { x: 0, y: 20 } })
    }
}.height(150).width('100%').padding(8)
```

效果如图6-13所示。

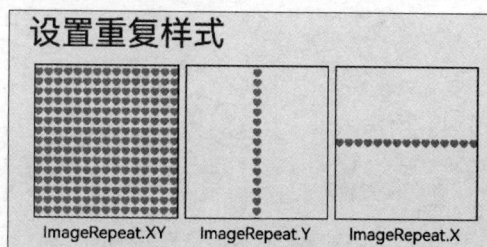

图6-13　设置图片重复样式

4）设置图片渲染模式

通过renderMode属性设置图片的渲染模式为原色或黑白。

```
Text('图片渲染模式').attributeModifier(this.subTitle)
Column({ space: 10 }) {
    Row({ space: 50 }) {
        Image($r('app.media.img_1'))
            // 设置图片的渲染模式为原色
            .renderMode(ImageRenderMode.Original)
            .width(100)
            .height(100)
            .border({ width: 1 })
            // overlay是通用属性，用于在组件上显示说明文字
            .overlay('Original', { align: Alignment.Bottom, offset: { x: 0, y: 20 } })
        Image($r('app.media.img_1'))
            // 设置图片的渲染模式为黑白
            .renderMode(ImageRenderMode.Template)
            .width(100)
            .height(100)
            .border({ width: 1 })
            .overlay('Template', { align: Alignment.Bottom, offset: { x: 0, y: 20 } })
    }
}.height(150).width('100%').padding({ top: 20, right: 10 })
```

效果如图6-14所示。

图6-14　设置图片渲染模式

5）设置图片解码尺寸

通过sourceSize属性设置图片解码尺寸，降低图片的分辨率。例如，对于一幅尺寸为1280×960像素的图片，将它解码为40×40像素和90×90像素。

```
Text('图片解码尺寸').attributeModifier(this.subTitle)
Row({ space: 50 }) {
    Image($r('app.media.img_1'))
        .sourceSize({
            width: 40,
            height: 40
        })
        .objectFit(ImageFit.ScaleDown)
        .aspectRatio(1)
        .width('25%')
        .border({ width: 1 })
        .overlay('width:40 height:40', { align: Alignment.Bottom, offset: { x: 0, y: 40 } })
    Image($r('app.media.img_1'))
        .sourceSize({
```

```
        width: 90,
        height: 90
    })
    .objectFit(ImageFit.ScaleDown)
    .width('25%')
    .aspectRatio(1)
    .border({ width: 1 })
    .overlay('width:90 height:90', { align: Alignment.Bottom, offset: { x: 0, y: 40 } })
}.height(150).width('100%').padding(20)
```

效果如图6-15所示。

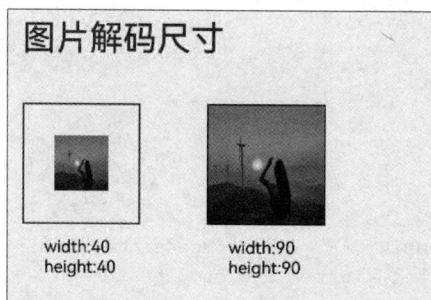

图6-15　图片解码效果

6）为图片添加滤镜效果

通过colorFilter修改图片的像素颜色，为图片添加滤镜。

```
Text('滤镜效果').attributeModifier(this.subTitle)
Row() {
    Image($r('app.media.img_1'))
        .width('40%')
        .margin(10)
    Image($r('app.media.img_1'))
        .width('40%')
        .colorFilter(
            [1, 1, 0, 0, 0,
             0, 1, 0, 0, 0,
             0, 0, 1, 0, 0,
             0, 0, 0, 1, 0])
        .margin(10)
}.width('100%')
.justifyContent(FlexAlign.Center)
```

效果如图6-16所示。

图6-16　图片滤镜效果

4．事件调用

通过在Image组件上绑定onComplete事件，在图片加载成功后可以获取图片的必要信息。如果图片加载失败，也可以通过绑定onError回调来获得结果。

```
@State widthValue: number = 0
@State heightValue: number = 0
@State componentWidth: number = 0
@State componentHeight: number = 0

Row() {
    Image($r('app.media.img_1'))
      .width(200)
      .height(150)
      .margin(15)
      .onComplete(msg => {
          if(msg){
              this.widthValue = msg.width
              this.heightValue = msg.height
              this.componentWidth = msg.componentWidth
              this.componentHeight = msg.componentHeight
          }
      })
          // 图片获取失败，打印结果
      .onError(() => {
          console.info('load image fail')
      })
      .overlay('\nwidth: ' + String(this.widthValue) + ', height: ' +
String(this.heightValue) + '\ncomponentWidth: ' + String(this.componentWidth) +
'\ncomponentHeight: ' + String(this.componentHeight), {
          align: Alignment.Bottom,
          offset: { x: 0, y: 60 }
      })
   }
```

6.2　媒　体　组　件

6.2.1　Vedio

Video组件用于播放视频文件并控制其播放状态，常用作短视频和应用内部视频的列表页面。当视频完整出现时会自动播放，用户单击视频区域则会暂停播放，同时显示播放进度条，通过拖动播放进度条可以指定视频播放的具体位置。

1．创建视频组件

Video通过调用接口来创建，接口调用形式如下：

```
Video(value: VideoOptions)
```

VideoOptions对象包含参数src、currentProgressRate、previewUri、controller。其中，src指定视频播放源的路径，加载方式请参考下面的"加载视频资源"；currentProgressRate用于设置视频播放倍速；previewUri指定视频未播放时的预览图片路径；controller设置视频控制器，用于自定义控制视频。

2．加载视频资源

Video组件支持加载本地视频和网络视频。

1）加载本地视频

（1）普通本地视频。加载本地视频时，首先在本地rawfile目录中指定对应的文件，如图6-17所示。

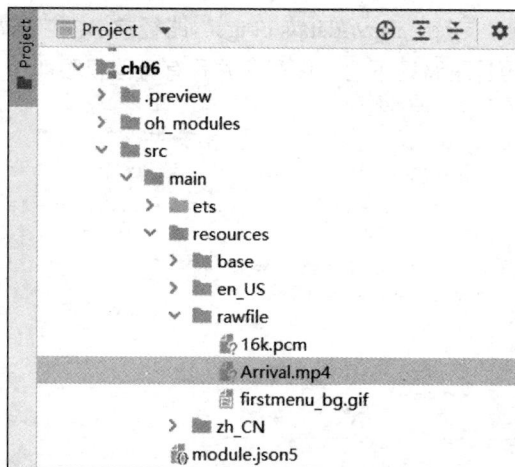

图6-17　本地视频资源存放路径

再使用资源访问符$rawfile()引用视频资源。

```
@Entry
@Component
struct PageVideo {
    private controller:VideoController | undefined;
    private previewUris: Resource = $r ('app.media.preview');
    private innerResource: Resource = $rawfile('Arrival.mp4');
    build(){
        Column() {
            Video({
                src: this.innerResource,
                previewUri: this.previewUris,
                controller: this.controller
            })
        }
    }
}
```

（2）Data Ability提供的视频路径带有"dataability://"前缀，使用时只需确保对应视频资源存在即可。

```
@Component
export struct VideoPlayer{
    private controller:VideoController | undefined;
    private previewUris: Resource = $r ('app.media.preview');
    private videoSrc: string =
'dataability://device_id/com.domainname.dataability.videodata/video/10'
    build(){
        Column() {
            Video({
```

```
        src: this.videoSrc,
        previewUri: this.previewUris,
        controller: this.controller
      })
    }
  }
}
```

（3）加载沙箱路径视频。支持"file:///data/storage"路径前缀的字符串，用于读取应用沙箱路径内的资源，只需保证应用沙箱目录路径下的文件存在并且有可读权限即可。

```
@Component
export struct VideoPlayer {
  private controller: VideoController | undefined;
  private videoSrc: string = 'file:///data/storage/el2/base/haps/entry/files/show.mp4'
  build() {
    Column() {
      Video({
        src: this.videoSrc,
        controller: this.controller
      })
    }
  }
}
```

2）加载网络视频

加载网络视频时，需要申请ohos.permission.INTERNET权限。此时，Video的src属性为网络视频的链接。

```
@Component
export struct VideoPlayer{
  private controller:VideoController | undefined;
  private previewUris: Resource = $r ('app.media.preview');
  private videoSrc: string= 'https://www.example.com/example.mp4' // 使用时请替换为实际视频加载网址
  build(){
    Column() {
      Video({
        src: this.videoSrc,
        previewUri: this.previewUris,
        controller: this.controller
      })
    }
  }
}
```

3. 添加属性

Video组件属性主要用于设置视频的播放形式。例如设置视频播放是否静音、播放是否显示控制条等。

```
@Component
export struct VideoPlayer {
  private controller: VideoController | undefined;

  build() {
```

```
  Column() {
    Video({
      controller: this.controller
    })
      .muted(false)                    //设置是否静音
      .controls(false)                 //设置是否显示默认控制条
      .autoPlay(false)                 //设置是否自动播放
      .loop(false)                     //设置是否循环播放
      .objectFit(ImageFit.Contain)     //设置视频适配模式
  }
}
}
```

4. 事件调用

Video组件回调事件主要为播放开始、暂停结束、播放失败、播放停止、视频准备和操作进度条等事件。除此之外，Video组件也支持通用事件的调用，如单击、触摸等事件的调用。

```
@Entry
@Component
struct VideoPlayer{
  private controller:VideoController | undefined;
  private previewUris: Resource = $r ('app.media.preview');
  private innerResource: Resource = $rawfile('videoTest.mp4');
  build(){
    Column() {
      Video({
        src: this.innerResource,
        previewUri: this.previewUris,
        controller: this.controller
      })
        .onUpdate((event) => {    //更新事件回调
          console.info("Video update.");
        })
        .onPrepared((event) => {  //准备事件回调
          console.info("Video prepared.");
        })
        .onError(() => {          //失败事件回调
          console.info("Video error.");
        })
        .onStop(() => {           //停止事件回调
          console.info("Video stoped.");
        })
    }
  }
}
```

5. Video控制器的使用

Video控制器主要用于控制视频的状态，包括播放、暂停、停止以及设置进度等。

1）默认控制器

默认的控制器支持视频的开始、暂停、进度调整、全屏显示四项基本功能。

```
@Entry
@Component
struct VideoGuide {
```

```
@State videoSrc: Resource = $rawfile('videoTest.mp4')
@State previewUri: string = 'common/videoIcon.png'
@State curRate: PlaybackSpeed = PlaybackSpeed.Speed_Forward_1_00_X
build() {
  Row() {
    Column() {
     Video({
       src: this.videoSrc,
       previewUri: this.previewUri,
       currentProgressRate: this.curRate
     })
    }
    .width('100%')
  }
  .height('100%')
  }
}
```

2）自定义控制器

要使用自定义的控制器，先关闭默认控制器，再使用button以及slider等组件进行自定义的控制与显示。自定义控制器适合在自定义较强的场景下使用。

```
@Entry
@Component
struct VideoGuide1 {
  @State videoSrc: Resource = $rawfile('videoTest.mp4')
  @State previewUri: string = 'common/videoIcon.png'
  @State curRate: PlaybackSpeed = PlaybackSpeed.Speed_Forward_1_00_X
  @State isAutoPlay: boolean = false
  @State showControls: boolean = true
  @State sliderStartTime: string = '';
  @State currentTime: number = 0;
  @State durationTime: number = 0;
  @State durationStringTime: string ='';
  controller: VideoController = new VideoController()

  build() {
    Row() {
      Column() {
       Video({
         src: this.videoSrc,
         previewUri: this.previewUri,
         currentProgressRate: this.curRate,
         controller: this.controller
       }).controls(false).autoPlay(true)
       .onPrepared((event)=>{
         if(event){
           this.durationTime = event.duration
         }
       })
       .onUpdate((event)=>{
         if(event){
           this.currentTime =event.time
         }
       })
       Row() {
```

```
      Text(JSON.stringify(this.currentTime) + 's')
      Slider({
        value: this.currentTime,
        min: 0,
        max: this.durationTime
      })
        .onChange((value: number, mode: SliderChangeMode) => {
          this.controller.setCurrentTime(value);
        }).width("90%")
      Text(JSON.stringify(this.durationTime) + 's')
    }
    .opacity(0.8)
    .width("100%")
  }
  .width('100%')
  }
  .height('40%')
  }
}
```

Video组件已经封装好了视频播放的基础能力,开发者无须进行视频实例的创建和视频信息的设置与获取,只需设置数据源以及基础信息即可播放视频。

6.2.2　Audio

HarmonyOS中的AudioRenderer是一个专门用于音频输出的ArkTS/JavaScript API,它专注于PCM(Pulse Code Modulation,脉冲编码调制)音频数据的播放,并允许开发者在输入音频数据前进行预处理。

1. 状态管理

图6-18展示了AudioRenderer的状态变化,在创建实例后,调用对应的方法可以进入指定的状态实现对应的行为。需要注意,在确定的状态执行不合适的方法可能导致AudioRenderer发生错误,建议开发者在调用状态转换的方法前进行状态检查,避免程序运行产生预期以外的结果。

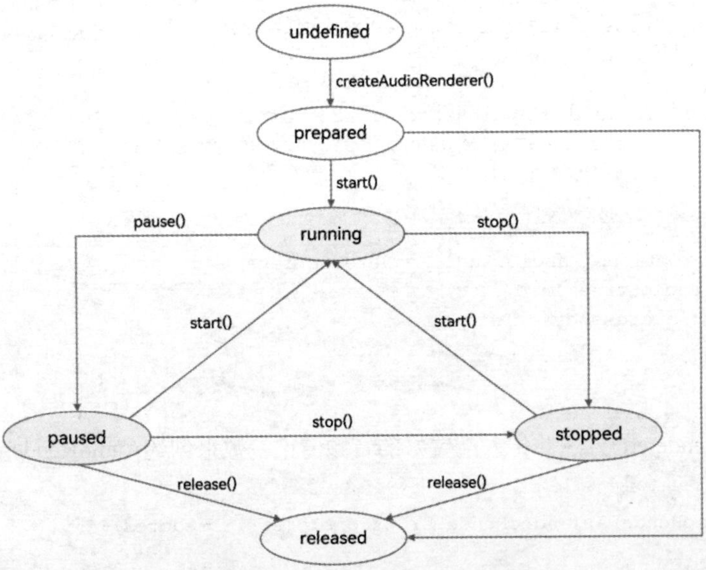

图6-18　AudioRenderer的状态变化

- prepared状态：通过调用createAudioRenderer()方法进入该状态。
- running状态：在进行音频数据播放时，可以在prepared状态通过调用start()方法进入此状态，也可以在paused状态和stopped状态通过调用start()方法进入此状态。
- paused状态：在running状态可以通过调用pause()方法暂停音频数据的播放并进入paused状态，暂停播放之后可以通过调用start()方法继续播放音频数据。
- stopped状态：在paused/running状态可以通过调用stop()方法停止音频数据的播放。
- released状态：在prepared、paused、stopped等状态，用户均可通过release()方法释放占用的所有硬件和软件资源，并且不会再进入其他任何一种状态了。

为保证UI线程不被阻塞，大部分AudioRenderer调用都是异步的。对于每个API均提供了callback函数和Promise函数，以下示例均采用callback函数。

在进行应用开发的过程中，建议开发者通过on('stateChange')方法订阅AudioRenderer的状态变更。因为针对AudioRenderer的某些操作，仅在音频播放器为固定状态时才能执行。如果应用在音频播放器处于错误状态时执行操作，系统可能会抛出异常或生成其他未定义的行为。

2. AudioRenderer的使用

使用AudioRenderer播放音频涉及音频渲染参数的配置、AudioRenderer实例的创建、渲染的开始与停止、资源的释放等步骤。

1）配置音频渲染参数

在使用AudioRenderer之前，需要配置音频渲染参数，包括采样率、通道、采样格式和编码格式等。这些参数决定了音频数据的格式和质量。例如，采样率决定了音频的采样精度，通道决定了音频是单声道还是立体声，采样格式决定了音频数据的表示方式，编码格式决定了音频数据的压缩方式。

```
// 配置音频渲染参数
let audioStreamInfo: audio.AudioStreamInfo = {
    samplingRate: audio.AudioSamplingRate.SAMPLE_RATE_48000, // 采样率
    channels: audio.AudioChannel.CHANNEL_2, // 通道
    sampleFormat: audio.AudioSampleFormat.SAMPLE_FORMAT_S16LE, // 采样格式
    encodingType: audio.AudioEncodingType.ENCODING_TYPE_RAW // 编码格式
};

let audioRendererInfo: audio.AudioRendererInfo = {
    usage: audio.StreamUsage.STREAM_USAGE_MUSIC, // 音频流使用类型
    rendererFlags: 0 // 音频渲染器标志
};

let audioRendererOptions: audio.AudioRendererOptions = {
    streamInfo: audioStreamInfo,
    rendererInfo: audioRendererInfo
};
```

2）创建音频实例

使用createAudioRenderer()方法并传入配置好的音频渲染参数来创建AudioRenderer实例。

```
// 创建AudioRenderer实例
audio.createAudioRenderer(audioRendererOptions, (err, renderer) => {
    if (err) {
        console.error(`Invoke createAudioRenderer failed, code is ${err.code}, message is
${err.message}`);
```

```
        return;
    } else {
        console.info('Invoke createAudioRenderer succeeded.');
        let audioRenderer = renderer;
    }
});
```

3）设置写入回调

开发者可以通过on('writeData')方法订阅音频数据写入回调。指定待渲染的音频文件地址，打开文件后调用write()方法，向缓冲区持续写入音频数据进行渲染播放。如果需要对音频数据进行处理以实现个性化的播放，可以在写入之前进行相应操作。

```
class Options {
    offset?: number;
    length?: number;
}
// 确保该沙箱路径下存在该资源
let filePath = '/data/local/tmp/16k.pcm'; // 替换为实际音频文件路径
let file: fs.File = fs.openSync(filePath, fs.OpenMode.READ_ONLY);
let writeDataCallback = (buffer: ArrayBuffer) => {
    let options: Options = {
        offset: bufferSize,
        length: buffer.byteLength
    };
    fs.readSync(file.fd, buffer, options);
    bufferSize += buffer.byteLength;
};
```

4）开始音频渲染

开发者可以通过调用start()方法使AudioRenderer进入running状态，并开始渲染音频。

```
// 开始一次音频渲染
function start() {
    if (audioRenderer !== undefined) {
        let stateGroup = [audio.AudioState.STATE_PREPARED, audio.AudioState.STATE_PAUSED,
audio.AudioState.STATE_STOPPED];
        // 当且仅当状态为prepared、paused和stopped之一时才能启动渲染
        if (stateGroup.indexOf(audioRenderer.state.valueOf()) === -1) {
            console.error(' start failed');
            return;
        }
        // 启动渲染
        audioRenderer.start((err: BusinessError) => {
            if (err) {
                console.error('Renderer start failed.');
            } else {
                console.info('Renderer start success.');
            }
        });
    }
}
```

5）暂停音频渲染

只有在running状态下，开发者才可以通过调用pause()方法使AudioRenderer进入paused状态，暂停渲染音频。

```
// 暂停渲染
function pause() {
    if (audioRenderer !== undefined) {
        // 只有渲染器状态为running时才能暂停
        if (audioRenderer.state.valueOf() !== audio.AudioState.STATE_RUNNING) {
            console.info('Renderer is not running');
            return;
        }
        // 暂停渲染
        audioRenderer.pause((err: BusinessError) => {
            if (err) {
                console.error('Renderer pause failed.');
            } else {
                console.info('Renderer pause success.');
            }
        });
    }
}
```

6）停止渲染

调用stop()方法停止音频数据的播放。

```
// 停止渲染
async function stop() {
    if (audioRenderer !== undefined) {
        // 只有当渲染器状态为running或paused时才可以停止
        if (audioRenderer.state.valueOf() !== audio.AudioState.STATE_RUNNING
            && audioRenderer.state.valueOf() !== audio.AudioState.STATE_PAUSED) {
            console.info('Renderer is not running or paused.');
            return;
        }
        // 停止渲染
        audioRenderer.stop((err: BusinessError) => {
            if (err) {
                console.error('Renderer stop failed.');
            } else {
                fs.close(file);
                console.info('Renderer stop success.');
            }
        });
    }
}
```

7）释放资源

调用release()方法销毁AudioRenderer实例，并释放占用的所有硬件和软件资源。

```
// 销毁实例，释放资源
async function release() {
    if (audioRenderer !== undefined) {
        // 渲染器状态不是released状态，才能释放资源
        if (audioRenderer.state.valueOf() === audio.AudioState.STATE_RELEASED) {
            console.info('Renderer already released');
            return;
        }
        // 释放资源
        audioRenderer.release((err: BusinessError) => {
            if (err) {
```

```
            console.error('Renderer release failed.');
        } else {
            console.info('Renderer release success.');
        }
    });
  }
}
```

6.3 绘 制 组 件

绘制组件用于在页面绘制图形。Shape组件是绘制组件的父组件，它会描述所有绘制组件均支持的通用属性。

1. 创建绘制组件

创建绘制组件有以下两种形式：

（1）绘制组件使用Shape作为父组件，实现类似SVG（Scalable Vector Graphics）的效果。接口调用形式如下：

```
Shape(value?: PixelMap)
```

该接口用于创建带有父组件的绘制组件。其中value用于设置绘制目标，可将图形绘制在指定的PixelMap对象中；若未设置，则在当前绘制目标中进行绘制。例如：

```
Shape() {
  Rect().width(300).height(50)
}
```

（2）绘制组件可单独使用，用于在页面上绘制指定的图形。有7种绘制类型，分别为Circle（圆形）、Ellipse（椭圆形）、Line（直线）、Polyline（折线）、Polygon（多边形）、Path（路径）、Rect（矩形）。以Circle的接口调用为例：

```
Circle(options?: {width?: string | number, height?: string | number}
```

该接口用于在页面绘制圆形，其中width用于设置圆形的宽度，height用于设置圆形的高度，圆形直径由宽高最小值确定。例如：

```
Text('创建绘制组件1').attributeModifier(this.subTitle);
Row() {
    Shape() {
        Rect().width(100).height(50)
        Circle({ width: 50, height: 50 }).fill(Color.Green)
    }
}
Text('创建绘制组件2').attributeModifier(this.subTitle);
Row() {
    Circle({ width: 150, height: 150 })
    Polygon({ width: 150, height: 150}).fill(Color.Red).points([[50, 0], [100, 0], [150,
50], [150, 100], [100, 150], [50, 150], [0, 100], [0, 50]]).margin(10)
}
```

效果如图6-19所示。

2. 形状视口

形状视口（viewport）指定用户空间中的一个矩形，该矩形映射到为关联的SVG元素建立的视区边界。viewport属性包含x、y、width和height四个可选参数，其中x和y表示视区的左上角坐标，width和height表示其宽高尺寸。

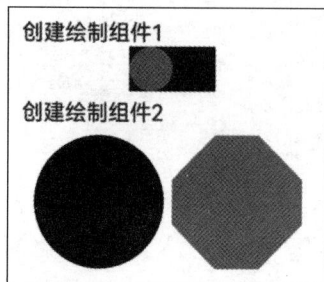

图6-19　创建绘制组件效果

```
viewPort{ x?: number | string, y?: number | string, width?:
number | string, height?: number | string }
```

我们通过以下3个示例来讲解viewport的具体用法。

（1）通过形状视口对图形进行放大与缩小：

```
class tmp1 {
    x:number = 0
    y:number = 0
    width:number = 75
    height:number = 75
}
let view1: tmp1 = new tmp1()
class tmp2 {
    x:number = 0
    y:number = 0
    width:number = 300
    height:number = 300
}
let view2: tmp2 = new tmp2()

// 画一个宽高都为75vp的圆
Text('原始尺寸Circle组件').attributeModifier(this.subTitle);
Circle({width: 75, height: 75}).fill('#E87361')

Row({space:10}) {
    Column() {
        // 创建一个宽高都为150vp的shape组件，背景色为黄色，一个宽高都为75vp的viewport。用一个蓝色的
矩形来填充viewport，在viewport中绘制一个直径为75vp的圆
        // 绘制结束，viewport会根据组件宽高放大两倍
        Text('shape内放大的Circle组件')
        Shape() {
            Rect().width('100%').height('100%').fill('#0097D4')
            Circle({width: 75, height: 75}).fill('#E87361')
        }
        .viewPort(view1)
        .width(150)
        .height(150)
        .backgroundColor('#F5DC62')
    }
    Column() {
        // 创建一个宽高都为150vp的shape组件，背景色为黄色，一个宽高都为300vp的viewport。用一个绿色
的矩形来填充viewport，在viewport中绘制一个直径为75vp的圆
        // 绘制结束，viewport会根据组件宽高缩小两倍
        Text('Shape内缩小的Circle组件')
        Shape() {
```

```
        Rect().width('100%').height('100%').fill('#BDDB69')
        Circle({width: 75, height: 75}).fill('#E87361')
    }
    .viewPort(view2)
    .width(150)
    .height(150)
    .backgroundColor('#F5DC62')
    }
}
```

效果如图6-20所示。

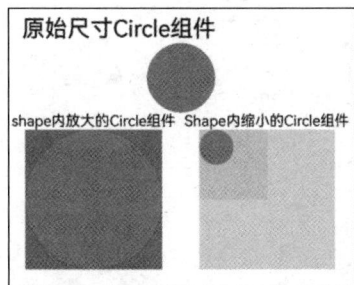

图6-20 通过形状视口对图形进行放大与缩小

（2）创建一个宽高都为300vp的shape组件，背景色为黄色，一个宽高都为300vp的viewport。用一个蓝色的矩形来填充viewport，在viewport中绘制一个半径为75vp的圆。

```
Text('ViewPort1').attributeModifier(this.subTitle);
Shape() {
    Rect().width("100%").height("100%").fill("#0097D4")
    Circle({ width: 150, height: 150 }).fill("#E87361")
}
.viewPort(view2)
.width(300)
.height(300)
.backgroundColor("#F5DC62")
```

（3）创建一个宽高都为300vp的shape组件，背景色为黄色，创建一个宽高都为300vp的viewport。用一个蓝色的矩形来填充viewport，在viewport中绘制一个半径为75vp的圆，将viewport向右方和下方各平移150vp。

```
class tmp2 {
    x:number = -150
    y:number = -150
    width:number = 300
    height:number = 300
}
let view2: tmp2 = new tmp2()

// 创建一个宽高都为300vp的shape组件，背景色为黄色，创建一个宽高都为300vp的viewport。用一个蓝色的矩
形来填充viewport，在viewport中绘制一个半径为75vp的圆，将viewport向右方和下方各平移150vp
Text('ViewPort2').attributeModifier(this.subTitle);
Shape() {
    Rect().width("100%").height("100%").fill("#0097D4")
    Circle({ width: 150, height: 150 }).fill("#E87361")
}
.viewPort(view3)
```

```
  .width(300)
  .height(300)
  .backgroundColor("#F5DC62")
```

效果如图6-21所示。

3. 自定义样式

绘制组件支持通过各种属性对其样式进行更改。

（1）通过fill可以设置组件填充区域的颜色。

```
Path()
  .width(100)
  .height(100)
  .commands('M150 0 L300 300 L0 300 Z')
  .fill("#E87361")
```

效果如图6-22所示。

图 6-21　viewpoint 示例效果

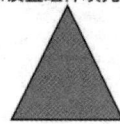

图 6-22　通过 fill 设置区域颜色

（2）通过stroke可以设置组件边框的颜色。

```
Path()
  .width(100)
  .height(100)
  .fillOpacity(0)
  .commands('M150 0 L300 300 L0 300 Z')
  .stroke(Color.Red)
```

效果如图6-23所示。

（3）通过strokeOpacity可以设置边框的透明度。

```
Path()
  .width(100)
  .height(100)
  .fillOpacity(0)
  .commands('M150 0 L300 300 L0 300 Z')
  .stroke(Color.Red)
  .strokeWidth(10)
  .strokeOpacity(0.2)
```

效果如图6-24所示。

通过stroke设置组件边框颜色

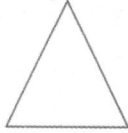

图 6-23　通过 stroke 设置边框颜色

通过strokeOpacity设置边框透明度

图 6-24　通过 strokeOpacity 设置边框透明度

（4）通过strokeLineJoin可以设置线条拐角样式。拐角样式分为Bevel（使用斜角连接路径段）、Miter（使用尖角连接路径段）、Round（使用圆角连接路径段）。

```
Polyline()
  .width(100)
  .height(100)
  .fillOpacity(0)
  .stroke(Color.Red)
  .strokeWidth(8)
  .points([[20, 0], [0, 100], [100, 90]])
  // 设置折线拐角处为圆弧
  .strokeLineJoin(LineJoinStyle.Round)
```

效果如图6-25所示。

（5）通过strokeMiterLimit设置斜接长度与边框宽度比值的极限值。

斜接长度表示外边框从外边交点到内边交点的距离，边框宽度即strokeWidth属性的值。strokeMiterLimit取值需大于或等于1，且在strokeLineJoin属性取值为LineJoinStyle.Miter时生效。

通过strokeLineJoin设置线条拐角样式

图6-25　通过strokeLineJoin
设置线条拐角样式

```
Polyline()
  .width(100)
  .height(100)
  .fillOpacity(0)
  .stroke(Color.Red)
  .strokeWidth(10)
  .points([[20, 0], [20, 100], [100, 100]])
  // 设置折线拐角处为尖角
  .strokeLineJoin(LineJoinStyle.Miter)
  // 设置斜接长度与线宽的比值
  .strokeMiterLimit(1/Math.sin(45))
Polyline()
  .width(100)
  .height(100)
  .fillOpacity(0)
  .stroke(Color.Red)
  .strokeWidth(10)
  .points([[20, 0], [20, 100], [100, 100]])
  .strokeLineJoin(LineJoinStyle.Miter)
  .strokeMiterLimit(1.42)
```

效果如图6-26所示。

（6）通过antiAlias设置是否开启抗锯齿，默认值为true（开启抗锯齿）。

```
//开启抗锯齿
Circle()
```

```
  .width(150)
  .height(200)
  .fillOpacity(0)
  .strokeWidth(5)
  .stroke(Color.Black)

//关闭抗锯齿
Circle()
  .width(150)
  .height(200)
  .fillOpacity(0)
  .strokeWidth(5)
  .stroke(Color.Black)
  .antiAlias(false)
```

效果如图6-27所示。

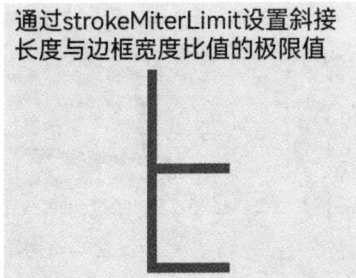

图 6-26　通过 strokeMiterLimit 设置斜接
长度与边框宽度比值的极限值

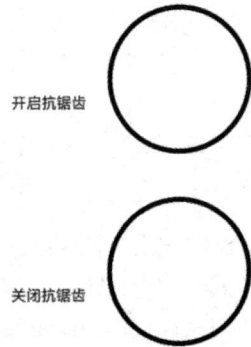

图 6-27　通过 antiAlias 设置是否开启抗锯齿

4. 场景示例

在Shape的(-80, -5)点处绘制一个封闭路径，填充颜色0x317AF7，线条宽度为3vp，边框颜色为红色，拐角样式为锐角（默认值）。

```
@Entry
@Component
struct ShapeExample {
  build() {
    Column({ space: 10 }) {
      Shape() {
        Path().width(200).height(60).commands('M0 0 L400 0 L400 150 Z')
      }
      .viewPort({ x: -80, y: -5, width: 500, height: 300 })
      .fill(0x317AF7)
      .stroke(Color.Red)
      .strokeWidth(3)
      .strokeLineJoin(LineJoinStyle.Miter)
      .strokeMiterLimit(5)
    }.width('100%').margin({ top: 15 })
  }
}
```

效果如图6-28所示。

图6-28　场景示例效果

6.4　画 布 组 件

Canvas提供画布组件，用于自定义绘制图形。开发者使用CanvasRenderingContext2D对象和OffscreenCanvasRenderingContext2D对象在Canvas组件上进行绘制，绘制对象可以是基础形状、文本、图片等。

6.4.1　使用画布组件绘制自定义图形

在画布上绘制自定义图形有3种形式：CanvasRenderingContext2D、OffscreenCanvas与Lottie动画。

1. CanvasRenderingContext2D

使用CanvasRenderingContext2D对象在Canvas上绘制的示例如下：

```
@Entry
@Component
struct PageCanvasRendering {
    //用来配置CanvasRenderingContext2D对象的参数，包括是否开启抗锯齿，true表示开启抗锯齿
    private settings: RenderingContextSettings = new RenderingContextSettings(true)
    //用来创建CanvasRenderingContext2D对象，通过在canvas中调用CanvasRenderingContext2D对象来
绘制
    private context: CanvasRenderingContext2D = new CanvasRenderingContext2D
(this.settings)

    build() {
        Navigation() {
            Flex({ direction: FlexDirection.Column, alignItems: ItemAlign.Center,
justifyContent: FlexAlign.Center }) {
                //在canvas中调用CanvasRenderingContext2D对象
                Canvas(this.context)
                    .width('100%')
                    .height('100%')
                    .backgroundColor('#F5DC62')
                    .onReady(() => {
                        //可以在这里绘制内容
                        this.context.strokeRect(60, 60, 200, 150);
                    })
            }
            .width('100%')
            .height('100%')
```

```
        }
        .title('CanvasRenderingContext2D')
        .titleMode(NavigationTitleMode.Mini)
    }
}
```

效果如图6-29所示。

2. OffscreenCanvas

OffscreenCanvas（离屏绘制）是指将需要绘制的内容先绘制在缓存区，再将其转换成图片，一次性绘制到Canvas上，以加快绘制速度。其过程为：

（1）通过transferToImageBitmap方法将离屏画布最近渲染的图像创建为一个ImageBitmap对象。

（2）通过CanvasRenderingContext2D对象的transferFromImageBitmap方法显示给定的ImageBitmap对象。

图6-29　CanvasRenderingContext2D绘制图形

示例代码如下：

```
@Entry
@Component
struct PageOffscreenCanvas {
    //用来配置CanvasRenderingContext2D对象和OffscreenCanvasRenderingContext2D对象的参数，包括是否开启抗锯齿。true表示开启抗锯齿
    private settings: RenderingContextSettings = new RenderingContextSettings(true)
    private context: CanvasRenderingContext2D = new
CanvasRenderingContext2D(this.settings)
    //用来创建OffscreenCanvas对象，width为离屏画布的宽度，height为离屏画布的高度。通过在canvas中调用OffscreenCanvasRenderingContext2D对象来绘制
    private offCanvas: OffscreenCanvas = new OffscreenCanvas(600, 600)

    build() {
        Navigation() {
            Flex({ direction: FlexDirection.Column, alignItems: ItemAlign.Center,
justifyContent: FlexAlign.Center }) {
                Canvas(this.context)
                    .width('100%')
                    .height('100%')
                    .backgroundColor('#F5DC62')
                    .onReady(() => {
                        let offContext = this.offCanvas.getContext("2d", this.settings)
                        //可以在这里绘制内容
                        offContext.strokeRect(60, 60, 200, 150);
                        //将离屏绘制渲染的图像在普通画布上显示
                        let image = this.offCanvas.transferToImageBitmap();
                        this.context.transferFromImageBitmap(image);
                    })
            }
            .width('100%')
            .height('100%')
        }
        .title('PageOffscreenCanvas')
```

```
        .titleMode(NavigationTitleMode.Mini)
    }
  }
```

效果如图6-30所示。

说明：在画布组件中，通过CanvasRenderingContext2D对象和
OffscreenCanvasRenderingContext2D对象在Canvas组件上进行绘
制时，调用的接口相同。如接口参数无特别说明，则单位均为
vp。

---

3. 在Canvas上加载Lottie动画

使用Lottie动画，需要先安装第三方依赖。DevEco Studio默认
仓库地址是ohpm，可以通过下面两种方式设置第三方包Lottie。

方式一：在Terminal窗口中，执行如下命令安装第三方包，DevEco
Studio会自动在工程的oh-package.json5中添加第三方包依赖。

```
ohpm install @ohos/lottie
```

方式二：在工程的oh-package.json5中设置第三方包依赖，配置
示例如下：

图6-30　OffscreenCanvas绘制图形

```
"dependencies": { "@ohos/lottie": "^2.0.0"}
```

依赖设置完成后，需要执行以下命令安装依赖包，依赖包会存储在工程的oh_modules目录下。

```
ohpm install
```

示例代码如下：

```
import lottie, { AnimationItem } from '@ohos/lottie'

@Entry
@Component
struct PageCanvasLottie {
    private mainRenderingSettings: RenderingContextSettings = new
RenderingContextSettings(true)
    private mainCanvasRenderingContext: CanvasRenderingContext2D = new
CanvasRenderingContext2D(this.mainRenderingSettings)
    private animateItem: AnimationItem | null = null;
    private animateName: string = "grunt";

    aboutToAppear(): void {
        console.info('aboutToAppear');
    }

    aboutToDisappear(): void {
        console.info('aboutToDisappear');
        lottie.destroy();
    }

    build() {
        Navigation() {
            Button('加载Grunt')
                .onClick(() => {
                    lottie.destroy(this.animateName)
                    this.animateItem = lottie.loadAnimation({
```

```
                                    container: this.mainCanvasRenderingContext,
                                    renderer: 'canvas', // canvas 渲染模式
                                    loop: 10,
                                    autoplay: true,
                                    name: this.animateName,
                                    contentMode: 'Contain',
                                    path: "common/lottie/animation.json", // 路径加载动画只支持entry/src/
main/ets文件夹下的相对路径
                                })
                                this.animateItem.addEventListener('enterFrame', (args: Object): void => {
                                    console.info("lottie enterFrame");
                                }); //只要播放，会一直触发
                                this.animateItem.addEventListener('loopComplete', (args: Object): void
=> {
                                    console.info("lottie loopComplete");
                                }); //动画播放一遍结束时触发
                                this.animateItem.addEventListener('complete', (args: Object): void => {
                                    console.info("lottie complete");
                                }); //动画播放结束且不再播放时触发
                                this.animateItem.addEventListener('destroy', (args: Object): void => {
                                    console.info("lottie destroy");
                                }); //删除动画时触发
                                this.animateItem.addEventListener('DOMLoaded', (args: Object): void => {
                                    console.info("lottie DOMLoaded");
                                }); //动画加载完成，播放之前触发
                            })
                        Canvas(this.mainCanvasRenderingContext)
                            .width('50%')
                            .height(360 + 'px')
                            .backgroundColor(Color.Gray)
                            .onReady(() => {
                                //抗锯齿的设置
                                this.mainCanvasRenderingContext.imageSmoothingEnabled = true;
                                this.mainCanvasRenderingContext.imageSmoothingQuality = 'medium'
                                this.animateItem?.resize();
                            })
                            .onDisAppear(() => {
                                lottie.destroy(this.animateName);

                            })
                            .visibility(Visibility.Visible)
                            .onVisibleAreaChange([0], (isVisible: boolean, currentRatio: number) => {
                                if (isVisible) {
                                    console.log("Canvas Visible")
                                    // this.animateItem?.play()
                                } else {
                                    console.log("Canvas is not visible")
                                    // this.animateItem?.pause() //在画布不可见时尝试暂停动画
                                }
                            })
                            .margin(20)
                    }
                    .title('OffscreenCanvas')
                    .titleMode(NavigationTitleMode.Mini)
                }
            }
```

效果如图6-31所示。

6.4.2　初始化画布组件

onReady(event: () => void)是Canvas组件初始化完成时的事件回调，调用该事件后，可获取 Canvas 组件的确定宽高，进一步使用CanvasRenderingContext2D对象和OffscreenCanvasRenderingContext2D对象调用相关API进行图形绘制。

示例代码如下：

图6-31　加载Lottie动画

```
Text('初始化画布组件').attributeModifier(this.subTitle)
//在canvas中调用CanvasRenderingContext2D对象
Canvas(this.context1)
  .width(200)
  .height(150)
  .backgroundColor('#F5DC62')
  .onReady(() => {
    this.context1.fillStyle = '#0097D4';
    this.context1.fillRect(20, 20, 100, 100);
  })
```

效果如图6-32所示。

6.4.3　画布组件绘制方式

在Canvas组件生命周期接口onReady()调用之后，开发者可以直接使用Canvas组件进行绘制。

示例代码如下：

图6-32　初始化画布组件

```
Text('画布组件绘制方式').attributeModifier(this.subTitle)
Canvas(this.context2)
  .width(200)
  .height(150)
  .backgroundColor('#F5DC62')
  .onReady(() =>{
    this.context2.beginPath();
    this.context2.moveTo(10, 10);
    this.context2.lineTo(180, 120);
    this.context2.stroke();
  })
```

效果如图6-33所示。

或者可以脱离Canvas组件和onReady()生命周期，先单独定义Path2d对象来构造理想的路径，再通过调用CanvasRenderingContext2D对象和OffscreenCanvasRenderingContext2D对象的stroke接口或者fill接口进行绘制，具体使用可以参考官方文档中有关Path2D对象的说明。

示例代码如下：

图6-33　画布组件绘制方式

```
Text('Path2D').attributeModifier(this.subTitle)
Canvas(this.context3)
  .width(200)
  .height(150)
```

```
    .backgroundColor('#F5DC62')
    .onReady(() =>{
        let region = new Path2D();
        region.arc(100, 75, 50, 0, 6.28);
        this.context3.stroke(region);
    })
```

效果如图6-34所示。

Path2D

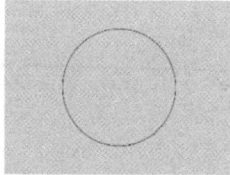

图6-34　Path2D绘制图形

6.4.4　画布组件常用方法

　　OffscreenCanvasRenderingContext2D对象和CanvasRenderingContext2D对象提供了大量的属性和方法，可以用来绘制文本、图形，处理像素等，是Canvas组件的核心。其常用接口有fill（对封闭路径进行填充）、clip（设置当前路径为剪切路径）、stroke（进行边框绘制操作）等，同时提供了fillStyle（指定绘制的填充色）、globalAlpha（设置透明度）与strokeStyle（设置描边的颜色）等属性来修改绘制内容的样式。下面将简单介绍画布组件的常用方法。

1．基础形状绘制

　　可以通过arc（绘制弧线路径）、ellipse（绘制一个椭圆）、rect（创建矩形路径）等接口绘制基础形状。

```
Text('绘制基础图形').attributeModifier(this.subTitle)
Canvas(this.context4)
    .width(250)
    .height(500)
    .backgroundColor('#F5DC62')
    .onReady(() =>{
        //绘制矩形
        this.context4.beginPath();
        this.context4.rect(50, 20, 100, 100);
        this.context4.stroke();
        //绘制圆形
        this.context4.beginPath();
        this.context4.arc(100, 180, 50, 0, 6.28);
        this.context4.stroke();
        //绘制椭圆
        this.context4.beginPath();
        this.context4.ellipse(100, 320, 50, 100, Math.PI *
0.25, Math.PI * 0, Math.PI * 2);
        this.context4.stroke();
    })
```

效果如图6-35所示。

绘制基础图形

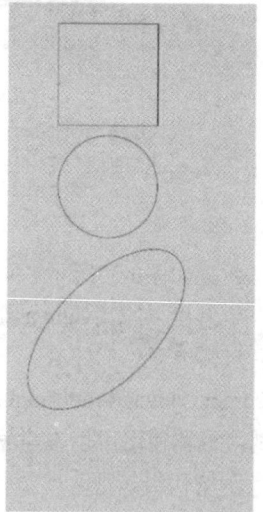

图6-35　基础图形绘制效果

2. 文本绘制

可以通过fillText（绘制填充类文本）、strokeText（绘制描边类文本）等接口进行文本绘制。

```
Text('绘制文字').attributeModifier(this.subTitle)
Canvas(this.context5)
    .width(200)
    .height(150)
    .backgroundColor('#F5DC62')
    .onReady(() =>{
        //绘制填充类文本
        this.context5.font = '50px sans-serif';
        this.context5.fillText("Hello World!", 50, 50);
        //绘制描边类文本
        this.context5.font = '55px sans-serif';
        this.context5.strokeText("Hello World!", 50, 100);
    })
```

效果如图6-36所示。

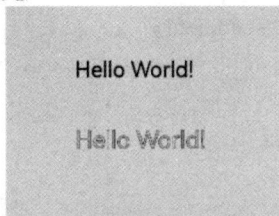

图6-36　绘制文字

3. 绘制图片和图像像素信息处理

可以通过drawImage（图像绘制）、putImageData（使用ImageData数据填充新的矩形区域）等接口绘制图片，通过createImageData（创建新的ImageData对象）、getPixelMap（以当前Canvas指定区域内的像素创建PixelMap对象）、getImageData（以当前Canvas指定区域内的像素创建ImageData对象）等接口进行图像像素信息的处理。

```
private offCanvas: OffscreenCanvas = new OffscreenCanvas(300, 300)
private img:ImageBitmap = new ImageBitmap("/images/login_pic.png")

Text('绘制图片').attributeModifier(this.subTitle)
Canvas(this.context6)
    .width(300)
    .height(200)
    .backgroundColor('#F5DC62')
    .onReady(() =>{
        let offContext = this.offCanvas.getContext("2d", this.settings)
        // 使用drawImage接口将图片画在（0，0）为起点，宽高130的区域
        offContext.drawImage(this.img,0,0,130,100);
        // 使用getImageData接口，获得canvas组件区域中，（50，50）为起点，宽高130范围内的绘制内容
        let imagedata = offContext.getImageData(50,50,130,100);
        // 使用putImageData接口将得到的ImageData画在起点为（150，150）的区域中
        offContext.putImageData(imagedata,150,130);
        // 将离屏绘制的内容画到canvas组件上
```

```
let image = this.offCanvas.transferToImageBitmap();
this.context6.transferFromImageBitmap(image);
})
```

效果如图6-37所示。

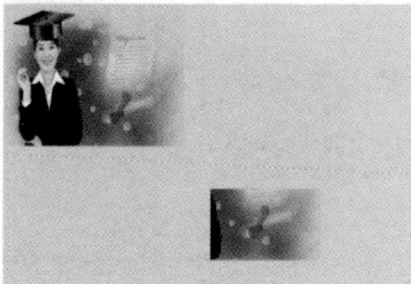

图6-37 绘制图片

4. 绘制渐变色

Canvas中还提供了渐变（CanvasGradient对象）相关的方法，如createLinearGradient（创建一个线性渐变色）、createRadialGradient（创建一个径向渐变色）等。

```
Text('绘制渐变').attributeModifier(this.subTitle)
Canvas(this.context7)
    .width(300)
    .height(200)
    .backgroundColor('#F5DC62')
    .onReady(() =>{
        //创建一个径向渐变色的CanvasGradient对象
        let grad = this.context7.createRadialGradient(100, 100, 25, 100, 100, 100)
        //为CanvasGradient对象设置渐变断点值，包括偏移和颜色
        grad.addColorStop(0.0, '#E87361');
        grad.addColorStop(0.5, '#FFFFF0');
        grad.addColorStop(1.0, '#BDDB69');
        //用CanvasGradient对象填充矩形
        this.context7.fillStyle = grad;
        this.context7.fillRect(0, 0, 200, 200);
    })
```

效果如图6-38所示。

图6-38 绘制渐变色

6.5　实战：使用ArkUI实现登录页面

本节将进行 ArkUI 实战，实现一个登录页面。

6.5.1　使用Column容器实现整体布局

界面布局大致可以分为3个部分，最上面是图片和Logo，中间是账号和密码输入框以及登录按钮，最下面是其他登录方式。

```
Column({space: 10}) {
    Column({space: 10}) {

    }
    .layoutWeight(3)
    .justifyContent(FlexAlign.Center)
    .loginColumn()

    Column({space: 10}) {

    }.layoutWeight(3)
    .justifyContent(FlexAlign.Center)
    .loginColumn()

    Column({space: 10}) {

    }.layoutWeight(2)
    .width('90%')
    .justifyContent(FlexAlign.Center)
    .loginColumn()
}
.width('100%')
.height('100%')
.padding(10)
.justifyContent(FlexAlign.Center)
.backgroundColor('#ffe7e7e7')
```

6.5.2　使用Image组件实现标志展示

使用Image组件，引入图片地址，本示例引入的是本地地址，也可以引入网络地址；使用Text展示登录页面的提示信息。代码如下：

```
// 标志展示
Image($r('app.media.icon_huawei')).width(100)
Text($r('app.string.login_main')).fontSize(36).fontColor(Color.Black).fontWeight(FontWeight.Bold)
Text($r('app.string.login_detail')).fontColor('#ff999999')
```

6.5.3　使用TextInput组件实现账号和密码的输入

采用TextInput输入账号和密码，使用Row布局；设置短信验证登录页面跳转和忘记密码页面跳转，使用单击事件实现跳转到对应的页面。

```
TextInput({ placeholder: '请输入用户名' })
TextInput({ placeholder: '请输入密码' }).type(InputType.Password)
Row() {
    Text('短信验证登录').fontColor(Color.Blue).onClick(() => {
        promptAction.showToast({ message: '跳转短信验证登录页面' });
    })
    Blank()
    Text('忘记密码').fontColor(Color.Blue).onClick(() => {
        promptAction.showToast({ message: '跳转忘记密码页面' });
    })
}
.width('100%')
```

6.5.4　实现"登录"按钮和"注册"按钮

使用Button组件实现登录，使用Text按钮实现注册。

```
Button('登录').width('90%').onClick(() => {
    promptAction.showToast({ message: '单击登录' });
}).margin({ top : 20 })
Text('注册账号').fontColor(Color.Blue).onClick(() => {
    promptAction.showToast({ message: '跳转注册账号页面' });
})
```

6.5.5　实现其他登录方式

使用第三方授权登录是非常常见的登录方式。

```
// 其他登录方式展示
LoadingProgress().width(35).height(35)
Text('其他登录方式').margin({ top : 10 })
Row() {
    Image($r("app.media.icon_wechat")).width(40)
    Image($r('app.media.icon_qq')).width(40)
    Image($r('app.media.icon_weibo')).width(40)
}.width('100%')
.margin({ top : 10 })
.justifyContent(FlexAlign.SpaceEvenly)
```

6.5.6　完整代码

整个登录界面的完整代码如下：

```
import { promptAction } from '@kit.ArkUI'

@Styles function loginColumn() {
    .width('90%')
    .padding({ left: 10, right: 10})
}

@Entry
@Component
struct PageLoginDemo {

    build() {
        Column({space: 10}) {
            Column({space: 10}) {
                // 登录标志展示区域
```

```
            Image($r('app.media.startIcon')).width(100)
            Text($r('app.string.login_main')).fontSize(36).fontColor(Color.Black).
fontWeight(FontWeight.Bold)
            Text($r('app.string.login_detail')).fontColor('#ff999999')
        }
        .layoutWeight(3)
        .justifyContent(FlexAlign.End)
        .loginColumn()

        Column({space: 10}) {
            // 注册登录模块
            TextInput({ placeholder: '请输入用户名' })
            TextInput({ placeholder: '请输入密码' }).type(InputType.Password)
            Row() {
                Text('短信验证登录').fontColor(Color.Blue).onClick(() => {
                    promptAction.showToast({ message: '跳转短信验证登录页面' });
                })
                Blank()
                Text('忘记密码').fontColor(Color.Blue).onClick(() => {
                    promptAction.showToast({ message: '跳转忘记密码页面' });
                })
            }
            .width('100%')
            Button('登录').width('90%').onClick(() => {
                promptAction.showToast({ message: '单击登录' });
            }).margin({ top : 20 })
            Text('注册账号').fontColor(Color.Blue).onClick(() => {
                promptAction.showToast({ message: '跳转注册账号页面' });
            })
        }.layoutWeight(3)
        .justifyContent(FlexAlign.Center)
        .loginColumn()

        Column({space: 10}) {
            // 其他登录方式展示
            LoadingProgress().width(35).height(35)
            Text('其他登录方式').margin({ top : 10 })
            Row() {
                Image($r("app.media.icon_wechat")).width(40)
                Image($r('app.media.icon_qq')).width(40)
                Image($r('app.media.icon_weibo')).width(40)
            }.width('100%')
            .margin({ top : 10 })
            .justifyContent(FlexAlign.SpaceEvenly)

        }.layoutWeight(2)
        .width('90%')
        .justifyContent(FlexAlign.Center)
        .loginColumn()
    }
    .width('100%')
    .height('100%')
    .padding(10)
    .justifyContent(FlexAlign.Center)
    .backgroundColor('#ffe7e7e7')
    }
}
```

效果如图6-39所示。

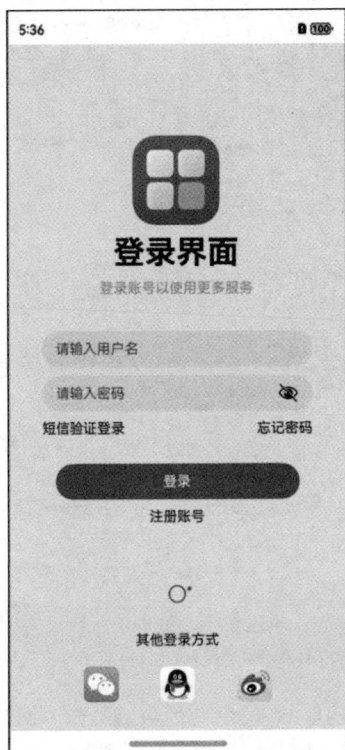

图6-39   登录界面示例图

第 7 章

ArkUI 进 阶

上一章我们介绍了ArkUI的基本组件及其使用，通过对基础组件、布局组件、媒体组件、绘制组件、画布组件等内容的学习，初步掌握了UI开发。本章将深入讲解ArkUI一些常用的进阶知识，主要包括气泡、菜单、弹窗、交互事件、适老化和主题设置。

7.1　气泡和菜单

7.1.1　气泡提示（Popup）

Popup属性可绑定在组件上，用于显示气泡弹窗提示，支持设置弹窗内容、交互逻辑和显示状态，主要用于屏幕录制、信息弹出提醒等场景的提示显示。

气泡分为两种类型，一种是系统提供的气泡PopupOptions，另一种是开发者自定义的气泡CustomPopupOptions。其中PopupOptions通过配置primaryButton、secondaryButton来设置带按钮的气泡；CustomPopupOptions通过配置builder参数来自定义气泡。

1. 文本提示气泡

文本提示气泡常用于展示只带有文本的信息提示，不带有任何交互场景。Popup属性需绑定组件，当bindPopup属性中的参数show为true时，会弹出气泡提示。

在Button组件上绑定Popup属性，每次单击Button按钮，handlePopup会切换布尔值，当其值为true时，触发bindPopup弹出气泡。

```
@State handlePopup: boolean = false

Button('PopupOptions')
   .onClick(() => {
      this.handlePopup = !this.handlePopup
   })
   .bindPopup(this.handlePopup, {
      message: 'This is a popup with PopupOptions',
   }).width('90%')
```

效果如图7-1所示。

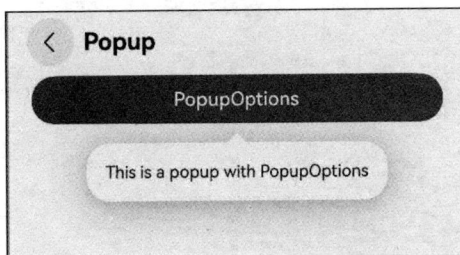

图7-1　文本气泡提示效果

2. 添加气泡状态变化的事件

通过onStateChange参数为气泡添加状态变化的事件回调，可以判断当前气泡的显示状态。

```
@Entry
@Component
struct PagePopup {
    @State handlePopup: boolean = false

    build() {
        Navigation() {
            Scroll() {
                Column() {
                    Button('PopupOptions')
                    .onClick(() => {
                        this.handlePopup = !this.handlePopup
                    })
                    .bindPopup(this.handlePopup, {
                        message: 'This is a popup with PopupOptions',
                        onStateChange: (e)=> { // 返回当前的气泡状态
                            if (!e.isVisible) {
                                this.handlePopup = false
                            }
                        }
                    }).width('90%')
                }
            }
        }
        .title('Popup')
        .titleMode(NavigationTitleMode.Mini)
    }
}
```

3. 带按钮的提示气泡

通过primaryButton和secondaryButton属性，可为气泡最多设置两个按钮，用于实现简单交互。开发者可通过配置action参数，定义按钮触发的相应操作。

```
@Entry
@Component
struct PagePopup {
    @State handlePopup: boolean = false

    build() {
        Navigation() {
```

```
        Scroll() {
            Column() {
                Button('PopupOptions')
                    .onClick(() => {
                        this.handlePopup = !this.handlePopup
                    })
                    .bindPopup(this.handlePopup, {
                        message: 'This is a popup with PopupOptions',
                        primaryButton: {
                            value: 'Confirm',
                            action: () => {
                                this.handlePopup = !this.handlePopup
                                console.info('confirm Button click')
                            }
                        },
                        secondaryButton: {
                            value: 'Cancel',
                            action: () => {
                                this.handlePopup = !this.handlePopup
                            }
                        },
                        onStateChange: (e)=> { // 返回当前的气泡状态
                            if (!e.isVisible) {
                                this.handlePopup = false
                            }
                        }
                    }).width('90%')
            }
        }
    }
    .title('Popup')
    .titleMode(NavigationTitleMode.Mini)
}
}
```

4. 气泡的动画

通过定义transition，可以控制气泡进场和出场的动画效果。

```
@State handlePopup2: boolean = false
@State customPopup: boolean = false

// PopupOptions 类型设置弹框内容
Button('PopupOptionsAnim')
    .onClick(() => {
        this.handlePopup2 = !this.handlePopup2
    })
    .bindPopup(this.handlePopup2, {
        message: 'This is a popup with transitionEffect',
        placementOnTop: true,
        showInSubWindow: false,
        onStateChange: (e) => {
            if (!e.isVisible) {
                this.handlePopup2 = false
            }
        },
        // 设置弹窗显示动效为透明度动效与平移动效的组合效果，无退出动效
        transition:TransitionEffect.asymmetric(
```

```
                TransitionEffect.OPACITY.animation({ duration: 1000, curve:
Curve.Ease }).combine(
                    TransitionEffect.translate({ x: 50, y: 250 })),
                TransitionEffect.IDENTITY)
        })
        .margin({ top : 20 })
        // .position({ x: 150, y: 350 })
    // CustomPopupOptions 类型设置弹框内容
    Button('CustomPopupOptionsAnim')
        .onClick(() => {
            this.customPopup = !this.customPopup
        })
        .bindPopup(this.customPopup, {
            builder: this.popupBuilder,
            placement: Placement.Top,
            showInSubWindow: false,
            onStateChange: (e) => {
                if (!e.isVisible) {
                    this.customPopup = false
                }
            },
            // 设置弹窗显示动效与退出动效为缩放动效
            transition:TransitionEffect.scale({ x: 1, y: 0 }).animation({ duration: 500, curve:
Curve.Ease })
        })
        .margin({ top : 20 })
```

效果如图7-2所示。

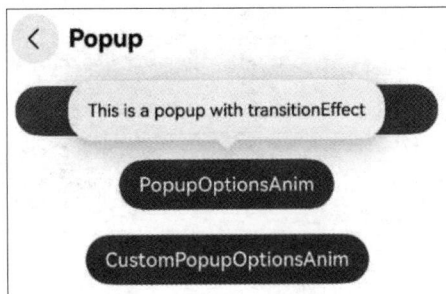

图7-2　气泡动画效果

5. 自定义气泡

开发者可以使用CustomPopupOptions的builder来自定义气泡，@Builder中可以放自定义的内容。除此之外，还可以通过popupColor等参数控制气泡样式。

```
@State customPopup2: boolean = false

// popup构造器定义弹框内容
@Builder popupBuilder2() {
    Row({ space: 2 }) {
        Image($r("app.media.app_icon")).width(24).height(24).margin({ left: 5 })
        Text('This is Custom Popup').fontSize(15)
    }.width(200).height(50).padding(5)
}
```

```
Button('CustomPopupOptions2')
    .onClick(() => {
        this.customPopup2 = !this.customPopup2
    })
    .bindPopup(this.customPopup2, {
        builder: this.popupBuilder2, // 气泡的内容
        placement:Placement.Bottom, // 气泡的弹出位置
        popupColor:Color.Pink, // 气泡的背景色
        onStateChange: (e) => {
            if (!e.isVisible) {
                this.customPopup2 = false
            }
        }
    })
    .margin({ top : 20 })
```

效果如图7-3所示。

开发者可以通过配置placement参数将弹出的气泡放到需要提示的位置。弹窗构造器会触发弹出提示信息，以引导使用者完成操作，也让使用者有更好的UI体验。

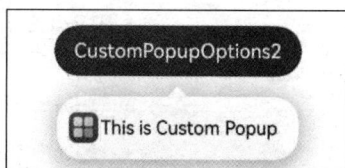

图7-3　自定义气泡效果

7.1.2　菜单（Menu）

Menu是菜单接口，一般用于鼠标右键弹窗、单击弹窗等。

1. 创建默认样式的菜单

菜单需要调用bindMenu接口来实现。bindMenu响应绑定组件的单击事件，单击该组件时即可弹出菜单。

```
Button('click for Menu')
    .bindMenu([
        {
            value: 'Menu1',
            action: () => {
                console.info('handle Menu1 select')
            }
        }
    ])
    .margin({ top: 15 })
```

2. 创建自定义样式的菜单

当默认样式不满足开发需求时，可使用@Builder自定义菜单内容，通过bindMenu接口进行菜单的自定义。

```
@Builder开发菜单内的内容
@Entry
@Component
struct PageMenu {
    @State select: boolean = true

    private iconStr: ResourceStr = $r("app.media.view_list_filled")
    private iconStr2: ResourceStr = $r("app.media.view_list_filled")

    @Builder
```

```
    SubMenu() {
        Menu() {
            MenuItem({ content: "复制", labelInfo: "Ctrl+C" })
            MenuItem({ content: "粘贴", labelInfo: "Ctrl+V" })
        }
    }

    @Builder
    MyMenu() {
        Menu() {
            MenuItem({ startIcon: $r("app.media.app_icon"), content: "菜单选项" })
            MenuItem({ startIcon: $r("app.media.app_icon"), content: "菜单选项" }).
enabled(false)
            MenuItem({
                startIcon: this.iconStr,
                content: "菜单选项",
                endIcon: $r("app.media.arrow_right_filled"),
                // 当配置builder参数时，表示与menuItem项绑定了子菜单。鼠标悬停在该菜单项时，会显示子
菜单
                builder: this.SubMenu
            })
            MenuItemGroup({ header: '小标题' }) {
                MenuItem({ content: "菜单选项" })
                    .selectIcon(true)
                    .selected(this.select)
                    .onChange((selected) => {
                        console.info("menuItem select" + selected);
                        let Str: Tmp = new Tmp()
                        Str.set($r("app.media.app_icon"))
                    })
                MenuItem({
                    startIcon: $r("app.media.view_list_filled"),
                    content: "菜单选项",
                    endIcon: $r("app.media.arrow_right_filled"),
                    builder: this.SubMenu
                })
            }

            MenuItem({
                startIcon: this.iconStr2,
                content: "菜单选项",
                endIcon: $r("app.media.arrow_right_filled")
            })
        }
    }

    build() {
        Navigation() {
            Scroll() {
                Column() {
                    Button('click for Menu')
                        .bindMenu([
                            {
                                value: 'Menu1',
                                action: () => {
                                    console.info('handle Menu1 select')
                                }
                            }
```

```
                ])
                .margin({ top: 15 })
              Button('click for Menu2')
                .bindMenu(this.MyMenu)
                .margin({ top : 15 })
            }
          }
        }
        .title('Menu')
        .titleMode(NavigationTitleMode.Mini)
      }
    }
    class Tmp {
        iconStr2: ResourceStr = $r("app.media.view_list_filled")

        set(val: Resource) {
            this.iconStr2 = val
        }
    }
    bindMenu属性绑定组件
    Button('click for Menu2')
      .bindMenu(this.MyMenu)
```

3. 创建支持右键或长按的菜单

通过bindContextMenu接口自定义菜单，设置菜单弹出的触发方式，触发方式为右键或长按。使用
bindContextMenu弹出的菜单项是在独立子窗口内的，可显示在应用窗口外部。

- @Builder开发菜单内的内容与上一个示例中的写法相同。
- 确认菜单的弹出方式，使用bindContextMenu属性绑定组件。下面示例为右键弹出菜单。

```
Button('click for Menu3')
    .bindContextMenu(this.MyMenu, ResponseType.RightClick)
    .margin({ top : 15 })
```

7.2　使用弹出框

弹出框是一种模态窗口，通常用于在保持当前上下文环境的同时，临时展示用户需关注的信息或
待处理的操作。用户在模态弹出框内完成相关交互任务之后，才能退出模态模式。弹出框可以不与任
何组件绑定，其内容通常由多种组件组成，如文本、列表、输入框、图片等，以实现布局。

ArkUI中可通过使用AlertDialog、CustomDialog、ActionSheet、Popup、Menu、ContextMenu等组
件实现弹出框能力，如表7-1所示。

表7-1　弹出框组件

名　　　称	使用场景
AlertDialog	通常用来展示用户当前需要或必须关注的信息或操作。如用户操作一个敏感行为时，响应一个二次确认的弹出框
ActionSheet	当需要用户关注或确认的信息存在列表选择时使用

（续表）

名　　称	使用场景
CustomDialog	当用户需要自定义弹出框内的组件和内容时使用
Popup	用于为指定的组件做信息提示，如单击一个问号图标弹出一段气泡提示
Menu/ContextMenu	用于给指定的组件绑定用户可执行的操作，如长按图标展示操作选项等

说明：开发者可通过配置参数（如CustomDialog的isModal）调整弹出框为非模态，从而满足不同的使用场景。

移动设备中，子窗模式的弹出框当前无法超出主窗口。

多个弹出框组件先后弹出时，后弹出的组件的层级高于先弹出的层级，退出时按照层级从高到低的顺序逐次退出。

7.2.1　使用全局弹出框

全局弹出框不与任何组件绑定，一般在针对用户触发的操作进行必要提示时使用。ArkUI当前提供了定制和自定义两类弹出框组件。

- 定制：AlertDialog、ActionSheet、promptAction.showDialog、promptAction.showActionMenu。开发者可使用此类组件，指定需要显示的文本内容和按钮操作，即可完成简单的交互效果。
- 自定义：CustomDialog、promptAction.openCustomDialog。开发者需要根据场景将自定义组件填充在弹出框中，实现自定义的弹出框内容。

下面以AlertDialog、ActionSheet为例说明相应的弹出框效果与使用方法。

1. AlertDialog

AlertDialog是警告弹出框，需要向用户提问或得到用户的许可。警告弹出框用来提示重要信息，但会中断当前任务，尽量提供必要的信息和有用的操作。避免仅使用警告弹出框提供信息，用户不喜欢被信息丰富但不可操作的警告打断。

AlertDialog的必选内容包含标题、可选信息文本、最多3个按钮；可选内容包含输入框、icon、checkBox和HelpButton。

```
private showMyAlertDialog() {
  AlertDialog.show(
    {
      title: 'title',
      subtitle: 'subtitle',
      message: 'text',
      autoCancel: true,
      alignment: DialogAlignment.Bottom,
      gridCount: 4,
      offset: { dx: 0, dy: -20 },
      primaryButton: {
        value: 'cancel',
        action: () => {
          console.info('Callback when the first button is clicked')
        }
      },
      secondaryButton: {
```

```
                enabled: true,
                defaultFocus: true,
                style: DialogButtonStyle.HIGHLIGHT,
                value: 'ok',
                action: () => {
                    console.info('Callback when the second button is clicked')
                }
            }
        }
    )
}
```

2. ActionSheet

ActionSheet是列表选择弹出框，适合展示多个操作项，尤其适合在除了操作列表以外没有其他内容的情况下使用。

```
private showMyActionSheet() {
    ActionSheet.show({
        title: 'ActionSheet title',
        subtitle: 'ActionSheet subtitle',
        message: 'message',
        autoCancel: true,
        confirm: {
            defaultFocus: true,
            value: 'Confirm button',
            action: () => {
                console.log('Get Alert Dialog handled')
            }
        },
        alignment: DialogAlignment.Bottom,
        offset: { dx: 0, dy: -10 },
        sheets: [
            {
                title: 'apples',
                action: () => {
                    console.log('apples')
                }
            },
            {
                title: 'bananas',
                action: () => {
                    console.log('bananas')
                }
            },
            {
                title: 'pears',
                action: () => {
                    console.log('pears')
                }
            }
        ]
    })
}
```

7.2.2　不依赖UI组件的全局自定义弹出框（推荐）

由于CustomDialogController在使用上存在诸多限制，既不支持动态创建，也不支持动态刷新，因此在相对复杂的应用场景中推荐使用从UIContext中获取到的PromptAction对象提供的openCustomDialog接口来实现自定义弹出框。

1. 自定义弹出框的打开与关闭

1）创建 ComponentContent

ComponentContent用于定义自定义弹出框的内容。其中，wrapBuilder(buildText)封装自定义组件，new Params(this.message)是自定义组件的入参，可以保持默认，也可以传入基础数据类型。

```
private    contentNode:   ComponentContent<Object>   =   new   ComponentContent(this.ctx,
wrapBuilder(buildText), new Params(this.message));
```

2）打开自定义弹出框

通过调用openCustomDialog接口打开的弹出框默认为customStyle为true的弹出框，即弹出框的内容样式完全按照contentNode自定义样式显示。

```
this.ctx.getPromptAction().openCustomDialog(this.contentNode, this.options)
  .then(() => {
    console.info('OpenCustomDialog complete.')
  })
  .catch((error: BusinessError) => {
    let message = (error as BusinessError).message;
    let code = (error as BusinessError).code;
    console.error(`OpenCustomDialog args error code is ${code}, message is ${message}`);
  })
```

3）关闭自定义弹出框

由于closeCustomDialog接口需要传入待关闭弹出框对应的ComponentContent，因此，如果需要在弹出框中设置关闭方法，则可参考下面的"4. 完整示例"封装静态方法来实现。

关闭弹出框之后，若需要释放对应的ComponentContent，则调用ComponentContent的dispose方法。

```
this.ctx.getPromptAction().closeCustomDialog(this.contentNode)
  .then(() => {
    console.info('CloseCustomDialog complete.')
  })
  .catch((error: BusinessError) => {
    let message = (error as BusinessError).message;
    let code = (error as BusinessError).code;
    console.error(`CloseCustomDialog args error code is ${code}, message is ${message}`);
  })
```

2. 更新自定义弹出框的内容

ComponentContent与BuilderNode有相同的使用限制，不支持自定义组件使用@Reusable、@Link、@Provide、@Consume等装饰器，来同步弹出框弹出的页面与ComponentContent中自定义组件的状态。因此，若需要更新弹出框中自定义组件的内容可以通过ComponentContent提供的update方法来实现。

```
this.contentNode.update(new Params('update'))
```

3. 更新自定义弹出框的属性

通过updateCustomDialog可以动态更新弹出框的属性。目前支持的属性包括alignment、offset、autoCancel、maskColor。

注意，更新属性时，未设置的属性会恢复为默认值。例如，初始设置{ alignment: DialogAlignment.Top, offset: { dx: 0, dy: 50 } }，更新时设置{ alignment: DialogAlignment.Bottom }，则初始设置的offset: { dx: 0, dy: 50 }不会保留，会恢复为默认值。

```
this.ctx.getPromptAction().updateCustomDialog(this.contentNode, options)
  .then(() => {
    console.info('UpdateCustomDialog complete.')
  })
  .catch((error: BusinessError) => {
    let message = (error as BusinessError).message;
    let code = (error as BusinessError).code;
    console.error(`UpdateCustomDialog args error code is ${code}, message is ${message}`);
  })
```

4. 完整示例

```
// custom/PromptActionClass.ets
import { BusinessError } from '@kit.BasicServicesKit';
import { ComponentContent, promptAction } from '@kit.ArkUI';
import { UIContext } from '@ohos.arkui.UIContext';

export class PromptActionClass {
    static ctx: UIContext;
    static contentNode: ComponentContent<Object>;
    static options: promptAction.BaseDialogOptions;

    static setContext(context: UIContext) {
        PromptActionClass.ctx = context;
    }

    static setContentNode(node: ComponentContent<Object>) {
        PromptActionClass.contentNode = node;
    }

    static setOptions(options: promptAction.BaseDialogOptions) {
        PromptActionClass.options = options;
    }

    static openDialog() {
        if (PromptActionClass.contentNode !== null) {
            PromptActionClass.ctx.getPromptAction().openCustomDialog
(PromptActionClass.contentNode, PromptActionClass.options)
                .then(() => {
                    console.info('OpenCustomDialog complete.')
                })
                .catch((error: BusinessError) => {
                    let message = (error as BusinessError).message;
                    let code = (error as BusinessError).code;
                    console.error(`OpenCustomDialog args error code is ${code}, message is
${message}`);
                })
```

```
            }
        }

        static closeDialog() {
            if (PromptActionClass.contentNode !== null) {

PromptActionClass.ctx.getPromptAction().closeCustomDialog(PromptActionClass.contentNode)
                .then(() => {
                    console.info('CloseCustomDialog complete.')
                })
                .catch((error: BusinessError) => {
                    let message = (error as BusinessError).message;
                    let code = (error as BusinessError).code;
                    console.error(`CloseCustomDialog args error code is ${code}, message is
${message}`);
                })
            }
        }

        static updateDialog(options: promptAction.BaseDialogOptions) {
            if (PromptActionClass.contentNode !== null) {
                PromptActionClass.ctx.getPromptAction().updateCustomDialog
(PromptActionClass.contentNode, options)
                .then(() => {
                    console.info('UpdateCustomDialog complete.')
                })
                .catch((error: BusinessError) => {
                    let message = (error as BusinessError).message;
                    let code = (error as BusinessError).code;
                    console.error(`UpdateCustomDialog args error code is ${code}, message is
${message}`);
                })
            }
        }
    }


    // PageDialogPrompt.ets
    import { ComponentContent } from '@kit.ArkUI';
    import { PromptActionClass } from './custom/PromptActionClass';

    class Params {
        text: string = ""

        constructor(text: string) {
            this.text = text;
        }
    }


    @Builder
    function buildText(params: Params) {
        Column() {
            Text(params.text)
                .fontSize(50)
                .fontWeight(FontWeight.Bold)
                .margin({ bottom: 36 })
            Button('Close')
```

```
                .onClick(() => {
                    PromptActionClass.closeDialog()
                })
        }.backgroundColor('#FFF0F0F0')
}


@Entry
@Component
struct PageDialogPrompt {
    @State message: string = "hello"
    private ctx: UIContext = this.getUIContext();
    private contentNode: ComponentContent<Object> =
        new ComponentContent(this.ctx, wrapBuilder(buildText), new Params(this.message));

    aboutToAppear(): void {
        PromptActionClass.setContext(this.ctx);
        PromptActionClass.setContentNode(this.contentNode);
        PromptActionClass.setOptions({
            alignment: DialogAlignment.Top,
            offset: ({ dx: 0, dy: 50 })
        });
    }


    build() {
        Row() {
            Column() {
                Button("open dialog and update options")
                    .margin({ top: 50 })
                    .onClick(() => {
                        PromptActionClass.openDialog()

                        setTimeout(() => {
                            PromptActionClass.updateDialog({
                                alignment: DialogAlignment.Bottom,
                                offset: ({ dx: 0, dy: -50 })
                            })
                        }, 1500)
                    })
                Button("open dialog and update content")
                    .margin({ top: 50 })
                    .onClick(() => {
                        PromptActionClass.openDialog()

                        setTimeout(() => {
                            this.contentNode.update(new Params('update'))
                        }, 1500)
                    })
            }
            .width('100%')
            .height('100%')
        }
        .height('100%')
    }
}
```

7.2.3 自定义弹出框（CustomDialog）

CustomDialog是自定义弹出框，可用于广告、中奖、警告、软件更新等与用户交互的操作。开发者可以通过CustomDialogController类显示自定义弹出框。

> 说明：当前，ArkUI弹出框均为非页面级弹出框，在页面路由跳转时，如果开发者未调用close方法将其关闭，弹出框将不会自动关闭。若需实现在跳转页面时覆盖弹出框的场景，建议使用Navigation。具体使用方法，请参考组件导航子页面显示类型的弹出框类型。

1. 创建自定义弹出框

（1）使用@CustomDialog装饰器装饰自定义弹出框，可在此装饰器内自定义弹出框内容。

```
@CustomDialog
struct MyCustomDialogCreate {
    controller: CustomDialogController = new CustomDialogController({
        builder: MyCustomDialogCreate({}),
    })

    build() {
        Column() {
            Text('我是MyCustomDialogCreate')
                .fontSize(20)
                .margin({ top: 10, bottom: 10 })
        }
    }
}
```

（2）创建构造器，与装饰器相呼应。

```
@Entry
@Component
struct PageMyCustomDialogCreate {
  dialogController: CustomDialogController = new CustomDialogController({
    builder: MyCustomDialogCreate(),
  })
}
```

（3）单击与onClick事件绑定的组件，使弹出框弹出。

```
@Entry
@Component
struct PageMyCustomDialogCreate {
    dialogController: CustomDialogController = new CustomDialogController({
        builder: MyCustomDialogCreate(),
    })

    build() {
        Navigation() {
            Scroll() {
                Column({ space: 5 }) {
                    Button('click me')
                        .onClick(() => {
                            this.dialogController.open()
                        })
```

```
                }
            }
        }
        .title('CustomDialogCreate')
        .titleMode(NavigationTitleMode.Mini)
    }
}
```

2. 弹出框的交互

弹出框可用于数据交互, 完成用户一系列响应操作。

(1) 在@CustomDialog装饰器内添加按钮, 同时添加数据函数。

```
@CustomDialog
struct CustomDialogMutual {
    cancel?: () => void
    confirm?: () => void
    controller: CustomDialogController

    build() {
        Column() {
            Text('我是内容').fontSize(20).margin({ top: 10, bottom: 10 })
            Flex({ justifyContent: FlexAlign.SpaceAround }) {
                Button('cancel')
                    .onClick(() => {
                        this.controller.close()
                        if (this.cancel) {
                            this.cancel()
                        }
                    }).backgroundColor(0xffffff).fontColor(Color.Black)
                Button('confirm')
                    .onClick(() => {
                        this.controller.close()
                        if (this.confirm) {
                            this.confirm()
                        }
                    }).backgroundColor(0xffffff).fontColor(Color.Red)
            }.margin({ bottom: 10 })
        }
    }
}
```

(2) 页面内需要在构造器中接收数据, 同时创建相应的函数操作。

```
@Entry
@Component
struct PageMyCustomDialogMutual {
    dialogController: CustomDialogController = new CustomDialogController({
        builder: CustomDialogMutual({
            cancel: ()=> { this.onCancel() },
            confirm: ()=> { this.onAccept() },
        }),
    })
    onCancel() {
        console.info('Callback when the first button is clicked')
    }
```

```
    onAccept() {
        console.info('Callback when the second button is clicked')
    }

    build() {
        Navigation() {
            Scroll() {
                Column({ space: 5 }) {
                    Button('click me')
                        .onClick(() => {
                            this.dialogController.open()
                        })
                }
            }
        }
        .title('CustomDialogMutual')
        .titleMode(NavigationTitleMode.Mini)
    }
}
```

（3）可通过弹出框中的按钮实现路由跳转，同时获取跳转页面向当前页传入的参数。

```
@CustomDialog
export struct MyCustomDialogMutualHome {
    @Link textValue: string
    controller?: CustomDialogController
    cancel: () => void = () => {
    }
    confirm: () => void = () => {
    }

    build() {
        Column({ space: 20 }) {
            if (this.textValue != '') {
                Text(`第二个页面的内容为：${this.textValue}`)
                    .fontSize(20)
            } else {
                Text('是否获取第二个页面的内容')
                    .fontSize(20)
            }
            Flex({ justifyContent: FlexAlign.SpaceAround }) {
                Button('cancel')
                    .onClick(() => {
                        if (this.controller != undefined) {
                            this.controller.close()
                            this.cancel()
                        }
                    }).backgroundColor(0xffffff).fontColor(Color.Black)
                Button('confirm')
                    .onClick(() => {
                        if (this.controller != undefined && this.textValue != '') {
                            this.controller.close()
                        } else if (this.controller != undefined) {
                            this.getUIContext().getRouter().pushUrl({
                                url: 'pages/Index2'
                            })
                            this.controller.close()
```

```
        }
    })).backgroundColor(0xffffff).fontColor(Color.Red)
    }.margin({ bottom: 10 })
  }.borderRadius(10).padding({ top: 20 })
  }
}
```

（4）主页面代码如下：

```
import { MyCustomDialogMutualHome } from './CustomDialogClass'

@Entry
@Component
struct PageMyCustomDialogMutualHome {
    @State textValue: string = ''
    dialogController: CustomDialogController | null = new CustomDialogController({
        builder: MyCustomDialogMutualHome({
            cancel: () => {
                this.onCancel()
            },
            confirm: () => {
                this.onAccept()
            },
            textValue: $textValue
        })
    })

    // 在自定义组件即将析构销毁时将dialogController置空
    aboutToDisappear() {
        this.dialogController = null // 将dialogController置空
    }

    onPageShow() {
        let params = this.getUIContext().getRouter().getParams() as Record<string, string>;
// 获取传递过来的参数对象
        console.error('ch07.params === undefined: ' + (params === undefined))
        if (params) {
            this.dialogController?.open()
            this.textValue = params.info as string; // 获取info属性的值
        }
    }

    onCancel() {
        console.info('Callback when the first button is clicked')
    }

    onAccept() {
        console.info('Callback when the second button is clicked')
    }

    exitApp() {
        console.info('Click the callback in the blank area')
    }

    build() {
        Column() {
            Button('click me')
```

```
                .onClick(() => {
                    if (this.dialogController != null) {
                        this.dialogController.open()
                    }
                }).backgroundColor(0x317aff)
        }.width('100%').margin({ top: 5 })
    }
}
```

（5）进入页面，如果传递了参数，则显示参数内容。

```
Button('自定义弹出框交互2')
    .onClick(() => {
        router.pushUrl({
            url: 'pages/custom/PageMyCustomDialogMutualHome',
            params: {
                info: '自定义弹出框交互2'
            }
        });
    }).backgroundColor(0x317aff)
    .margin({ top : 10})
```

3. 弹出框的动画

通过定义openAnimation控制弹出框出现动画的持续时间、速度等。

（1）自定义弹出框控制器。

```
// custom/CustomDialogClass.ets
@CustomDialog
export struct MyCustomDialogAnim {
    controller?: CustomDialogController

    build() {
        Column() {
            Text('MyCustomDialogAnim: Whether to change a text?')
                .fontSize(16).margin({ bottom: 10 })
        }
    }
}
```

（2）定义页面，设置动画的持续时间、速度等参数。

```
import { MyCustomDialogAnim } from './CustomDialogClass'

@Entry
@Component
struct PageMyCustomDialogAnim {
    @State textValue: string = ''
    @State inputValue: string = 'click me'
    dialogController: CustomDialogController | null = new CustomDialogController({
        builder: MyCustomDialogAnim(),
        openAnimation: {
            duration: 1200,
            curve: Curve.Friction,
            delay: 500,
            playMode: PlayMode.Alternate,
            onFinish: () => {
```

```
                console.info('play end')
            }
        },
        autoCancel: true,
        alignment: DialogAlignment.Bottom,
        offset: { dx: 0, dy: -20 },
        gridCount: 4,
        customStyle: false,
        backgroundColor: 0xd9ffffff,
        cornerRadius: 10,
    })

    // 在自定义组件即将析构销毁时将dialogController置空
    aboutToDisappear() {
        this.dialogController = null // 将dialogController置空
    }

    build() {
        Column() {
            Button('click me')
                .onClick(() => {
                    if (this.dialogController != null) {
                        this.dialogController.open()
                    }
                }).backgroundColor(0x317aff)
        }.width('100%').margin({ top: 5 })
    }
}
```

4. 弹出框的样式

弹出框通过定义宽度、高度、背景色、阴影等参数来控制样式。

```
@CustomDialog
export struct MyCustomDialogStyle {
    controller?: CustomDialogController

    build() {
        Column() {
            Text('MyCustomDialogStyle')
                .fontSize(16).margin({ bottom: 10 })
        }
    }
}

import { MyCustomDialogStyle } from './CustomDialogClass'

@Entry
@Component
struct PageMyCustomDialogStyle {
    @State textValue: string = ''
    @State inputValue: string = 'click me'
    dialogController: CustomDialogController | null = new CustomDialogController({
        builder: MyCustomDialogStyle(),
        autoCancel: true,
        alignment: DialogAlignment.Center,
        offset: { dx: 0, dy: -20 },
```

```
            gridCount: 4,
            customStyle: false,
            backgroundColor: 0xd9ffffff,
            cornerRadius: 20,
            width: '80%',
            height: '100px',
            borderWidth: 1,
            borderStyle: BorderStyle.Dashed,//使用borderStyle属性，需要和borderWidth属性一起使用
            borderColor: Color.Blue,//使用borderColor属性，需要和borderWidth属性一起使用
            shadow: ({ radius: 20, color: Color.Grey, offsetX: 50, offsetY: 0}),
        })

        // 在自定义组件即将析构销毁时将dialogController置空
        aboutToDisappear() {
            this.dialogController = null // 将dialogController置空
        }

        build() {
            Navigation() {
                Scroll() {
                    Column({ space: 5 }) {
                        Button('click me')
                            .onClick(() => {
                                if (this.dialogController != null) {
                                    this.dialogController.open()
                                }
                            })
                    }
                }
            }
            .title('CustomDialogStyle')
            .titleMode(NavigationTitleMode.Mini)
        }
    }
```

5. 嵌套自定义弹出框

通过第一个弹出框打开第二个弹出框时，最好将第二个弹出框定义在第一个弹出框的父组件处，通过父组件传给第一个弹出框的回调来打开第二个弹出框。示例代码如下：

```
@CustomDialog
export struct MyCustomDialogNestTwo {
    controllerTwo?: CustomDialogController
    @State message: string = "I'm the second dialog box."
    @State showIf: boolean = false;
    build() {
        Column() {
            if (this.showIf) {
                Text("Text")
                    .fontSize(30)
                    .height(100)
            }
            Text(this.message)
                .fontSize(30)
                .height(100)
            Button("Create Text")
                .onClick(()=>{
```

```
                this.showIf = true;
            })
        Button ('Close Second Dialog Box')
            .onClick(() => {
                if (this.controllerTwo != undefined) {
                    this.controllerTwo.close()
                }
            })
            .margin(20)
    }
  }
}
@CustomDialog
export struct MyCustomDialogNestOne {
    openSecondBox?: ()=>void
    controller?: CustomDialogController

    build() {
        Column() {
            Button ('Open Second Dialog Box and close this box')
                .onClick(() => {
                    this.controller!.close();
                    this.openSecondBox!();
                })
                .margin(20)
        }.borderRadius(10)
    }
}


@Entry
@Component
struct PageMyCustomDialogNest {
    @State inputValue: string = 'Click Me'
    dialogController: CustomDialogController | null = new CustomDialogController({
        builder: MyCustomDialogNestOne({
            openSecondBox: ()=>{
                if (this.dialogControllerTwo != null) {
                    this.dialogControllerTwo.open()
                }
            }
        }),
        cancel: this.exitApp,
        autoCancel: true,
        alignment: DialogAlignment.Bottom,
        offset: { dx: 0, dy: -20 },
        gridCount: 4,
        customStyle: false
    })
    dialogControllerTwo: CustomDialogController | null = new CustomDialogController({
        builder: MyCustomDialogNestTwo(),
        alignment: DialogAlignment.Bottom,
        offset: { dx: 0, dy: -25 } })

    aboutToDisappear() {
        this.dialogController = null
```

```
        this.dialogControllerTwo = null
    }

    onCancel() {
        console.info('Callback when the first button is clicked')
    }

    onAccept() {
        console.info('Callback when the second button is clicked')
    }

    exitApp() {
        console.info('Click the callback in the blank area')
    }
    build() {
        Navigation() {
            Scroll() {
                Column({ space: 5 }) {
                    Button('click me')
                        .onClick(() => {
                            if (this.dialogController != null) {
                                this.dialogController.open()
                            }
                        })
                }
            }
        }
        .title('CustomDialogNest')
        .titleMode(NavigationTitleMode.Mini)
    }
}
```

由于自定义弹出框在状态管理侧有父子关系，如果将第二个弹出框定义在第一个弹出框内，那么当父组件（第一个弹出框）被销毁（关闭）时，子组件（第二个弹出框）内无法再继续创建新的组件。

7.3 支持交互事件

7.3.1 交互事件概述

交互事件通常包括通用事件和手势事件。

通用事件按照触发类型来分类，包括触屏事件、键鼠事件、焦点事件和拖曳事件。相关概念说明如下：

- 触屏事件：手指或手写笔在触屏上的单指或单笔操作。
- 键鼠事件：包括外设鼠标或触控板的操作事件和外设键盘的按键事件。
- 焦点事件：通过以上方式控制组件焦点的能力和响应的事件。
- 拖曳事件：由触屏事件和键鼠事件发起，包括手指/手写笔长按组件拖曳和鼠标拖曳。

手势事件由绑定手势的方法和绑定的手势组成。绑定的手势可以分为单一手势和组合手势两种类型，根据手势的复杂程度进行区分。

- 绑定手势的方法：用于在组件上绑定单一手势或组合手势，并声明所绑定的手势的响应优先级。
- 单一手势：手势的基本单元，是所有复杂手势的组成部分。
- 组合手势：由多个单一手势组合而成，可以根据声明的类型将多个单一手势按照一定规则组合成组合手势，并进行使用。

7.3.2　通用事件介绍

ArkUI触控事件，根据输入源不同，主要划分为touch类与mouse类。

- touch类的输入源包含finger、pen。
- mouse类的输入源包含mouse、touchpad、joystick。

由这两类输入源可以触发touch事件和mouse事件，如表7-2所示。

表7-2　触发事件列表

touch 事件	mouse 事件
触屏事件	触屏事件
单击事件	鼠标事件
拖曳事件	单击事件
手势事件	拖曳事件
	手势事件

无论是touch事件还是mouse事件，在ArkUI框架上均由触摸测试发起，触摸测试直接决定了ArkUI事件响应链的生成及事件的分发。事件分发用于描述触控类事件（不包括按键、焦点）响应链的命中收集过程。

触摸测试指手指或者鼠标光标按下时，基于当前触点所在位置测试命中了哪些组件，并收集整个事件响应链的过程。

对触摸测试结果影响较大的因素如下：

- TouchTest：触摸测试入口方法，此方法无外部接口。
- hitTestBehavior：触摸测试控制。
- interceptTouch：自定义事件拦截。
- responseRegion：触摸热区设置。
- enabled：禁用控制。
- 安全组件。
- 其他属性设置：透明度、组件显隐状态等。

1. TouchTest

TouchTest的触发时机由每次点按的按下动作发起，默认将组件树的根节点TouchTest作为入口。hitTestBehavior可以由InterceptTouch事件变更。
触摸热区/禁用控制等不满足组件事件交互诉求，会导致立即返回父节点，如图7-4所示。

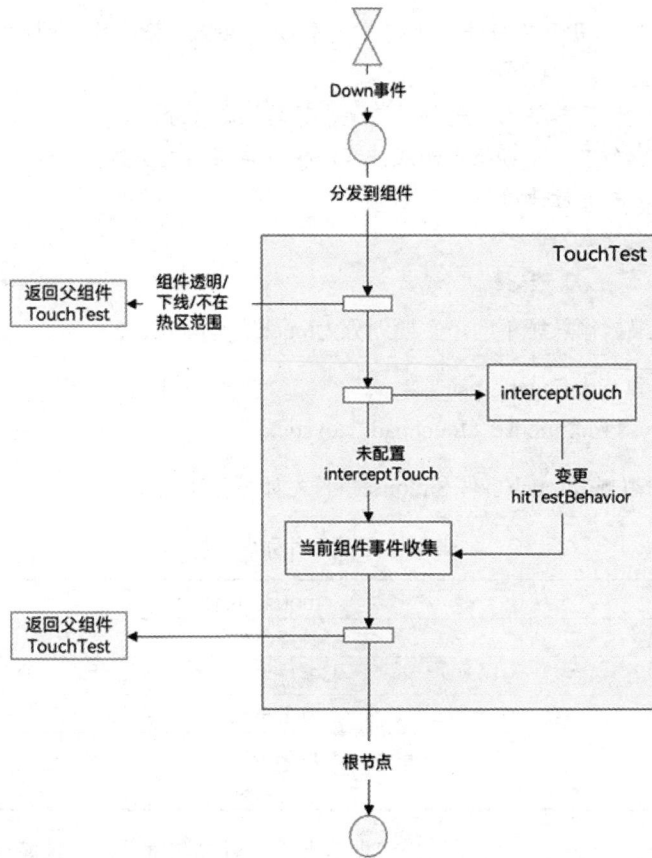

图7-4　TouchTest流程介绍

2. hitTestBehavior

ArkUI开发框架在处理触屏事件时，会在触屏事件触发前，进行按压点和组件区域的触摸测试，来收集需要响应触屏事件的组件，然后基于触摸测试结果分发相应的触屏事件。hitTestBehavior属性可以设置不同的触摸测试响应模式，影响组件的触摸测试收集结果，最终影响后续的触屏事件分发。相关概念说明如下：

- 命中：触摸测试成功收集到当前组件/子组件的事件。
- 子组件对父组件触摸测试的影响，取决于最后一个没有阻塞触摸测试的子组件。
- HitTestMode.Default：默认不配置hitTestBehavior属性的效果，如果自身触摸测试命中，会阻塞兄弟组件，但是不阻塞子组件，如图7-5所示。

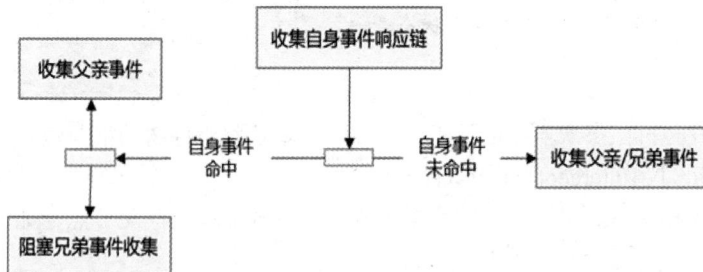

图7-5　触摸测试默认控制

- HitTestMode.None：自身不接收事件，但不会阻塞兄弟组件/子组件继续做触摸测试，如图7-6所示。

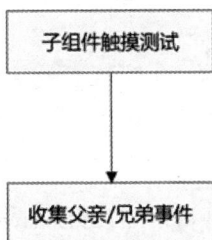

图7-6　子组件触摸测试

- HitTestMode.Block：阻塞子组件的触摸测试，如果自身触摸测试命中，会阻塞兄弟组件及父组件，如图7-7所示。

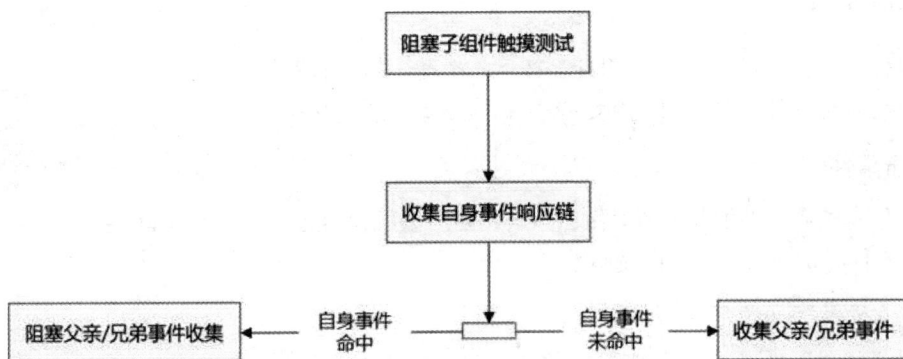

图7-7　阻塞子组件

- HitTestMode.Transparent：自身进行触摸测试，同时不阻塞兄弟组件及父组件，如图7-8所示。

3. interceptTouch

自定义事件拦截在触发时，可以根据业务状态动态改变组件的hitTestBehavior属性。

4. enabled

设置禁用控制的组件，包括其子组件不会发起触摸测试过程，会直接返回父节点继续触摸测试。

5. responseRegion

触摸热区设置会影响触屏/鼠标类的触摸测试，如果设置为0或不可触控区域，则事件直接返回父节点继续进行触摸测试。

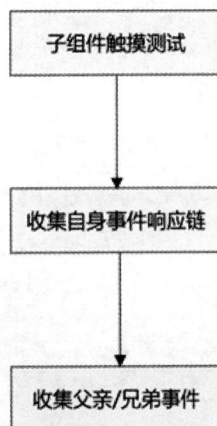

图7-8　不阻塞兄弟组件及父组件

6. 安全组件

ArkUI包含的安全组件有使用位置组件、使用粘贴组件、使用保存组件等。

安全组件当前对触摸测试有影响：如果有组件的z序比安全组件的z序靠前，且遮盖安全组件，则安全组件事件直接返回到父节点继续进行触摸测试。

7. 事件响应链的收集

ArkUI事件响应链收集的流程为，根据右子树（按组件布局的先后层级）优先的后序遍历流程：

```
foreach(item=>(node.rbegin(),node.rend()){
    item.TouchTest()
}
node.collectEvent()
```

响应链收集举例，如图7-9所示的组件树，hitTestBehavior属性均为默认，用户点按的动作如果发生在组件5上，则最终收集到的响应链及其先后关系是5、3、1。因为组件3的hitTestBehavior属性为Default，收集到事件后会阻塞兄弟节点，所以没有收集组件1的左子树。

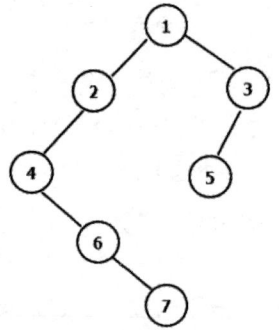

图7-9　触屏事件组件树

7.3.3　触屏事件

触屏事件是指当手指/手写笔在组件上按下、滑动、抬起时触发的回调事件，包括单击事件、拖曳事件和触摸事件。其原理如图7-10所示。

1. 单击事件

单击事件是指通过手指或手写笔做出一次完整的按下和抬起动作。当发生单击事件时，会触发以下回调函数：

```
onClick(event: (event?: ClickEvent) => void)
```

event参数提供单击事件相对于窗口或组件的坐标位置，以及发生单击的事件源。

例如，通过按钮的单击事件控制图片的显示和隐藏。

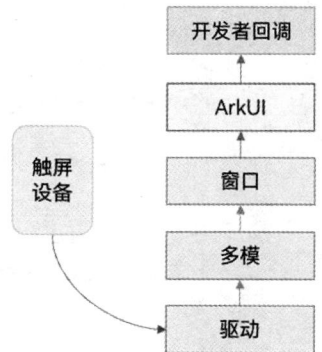

图7-10　触屏事件原理

```
@State flag: boolean = true;
@State btnMsg: string = 'click hide icon';

build() {
    Navigation() {
        Scroll() {
            Column({ space: 10 }) {
                Button(this.btnMsg).width('90%').margin(20)
                    .onClick(() => {
                        if (this.flag) {
                            this.btnMsg = 'click hide icon';
                        } else {
                            this.btnMsg = 'click show icon';
                        }
                        // 单击Button控制Image的显示和隐藏
                        this.flag = !this.flag;
                    })
                if (this.flag) {
                    Image($r('app.media.app_icon')).width(100).height(100)
                }
            }
        }
    }
}
```

```
        .title('Event')
        .titleMode(NavigationTitleMode.Mini)
}
```

2. 拖曳事件

对于手势长按触发拖曳的场景，ArkUI在发起拖曳前会校验当前组件是否具备拖曳功能。对于默认具备可拖出能力的组件（Search、TextInput、TextArea、RichEditor、Text、Image、Hyperlink），需要判断是否设置了draggable为true(通过系统资源初始化默认具备可拖出能力的组件的draggable属性默认值)。其他组件则需额外确认是否已设置onDragStart回调函数。在满足上述条件后，长按时间达到或超过500ms即可触发拖曳，而长按800ms时，系统开始执行预览图的浮起动效。

手势拖曳（手指/手写笔）触发拖曳流程如图7-11所示。

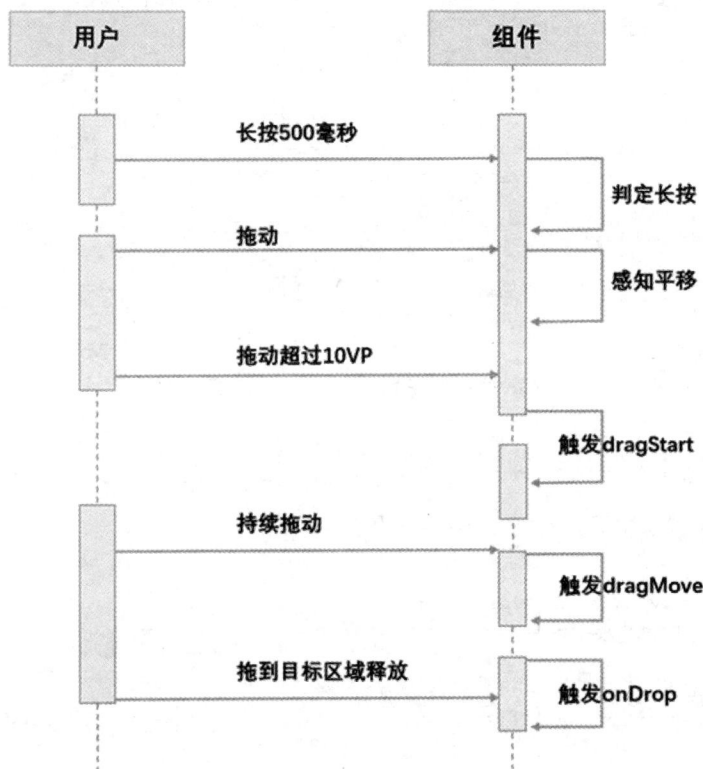

图7-11 拖曳流程

3. 触摸事件

当手指或手写笔在组件上触碰时，会触发不同动作所对应的事件响应，包括按下（Down）、滑动（Move）、抬起（Up）事件：

```
onTouch(event: (event?: TouchEvent) => void)
```

- event.type为TouchType.Down，表示手指按下。
- event.type为TouchType.Up，表示手指抬起。
- event.type为TouchType.Move，表示手指按住移动。
- event.type为TouchType.Cancel，表示取消当前手指操作。

　　触摸事件可以同时多指触发，通过event参数可获取触发的手指位置、手指唯一标志、当前发生变化的手指和输入的设备源等信息。

```
@Entry
@Component
struct PageEventTouch {
    @State text: string = '';
    @State eventType: string = '';

    build() {
        Navigation() {
            Scroll() {
                Column({ space: 10 }) {

                    Button('Touch1').height(40).width(100).margin(10)
                        .onTouch((event?: TouchEvent) => {
                            this.touchEventDemo('Touch1',event);
                        })
                    Button('Touch2').height(50).width(200).margin(10)
                        .onTouch((event?: TouchEvent) => {
                            this.touchEventDemo('Touch1',event);
                        })
                    Text(this.text)
                }
            }
        }
        .title('Event')
        .titleMode(NavigationTitleMode.Mini)
    }

    private touchEventDemo(val: string, event: TouchEvent | undefined) {
        if (event) {
            if (event.type === TouchType.Down) {
                this.eventType = 'Down';
            }
            if (event.type === TouchType.Up) {
                this.eventType = 'Up';
            }
            if (event.type === TouchType.Move) {
                this.eventType = 'Move';
            }
            this.text = val + ' TouchType:' + this.eventType + '\nDistance between touch
point and touch element:\nx: ' + event.touches[0].x + '\n' + 'y: ' + event.touches[0].y +
'\nComponent      globalPos:('      +      event.target.area.globalPosition.x      +      ','      +
event.target.area.globalPosition.y + ')\nwidth:' + event.target.area.width + '\nheight:' +
event.target.area.height;
        }
    }
}
```

7.3.4　鼠标键盘事件

1. 鼠标事件

支持的鼠标事件包含通过外设鼠标、触控板触发的事件。

鼠标事件可触发的回调如表7-3所示。

表7-3　鼠标事件可触发的回调

回　调	描　述
onHover(event: (isHover: boolean) => void)	鼠标进入或退出组件时触发该回调。 isHover：表示鼠标是否悬浮在组件上，鼠标进入时其值为true，退出时其值为false
onMouse(event: (event?: MouseEvent) => void)	当前组件被鼠标按键单击时，或者鼠标在组件上悬浮移动时，将触发该回调。event返回值包含触发事件时的时间戳、鼠标按键、动作、鼠标在整个屏幕上的坐标和相对于当前组件的坐标

当组件绑定onHover回调时，可以通过hoverEffect属性设置该组件的鼠标悬浮态显示效果，如图7-12所示。

鼠标事件传递到ArkUI之后，会先判断鼠标事件是不是左键的按下/抬起/移动，然后做出不同响应：

- 是：鼠标事件先转换成相同位置的触摸事件，执行触摸事件的碰撞测试、手势判断和回调响应；接着去执行鼠标事件的碰撞测试和回调响应。
- 否：事件仅用于执行鼠标事件的碰撞测试和回调响应。

说明：所有单指可响应的触摸事件/手势事件，均可通过鼠标左键来操作和响应。例如，当我们需要开发单击Button跳转页面的功能且需要支持手指单击和鼠标左键单击时，那么只需绑定一个单击事件（onClick）就可以实现该效果。若需要针对手指和鼠标左键的单击实现不一样的效果，可以在onClick回调中使用source字段，判断当前触发事件的来源是手指还是鼠标。

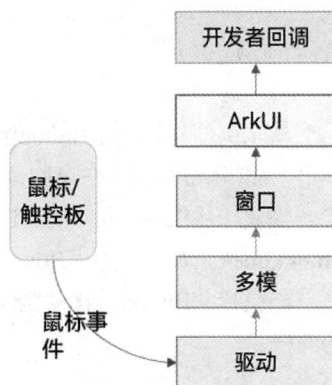

图7-12　鼠标事件数据流

1）onHover

```
onHover(event: (isHover: boolean) => void)
```

鼠标悬浮事件回调。参数isHover类型为boolean，表示鼠标进入组件或离开组件。该事件不支持自定义冒泡设置，默认父子冒泡。

若组件绑定了该接口，当鼠标指针从组件外部进入该组件的瞬间，就会触发事件回调，参数isHover等于true；鼠标指针离开组件的瞬间也会触发该事件回调，参数isHover等于false。

说明：事件冒泡指在一个树形结构中，当子节点处理完一个事件后，再将该事件交给它的父节点处理。

```
@Entry
@Component
struct PageEventTouch {
    @State hoverText1: string = 'Not Hover';
    @State color1: Color = Color.Gray;

    build() {
        Navigation() {
            Scroll() {
                Column({ space: 10 }) {
                    Button(this.hoverText1)
```

```
                        .width(200).height(60)
                        .backgroundColor(this.color1)
                        // 使用onHover接口监听鼠标是否悬浮在Button组件上
                        .onHover((isHover?: boolean) => {
                            if (isHover) {
                                this.hoverText1 = 'Hovered!';
                                this.color1= Color.Green;
                            }
                            else {
                                this.hoverText1 = 'Not Hover';
                                this.color1= Color.Gray;
                            }
                        })
                    }
                }
            }
            .title('Event')
            .titleMode(NavigationTitleMode.Mini)
        }
    }
```

该示例创建了一个Button组件，初始背景色为灰色，内容为"Not Hover"。示例中的Button组件绑定了onHover回调，在该回调中将this.isHovered变量置为回调参数isHover。

当鼠标从Button外移动到Button内的瞬间，回调响应，isHover的值变为true，将组件的背景色改成Color.Green，内容变为"Hovered!"。

当鼠标从Button内移动到Button外的瞬间，回调响应，isHover的值变为false，又将组件变成了初始的样式。

2）onMouse

```
onMouse(event: (event?: MouseEvent) => void)
```

鼠标事件回调。对于绑定了该API的组件，每当鼠标指针在该组件内产生行为（MouseAction）时，触发事件回调，参数为MouseEvent对象，表示触发此次的鼠标事件。该事件支持自定义冒泡设置，默认父子冒泡。常用于开发者自定义的鼠标行为逻辑处理。

开发者可以通过回调中的MouseEvent对象获取触发事件的坐标（displayX/displayY/windowX/windowY/x/y）、按键（MouseButton）、行为（MouseAction）、时间戳（timestamp）、交互组件的区域（EventTarget）、事件来源（SourceType）等。MouseEvent的回调函数stopPropagation用于设置当前事件是否阻止冒泡。

说明：按键（MouseButton）的值Left/Right/Middle/Back/Forward 均对应鼠标上的实体按键，当这些按键被按下或松开时，就会触发这些按键的事件。None表示无按键，会出现在没有鼠标按键被按下或鼠标按键处于松开的状态下，以及移动鼠标所触发的事件中。

```
@Entry
@Component
struct PageEventTouch {
    @State buttonText: string = '';
    @State columnText: string = '';
    @State hoverText2: string = 'Not Hover';
    @State color2: Color = Color.Gray;
```

```
    build() {
        Navigation() {
            Scroll() {
                Column({ space: 10 }) {
                    Column() {
                        Button(this.hoverText2)
                            .width(200)
                            .height(100)
                            .backgroundColor(this.color2)
                            .onHover((isHover?: boolean) => {
                                if (isHover) {
                                    this.hoverText2 = 'Hovered!';
                                    this.color2 = Color.Green;
                                }
                                else {
                                    this.hoverText2 = 'Not Hover';
                                    this.color2 = Color.Gray;
                                }
                            })
                            .onMouse((event?: MouseEvent) => { // 设置Button的onMouse回调
                                if (event) {
                                    this.buttonText = 'Button onMouse:\n' + '' +
                                        'button = ' + event.button + '\n' +
                                        'action = ' + event.action + '\n' +
                                        'x,y = (' + event.x + ',' + event.y + ')' + '\n' +
                                        'windowXY=(' + event.windowX + ',' + event.windowY + ')';
                                }
                            })
                        Divider()
                        Text(this.buttonText).fontColor(Color.Green)
                        Divider()
                        Text(this.columnText).fontColor(Color.Red)
                    }
                    .width('100%')
                    .justifyContent(FlexAlign.Center)
                    .borderWidth(2)
                    .borderColor(Color.Red)
                    // Set the onMouse callback for the column.
                    .onMouse((event?: MouseEvent) => {
                        if (event) {
                            this.columnText = 'Column onMouse:\n' + '' +
                                'button = ' + event.button + '\n' +
                                'action = ' + event.action + '\n' +
                                'x,y = (' + event.x + ',' + event.y + ')' + '\n' +
                                'windowXY=(' + event.windowX + ',' + event.windowY + ')';
                        }
                    })
                }
            }
        }
        .title('Event')
        .titleMode(NavigationTitleMode.Mini)
    }
}
```

上面示例在onHover示例的基础上，给Button绑定了onMouse接口。在回调中，打印出鼠标事件的

button/action等回调参数值。同时，在外层的Column容器上，也做相同的设置。整个过程可以分为以下两个动作：

（1）移动鼠标：在鼠标从Button外部移入Button内部的过程中，仅触发了Column的onMouse回调；当鼠标移入Button内部后，由于onMouse事件默认是冒泡的，因此会同时响应Column的onMouse回调和Button的onMouse回调。在此过程中，由于鼠标仅有移动动作没有单击动作，因此打印信息中的button均为0（MouseButton.None的枚举值），action均为3（MouseAction.Move的枚举值）。

（2）单击鼠标：鼠标进入Button后进行了2次单击，分别是左键单击和右键单击。

- 左键单击时，button = 1（MouseButton.Left的枚举值）；按下时，action = 1（MouseAction.Press的枚举值）；抬起时，action = 2（MouseAction.Release的枚举值）。
- 右键单击时，button = 2（MouseButton.Right的枚举值）；按下时，action = 1（MouseAction.Press的枚举值）；抬起时，action = 2（MouseAction.Release的枚举值）。

如果需要阻止鼠标事件冒泡，可以通过调用stopPropagation()方法进行设置。

```
class IsHover {
    isHovered:boolean = false
    set(val:boolean){
        this.isHovered = val;
    }
}
class Butf {
    buttonText:string = ''
    set(val:string){
        this.buttonText = val
    }
}

@Entry
@Component
struct PageEventTouch {
    @State isHovered: IsHover = new IsHover()

    build() {
        Navigation() {
            Scroll() {
                Column({ space: 10 }) {
                    Button(this.isHovered ? 'Hovered!' : 'Not Hover')
                        .width(200)
                        .height(100)
                        .backgroundColor(this.isHovered ? Color.Green : Color.Gray)
                        .onHover((isHover?: boolean) => {
                            if(isHover) {
                                new IsHover().set(isHover)
                            }
                        })
                        .onMouse((event?: MouseEvent) => {
                            if (event) {
                                if (event.stopPropagation) {
                                    // 在Button的onMouse事件中设置阻止冒泡
                                    event.stopPropagation();
                                }
```

```
                            let butset = new Butf()
                            butset.set('Button onMouse:\n' + '' +
                                'button = ' + event.button + '\n' +
                                'action = ' + event.action + '\n' +
                                'x,y = (' + event.x + ',' + event.y + ')' + '\n' +
                                'windowXY=(' + event.windowX + ',' + event.windowY + ')');
                        }
                    })
                }
            }
        }
        .title('Event')
        .titleMode(NavigationTitleMode.Mini)
    }
}
```

在子组件（Button）的onMouse函数中，通过回调参数event调用stopPropagation回调方法，即可阻止Button子组件的鼠标事件冒泡到父组件Column上：

```
event.stopPropagation()
```

效果是，当鼠标在Button组件上操作时，仅Button的onMouse回调会响应，Column的onMouse回调不会响应。

3）hoverEffect

```
hoverEffect(value: HoverEffect)
```

鼠标悬浮态效果设置的通用属性。参数类型为HoverEffect。HoverEffect提供的Auto、Scale、Highlight效果均为固定效果，开发者无法自定义效果参数。HoverEffect的说明如表7-4所示。

表7-4　HoverEffect说明

HoverEffect 枚举值	效果说明
Auto	组件默认提供的悬浮态效果，由各组件定义
Scale	动画播放方式，鼠标悬浮时，组件大小从100%放大至105%；鼠标离开时，组件大小从105%缩小至100%
Highlight	动画播放方式，鼠标悬浮时，组件背景色叠加一个5%透明度的白色，视觉效果是组件的原有背景色变暗；鼠标离开时，组件背景色恢复至原有样式
None	禁用悬浮态效果

示例代码如下：

```
// xxx.ets
@Entry
@Component
struct HoverExample {
  build() {
    Column({ space: 10 }) {
      Button('Auto')
        .width(170).height(70)
      Button('Scale')
        .width(170).height(70)
        .hoverEffect(HoverEffect.Scale)
      Button('Highlight')
```

```
        .width(170).height(70)
        .hoverEffect(HoverEffect.Highlight)
      Button('None')
        .width(170).height(70)
        .hoverEffect(HoverEffect.None)
    }.width('100%').height('100%').justifyContent(FlexAlign.Center)
  }
}
```

Button默认的悬浮态效果就是Highlight效果，因此Auto和Highlight的效果一样。Highlight会使背板颜色变暗，Scale会让组件缩放，None会禁用悬浮态效果。

2. 按键事件

1）按键事件数据流

按键事件由外设键盘等设备触发，经驱动和多模处理转换后发送给当前获焦的窗口。窗口获取到事件后，会尝试分发3次事件。3次分发的优先顺序如下：

（1）首先分发给ArkUI框架，用于触发获焦组件绑定的onKeyPreIme回调和页面快捷键。

（2）再向输入法分发，输入法会消费按键用作输入。

（3）再次将事件发给ArkUI框架，用于响应系统默认Key事件（例如走焦），以及获焦组件绑定的onKeyEvent回调。

一旦事件被消费，则跳过后续分发流程，如图7-13所示。

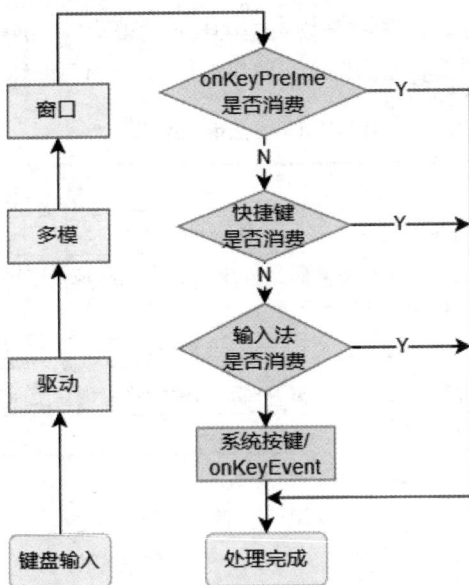

图7-13　按键事件流程

因此，当某输入框组件获焦且打开了输入法时，大部分按键事件均会被输入法消费。例如，字母键会被输入法用来往输入框中输入对应字母字符，方向键会被输入法用来切换并选中备选词。如果在此基础上给输入框组件绑定了快捷键，那么快捷键会优先响应事件，事件也不再被输入法消费。

按键事件分发到ArkUI框架之后，会先找到完整的父子节点获焦链。从叶子节点到根节点，逐一发送按键事件。

Web组件的KeyEvent流程与上述过程有所不同。对于Web组件，不会在onKeyPreIme返回false时匹配快捷键，而是在第三次按键派发中对于未消费的KeyEvent，通过ReDispatch重新派发回ArkUI，再在ReDispatch中执行匹配快捷键等操作。

2）onKeyEvent 和 onKeyPreIme

```
onKeyEvent(event: (event: KeyEvent) => void): T
onKeyPreIme(event: Callback<KeyEvent, boolean>): T
```

上述两种方法的区别仅在于触发的时机（见按键事件数据流）。其中onKeyPreIme的返回值决定了该按键事件后续是否会被继续分发给页面快捷键、输入法和onKeyEvent。

当绑定方法的组件处于获焦状态时，外设键盘的按键事件会触发onKeyEvent方法，回调参数为KeyEvent，可由该参数获得当前按键事件的按键行为（KeyType）、键码（keyCode）、按键英文名称（keyText）、事件来源设备类型（KeySource）、事件来源设备id（deviceId）、元键按压状态（metaKey）、时间戳（timestamp）、阻止冒泡设置（stopPropagation）。

示例代码如下：

```
@Entry
@Component
struct PageEventKey {
    @State buttonText: string = '';
    @State buttonType: string = '';
    @State columnText: string = '';
    @State columnType: string = '';

    build() {
        Navigation() {
            Scroll() {
                Column() {
                    Button('onKeyEvent')
                        .defaultFocus(true)
                        .width(140).height(70)
                        .onKeyEvent((event?: KeyEvent) => { // 给Button设置onKeyEvent事件
                            if(event){
                                if (event.type === KeyType.Down) {
                                    this.buttonType = 'Down';
                                }
                                if (event.type === KeyType.Up) {
                                    this.buttonType = 'Up';
                                }
                                this.buttonText = 'Button: \n' +
                                    'KeyType:' + this.buttonType + '\n' +
                                    'KeyCode:' + event.keyCode + '\n' +
                                    'KeyText:' + event.keyText;
                            }
                        })
                    Divider()
                    Text(this.buttonText).fontColor(Color.Green)

                    Divider()
                    Text(this.columnText).fontColor(Color.Red)
                }.width('100%').height('100%').justifyContent(FlexAlign.Center)
                .onKeyEvent((event?: KeyEvent) => { // 给父组件Column设置onKeyEvent事件
                    if(event){
```

```
                        if (event.type === KeyType.Down) {
                            this.columnType = 'Down';
                        }
                        if (event.type === KeyType.Up) {
                            this.columnType = 'Up';
                        }
                        this.columnText = 'Column: \n' +
                            'KeyType:' + this.buttonType + '\n' +
                            'KeyCode:' + event.keyCode + '\n' +
                            'KeyText:' + event.keyText;
                    }
                })
            }
        }
        .title('EventKey')
        .titleMode(NavigationTitleMode.Mini)
    }
}
```

在上述示例中，为组件Button和其父容器Column绑定了onKeyEvent。应用打开页面加载后，组件树上第一个可获焦的非容器组件自动获焦，设置Button为当前页面的默认焦点。由于Button是Column的子节点，Button获焦也意味着Column获焦。获焦机制参见焦点事件。

打开应用后，依次在键盘上按这些键：空格、回车、左Ctrl、左Shift、字母A、字母Z。

由于onKeyEvent事件默认是冒泡的，因此Button和Column的onKeyEvent都可以响应。

每个按键都有两次回调，分别对应KeyType.Down和KeyType.Up，表示按键被按下，然后抬起。

如果要阻止冒泡，即仅Button响应键盘事件，Column不响应，则在Button的onKeyEvent回调中加入event.stopPropagation()方法，示例如下：

```
@Entry
@Component
struct PageEventKey {
    @State buttonText: string = '';
    @State buttonType: string = '';
    @State columnText: string = '';
    @State columnType: string = '';

    build() {
        Navigation() {
            Scroll() {
                Column() {
                    Button('onKeyEvent')
                        .defaultFocus(true)
                        .width(140).height(70)
                        .onKeyEvent((event?: KeyEvent) => { // 给Button设置onKeyEvent事件
                            // 通过stopPropagation阻止事件冒泡
                            if(event) {
                                if(event.stopPropagation) {
                                    event.stopPropagation();
                                }
                                if (event.type === KeyType.Down) {
                                    this.buttonType = 'Down';
                                }
                                if (event.type === KeyType.Up) {
                                    this.buttonType = 'Up';
```

```
                                  }
                          this.buttonText = 'Button: \n' +
                             'KeyType:' + this.buttonType + '\n' +
                             'KeyCode:' + event.keyCode + '\n' +
                             'KeyText:' + event.keyText;
                          }
                      })
                  Divider()
                  Text(this.buttonText).fontColor(Color.Green)

                  Divider()
                  Text(this.columnText).fontColor(Color.Red)
              }.width('100%').height('100%').justifyContent(FlexAlign.Center)
              .onKeyEvent((event?: KeyEvent) => {  // 给父组件Column设置onKeyEvent事件
                  if(event){
                      if (event.type === KeyType.Down) {
                          this.columnType = 'Down';
                      }
                      if (event.type === KeyType.Up) {
                          this.columnType = 'Up';
                      }
                      this.columnText = 'Column: \n' +
                          'KeyType:' + this.buttonType + '\n' +
                          'KeyCode:' + event.keyCode + '\n' +
                          'KeyText:' + event.keyText;
                  }
              })
          }
      }
      .title('EventKey')
      .titleMode(NavigationTitleMode.Mini)
   }
}
```

使用OnKeyPreIme屏蔽在输入框中使用方向左键：

```
import { KeyCode } from '@kit.InputKit';

@Entry
@Component
struct PreImeEventExample {
  @State buttonText: string = '';
  @State buttonType: string = '';
  @State columnText: string = '';
  @State columnType: string = '';

  build() {
    Column() {
      Search({
        placeholder: "Search..."
      })
        .width("80%")
        .height("40vp")
        .border({ radius:"20vp" })
        .onKeyPreIme((event:KeyEvent) => {
          if (event.keyCode == KeyCode.KEYCODE_DPAD_LEFT) {
            return true;
```

```
            }
            return false;
        })
    }
  }
}
```

7.3.5　焦点事件

1. 基础概念

1）焦点、焦点链和走焦

- 焦点：指向当前应用界面上唯一的可交互元素。当用户使用键盘、电视遥控器、车机摇杆/旋钮等非指向性输入设备与应用程序进行间接交互时，基于焦点的导航和交互是重要的输入手段。
- 焦点链：在应用的组件树形结构中，当一个组件获得焦点时，从根节点到该组件节点的整条路径上的所有节点都被视为处于焦点状态，形成一条连续的焦点链。
- 走焦：指焦点在应用内的组件之间转移的行为。这一过程对用户是透明的，但开发者可以通过监听onFocus（焦点获取）和onBlur（焦点失去）事件来捕捉这些变化。

2）焦点态
用来指向当前获焦组件的样式。

- 显示规则：默认情况下焦点态不会显示，只有当应用进入激活态后，焦点态才会显示。因此，虽然获得焦点的组件不一定显示焦点态（取决于是否处于激活态），但显示焦点态的组件必然是获得焦点的。大部分组件内置了焦点态样式，开发者同样可以使用样式接口进行自定义，一旦自定义，组件将不再显示内置的焦点态样式。在焦点链中，若多个组件同时拥有焦点态，系统将采用子组件优先的策略，优先显示子组件的焦点态，并且仅显示一个焦点态。
- 进入激活态：仅使用外接键盘按下Tab键时才会进入焦点的激活态，进入激活态后，才可以使用键盘上的Tab键/方向键进行走焦。首次用来激活焦点态的Tab键不会触发走焦。
- 退出激活态：当应用收到单击事件时（包括手指触屏的按下事件和鼠标左键的按下事件），焦点的激活态会退出。

3）层级页面
层级页面是焦点框架中特定容器组件的统称，涵盖Page、Dialog、SheetPage、ModalPage、Menu、Popup、NavBar、NavDestination等。这些组件通常具有以下关键特性：

- （第1条特性）视觉层级独立性：从视觉呈现上看，这些组件独立于其他页面内容，并通常位于其上方，形成视觉上的层级差异。
- （第2条特性）焦点跟随：此类组件在首次创建并展示之后，会立即抢占应用内的焦点。
- （第3条特性）走焦范围限制：当焦点位于这些组件内部时，用户无法通过键盘按键将焦点转移到组件外部的其他元素上，焦点移动仅限于组件内部。

在一个应用程序中，任何时候都至少存在一个层级页面组件，并且该组件会持有当前焦点。当该层级页面关闭或不再可见时，焦点会自动转移到下一个可用的层级页面组件上，确保用户交互的连贯性和一致性。

说明：Popup组件在focusable属性（组件属性，非通用属性）为false时，不会有第2条特性。NavBar、NavDestination没有第3条特性，它们的走焦范围与其首个父层级页面相同。

4）根容器

根容器是层级页面内的概念，当某个层级页面首次创建并展示时，根据层级页面的特性，焦点会立即被该页面抢占。此时，该层级页面所在焦点链的末端节点将成为默认焦点，而这个默认焦点通常位于该层级页面的根容器上。

在缺省状态下，层级页面的默认焦点位于其根容器上，但开发者可以通过defaultFocus属性来自定义这一行为。

当焦点位于根容器时，首次按下Tab键不仅会使焦点进入激活状态，还会触发焦点向子组件的传递。如果子组件本身也是一个容器，则焦点会继续向下传递，直至到达叶子节点。传递规则是：优先传递给上一次获得焦点的子节点，如果不存在这样的节点，则默认传递给第一个子节点。

2. 走焦规范

根据触发方式，走焦可以分为主动走焦和被动走焦。

1）主动走焦

指开发者/用户主观行为导致的焦点移动，包括使用外接键盘的按键走焦（Tab键/Shift+Tab键/方向键）以及使用requestFocus（申请焦点）、clearFocus（清除焦点）、focusOnTouch（单击申请焦点）等接口导致的焦点转移。

（1）按键走焦：

① 前提：当前应用需处于焦点激活态。
② 范围限制：按键走焦仅在当前获得焦点的层级页面内进行。
③ 按键类型：

- Tab键：遵循Z字型遍历逻辑，完成当前范围内所有叶子节点的遍历。到达当前范围内的最后一个组件后，继续按下Tab键，焦点将循环至当前范围内的第一个可获焦组件，实现循环走焦。
- Shift+Tab键：与Tab键具有相反的焦点转移效果。
- 方向键（上、下、左、右）：遵循十字型移动策略，在单层容器中，焦点的转移由该容器的特定走焦算法决定。若算法判定下一个焦点应落在某个容器组件上，则系统将采用中心点距离优先的算法来进一步确定容器组件内的目标子节点。

④ 走焦算法：每个可获焦的容器组件都有其特定的走焦算法，用于定义焦点转移的规则。
⑤ 子组件优先：当子组件处理按键走焦事件时，父组件将不再介入。

（2）requestFocus。

可以主动将焦点转移到指定组件上。可以跨层级页面申请焦点转移。不可跨窗口，不可跨ArkUI实例申请焦点。详见"8. 主动获焦/失焦"。

（3）clearFocus。

清除焦点，将焦点强制转移到页面根容器节点，此时焦点链路上其他节点失焦。

（4）focusOnTouch。

使绑定组件具备单击后获得焦点的能力。若组件本身不可获焦，则此功能无效。若绑定的是容器组件，则单击后优先将焦点转移给上一次获焦的子组件，否则转移给第一个可获焦的子组件。

2）被动走焦

被动走焦是指组件焦点因系统或其他操作而自动转移，无须开发者直接干预，这是焦点系统的默认行为。

目前会被动走焦的机制有：

- 组件删除：当处于焦点状态的组件被删除时，焦点框架首先尝试将焦点转移到相邻的兄弟组件上，遵循先向后再向前的顺序。若所有兄弟组件均不可获焦，则焦点将被释放，并通知其父组件进行焦点处理。
- 属性变更：若将处于焦点状态的组件的focusable或enabled属性设置为false，或者将visibility属性设置为不可见，则系统将自动转移焦点至其他可获焦组件，转移方式与组件删除相同。
- 层级页面切换：当发生层级页面切换时，比如从一个页面跳转到另一个页面，当前页面的焦点将自动释放，新页面可能会根据预设逻辑自动获得焦点。
- Web组件初始化：对于Web组件，当它被创建时，若其设计需要立即获得焦点（如某些弹出框或输入框），则可能将焦点转移至该Web组件。这属于组件自身的行为逻辑，不属于焦点框架的规格范围。

3. 走焦算法

在焦点管理系统中，每个可获焦的容器都配备有特定的走焦算法，这些算法定义了当使用Tab键、Shift+Tab键或方向键时，焦点如何从当前获焦的子组件转移到下一个可获焦的子组件。

容器采用何种走焦算法取决于其UX（用户体验）规格，并由容器组件进行适配。目前，焦点框架支持3种走焦算法：线性走焦、投影走焦和自定义走焦。

1）线性走焦算法

线性走焦算法是默认的走焦策略，它基于容器中子节点在节点树中的挂载顺序进行走焦，常用于单方向布局的容器，如Row、Column和Flex。运行规则如下：

- 顺序依赖：走焦顺序完全基于子节点在节点树中的挂载顺序，与它们在界面上的实际布局位置无关。
- Tab键走焦：使用Tab键时，焦点将按照子节点的挂载顺序依次遍历。
- 方向键走焦：当使用与容器定义方向垂直的方向键时，容器不接受该方向的走焦请求。例如，在横向的Row容器中，无法使用方向键进行上下移动。
- 边界处理：当焦点位于容器的首尾子节点时，容器将拒绝与当前焦点方向相反的方向键走焦请求。例如，焦点在一个横向的Row容器的第一个子节点上时，该容器无法处理左方向键的走焦请求。

2）投影走焦算法

投影走焦算法基于当前获焦组件在走焦方向上的投影，结合子组件与投影的重叠面积和中心点距离进行胜出判定。该算法特别适用于子组件大小不一的容器，目前仅支持配置了wrap属性的Flex组件。运行规则如下：

- 规则1: 方向键走焦时，判断投影与子组件区域的重叠面积，在所有面积不为0的子组件中，计算它们与当前获焦组件的中心点直线距离，距离最短的胜出。若存在多个备选节点，则节点树上更靠前的胜出。若无任何子组件与投影重叠,说明该容器已经无法处理该方向键的走焦请求。
- 规则2: Tab键走焦时，先使用"规则1"，按照右方向键进行判定，若找到则成功退出；若无法找到，则将当前获焦子组件的位置模拟往下移动该获焦子组件的高度，然后按照左方向键进行投影判定，有投影重叠且中心点直线距离最远的子组件胜出，若无投影重叠的子组件，则表示该容器无法处理本次Tab键走焦请求。
- 规则3: Shift+Tab键走焦时，先使用"规则1"，按照左方向键进行判定，找到则成功退出；若无法找到，则将当前获焦子组件的位置模拟向上移动该获焦子组件的高度，然后按照右方向键进行投影判定，有投影重叠且中心点直线距离最远的子组件胜出，若无投影重叠的子组件，则表示该容器无法处理本次的Shift+Tab键走焦请求。

3）自定义走焦算法

由组件自定义的走焦算法，规格由组件定义。

4. 获焦/失焦事件

获焦事件回调，绑定该接口的组件获焦时，回调响应。

```
onFocus(event: () => void)
```

失焦事件回调，绑定该接口的组件失焦时，回调响应。

```
onBlur(event:() => void)
```

onFocus和onBlur两个接口通常成对使用，用来监听组件的焦点变化。示例代码如下：

```
@Entry
@Component
struct PageEventFocus {
    @State oneButtonColor: Color = Color.Gray;
    @State twoButtonColor: Color = Color.Gray;
    @State threeButtonColor: Color = Color.Gray;

    build() {
        Navigation() {
            Scroll() {
                Column({ space: 20 }) {
                    // 通过外接键盘的上下键可以让焦点在3个按钮间移动，按钮获焦时颜色变化，失焦时变回原背景色
                    Button('First Button')
                        .width(260)
                        .height(70)
                        .backgroundColor(this.oneButtonColor)
                        .fontColor(Color.Black)
                        // 监听第一个组件的获焦事件，获焦后改变颜色
                        .onFocus(() => {
                            this.oneButtonColor = Color.Green;
                        })
                        // 监听第一个组件的失焦事件，失焦后改变颜色
                        .onBlur(() => {
                            this.oneButtonColor = Color.Gray;
                        })
```

```
                    Button('Second Button')
                        .width(260)
                        .height(70)
                        .backgroundColor(this.twoButtonColor)
                        .fontColor(Color.Black)
                            // 监听第二个组件的获焦事件，获焦后改变颜色
                        .onFocus(() => {
                            this.twoButtonColor = Color.Green;
                        })
                            // 监听第二个组件的失焦事件，失焦后改变颜色
                        .onBlur(() => {
                            this.twoButtonColor = Color.Grey;
                        })
                    Button('Third Button')
                        .width(260)
                        .height(70)
                        .backgroundColor(this.threeButtonColor)
                        .fontColor(Color.Black)
                            // 监听第三个组件的获焦事件，获焦后改变颜色
                        .onFocus(() => {
                            this.threeButtonColor = Color.Green;
                        })
                            // 监听第三个组件的失焦事件，失焦后改变颜色
                        .onBlur(() => {
                            this.threeButtonColor = Color.Gray ;
                        })
                }
            }
        }
        .title('EventFocus')
        .titleMode(NavigationTitleMode.Mini)
    }
}
```

上述示例包含以下3步：

（1）应用打开，按下Tab键激活走焦，"First Button"显示焦点态样式：组件外围有一个蓝色的闭合框，onFocus回调响应，背景色变成绿色。

（2）按下Tab键，触发走焦，"Second Button"获焦，onFocus回调响应，背景色变成绿色；"First Button"失焦，onBlur回调响应，背景色变回灰色。

（3）按下Tab键，触发走焦，"Third Button"获焦，onFocus回调响应，背景色变成绿色；"Second Button"失焦，onBlur回调响应，背景色变回灰色。

5. 设置组件是否可获焦

```
focusable(value: boolean)
```

用于设置组件是否可获焦。

按照获焦能力，组件可大致分为3类：

- 默认可获焦的组件：通常是有交互行为的组件，如Button、Checkbox、TextInput组件。此类组件无须设置任何属性，默认即可获焦。

- 有获焦能力，但默认不可获焦的组件：典型的是Text、Image组件。此类组件默认情况下无法获焦，若需要使其获焦，可使用通用属性focusable(true)使能。对于没有配置focusable属性，有获焦能力但默认不可获焦的组件，为其配置onClick或是指单击的Tap手势，该组件会隐式地成为可获焦组件。如果其focusable属性被设置为false，那么即使配置了上述事件，该组件依然不可获焦。
- 无获焦能力的组件：通常是无任何交互行为的展示类组件，例如Blank、Circle组件。此类组件即使使用focusable属性也无法获焦。

```
enabled(value: boolean)
```

设置组件可交互性属性enabled为false，则组件不可交互，无法获焦。

```
visibility(value: Visibility)
```

设置组件可见性属性visibility为Visibility.None或Visibility.Hidden，则组件不可见，无法获焦。

```
focusOnTouch(value: boolean)
```

设置当前组件是否支持单击获焦能力。

说明：当某组件处于获焦状态时，将其focusable属性或enabled属性设置为false，会自动使该组件失焦，然后焦点按照走焦规范转移给其他组件。

示例代码如下：

```
@Entry
@Component
struct PageEventFocus {
    @State textFocusable: boolean = true;
    @State textEnabled: boolean = true;
    @State color1: Color = Color.Yellow;
    @State color2: Color = Color.Yellow;
    @State color3: Color = Color.Yellow;

    build() {
        Navigation() {
            Scroll() {
                Column({ space: 5 }) {
                    Text('Default Text')      // 第一个Text组件未设置focusable属性，默认不可获焦
                        .borderColor(this.color1)
                        .borderWidth(2)
                        .width(300)
                        .height(70)
                        .onFocus(() => {
                            this.color1 = Color.Blue;
                        })
                        .onBlur(() => {
                            this.color1 = Color.Yellow;
                        })
                    Divider()

                    Text('focusable: ' + this.textFocusable)      // 第二个Text设置focusable为
true, focusableOnTouch为true
                        .borderColor(this.color2)
                        .borderWidth(2)
                        .width(300)
```

```
                .height(70)
                .focusable(this.textFocusable)
                .focusOnTouch(true)
                .onFocus(() => {
                    this.color2 = Color.Blue;
                })
                .onBlur(() => {
                    this.color2 = Color.Yellow;
                })

            Text('enabled: ' + this.textEnabled)      // 第三个Text设置了focusable为true,
enabled初始为true

                .borderColor(this.color3)
                .borderWidth(2)
                .width(300)
                .height(70)
                .focusable(true)
                .enabled(this.textEnabled)
                .focusOnTouch(true)
                .onFocus(() => {
                    this.color3 = Color.Blue;
                })
                .onBlur(() => {
                    this.color3 = Color.Yellow;
                })

            Divider()

            Row() {
                Button('Button1')
                    .width(140).height(70)
                Button('Button2')
                    .width(160).height(70)
            }

            Divider()
            Button('Button3')
                .width(300).height(70)

            Divider()
        }.width('100%').justifyContent(FlexAlign.Center)
        .onKeyEvent((e) => {
            // 绑定onKeyEvent，在该Column组件获焦时，按下F键，可将第二个Text的focusable置反
            if (e.keyCode === 2022 && e.type === KeyType.Down) {
                this.textFocusable = !this.textFocusable;
            }
            // 绑定onKeyEvent，在该Column组件获焦时，按下G键，可将第三个Text的enabled置反
            if (e.keyCode === 2023 && e.type === KeyType.Down) {
                this.textEnabled = !this.textEnabled;
            }
        })
    }

    }
    .title('EventFocus')
    .titleMode(NavigationTitleMode.Mini)
  }
}
```

效果如图7-14所示。

上述示例包含以下3步：

（1）第一个Text组件没有设置focusable(true)属性，该Text组件无法获焦。

（2）单击第二个Text组件，由于它设置了focusOnTouch(true)，因此第二个组件获焦。按下Tab键，触发走焦，仍然是第二个Text组件获焦。按键盘上的F键，触发onKeyEvent，focusable置为false，第二个Text组件变成不可获焦，焦点自动转移，会自动从Text组件寻找下一个可获焦组件，因此焦点转移到第三个Text组件上。

（3）按键盘上的G键，触发onKeyEvent，enabled置为false，第三个Text组件变成不可获焦，焦点自动转移Row容器上，由于该容器使用的是默认配置，因此又会转移到Button1上。

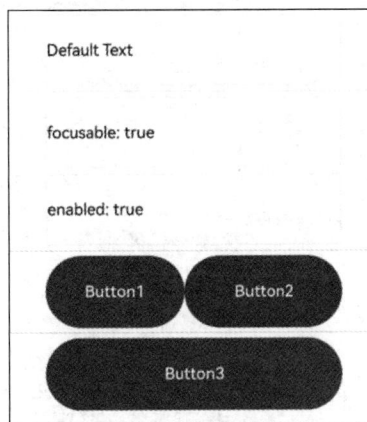

图7-14 组件获得焦点事件效果

6. 默认焦点

1）页面的默认焦点

```
defaultFocus(value: boolean)
```

用于设置当前组件是否为当前页面上的默认焦点。示例代码如下：

```
@Entry
@Component
struct PageEventFocusDefault {
  @State oneButtonColor: Color = Color.Gray;
  @State twoButtonColor: Color = Color.Gray;
  @State threeButtonColor: Color = Color.Gray;

  build() {
    Column({ space: 20 }) {
      // 通过外接键盘的上下键可以让焦点在3个按钮间移动，按钮获焦时颜色变化，失焦时变回原背景色
      Button('First Button')
        .width(260)
        .height(70)
        .backgroundColor(this.oneButtonColor)
        .fontColor(Color.Black)
        // 监听第一个组件的获焦事件，获焦后改变颜色
        .onFocus(() => {
          this.oneButtonColor = Color.Green;
        })
        // 监听第一个组件的失焦事件，失焦后改变颜色
        .onBlur(() => {
          this.oneButtonColor = Color.Gray;
        })

      Button('Second Button')
        .width(260)
        .height(70)
        .backgroundColor(this.twoButtonColor)
        .fontColor(Color.Black)
        // 监听第二个组件的获焦事件，获焦后改变颜色
        .onFocus(() => {
```

```
      this.twoButtonColor = Color.Green;
    })
      // 监听第二个组件的失焦事件，失焦后改变颜色
    .onBlur(() => {
      this.twoButtonColor = Color.Grey;
    })

  Button('Third Button')
    .width(260)
    .height(70)
    .backgroundColor(this.threeButtonColor)
    .fontColor(Color.Black)
      // 设置默认焦点
    .defaultFocus(true)
      // 监听第三个组件的获焦事件，获焦后改变颜色
    .onFocus(() => {
      this.threeButtonColor = Color.Green;
    })
      // 监听第三个组件的失焦事件，失焦后改变颜色
    .onBlur(() => {
      this.threeButtonColor = Color.Gray ;
    })
  }.width('100%').margin({ top: 20 })
  }
}
```

上述示例包含以下两步：

（1）在第三个Button组件上设置了defaultFocus(true)，进入页面后第三个Button默认获焦，显示为绿色。

（2）按下Tab键，触发走焦，第三个Button正处于获焦状态，会出现焦点框。

2）容器的默认焦点

容器的默认焦点受到获焦优先级的影响。

defaultFocus是用于指定页面首次展示时的默认获焦节点，FocusPriority是用于指定某个容器首次获焦时其子节点的获焦优先级。这两个属性在某些场景同时配置时，其行为未定义，例如下面的场景，页面首次展示无法同时满足defaultFocus获焦和高优先级组件获焦。

```
@Entry
@Component
struct PageEventFocusDefault {
  build() {
    Row() {
      Button('Button1')
        .defaultFocus(true)
      Button('Button2')
        .focusScopePriority('RowScope', FocusPriority.PREVIOUS)
    }.focusScopeId('RowScope')
  }
}
```

3）页面/容器整体获焦时的焦点链

（1）整体获焦与非整体获焦：

- 整体获焦：是页面/容器自身作为焦点链的叶节点获焦，获焦后再把焦点链叶节点转移到子孙组件。例如，页面切换、Navigation组件中的路由切换、焦点组走焦、容器组件主动调用requestFocusById等。
- 非整体获焦：是某个组件作为焦点链叶节点获焦，导致其祖先节点跟着获焦。例如，TextInput组件主动获取焦点、Tab键在非焦点组场景下走焦等。

（2）整体获焦的焦点链形成：

① 页面首次获焦：

- 焦点链叶节点为配置了defaultFocus的节点。
- 未配置defaultFocus时，焦点停留在页面的根容器上。

② 页面非首次获焦：由上次获焦的节点获焦。
③ 焦点链上存在配置了获焦优先级的组件和容器：

- 若容器内存在优先级大于PREVIOUS的组件，则由优先级最高的组件获焦。
- 若容器内不存在优先级大于PREVIOUS的组件，则由上次获焦的节点获焦。例如，窗口失焦后重新获焦。

7. 焦点样式

```
focusBox(style: FocusBoxStyle)
```

用于设置当前组件系统焦点框样式。示例代码如下：

```
import { ColorMetrics, LengthMetrics } from '@kit.ArkUI'

@Entry
@Component
struct PageEventFocusDefault {
  build() {
    Column({ space: 30 }) {
      Button("small black focus box")
        .focusBox({
          margin: new LengthMetrics(0),
          strokeColor: ColorMetrics.rgba(0, 0, 0),
        })
      Button("large red focus box")
        .focusBox({
          margin: LengthMetrics.px(20),
          strokeColor: ColorMetrics.rgba(255, 0, 0),
          strokeWidth: LengthMetrics.px(10)
        })
    }
    .alignItems(HorizontalAlign.Center)
    .width('100%')
  }
}
```

上述示例包含以下两步：

（1）进入页面，按下Tab键触发走焦，第一个Button获焦，焦点框样式为紧贴边缘的蓝色细框。

（2）按下Tab键，走焦到第二个Button，焦点框样式为远离边缘的红色粗框。

8．主动获焦/失焦

1）使用 FocusController 中的方法

更推荐使用FocusController中的requestFocus主动获取焦点。其优势如下：

● 当前帧生效，避免被下一帧组件树的变化影响。

● 有异常值返回，便于排查主动获取焦点失败的原因。

● 避免在多实例场景中取到错误实例。

需先使用UIContext中的getFocusController()方法获取实例，再通过此实例调用对应方法。

```
requestFocus(key: string): void
```

通过组件的id将焦点转移到组件树对应的实体节点，生效时间为当帧生效。

```
clearFocus(): void
```

清除焦点，将焦点强制转移到页面根容器节点，焦点链路上其他节点失焦。

2）使用 focusControl 中的方法

```
requestFocus(value: string): boolean
```

调用此接口可以主动让焦点转移至参数指定的组件上，焦点转移生效时间为下一个帧信号。示例代码如下：

```
@Entry
@Component
struct PageEventFocusDefault {
    @State btColor: string = '#ff2787d9'
    @State btColor2: string = '#ff2787d9'

    build() {
        Navigation() {
            Scroll() {
                Column({ space: 5 }) {
                    Button('Button')
                        .width(200)
                        .height(70)
                        .fontColor(Color.White)
                        .focusOnTouch(true)
                        .backgroundColor(this.btColor)
                        .onFocus(() => {
                            this.btColor = '#ffd5d5d5'
                        })
                        .onBlur(() => {
                            this.btColor = '#ff2787d9'
                        })
                        .id("testButton")

                    Button('Button')
                        .width(200)
```

```
            .height(70)
            .fontColor(Color.White)
            .focusOnTouch(true)
            .backgroundColor(this.btColor2)
            .onFocus(() => {
                this.btColor2 = '#ffd5d5d5'
            })
            .onBlur(() => {
                this.btColor2 = '#ff2787d9'
            })
            .id("testButton2")
        Divider()
            .vertical(false)
            .width("80%")
            .backgroundColor('#ff707070')
            .height(10)

        Button('FocusController.requestFocus')
            .width(200).height(70).fontColor(Color.White)
            .onClick(() => {
                this.getUIContext().getFocusController().requestFocus
("testButton")
            })
            .backgroundColor('#ff2787d9')
        Button("focusControl.requestFocus")
            .width(200).height(70).fontColor(Color.White)
            .onClick(() => {
                focusControl.requestFocus("testButton2")
            })
            .backgroundColor('#ff2787d9')

        Button("clearFocus")
            .width(200).height(70).fontColor(Color.White)
            .onClick(() => {
                this.getUIContext().getFocusController().clearFocus()
            })
            .backgroundColor('#ff2787d9')
        }
      }
    }
    .title('EventFocusRequest')
    .titleMode(NavigationTitleMode.Mini)
  }
}
```

上述示例包含以下3步：

（1）单击FocusController.requestFocus按钮，第一个Button获焦。

（2）单击focusControl.requestFocus按钮，第二个Button获焦。

（3）单击clearFocus按钮，第二个Button失焦。

9. 焦点组与获焦优先级

```
focusScopePriority(scopeId: string, priority?: FocusPriority)
```

用于设置当前组件在指定容器内获焦的优先级。需要配合focusScopeId一起使用。

```
focusScopeId(id: string, isGroup?: boolean)
```

用于设置当前容器组件的id标识，设置当前容器组件是否为焦点组。焦点组与tabIndex不能混用。
示例代码如下：

```
@Entry
@Component
struct PageEventFocusPriority {
    @State inputValue: string = ''

    build() {
        Navigation() {
            Scroll() {
                Row({ space: 20 }) {
                    Column({ space: 20 }) {  // 标记为Column1
                        Column({ space: 5 }) {
                            Button('Group1')
                                .width(165)
                                .height(40)
                                .fontColor(Color.White)
                            Row({ space: 5 }) {
                                Button()
                                    .width(80)
                                    .height(40)
                                    .fontColor(Color.White)
                                Button()
                                    .width(80)
                                    .height(40)
                                    .fontColor(Color.White)
                            }
                            Row({ space: 5 }) {
                                Button()
                                    .width(80)
                                    .height(40)
                                    .fontColor(Color.White)
                                Button()
                                    .width(80)
                                    .height(40)
                                    .fontColor(Color.White)
                            }
                        }.borderWidth(2).borderColor(Color.Red).borderStyle(BorderStyle.Dashed)
                        Column({ space: 5 }) {
                            Button('Group2')
                                .width(165)
                                .height(40)
                                .fontColor(Color.White)
                            Row({ space: 5 }) {
                                Button()
                                    .width(80)
                                    .height(40)
                                    .fontColor(Color.White)
                                Button()
                                    .width(80)
                                    .height(40)
                                    .fontColor(Color.White)
```

```
                                         .focusScopePriority('ColumnScope1', FocusPriority.PRIOR)
// Column1首次获焦时获焦
                                 }
                                 Row({ space: 5 }) {
                                     Button()
                                         .width(80)
                                         .height(40)
                                         .fontColor(Color.White)
                                     Button()
                                         .width(80)
                                         .height(40)
                                         .fontColor(Color.White)
                                 }
                         }.borderWidth(2).borderColor(Color.Green).borderStyle(BorderStyle
.Dashed)
                     }
                     .focusScopeId('ColumnScope1')
                     Column({ space: 5 }) {  // 标记为Column2
                         TextInput({placeholder: 'input', text: this.inputValue})
                             .onChange((value: string) => {
                                 this.inputValue = value
                             })
                             .width(156)
                         Button('Group3')
                             .width(165)
                             .height(40)
                             .fontColor(Color.White)
                         Row({ space: 5 }) {
                             Button()
                                 .width(80)
                                 .height(40)
                                 .fontColor(Color.White)
                             Button()
                                 .width(80)
                                 .height(40)
                                 .fontColor(Color.White)
                         }
                         Button()
                             .width(165)
                             .height(40)
                             .fontColor(Color.White)
                             .focusScopePriority('ColumnScope2', FocusPriority.PREVIOUS)  //
Column2获焦时获焦
                         Row({ space: 5 }) {
                             Button()
                                 .width(80)
                                 .height(40)
                                 .fontColor(Color.White)
                             Button()
                                 .width(80)
                                 .height(40)
                                 .fontColor(Color.White)
                         }
                         Button()
                             .width(165)
                             .height(40)
```

```
                            .fontColor(Color.White)
                        Row({ space: 5 }) {
                            Button()
                                .width(80)
                                .height(40)
                                .fontColor(Color.White)
                            Button()
                                .width(80)
                                .height(40)
                                .fontColor(Color.White)
                        }
                    }.borderWidth(2).borderColor(Color.Orange).borderStyle(BorderStyle.Da
shed)
                    .focusScopeId('ColumnScope2', true)   // Column2为焦点组
                }.alignItems(VerticalAlign.Top)
            }
        }
        .title('EventFocusPriority')
        .titleMode(NavigationTitleMode.Mini)
    }
}
```

上述示例包含以下两步：

（1）input方框内设置了焦点组，因此按下Tab键后，焦点会快速从input中走出去，而按下方向键后，可以在input内走焦。

（2）左上角的Column没有设置焦点组，因此只能通过Tab键一个一个地走焦。

10. 焦点与按键事件

当组件获焦且存在单击事件（onClick）或单指单击事件（TapGesture）时，回车键和空格键会触发对应的事件回调。

说明：

（1）单击事件（onClick）或单指单击事件（TapGesture）在回车键、空格键触发对应事件回调时，默认不冒泡传递，即父组件对应按键事件不会被同步触发。

（2）按键事件（onKeyEvent）默认冒泡传递，即同时会触发父组件的按键事件回调。

（3）若组件同时存在单击事件（onClick）和按键事件（onKeyEvent），则在回车键、空格键触发时，两者都会响应。

（4）获焦组件响应单击事件（onClick），与焦点激活态无关。

示例代码如下：

```
@Entry
@Component
struct PageEventFocusPriority {
    @State count: number = 0
    @State name: string = 'Button'

    build() {
        Navigation() {
            Scroll() {
                Column({ space: 20 }) {
```

```
                Button(this.name)
                  .fontSize(30)
                  .onClick(() => {
                    this.count++
                    if (this.count <= 0) {
                      this.name = "count is negative number"
                    } else if (this.count % 2 === 0) {
                      this.name = "count is even number"
                    } else {
                      this.name = "count is odd number"
                    }
                  }).height(60)
              }
            }
          }
          .title('EventFocusPriority')
          .titleMode(NavigationTitleMode.Mini)
      }
    }
```

7.3.6　拖曳事件

拖曳事件提供了一种通过鼠标或手势触屏传递数据的机制，即从一个组件位置拖出（drag）数据并将其拖入（drop）另一个组件位置，以触发响应。在这一过程中，拖出方提供数据，而拖入方负责接收和处理数据。这一操作使用户能够便捷地移动、复制或删除指定内容。

1. 基本概念

- 拖曳操作：在可响应拖出的组件上长按并滑动以触发拖曳行为，当用户释放手指或鼠标时，拖曳操作即结束。
- 拖曳背景（背板）：用户拖动数据时的形象化表示。开发者可以通过onDragStart的CustomerBuilder或DragItemInfo进行设置，也可以通过dragPreview通用属性进行自定义。
- 拖曳内容：被拖动的数据，使用UDMF（用户数据管理框架）统一API UnifiedData 进行封装，确保数据的一致性和安全性。
- 拖出对象：触发拖曳操作并提供数据的组件，通常具有响应拖曳的特性。
- 拖入目标：可接收并处理拖动数据的组件，能够根据拖入的数据执行相应的操作。
- 拖曳点：鼠标或手指与屏幕的接触位置，用于判断是否进入组件范围。判定依据是接触点是否位于组件的范围内。

2. 拖曳流程

拖曳流程包含手势拖曳流程和鼠标拖曳流程，可帮助开发者理解回调事件触发的时机。

1）手势拖曳流程

对于手势长按触发拖曳的场景，ArkUI在发起拖曳前会校验当前组件是否具备拖曳功能。对于默认可拖出的组件（Search、TextInput、TextArea、RichEditor、Text、Image、Hyperlink），需要判断是否设置了draggable，即需检查是否已设置draggable属性为true（若系统使用分层参数，draggable属性默认为true）。其他组件则需额外确认是否已设置onDragStart回调函数。在满足上述条件后，长按时间达到或超过500ms即可触发拖曳，而长按800ms时，系统开始执行预览图的浮起动效。若与Menu功能结合使用，并通过isShow控制其显示与隐藏，则建议避免在用户操作800ms后才控制菜单显示，此举可能引发非预期的行为。

手势拖曳（手指/手写笔）触发拖曳流程如图7-15所示。

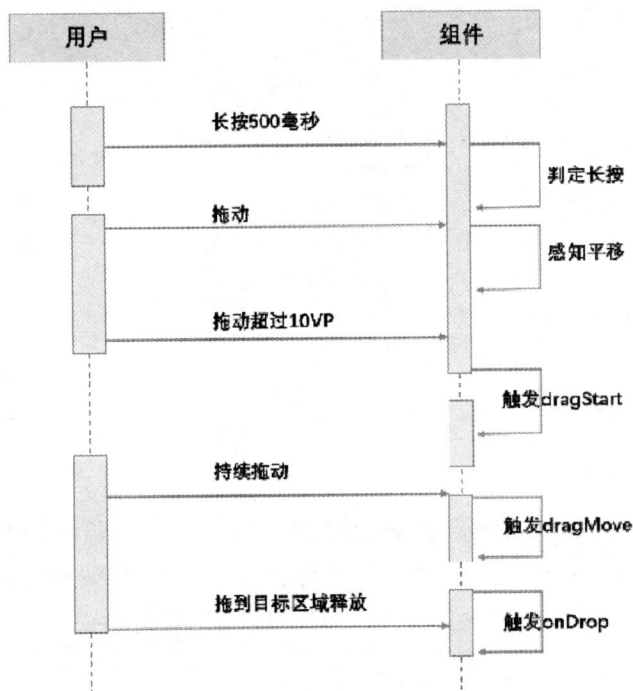

图7-15　手势拖曳触发拖曳流程

2）鼠标拖曳流程

鼠标拖曳操作遵循即拖即走的模式，当鼠标左键在可拖曳的组件上按下并移动超过1vp时，即可触发拖曳功能。

当前ArkUI不仅支持应用内部的拖曳，还支持跨应用的拖曳。为了帮助开发者更好地感知拖曳状态并调整系统默认的拖曳行为，ArkUI提供了多个回调事件，具体详情如表7-5所示。

表7-5　鼠标拖曳回调事件

回调事件	说　　明
onDragStart	拖出的组件产生拖出动作时，触发该回调。 该回调可以感知拖曳行为的发起，开发者可以在onDragStart方法中设置拖曳过程中传递的数据，并自定义拖曳的背板图像。建议开发者采用pixelmap的方式来返回背板图像，避免使用customBuilder，因为后者可能会带来额外的性能开销
onDragEnter	当拖曳操作的拖曳点进入组件的范围时，如果该组件监听了onDrop事件，则此回调会被触发
onDragMove	当拖曳点在组件范围内移动时，如果该组件监听了onDrop事件，则此回调会被触发。 在这一过程中，可以通过调用DragEvent中的setResult方法来影响系统在部分场景下的外观表现： （1）设置DragResult.DROP_ENABLED。 （2）设置DragResult.DROP_DISABLED

（续表）

回调事件	说　　明
onDragLeave	当拖曳点移出组件范围时，如果该组件监听了onDrop事件，则此回调会被触发。 在以下两种情况下，系统默认不会触发onDragLeave事件： （1）父组件移动到子组件。 （2）目标组件与当前组件布局有重叠。 从API version 12开始，可通过UIContext中的setDragEventStrictReportingEnabled方法严格触发onDragLeave事件
onDrop	当用户在组件范围内释放拖曳操作时，此回调会被触发。开发者需在此回调中通过DragEvent的setResult方法来设置拖曳结果，否则在拖出方组件的onDragEnd方法中，通过getResult方法获取的只是默认的处理结果DragResult.DRAG_FAILED。 此回调是开发者干预系统默认拖入处理行为的关键点，系统会优先执行开发者定义的onDrop回调。通过在onDrop回调中调用setResult方法，开发者可以告知系统如何处理被拖曳的数据。 （1）设置 DragResult.DRAG_SUCCESSFUL，数据完全由开发者自己处理，系统不进行处理。 （2）设置DragResult.DRAG_FAILED，数据不再由系统处理。 （3）设置DragResult.DRAG_CANCELED，系统不需要进行数据处理。 （4）设置DragResult.DROP_ENABLED或DragResult.DROP_DISABLED会被忽略，等同于设置DragResult.DRAG_FAILED
onDragEnd	当用户释放拖曳时，拖曳活动终止，发起拖曳动作的组件将触发该回调函数
onPreDrag	当触发拖曳事件的不同阶段时，绑定此事件的组件会触发该回调函数。 开发者可利用此方法，在拖曳开始前的不同阶段，根据PreDragStatus枚举准备相应数据。 （1）ACTION_DETECTING_STATUS：拖曳手势启动阶段。按下50ms时触发。 （2）READY_TO_TRIGGER_DRAG_ACTION：拖曳准备完成，可发起拖曳阶段。按下500ms时触发。 （3）PREVIEW_LIFT_STARTED：拖曳浮起动效发起阶段。按下800ms时触发。 （4）PREVIEW_LIFT_FINISHED：拖曳浮起动效结束阶段。浮起动效完全结束时触发。 （5）PREVIEW_LANDING_STARTED：拖曳落回动效发起阶段。落回动效发起时触发。 （6）PREVIEW_LANDING_FINISHED：拖曳落回动效结束阶段。落回动效结束时触发。 （7）ACTION_CANCELED_BEFORE_DRAG：拖曳浮起落位动效中断。已满足READY_TO_TRIGGER_DRAG_ACTION状态后，未达到动效阶段，手指抬起时触发

　　DragEvent支持的get方法可用于获取拖曳行为的详细信息，表7-6展示了在相应的拖曳回调中，这些get方法是否能够返回有效数据。

表7-6　拖曳事件的get方法

回调事件	onDragStart	onDragEnter	onDragMove	onDragLeave	onDrop	onDragEnd
getData	—	—	—	—	支持	—
getSummary	—	支持	支持	支持	支持	—
getResult	—	—	—	—	—	支持
getPreviewRect	—	—	—	—	支持	—
getVelocity/X/Y	—	支持	支持	支持	支持	—

（续表）

回调事件	onDragStart	onDragEnter	onDragMove	onDragLeave	onDrop	onDragEnd
getWindowX/Y	支持	支持	支持	支持	支持	—
getDisplayX/Y	支持	支持	支持	支持	支持	—
getX/Y	支持	支持	支持	支持	支持	—
behavior	—	—	—	—	—	支持

DragEvent支持相关set方法向系统传递信息，这些信息部分会影响系统对UI或数据的处理方式。表7-7列出了set方法应该在回调的哪个阶段执行才会被系统接收并处理。

表7-7 拖曳事件的set方法

回调事件	onDragStart	onDragEnter	onDragMove	onDragLeave	onDrop
useCustomDropAnimation	—	—	—	—	支持
setData	支持	—	—	—	—
setResult	支持，可通过set failed或cancel来阻止拖曳发起	支持，不作为最终结果传递给onDragEnd	支持，不作为最终结果传递给onDragEnd	支持，不作为最终结果传递给onDragEnd	支持，作为最终结果传递给onDragEnd
behavior	—	支持	支持	支持	支持

3. 通用拖曳适配

下面以Image组件为例，介绍组件拖曳开发的基本步骤，以及开发中需要注意的事项。

1）组件使能拖曳

设置draggable属性为true，并配置onDragStart回调函数。在回调函数中，可通过UDMF（用户数据管理框架）设置拖曳的数据，并返回自定义的拖曳背景图像。

```
import { unifiedDataChannel, uniformTypeDescriptor } from '@kit.ArkData';

Image($r('app.media.app_icon'))
    .width(100)
    .height(100)
    .draggable(true)
    .onDragStart((event) => {
        let data: unifiedDataChannel.Image = new unifiedDataChannel.Image();
        data.imageUri = 'common/pic/img.png';
        let unifiedData = new unifiedDataChannel.UnifiedData(data);
        event.setData(unifiedData);

        let dragItemInfo: DragItemInfo = {
        pixelMap: this.pixmap,
        extraInfo: "this is extraInfo",
        };
        // onDragStart回调函数中返回自定义拖曳背板图
        return dragItemInfo;
    })
```

手势场景触发的拖曳功能依赖于底层绑定的长按手势。如果开发者在可拖曳组件上也绑定了长按手势，那么将与底层的长按手势产生冲突，进而导致拖曳操作失败。为解决此类问题，可以采用并行手势的方案，具体如下：

```
.parallelGesture(LongPressGesture().onAction(() => {
  promptAction.showToast({ duration: 100, message: 'Long press gesture trigger' });
}))
```

2）自定义拖曳背板图

可以通过在长按50ms时触发的回调中设置onPreDrag回调函数，来提前准备自定义拖曳背板图的pixmap。

```
.onPreDrag((status: PreDragStatus) => {
  if (preDragStatus == PreDragStatus.ACTION_DETECTING_STATUS) {
    this.getComponentSnapshot();
  }
})
```

pixmap的生成可以调用componentSnapshot.createFromBuilder函数来实现。

```
@Builder
pixelMapBuilder() {
  Column() {
    Image($r('app.media.startIcon'))
      .width(120)
      .height(120)
      .backgroundColor(Color.Yellow)
  }
}
private getComponentSnapshot(): void {
  this.getUIContext().getComponentSnapshot().createFromBuilder(()=>
{this.pixelMapBuilder()},
  (error: Error, pixmap: image.PixelMap) => {
    if(error){
      console.log("error: " + JSON.stringify(error))
      return;
    }
    this.pixmap = pixmap;
  })
}
```

3）触发 onDragLeave 事件

若开发者需确保触发onDragLeave事件，应通过调用setDragEventStrictReportingEnabled方法进行设置。

```
import { UIAbility } from '@kit.AbilityKit';
import { window, UIContext } from '@kit.ArkUI';

export default class EntryAbility extends UIAbility {
  onWindowStageCreate(windowStage: window.WindowStage): void {
    windowStage.loadContent('pages/Index', (err, data) => {
      if (err.code) {
        return;
      }
      windowStage.getMainWindow((err, data) => {
        if (err.code) {
          return;
```

```
        }
        let windowClass: window.Window = data;
        let uiContext: UIContext = windowClass.getUIContext();
        uiContext.getDragController().setDragEventStrictReportingEnabled(true);
      });
    });
  }
}
```

4）拖曳过程中显示角标样式

通过设置allowDrop来定义接收的数据类型，这将影响角标显示。当拖曳的数据符合定义允许落入的数据类型时，显示"COPY"角标。当拖曳的数据类型不在允许范围内时，显示"FORBIDDEN"角标。若未设置allowDrop，则显示"MOVE"角标。以下代码示例表示仅接收UnifiedData中定义的HYPERLINK和PLAIN_TEXT类型数据，其他类型数据将被禁止落入。

```
.allowDrop([uniformTypeDescriptor.UniformDataType.HYPERLINK,
uniformTypeDescriptor.UniformDataType.PLAIN_TEXT])
```

在实现onDrop回调的情况下，还可以通过在onDragMove中设置DragResult为DROP_ENABLED，并将DragBehavior设置为COPY或MOVE，来控制角标显示。以下代码将移动时的角标强制设置为"MOVE"。

```
.onDragMove((event) => {
    event.setResult(DragResult.DROP_ENABLED);
    event.dragBehavior = DragBehavior.MOVE;
})
```

5）拖曳数据的接收

需要设置onDrop回调函数，并在回调函数中处理拖曳数据，显示设置拖曳结果。

```
.onDrop((dragEvent?: DragEvent) => {
    // 获取拖曳数据
    this.getDataFromUdmf((dragEvent as DragEvent), (event: DragEvent) => {
    let records: Array<unifiedDataChannel.UnifiedRecord> = event.getData().getRecords();
    let rect: Rectangle = event.getPreviewRect();
    this.imageWidth = Number(rect.width);
    this.imageHeight = Number(rect.height);
    this.targetImage = (records[0] as unifiedDataChannel.Image).imageUri;
    this.imgState = Visibility.None；
    // 显式设置result为successful,则将该值传递给拖出方的onDragEnd
    event.setResult(DragResult.DRAG_SUCCESSFUL);
})
```

数据的传递是通过UDMF实现的，在数据较大时可能存在时延，因此在首次获取数据失败时，建议加1500ms的延迟重试机制。

```
getDataFromUdmfRetry(event: DragEvent, callback: (data: DragEvent) => void) {
    try {
      let data: UnifiedData = event.getData();
      if (!data) {
        return false;
      }
      let records: Array<unifiedDataChannel.UnifiedRecord> = data.getRecords();
      if (!records || records.length <= 0) {
        return false;
```

```
    }
      callback(event);
      return true;
    } catch (e) {
      console.log("getData failed, code: " + (e as BusinessError).code + ", message: " +
(e as BusinessError).message);
      return false;
    }
  }

  getDataFromUdmf(event: DragEvent, callback: (data: DragEvent) => void) {
    if (this.getDataFromUdmfRetry(event, callback)) {
      return;
    }
    setTimeout(() => {
      this.getDataFromUdmfRetry(event, callback);
    }, 1500);
  }
```

拖曳发起方可以通过设置onDragEnd回调感知拖曳结果。

```
import { promptAction } from '@kit.ArkUI';

.onDragEnd((event) => {
    // onDragEnd里获取的result值在接收方onDrop中设置
  if (event.getResult() === DragResult.DRAG_SUCCESSFUL) {
    promptAction.showToast({ duration: 100, message: 'Drag Success' });
  } else if (event.getResult() === DragResult.DRAG_FAILED) {
    promptAction.showToast({ duration: 100, message: 'Drag failed' });
  }
})
```

4. 多选拖曳适配

从API version 12开始，Grid组件和List组件中的GridItem和ListItem组件支持多选与拖曳功能。目前，仅支持onDragStart的触发方式。

下面以Grid为例，详细介绍实现多选拖曳的基本步骤，以及在开发过程中需要注意的事项。

1）组件多选拖曳使能

创建GridItem子组件并绑定onDragStart回调函数，同时设置GridItem组件的状态为可选中。

```
Grid() {
  ForEach(this.numbers, (idx: number) => {
    GridItem() {
      Column()
        .backgroundColor(this.colors[idx % 9])
        .width(50)
        .height(50)
        .opacity(1.0)
        .id('grid'+idx)
    }
    .onDragStart(()=>{})
    .selectable(true)
  }, (idx: string) => idx)
}
```

多选拖曳功能默认处于关闭状态。若要启用此功能，需在dragPreviewOptions接口的

DragInteractionOptions参数中，将isMultiSelectionEnabled设置为true，以表明当前组件支持多选。此外，DragInteractionOptions还包含defaultAnimationBeforeLifting参数，用于控制组件浮起前的默认效果。将该参数设置为true，组件在浮起前将展示一个默认的缩小动画效果。

```
.dragPreviewOptions({isMultiSelectionEnabled:true,defaultAnimationBeforeLifting:true})
```

为了确保选中状态，应将GridItem子组件的selected属性设置为true。例如，可以通过调用onClick来设置特定组件为选中状态。

```
.selected(this.isSelectedGrid[idx])
.onClick(()=>{
    this.isSelectedGrid[idx] = !this.isSelectedGrid[idx]
})
```

2）优化多选拖曳性能

在多选拖曳操作中，当多选触发聚拢动画效果时，系统会截取当前屏幕内显示的选中组件图像。如果选中组件数量过多，可能会造成较高的性能消耗。为了优化性能，多选拖曳功能支持从dragPreview中获取截图，以实现聚拢动画效果，从而有效节省系统资源。

```
.dragPreview({
    pixelMap:this.pixmap
})
```

截图可以在选中组件时通过调用componentSnapshot中的get方法获取。以下示例将通过获取组件对应id的方法进行截图。

```
@State previewData: DragItemInfo[] = []
@State isSelectedGrid: boolean[] = []
.onClick(()=>{
    this.isSelectedGrid[idx] = !this.isSelectedGrid[idx]
    if (this.isSelectedGrid[idx]) {
        let gridItemName = 'grid' + idx
        this.getUIContext().getComponentSnapshot().get(gridItemName,    (error:   Error,
pixmap: image.PixelMap)=>{
            this.pixmap = pixmap
            this.previewData[idx] = {
                pixelMap:this.pixmap
            }
        })
    }
})
```

3）多选显示效果

通过stateStyles可以设置选中态和非选中态的显示效果，以便于区分。

```
@Styles
normalStyles(): void{
  .opacity(1.0)
}

@Styles
selectStyles(): void{
  .opacity(0.4)
}

.stateStyles({
```

```
    normal : this.normalStyles,
    selected: this.selectStyles
  })
```

4）适配数量角标

多选拖曳的数量角标当前需要应用使用dragPreviewOptions中的numberBadge参数进行设置，开发者需要根据当前选中的节点数量来设置数量角标。

```
@State numberBadge: number = 0;

.onClick(()=>{
    this.isSelectedGrid[idx] = !this.isSelectedGrid[idx]
    if (this.isSelectedGrid[idx]) {
      this.numberBadge++;
    } else {
      this.numberBadge--;
    }
})
// 多选场景右上角数量角标需要应用设置numberBadge参数
.dragPreviewOptions({numberBadge: this.numberBadge})
```

7.3.7　手势事件介绍

1. 绑定手势方法

通过为各个组件绑定不同的手势事件，并设计事件的响应方式，当手势识别成功时，ArkUI框架将通过事件回调通知组件手势识别的结果。

1）gesture（常规手势绑定方法）

gesture为通用的一种手势绑定方法，可以将手势绑定到对应的组件上。

```
.gesture(gesture: GestureType, mask?: GestureMask)
```

例如，可以将单击手势TapGesture通过gesture绑定到Text组件上。

```
Column() {
    Text('Gesture1').fontSize(28)
      // 采用gesture手势绑定方法绑定TapGesture
      .gesture(
        TapGesture()
          .onAction(() => {
            console.info(this.tag + 'TapGesture1 is onAction');
          }))
}
```

2）priorityGesture（带优先级的手势绑定方法）

priorityGesture是带优先级的手势绑定方法，可以在组件上绑定优先识别的手势。

```
.priorityGesture(gesture: GestureType, mask?: GestureMask)
```

在默认情况下，当父组件和子组件使用gesture绑定同类型的手势时，子组件优先识别通过gesture绑定的手势。当父组件使用priorityGesture绑定与子组件同类型的手势时，父组件优先识别通过priorityGesture绑定的手势。

对于长按手势，设置触发长按时间最短的组件会优先响应，会忽略priorityGesture设置。

例如，当父组件Column和子组件Text同时绑定TapGesture手势，并且父组件以带优先级手势priorityGesture的形式进行绑定时，优先响应父组件绑定的TapGesture。

```
Column() {
    Text('Gesture1').fontSize(28)
        // 采用gesture手势绑定方法绑定TapGesture
        .gesture(
            TapGesture()
                .onAction(() => {
                    console.info(this.tag + 'TapGesture1 is onAction');
                }))
}
    // 设置为priorityGesture时，单击文本区域会忽略Text组件的TapGesture手势事件，优先响应父组件Column
的TapGesture手势事件
    .priorityGesture(
        TapGesture()
            .onAction(() => {
                console.info(this.tag + 'Column1 TapGesture is onAction');
            }), GestureMask.IgnoreInternal)
```

3）parallelGesture（并行手势绑定方法）

parallelGesture是并行的手势绑定方法，可以在父子组件上绑定以同时响应的相同手势。

```
.parallelGesture(gesture: GestureType, mask?: GestureMask)
```

在默认情况下，手势事件为非冒泡事件，当父子组件绑定相同的手势时，父子组件绑定的手势事件会发生竞争，最多只有一个组件的手势事件能够获得响应。而当父组件绑定了并行手势parallelGesture时，父子组件相同的手势事件都可以触发，实现类似冒泡的效果。

```
Column() {
    Text('Gesture2').fontSize(28)
        // 采用gesture手势绑定方法绑定TapGesture
        .gesture(
            TapGesture()
                .onAction(() => {
                    console.info(this.tag + 'TapGesture2 is onAction');
                }))
}
    // 设置为parallelGesture时，单击文本区域会同时响应父组件Column和子组件Text的TapGesture手势事件
    .parallelGesture(
        TapGesture()
            .onAction(() => {
                console.info(this.tag + 'Column2 TapGesture is onAction');
            }), GestureMask.Normal)
```

2. 单一手势

1）单击手势（TapGesture）

```
TapGesture(value?:{count?:number, fingers?:number})
```

单击手势支持单次单击和多次单击，提供了两个可选参数：

- count: 声明该单击手势识别的连续单击次数。默认值为1，若设置小于1的非法值，会被转换为默认值。如果配置多次单击，那么上一次抬起和下一次按下的超时时间为300毫秒。

- **fingers**：用于声明触发单击的手指数量，最小值为1，最大值为10，默认值为1。当配置多指时，若第一根手指按下300毫秒内未有足够的手指数按下，则手势识别失败。

以在Text组件上绑定双击手势（count值为2的单击手势）为例：

```
@Entry
@Component
struct Index {
  @State value: string = "";

  build() {
    Column() {
      Text('Click twice').fontSize(28)
        .gesture(
          // 绑定count为2的TapGesture
          TapGesture({ count: 2 })
            .onAction((event: GestureEvent|undefined) => {
              if(event){
                this.value = JSON.stringify(event.fingerList[0]);
              }
            }))
      Text(this.value)
    }
    .height(200)
    .width(250)
    .padding(20)
    .border({ width: 3 })
    .margin(30)
  }
}
```

2）长按手势（LongPressGesture）

```
LongPressGesture(value?:{fingers?:number, repeat?:boolean, duration?:number})
```

长按手势用于触发长按手势事件，提供了3个可选参数：

- **fingers**：用于声明触发长按手势所需的最少手指数量，最小值为1，最大值为10，默认值为1。
- **repeat**：用于声明是否连续触发事件回调，默认值为false。
- **duration**：用于声明触发长按所需的最短时间，单位为毫秒，默认值为500。

以在Text组件上绑定可以重复触发的长按手势为例：

```
@Entry
@Component
struct Index {
  @State count: number = 0;

  build() {
    Column() {
      Text('LongPress OnAction:' + this.count).fontSize(28)
        .gesture(
          // 绑定可以重复触发的LongPressGesture
          LongPressGesture({ repeat: true })
            .onAction((event: GestureEvent|undefined) => {
              if(event){
```

```
                    if (event.repeat) {
                      this.count++;
                    }
                  }
                })
                .onActionEnd(() => {
                  this.count = 0;
                })
            )
          }
      .height(200)
      .width(250)
      .padding(20)
      .border({ width: 3 })
      .margin(30)
    }
  }
```

3）拖动手势（PanGesture）

```
PanGesture(value?:{ fingers?:number, direction?:PanDirection, distance?:number})
```

拖动手势用于触发拖动手势事件，达到最小滑动距离（默认值为5vp）时拖动手势识别成功。它提供了3个可选参数：

- fingers：用于声明触发拖动手势所需的最少手指数量，最小值为1，最大值为10，默认值为1。
- direction：用于声明触发拖动的手势方向，此枚举值支持逻辑与（&）和逻辑或（|）运算。默认值为Pandirection.All。
- distance：用于声明触发拖动的最小拖动识别距离，单位为vp，默认值为5。

以在Text组件上绑定拖动手势为例，可以通过在拖动手势的回调函数中修改组件的布局位置信息来实现组件的拖动：

```
@Entry
@Component
struct PageGesturePan {
    @State offsetX: number = 0;
    @State offsetY: number = 0;
    @State positionX: number = 0;
    @State positionY: number = 0;

    build() {
        Navigation() {
            Scroll() {
                Column({ space: 10 }) {

                    // 拖动手势（PanGesture）
                    Column() {
                        Text('PanGesture Offset:\nX: ' + this.offsetX + '\n' + 'Y: ' +
this.offsetY)
                            .fontSize(28)
                            .height(200)
                            .width(300)
                            .padding(20)
                            .border({ width: 3 })
```

```
          // 在组件上绑定布局位置信息
          .translate({ x: this.offsetX, y: this.offsetY, z: 0 })
          .gesture(
              // 绑定拖动手势
              PanGesture()
                  .onActionStart((event: GestureEvent|undefined) => {
                      console.info('Pan start');
                  })
                  // 当触发拖动手势时，根据回调函数修改组件的布局位置信息
                  .onActionUpdate((event: GestureEvent|undefined) => {
                      if(event){
                          this.offsetX = this.positionX + event.offsetX;
                          this.offsetY = this.positionY + event.offsetY;
                      }
                  })
                  .onActionEnd(() => {
                      this.positionX = this.offsetX;
                      this.positionY = this.offsetY;
                  })
          )
          .width(250)
          .height(200)
        }
      }
    }
    .title('GesturePan')
    .titleMode(NavigationTitleMode.Mini)
  }
}
```

说明：大部分可滑动组件，如List、Grid、Scroll、Tab等是通过PanGesture实现滑动的，在组件内部的子组件上绑定拖动手势（PanGesture）或者滑动手势（SwipeGesture）会导致手势竞争。当在子组件上绑定PanGesture时，在子组件区域进行滑动仅触发子组件的PanGesture。如果需要父组件响应，需要通过修改手势绑定方法或者子组件向父组件传递消息进行实现，或者通过修改父子组件的PanGesture参数distance使得拖动更灵敏。当子组件绑定SwipeGesture时，由于PanGesture和SwipeGesture触发条件不同，需要修改PanGesture和SwipeGesture的参数以达到所需效果。不合理的阈值设置会导致滑动不跟手（响应时延慢）的问题。

4）捏合手势（PinchGesture）

```
PinchGesture(value?:{fingers?:number, distance?:number})
```

捏合手势用于触发捏合手势事件，提供了两个可选参数：

- fingers: 用于声明触发捏合手势所需的最少手指数量，最小值为2，最大值为5，默认值为2。
- distance: 用于声明触发捏合手势的最小距离，单位为vp，默认值为5。

以在Column组件上绑定三指捏合手势为例，通过在捏合手势的函数回调中获取缩放比例，实现对组件的缩小或放大：

```
@Entry
@Component
struct PageGesturePinch {
```

```
        @State scaleValue: number = 1;
        @State pinchValue: number = 1;
        @State pinchX: number = 0;
        @State pinchY: number = 0;

        build() {
            Navigation() {
                Scroll() {
                    Column({ space: 10 }) {
                        // 捏合手势（PinchGesture）
                        Column() {
                            Column() {
                                Text('PinchGesture scale:\n' + this.scaleValue)
                                Text('PinchGesture center:\n(' + this.pinchX + ',' + this.pinchY
+ ')')

                            }
                            .height(200)
                            .width(300)
                            .border({ width: 3 })
                            .margin({ top: 100 })
                            // 在组件上绑定缩放比例，可以通过修改缩放比例来实现组件的缩小或者放大
                            .scale({ x: this.scaleValue, y: this.scaleValue, z: 1 })
                            .gesture(
                                // 在组件上绑定三指触发的捏合手势
                                PinchGesture({ fingers: 3 })
                                    .onActionStart((event: GestureEvent|undefined) => {
                                        console.info('Pinch start');
                                    })
                                    // 当捏合手势触发时，可以通过回调函数获取缩放比例，从而修改组件的缩
放比例
                                    .onActionUpdate((event: GestureEvent|undefined) => {
                                        if(event){
                                            this.scaleValue = this.pinchValue * event.scale;
                                            this.pinchX = event.pinchCenterX;
                                            this.pinchY = event.pinchCenterY;
                                        }
                                    })
                                    .onActionEnd(() => {
                                        this.pinchValue = this.scaleValue;
                                        console.info('Pinch end');
                                    })
                            )
                        }
                    }
                }
            }
            .title('GesturePinch')
            .titleMode(NavigationTitleMode.Mini)
        }
    }
```

5）旋转手势（RotationGesture）

```
RotationGesture(value?:{fingers?:number, angle?:number})
```

旋转手势用于触发旋转手势事件，提供了两个可选参数：

- fingers: 用于声明触发旋转手势所需的最少手指数量，最小值为2，最大值为5，默认值为2。
- angle: 用于声明触发旋转手势的最小改变度数，单位为deg，默认值为1。

以在Text组件上绑定旋转手势实现组件的旋转为例，可以通过在旋转手势的回调函数中获取旋转角度，来实现组件的旋转：

```
@Entry
@Component
struct PageGestureRotation {
    @State angle: number = 0;
    @State rotateValue: number = 0;

    build() {
        Navigation() {
            Column() {
                Text('RotationGesture angle:' + this.angle).fontSize(28)
                    // 在组件上绑定旋转布局，可以通过修改旋转角度来实现组件的旋转
                    .rotate({ angle: this.angle })
                    .gesture(
                        RotationGesture()
                            .onActionStart((event: GestureEvent|undefined) => {
                                console.info('RotationGesture is onActionStart');
                            })
                            // 当旋转手势生效时，通过旋转手势的回调函数获取旋转角度，从而修改组件的旋转
                            // 角度
                            .onActionUpdate((event: GestureEvent|undefined) => {
                                if(event){
                                    this.angle = this.rotateValue + event.angle;
                                }
                                console.info('RotationGesture is onActionEnd');
                            })
                            // 当旋转结束抬手时，固定组件在旋转结束时的角度
                            .onActionEnd(() => {
                                this.rotateValue = this.angle;
                                console.info('RotationGesture is onActionEnd');
                            })
                            .onActionCancel(() => {
                                console.info('RotationGesture is onActionCancel');
                            })
                    )
                    .height(200)
                    .width(300)
                    .padding(20)
                    .border({ width: 3 })
                    .margin(100)
            }
        }
        .title('GestureRotation')
        .titleMode(NavigationTitleMode.Mini)
    }
}
```

6）滑动手势（SwipeGesture）

```
SwipeGesture(value?:{fingers?:number, direction?:SwipeDirection, speed?:number})
```

滑动手势用于触发滑动事件，当滑动速度大于100vp/s时可以识别成功。它提供了3个可选参数：

- fingers：用于声明触发滑动手势所需的最少手指数量，最小值为1，最大值为10，默认值为1。
- direction：用于声明触发滑动手势的方向，此枚举值支持逻辑与（&）和逻辑或（|）运算。默认值为SwipeDirection.All。
- speed：用于声明触发滑动的最小滑动识别速度，单位为vp/s，默认值为100。

以在Column组件上绑定滑动手势实现组件的旋转为例：

```
@Entry
@Component
struct PageGestureSwipe {
    @State rotateAngle: number = 0;
    @State speed: number = 1;

    build() {
        Navigation() {
            Column() {
                Column() {
                    Text("SwipeGesture speed\n" + this.speed)
                    Text("SwipeGesture angle\n" + this.rotateAngle)
                }
                .border({ width: 3 })
                .width(300)
                .height(200)
                .margin(100)
                // 在Column组件上绑定旋转，通过滑动手势的滑动速度和角度修改旋转的角度
                .rotate({ angle: this.rotateAngle })
                .gesture(
                    // 绑定滑动手势且限制仅在竖直方向滑动时触发
                    SwipeGesture({ direction: SwipeDirection.Vertical })
                        // 当滑动手势触发时，获取滑动的速度和角度，实现对组件的布局参数的修改
                        .onAction((event: GestureEvent|undefined) => {
                            if(event){
                                this.speed = event.speed;
                                this.rotateAngle = event.angle;
                            }
                        })
                )
            }
        }
        .title('GestureSwipe')
        .titleMode(NavigationTitleMode.Mini)
    }
}
```

说明： 当SwipeGesture和PanGesture同时绑定时，若二者是以默认方式或者互斥方式进行绑定的，就会发生竞争。SwipeGesture的触发条件为滑动速度达到100vp/s，PanGesture的触发条件为滑动距离达到5vp，先达到触发条件的手势先触发。可以通过修改SwipeGesture和PanGesture的参数以达到不同的效果。

3. 组合手势

组合手势由多种单一手势组合而成，通过在GestureGroup中使用不同的GestureMode来声明该组合手势的类型，支持顺序识别、并行识别和互斥识别三种类型。

```
GestureGroup(mode:GestureMode, gesture:GestureType[])
```

- mode：为GestureMode枚举类，用于声明该组合手势的类型。
- gesture：由多个手势组合而成的数组，用于声明组合成该组合手势的各个手势。

1）顺序识别

顺序识别组合手势对应的GestureMode为Sequence。顺序识别组合手势将按照手势的注册顺序识别手势，直到所有的手势识别成功。当顺序识别组合手势中有一个手势识别失败时，后续手势识别均失败。顺序识别手势组仅有最后一个手势可以响应onActionEnd。

以一个由长按手势和拖动手势组合而成的连续手势为例：在一个Column组件上绑定translate属性，通过修改该属性可以设置组件的位置移动。然后在该组件上绑定由LongPressGesture和PanGesture组合而成的顺序识别手势。当触发LongPressGesture时，更新显示的数字。当长按后进行拖动时，根据拖动手势的回调函数，实现组件的拖动。

```
@Entry
@Component
struct PageGestureSequence {
    @State offsetX: number = 0;
    @State offsetY: number = 0;
    @State count: number = 0;
    @State positionX: number = 0;
    @State positionY: number = 0;
    @State borderStyles: BorderStyle = BorderStyle.Solid

    build() {
        Navigation() {
            Column() {
                Text('sequence gesture\n' + 'LongPress onAction:' + this.count +
'\nPanGesture offset:\nX: ' + this.offsetX + '\n' + 'Y: ' + this.offsetY)
                    .fontSize(28)
            }.margin(10)
            .borderWidth(1)
            // 绑定translate属性可以实现组件的位置移动
            .translate({ x: this.offsetX, y: this.offsetY, z: 0 })
            .height(250)
            .width(300)
            //以下组合手势为顺序识别，当长按手势事件未正常触发时，不会触发拖动手势事件
            .gesture(
                // 声明该组合手势的类型为Sequence类型
                GestureGroup(GestureMode.Sequence,
                    // 该组合手势第一个触发的手势为长按手势，且长按手势可多次响应
                    LongPressGesture({ repeat: true })
                        // 当长按手势识别成功时，增加Text组件上显示的count次数
                        .onAction((event: GestureEvent|undefined) => {
                            if(event){
                                if (event.repeat) {
                                    this.count++;
                                }
                            }
                            console.info('LongPress onAction');
                        })
                        .onActionEnd(() => {
                            console.info('LongPress end');
                        }),
```

```
                       // 当长按之后进行拖动时，PanGesture手势被触发
                       PanGesture()
                           .onActionStart(() => {
                               this.borderStyles = BorderStyle.Dashed;
                               console.info('pan start');
                           })
                           // 当该手势被触发时，根据回调获得拖动的距离，修改该组件的位移距离从而实现组件的
移动
                           .onActionUpdate((event: GestureEvent|undefined) => {
                               if(event){
                                   this.offsetX = (this.positionX + event.offsetX);
                                   this.offsetY = this.positionY + event.offsetY;
                               }
                               console.info('pan update');
                           })
                           .onActionEnd(() => {
                               this.positionX = this.offsetX;
                               this.positionY = this.offsetY;
                               this.borderStyles = BorderStyle.Solid;
                           })
                   )
                   .onCancel(() => {
                       console.log("sequence gesture canceled")
                   })
               )
           }
           .title('GestureSequence')
           .titleMode(NavigationTitleMode.Mini)
       }
   }
```

说明：拖曳事件是一种典型的顺序识别组合手势事件，由长按手势事件和滑动手势事件组合而成。只有先长按达到长按手势事件预设置的时间后进行滑动，才会触发拖曳事件。如果长按事件未达到或者长按后未进行滑动，则拖曳事件均识别失败。

2）并行识别

并行识别组合手势对应的GestureMode为Parallel。并行识别组合手势中注册的手势将同时进行识别，直到所有手势识别结束。并行识别手势组合中的手势在识别时互不影响。

以在一个Column组件上绑定单击手势和双击手势组成的并行识别手势为例，由于单击手势和双击手势是并行识别，因此两个手势可以同时识别，二者互不干涉。

```
   @Entry
   @Component
   struct PageGestureParallel {
       @State count1: number = 0;
       @State count2: number = 0;

       build() {
           Navigation() {
               Column() {
                   Text('Parallel gesture\n' + 'tapGesture count is 1:' + this.count1 +
'\ntapGesture count is 2:' + this.count2 + '\n')
                       .fontSize(28)
               }
```

```
        .height(200)
        .width('100%')
        // 以下组合手势为并行识别，单击手势识别成功后，若在规定时间内再次单击，双击手势也会识别成功
        .gesture(
            GestureGroup(GestureMode.Parallel,
                TapGesture({ count: 1 })
                    .onAction(() => {
                        this.count1++;
                    }),
                TapGesture({ count: 2 })
                    .onAction(() => {
                        this.count2++;
                    })
            )
        )
    }
    .title('GestureSwipe')
    .titleMode(NavigationTitleMode.Mini)
    }
}
```

说明：

- 由单击手势和双击手势组成一个并行识别组合手势后，当在区域内进行单击时，单击手势和双击手势将同时进行识别。
- 当只有单次单击时，单击手势识别成功，双击手势识别失败。
- 当有两次单击时，若两次单击相距时间在规定时间内（默认规定时间为300毫秒），触发两次单击事件和一次双击事件。
- 当有两次单击时，若两次单击相距时间超出规定时间，则触发两次单击事件不触发双击事件。

3）互斥识别

互斥识别组合手势对应的GestureMode为Exclusive。互斥识别组合手势中注册的手势将同时进行识别，若有一个手势识别成功，则结束手势识别，其他所有手势识别失败。

以在一个Column组件上绑定单击手势和双击手势组合而成的互斥识别组合手势为例。若先绑定单击手势后绑定双击手势，由于单击手势只需要一次单击即可触发而双击手势需要两次单击，而每次的单击事件均被单击手势消费而不能积累成双击手势，因此双击手势无法触发。若先绑定双击手势后绑定单击手势，则触发双击手势不触发单击手势。

```
@Entry
@Component
struct PageGestureExclusive {
    @State count1: number = 0;
    @State count2: number = 0;

    build() {
        Navigation() {
            Column() {
                Text('Exclusive gesture\n' + 'tapGesture count is 1:' + this.count1 +
'\ntapGesture count is 2:' + this.count2 + '\n')
                    .fontSize(28)
            }
            .height(200)
```

```
            .width('100%')
            //以下组合手势为互斥识别，单击手势识别成功后，双击手势会识别失败
            .gesture(
                GestureGroup(GestureMode.Exclusive,
                    TapGesture({ count: 1 })
                        .onAction(() => {
                            this.count1++;
                        }),
                    TapGesture({ count: 2 })
                        .onAction(() => {
                            this.count2++;
                        })
                )
            )
        }
        .title('GestureSwipe')
        .titleMode(NavigationTitleMode.Mini)
    }
}
```

说明：

- 当由单击手势和双击手势组成一个互斥识别组合手势后，当在区域内进行单击时，单击手势和双击手势将同时进行识别。
- 当只有单次单击时，单击手势识别成功，双击手势识别失败。
- 当有两次单击时，手势响应取决于绑定手势的顺序。若先绑定单击手势后绑定双击手势，单击手势在第一次单击时即宣告识别成功，此时双击手势已经失败，即使在规定时间内进行了第二次单击，双击手势事件也不会进行响应，此时会触发单击手势事件的第二次识别。
- 若先绑定双击手势后绑定单击手势，则会响应双击手势而不响应单击手势。

4. 多层级手势事件

多层级手势事件指父子组件嵌套时，父子组件均绑定了手势或事件。在该场景下，手势或者事件的响应受到多个因素的影响，相互之间发生传递和竞争，容易出现预期外的响应。

此处主要介绍多层级手势事件的默认响应顺序，以及如何通过设置相关属性来影响多层级手势事件的响应顺序。

1）默认多层级手势事件

（1）触摸事件。

触摸事件（onTouch事件）是所有手势组成的基础，有Down、Move、Up、Cancel四种。手势均由触摸事件组成，例如，单击为Down+Up，滑动为Down+一系列Move+Up。触摸事件具有特殊性：

① 监听了onTouch事件的组件。若在手指落下时被触摸，则会收到onTouch事件的回调，被触摸受到触摸热区和触摸控制的影响。

② onTouch事件的回调是闭环的。若一个组件收到了手指Id为0的Down事件，则后续也会收到手指Id为0的Move事件和Up事件。

③ onTouch事件的回调是一致的。若一个组件收到了手指Id为0的Down事件而未收到手指Id为1的Down事件，则后续只会收到手指Id为0的touch事件，不会收到手指Id为1的touch事件。

对于一般的容器组件（如Column），父子组件之间的onTouch事件能够同时触发，兄弟组件之间的onTouch事件根据布局进行触发。比如：

```
ComponentA() {
    ComponentB().onTouch(() => {})
    ComponentC().onTouch(() => {})
}.onTouch(() => {})
```

在上面示例中，组件B和组件C作为组件A的子组件，当触摸到组件B或者组件C时，组件A也会被触摸到，onTouch事件允许多个组件同时触发。因此，当触摸组件B时，会触发组件A和组件B的onTouch回调，不会触发组件C的onTouch回调。当触摸组件C时，会触发组件A和组件C的onTouch回调，不触发组件B的onTouch回调。

特殊的容器组件，如Stack等组件，由于子组件之间存在堆叠关系，子组件的布局也存在互相遮盖的关系，因此，父子组件之间的onTouch事件能够同时触发，兄弟组件之间的onTouch事件会存在遮盖关系。比如：

```
Stack A() {
    ComponentB().onTouch(() => {})
    ComponentC().onTouch(() => {})
}.onTouch(() => {})
```

在上面示例中，组件B和组件C作为Stack A的子组件，组件C覆盖在组件B上。当触摸到组件B或者组件C时，Stack A也会被触摸到。onTouch事件允许多个组件同时触发，因此，当触摸组件B和组件C的重叠区域时，会触发Stack A和组件C的onTouch回调，不会触发组件B的onTouch回调（组件B被组件C遮盖）。

（2）手势与事件。

除了触摸事件（onTouch事件）外的所有手势与事件，均是通过基础手势或者组合手势实现的。例如，拖曳事件是由长按手势和滑动手势组成的一个顺序手势。

在未显式声明的情况下，同一时间，一根手指对应的手势组中只会有一个手势被成功识别，从而触发所设置的回调。因此，除非显式声明允许多个手势同时成功，否则同一时间只会有一个手势响应。

响应优先级遵循以下条件：

① 当父子组件均绑定同一类手势时，子组件优先于父组件触发。
② 当一个组件绑定多个手势时，先达到手势触发条件的手势优先触发。

```
ComponentA() {
    ComponentB().gesture(TapGesture({count: 1}))
}.gesture(TapGesture({count: 1}))
```

当父组件和子组件均绑定单击手势时，子组件的优先级高于父组件。因此，当在组件B上进行单击时，组件B所绑定的TapGesture的回调会被触发，而组件A所绑定的TapGesture的回调不会被触发。

```
ComponentA()
.gesture(
    GestureGroup(
        GestureMode.Exclusive,
        TapGesture({count: 1}),
        PanGesture({distance: 5})
    )
)
```

当组件A上绑定了由单击和滑动手势组成的互斥手势组时，先达到手势触发条件的手势触发对应的回调。若使用者做了一次单击操作，则响应单击对应的回调；若使用者进行了一次滑动操作并且滑动距离达到了阈值，则响应滑动对应的回调。

2）自定义控制的多层级手势事件

可以通过设置属性，控制默认的多层级手势事件的竞争流程，以更好地实现手势事件。

目前，responseRegion属性和hitTestBehavior属性可以控制Touch事件的分发，从而可以影响到onTouch事件和手势的响应。而绑定手势方法的属性可以控制手势的竞争从而影响手势的响应，但不能影响到onTouch事件。

（1）responseRegion对手势和事件的控制。

responseRegion属性可以实现组件的响应区域范围的变化。响应区域范围可以超出或者小于组件的布局范围。

```
ComponentA() {
    ComponentB()
    .onTouch(() => {})
    .gesture(TapGesture({count: 1}))
    .responseRegion({Rect1, Rect2, Rect3})
}
.onTouch(() => {})
.gesture(TapGesture({count: 1}))
.responseRegion({Rect4})
```

当组件A绑定了.responseRegion({Rect4})的属性后，所有落在Rect4区域范围的触摸事件和手势均可被组件A对应的回调响应。

当组件B绑定了.responseRegion({Rect1, Rect2, Rect3})的属性后，所有落在Rect1、Rect2和Rect3区域范围的触摸事件和手势均可被组件B对应的回调响应。

当绑定了responseRegion后，手势与事件的响应区域范围将以所绑定的区域范围为准，而不是以布局区域为准，因此可能出现布局相关区域不响应手势与事件的情况。

此外，responseRegion属性支持由多个Rect组成的数组作为入参，以支持更多的开发需求。

（2）hitTestBehavior对手势和事件的控制。

hitTestBehavior属性可以实现在复杂的多层级场景下，一些组件能够响应手势和事件，一些组件不能响应手势和事件。

```
ComponentA() {
    ComponentB()
    .onTouch(() => {})
    .gesture(TapGesture({count: 1}))

    ComponentC() {
        ComponentD()
        .onTouch(() => {})
        .gesture(TapGesture({count: 1}))
    }
    .onTouch(() => {})
    .gesture(TapGesture({count: 1}))
    .hitTestBehavior(HitTestMode.Block)
}
```

```
.onTouch(() => {})
.gesture(TapGesture({count: 1}))
```

HitTestMode.Block自身会响应触摸测试，阻塞子节点和兄弟节点的触摸测试，从而导致子节点和兄弟节点的onTouch事件和手势均无法触发。

当组件C未设置hitTestBehavior时，单击组件D区域，组件A、组件C和组件D的onTouch事件会触发，组件D的单击手势会触发。

当组件C设置了hitTestBehavior为HitTestMode.Block时，单击组件D区域，组件A和组件C的onTouch事件会触发，组件D的onTouch事件未触发。同时，组件D的单击手势因为被阻塞而无法触发，组件C的单击手势会触发。

```
Stack A() {
    ComponentB()
    .onTouch(() => {})
    .gesture(TapGesture({count: 1}))

    ComponentC()
    .onTouch(() => {})
    .gesture(TapGesture({count: 1}))
    .hitTestBehavior(HitTestMode.Transparent)
}
.onTouch(() => {})
.gesture(TapGesture({count: 1}))
```

HitTestMode.Transparent自身响应触摸测试，不会阻塞兄弟节点的触摸测试。

当组件C未设置hitTestBehavior时，单击组件B和组件C的重叠区域时，Stack A和组件C的onTouch事件会触发，组件C的单击事件会触发，组件B的onTouch事件和单击手势均不触发。

当组件C设置hitTestBehavior为HitTestMode.Transparent时，单击组件B和组件C的重叠区域，组件A和组件C不受到影响，与之前一致，组件A和组件C的onTouch事件会触发，组件C的单击手势会触发。而组件B因为组件C设置了HitTestMode.Transparent，所以也收到了Touch事件，从而使得组件B的onTouch事件和单击手势触发。

```
ComponentA() {
    ComponentB()
    .onTouch(() => {})
    .gesture(TapGesture({count: 1}))
}
.onTouch(() => {})
.gesture(TapGesture({count: 1}))
.hitTestBehavior(HitTestMode.None)
```

HitTestMode.None自身不响应触摸测试，不会阻塞子节点和兄弟节点的触摸控制。

当组件A未设置hitTestBehavior时，单击组件B区域时，组件A和组件B的onTouch事件均会触发，组件B的单击手势会触发。

当组件A设置hitTestBehavior为HitTestMode.None时，单击组件B区域，组件B的onTouch事件触发，而组件A的onTouch事件无法触发，组件B的单击手势触发。

针对简单的场景，建议在单个组件上绑定hitTestBehavior。

针对复杂场景，建议在多个组件上绑定不同的hitTestBehavior来控制Touch事件的分发。

（3）绑定手势方法对手势的控制。

设置绑定手势方法可以实现在多层级场景下，当父组件与子组件绑定了相同的手势时，不同的绑定手势方法有不同的响应优先级。

当父组件使用.gesture绑定手势，并且父子组件所绑定手势类型相同时，子组件优先于父组件响应。

```
ComponentA() {
    ComponentB()
    .gesture(TapGesture({count: 1}))
}
.gesture(TapGesture({count: 1}))
```

此时，单击组件B区域范围，组件B的单击手势会触发，组件A的单击手势不会触发。

如果以带优先级的方式绑定手势，则可使得父组件所绑定手势的响应优先级高于子组件。

```
ComponentA() {
    ComponentB()
    .gesture(TapGesture({count: 1}))
}
.priorityGesture(TapGesture({count: 1}))
```

此时，单击组件B区域范围，组件A的单击手势会触发，组件B的单击手势不会触发。

如果需要父子组件所绑定的手势不发生冲突，均可响应，则可以使用并行的方式在父组件上绑定手势。

```
ComponentA() {
    ComponentB()
    .gesture(TapGesture({count: 1}))
}
.parallelGesture(TapGesture({count: 1}))
```

此时，单击组件B区域范围，组件A和组件B的单击手势均会触发。

7.4　支持适老化

适老化功能是为老年用户群体优化系统和应用交互体验的一系列设计与技术措施，旨在提升老年人使用智能设备的易用性、可读性和可操作性。

7.4.1　基本概念

适老化功能提供了一种通过鼠标或手指长按来放大所选区域或组件的方式。当系统字体大小大于1倍时，用户使用鼠标或手指长按装配了适老化方法的组件，系统将提取该组件区域内的数据，并将其放入另一个弹窗组件中展示。该方法旨在放大组件及其内部数据（子组件），同时将整体组件在屏幕中央显示，让用户能够更好地观察该组件。

7.4.2　使用约束

在系统字体大于1倍时，组件并没有默认放大，需要通过配置configuration标签，实现组件放大的适老化功能。

1）如何开启适老化

进入手机设置，单击辅助功能，开启关怀模式。

2）适老化操作

在已经支持适老化能力的组件上长按，能够触发弹窗，当用户释放时，适老化操作结束。当设置系统字体大于1倍时，组件自动放大；当系统字体恢复至1倍时，组件恢复正常状态。

3）适老化对象

触发适老化操作并提供数据的组件。

4）适老化弹窗目标

可接收并处理适老化数据的组件。

5）弹窗限制

当用户将系统字体设置为2倍以上时，弹窗内容包括icon和文字的放大倍数固定为2倍。

6）联合其他能力

适老化能力可以适配其他能力（如滑动拖曳）。底部页签（tabBar）组件在触发适老化时，如果用户滑动手指或鼠标，可以触发底部页签其他子组件的适老化功能。

7.4.3　适配适老化的组件及触发方式

支持适老化的组件按触发方式分为两类，长按组件触发和设置系统字体默认放大，如表7-8所示。

表7-8　适老化组件

触发方式	组件名称
长按组件触发	SideBarContainer、tabBar、Navigation、NavDestination、Tabs
设置系统字体默认放大	TextPickerDialog、Button、Menu、Stepper、BindSheet、TextInput/TextArea/Search/SelectionMenu、Chip、Dialog、Slider、Progress、Badge

7.4.4　SideBarContainer示例

SideBarContainer组件通过长按控制按钮触发适老化弹窗。在系统字体为1倍的情况下，长按控制按钮不能弹窗。在系统字体大于1倍的情况下，长按控制按钮可以弹窗。

```
@Entry
@Component
struct PageSideBarContainer {
    @State currentFontSizeScale: number = 1
    normalIcon: Resource = $r("app.media.app_icon")
    selectedIcon: Resource = $r("app.media.app_icon")
    @State arr: number[] = [1, 2, 3]
    @State current: number = 1
    @State title: string = 'Index01';

    build() {
        SideBarContainer(SideBarContainerType.Embed) {
            Column() {
                ForEach(this.arr, (item: number) => {
                    Column({ space: 5 }) {
```

```
                    Image(this.current === item ? this.selectedIcon :
this.normalIcon).width(64).height(64)
                    Text("0" + item)
                        .fontSize(25)
                        .fontColor(this.current === item ? '#0A59F7' : '#999')
                        .fontFamily('source-sans-pro,cursive,sans-serif')
                }
                .onClick(() => {
                    this.current = item;
                    this.title = "Index0" + item;
                })
            }, (item: string) => item)
        }.width('100%')
        .justifyContent(FlexAlign.SpaceEvenly)
        .backgroundColor($r('sys.color.mask_fifth'))
    }
    .controlButton({
        icons: {
            hidden: $r('sys.media.ohos_ic_public_drawer_open_filled'),
            shown: $r('sys.media.ohos_ic_public_drawer_close')
        }
    })
    .sideBarWidth(150)
    .minSideBarWidth(50)
    .maxSideBarWidth(300)
    .minContentWidth(0)
    .onChange((value: boolean) => {
        console.info('status:' + value)
    })
    .divider({ strokeWidth: '1vp', color: Color.Gray, startMargin: '4vp', endMargin:
'4vp' })
    }
}
```

切换系统字体前后长按支持适老化能力的组件，效果如图7-16所示。

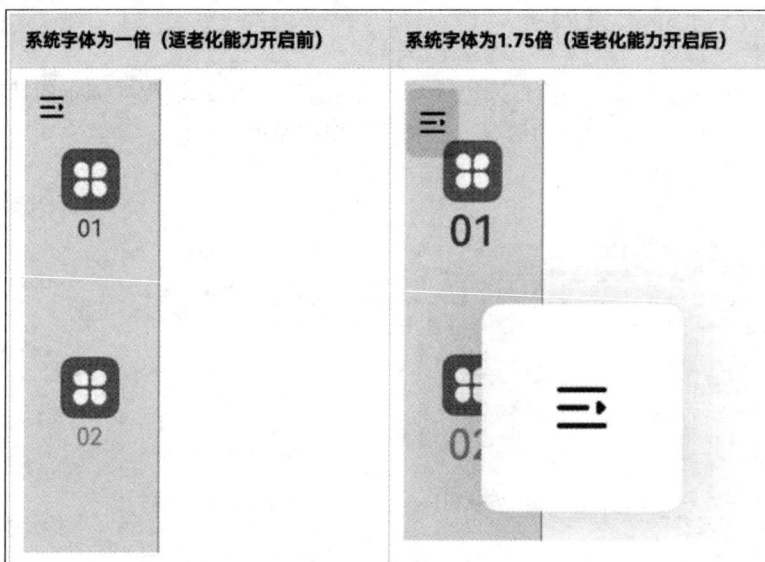

图7-16　侧边栏支持适老化能力效果

7.4.5　TextPickerDialog示例

　　TextPickerDialog组件通过设置系统字体大小来触发适老化弹窗。在系统字体为1倍的情况下，适老化不触发；在系统字体大于1倍的情况下，适老化触发。

```
@Entry
@Component
struct PageTextPicker {
    private select: number | number[] = 0;
    private cascade: TextCascadePickerRangeContent[] = [
        {
            text: '辽宁省',
            children: [{ text: '沈阳市', children: [{ text: '沈河区' }, { text: '和平区' },
{ text: '浑南区' }] },
                { text: '大连市', children: [{ text: '中山区' }, { text: '金州区' }, { text:
'长海县' }] }]
        },
        {
            text: '吉林省',
            children: [{ text: '长春市', children: [{ text: '南关区' }, { text: '宽城区' },
{ text: '朝阳区' }] },
                { text: '四平市', children: [{ text: '铁西区' }, { text: '铁东区' }, { text:
'梨树县' }] }]
        },
        {
            text: '黑龙江省',
            children: [{ text: '哈尔滨市', children: [{ text: '道里区' }, { text: '道外区' },
{ text: '南岗区' }] },
                { text: '牡丹江市', children: [{ text: '东安区' }, { text: '西安区' }, { text:
'爱民区' }] }]
        }
    ]
    @State v: string = '';
    @State showTriggered: string = '';
    private triggered: string = '';
    private maxLines: number = 3;

    linesNum(max: number): void {
        let items: string[] = this.triggered.split('').filter(item => item != '');
        if (items.length > max) {
            this.showTriggered = items.slice(-this.maxLines).join('');
        } else {
            this.showTriggered = this.triggered;
        }
    }

    build() {
        Column() {
            Button("TextPickerDialog.show:" + this.v)
                .onClick(() => {
                    TextPickerDialog.show({
                        range: this.cascade,
                        selected: this.select,
                        onAccept: (value: TextPickerResult) => {
                            this.select = value.index
                            console.log(this.select + '')
```

```
                            this.v = value.value as string
                            console.info("TextPickerDialog:onAccept()"                    +
JSON.stringify(value))
                            if (this.triggered != '') {
                               this.triggered += `onAccept(${JSON.stringify(value)})`;
                            } else {
                               this.triggered = `onAccept(${JSON.stringify(value)})`;
                            }
                            this.linesNum(this.maxLines);
                         },
                         onCancel: () => {
                            console.info("TextPickerDialog:onCancel()")
                            if (this.triggered != '') {
                               this.triggered += `onCancel()`;
                            } else {
                               this.triggered = `onCancel()`;
                            }
                            this.linesNum(this.maxLines);
                         },
                         onChange: (value: TextPickerResult) => {
                            console.info("TextPickerDialog:onChange()"                    +
JSON.stringify(value))
                            if (this.triggered != '') {
                               this.triggered += `onChange(${JSON.stringify(value)})`;
                            } else {
                               this.triggered = `onChange(${JSON.stringify(value)})`;
                            }
                            this.linesNum(this.maxLines);
                         },
                      })
                   })
                   .margin({ top: 60 })
                }
            }
        }
```

切换系统字体前后长按已经支持适老化能力的组件，效果如图7-17所示。

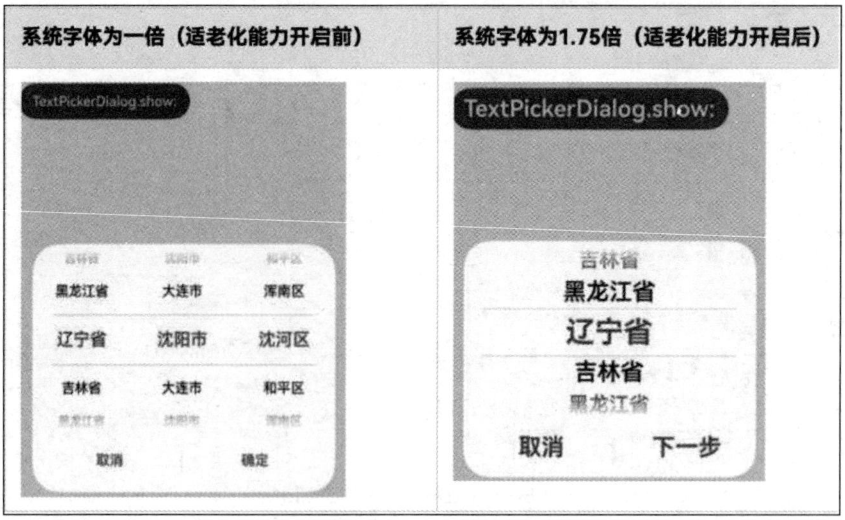

图7-17　文本选择支持适老化能力效果

7.5　主　题　设　置

主题设置是指对应用程序或系统界面的整体视觉风格进行统一配置，以实现一致、美观且符合用户需求的外观表现。主题通常包含颜色、字体、间距、圆角、阴影、图标风格等视觉设计元素的定义。

7.5.1　应用深浅色适配

当前系统存在深浅色两种显示模式，为了给用户更好的使用体验，应用应适配深浅色模式。从应用与系统配置关联的角度来看，适配深浅色模式可以分为下面两种情况：

- 应用跟随系统的深浅色模式。
- 应用主动设置深浅色模式。

1. 应用跟随系统的深浅色模式

1）颜色适配

（1）自定义资源实现。

在resources目录下增加深色模式限定词目录（命名为dark）并新建color.json文件，可显示深色模式颜色资源的配置，如图7-18所示。

例如，开发者可在下面两个.json文件中定义同名配色并赋予不同的色值。

① base/element/color.json文件：

```
{
  "color": [
    {
      "name": "app_title_color",
      "value": "#000000"
    }
  ]
}
```

② dark/element/dark.json文件：

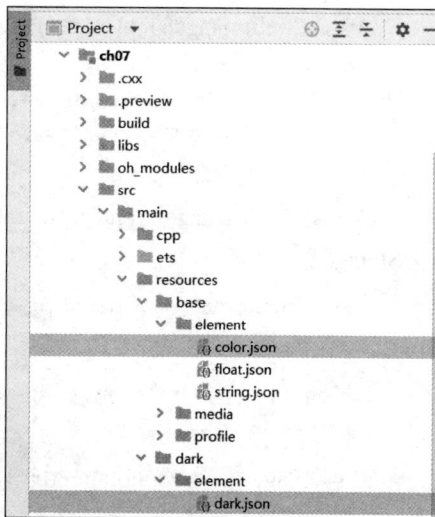

图7-18　resources目录结构示意

```
{
  "color": [
    {
      "name": "app_title_color",
      "value": "#FFFFFF"
    }
  ]
}
```

（2）通过系统资源实现。

开发者可直接使用系统预置资源，即分层参数，同一资源ID在设备类型、深浅色等不同配置下有不同的取值。通过使用系统资源，不同的开发者可以开发出具有相同视觉风格的应用，不需要自定义两份颜色资源，在深浅色模式下也会自动切换成不同的颜色值。例如，开发者可调用系统资源中的文本主要配色来定义应用内文本的颜色。

```
Text('使用系统定义配色').fontColor($r('sys.color.ohos_id_color_text_primary'))
```

2）图片资源适配

采用资源限定词目录的方式。参照颜色适配的方法，将深色模式下对应的同名图片放到 dark/media 目录下，再通过$r的方式加载图片资源的key值，系统在进行深浅色模式切换时，会自动加载对应资源文件中的value值。

对于 SVG 格式的一些简单图标，可以使用fillColor属性配合系统资源改变图片的颜色。这样不通过两套图片资源的方式，也可以实现深浅色模式适配。

```
Image($r('app.media.pic_svg'))
  .width(50)
  .fillColor($r('sys.color.ohos_id_color_text_primary'))
```

3）应用监听深浅色模式切换事件

应用可以主动监听系统深浅色模式变化，进行其他类型的资源初始化等自定义逻辑。无论应用是否跟随系统深浅色模式变化，该监听方式均可生效。

（1）在AbilityStage的onCreate()生命周期中获取APP当前的颜色模式并保存到AppStorage。

```
onCreate(): void {
  hilog.info(0x0000, 'testTag', '%{public}s', 'Ability onCreate');
  AppStorage.setOrCreate('currentColorMode', this.context.config.colorMode);
}
```

（2）在AbilityStage的onConfigurationUpdate()生命周期中获取最新变更的颜色模式并刷新到AppStorage。

```
onConfigurationUpdate(newConfig: Configuration): void {
  AppStorage.setOrCreate('currentColorMode', newConfig.colorMode);
  hilog.info(0x0000, 'testTag', 'the newConfig.colorMode is %{public}s',
JSON.stringify(AppStorage.get('currentColorMode')) ?? '');
}
```

（3）在Page中通过@StorageProp + @Watch方式获取当前最新颜色并监听设备深色模式变化。

```
@StorageProp('currentColorMode') @Watch('onColorModeChange') currentMode: number =
ConfigurationConstant.ColorMode.COLOR_MODE_LIGHT;
```

（4）在aboutToAppear初始化函数中根据当前最新颜色模式刷新状态变量。

```
aboutToAppear(): void {
  if (this.currentMode == ConfigurationConstant.ColorMode.COLOR_MODE_LIGHT) {
    //当前为浅色模式，资源初始化逻辑
  }else {
    //当前为深色模式，资源初始化逻辑
  }
}
```

（5）在@Watch回调函数中执行同样的适配逻辑。

```
onColorModeChange(): void {
  if (this.currentMode == ConfigurationConstant.ColorMode.COLOR_MODE_LIGHT) {
    //当前为浅色模式，资源初始化逻辑
```

```
    }else {
      //当前为深色模式，资源初始化逻辑
    }
  }
```

2. 应用主动设置深浅色模式

应用默认配置为跟随系统切换深浅色模式，如果不希望应用跟随系统深浅色模式变化，可主动设置应用的深浅色风格。设置后，应用的深浅色模式固定，不会随系统改变。

```
onCreate(): void {
  hilog.info(0x0000, 'testTag', '%{public}s', 'Ability onCreate');
  this.context.getApplicationContext().setColorMode(ConfigurationConstant.ColorMode.
COLOR_MODE_DARK);
  }
```

3. 系统默认判断规则

（1）如果应用调用setColorMode接口主动设置了深浅色，则以接口效果优先。

（2）在应用没有调用setColorMode接口时：

● 如果应用工程dark目录下有深色资源，则系统内置组件在深色模式下会自动切换成深色。

● 如果应用工程dark目录下没有任何深色资源，则系统内置组件在深色模式下仍会保持浅色。

当应用全部由系统内置组件/系统颜色开发，且想要跟随系统切换深浅色模式时，请参考以下示例修改代码来保证应用体验。

```
onCreate(): void {
  this.context.getApplicationContext().setColorMode(ConfigurationConstant.ColorMode.
COLOR_MODE_NOT_SET);
  }
```

7.5.2 设置应用内主题换肤

对于采用ArkTS开发的应用，具备应用内组件的主题换肤功能，支持局部的深浅色切换及动态换肤。目前，该功能只支持设置应用内主题换肤，暂不支持在UIAbility或窗口层面进行主题设置，同时也不支持C-API和Node-API。

1. 自定义主题色

当应用需要使用换肤功能时，应自定义主题颜色。CustomTheme用于自定义主题色的内容，其属性可选，仅需要复写需修改的部分，未修改内容将继承系统默认设置，可参考系统默认的token颜色值。读者可参照以下示例自定义主题色：

```
import { CustomColors, CustomTheme } from '@kit.ArkUI'

export class AppColors implements CustomColors {
  //自定义主题色
  brand: ResourceColor = '#FF75D9';
}

export class AppTheme implements CustomTheme {
  public colors: AppColors = new AppColors()
}

export let gAppTheme: CustomTheme = new AppTheme()
```

2. 设置应用内组件自定义主题色

可以在页面入口处统一设置应用内组件自定义主题色，但需确保在页面build前执行ThemeControl。其中，onWillApplyTheme回调函数用于使自定义组件获取当前生效的Theme对象。

```
import { Theme, ThemeControl } from '@kit.ArkUI'
import { gAppTheme } from '../AppTheme'

//在页面build前执行ThemeControl
ThemeControl.setDefaultTheme(gAppTheme)

@Entry
@Component
struct PageDisplay1 {
    @State menuItemColor: ResourceColor = $r('sys.color.background_primary')

    onWillApplyTheme(theme: Theme) {
        this.menuItemColor = theme.colors.backgroundPrimary;
    }
    build() {
        Navigation() {
            Column() {
                List({ space: 10 }) {
                    ListItem() {
                        Column({ space: '5vp' }) {
                            Text('Color mode')
                                .margin({ top: '5vp', left: '14fp' })
                                .width('100%')
                            Row() {
                                Column() {
                                    Text('Light')
                                        .fontSize('16fp')
                                        .textAlign(TextAlign.Start)
                                        .alignSelf(ItemAlign.Center)
                                    Radio({ group: 'light or dark', value: 'light' })
                                        .checked(true)
                                }
                                .width('50%')

                                Column() {
                                    Text('Dark')
                                        .fontSize('16fp')
                                        .textAlign(TextAlign.Start)
                                        .alignSelf(ItemAlign.Center)
                                    Radio({ group: 'light or dark', value: 'dark' })
                                }
                                .width('50%')
                            }
                        }
                        .width('100%')
                        .height('90vp')
                        .borderRadius('10vp')
                        .backgroundColor(this.menuItemColor)
                    }

                    ListItem() {
```

```
                Column() {
                    Text('Brightness')
                        .width('100%')
                        .margin({ top: '5vp', left: '14fp' })
                    Slider({ value: 40, max: 100 })
                }
                .width('100%')
                .height('70vp')
                .borderRadius('10vp')
                .backgroundColor(this.menuItemColor)
            }

            ListItem() {
                Column() {
                    Row() {
                        Column({ space: '5vp' }) {
                            Text('Touch sensitivity')
                                .fontSize('16fp')
                                .textAlign(TextAlign.Start)
                                .width('100%')
                            Text('Increase the touch sensitivity of your screen' +
                                ' for use with screen protectors')
                                .fontSize('12fp')
                                .fontColor(Color.Blue)
                                .textAlign(TextAlign.Start)
                                .width('100%')
                        }
                        .alignSelf(ItemAlign.Center)
                        .margin({ left: '14fp' })
                        .width('75%')

                        Toggle({ type: ToggleType.Switch, isOn: true })
                            .margin({ right: '14fp' })
                            .alignSelf(ItemAlign.Center)
                    }
                    .width('100%')
                    .height('80vp')
                }
                .width('100%')
                .borderRadius('10vp')
                .backgroundColor(this.menuItemColor)
            }
        }
    }
    .padding('10vp')
    .backgroundColor('#dcdcdc')
    .width('100%')
    .height('100%')
}
.title('Display1')
.titleMode(NavigationTitleMode.Mini)
}
}
```

在UIAbility中设置ThemeControl时，需在onWindowStageCreate()方法中调用setDefaultTheme，以设置应用内组件的自定义主题色。

```
import {AbilityConstant, UIAbility, Want } from '@kit.AbilityKit';
import { hilog } from '@kit.PerformanceAnalysisKit';
import { window, CustomColors, ThemeControl } from '@kit.ArkUI';

class AppColors implements CustomColors {
  fontPrimary = 0xFFD53032
  iconOnPrimary = 0xFFD53032
  iconFourth = 0xFFD53032
}
const abilityThemeColors = new AppColors();

export default class EntryAbility extends UIAbility {
  onCreate(want: Want, launchParam: AbilityConstant.LaunchParam) {
    hilog.info(0x0000, 'testTag', '%{public}s', 'Ability onCreate');
  }

  onDestroy() {
    hilog.info(0x0000, 'testTag', '%{public}s', 'Ability onDestroy');
  }

  onWindowStageCreate(windowStage: window.WindowStage) {
    // Main window is created, set main page for this ability
    hilog.info(0x0000, 'testTag', '%{public}s', 'Ability onWindowStageCreate');

    windowStage.loadContent('pages/Index', (err, data) => {
      if (err.code) {
        hilog.error(0x0000, 'testTag', 'Failed to load the content. Cause: %{public}s',
JSON.stringify(err) ?? '');
        return;
      }
      hilog.info(0x0000, 'testTag', 'Succeeded in loading the content. Data: %{public}s',
JSON.stringify(data) ?? '');
      // 在onWindowStageCreate()方法中setDefaultTheme
      ThemeControl.setDefaultTheme({ colors: abilityThemeColors })
      hilog.info(0x0000, 'testTag', '%{public}s', 'ThemeControl.setDefaultTheme done');
    });
  }
}
```

说明： 当setDefaultTheme的参数为undefined，则默认使用系统预设的主题token色值作为对应颜色值。

---

3. 设置应用局部页面自定义主题风格

通过设置WithTheme，可以将自定义主题Theme的配色应用于内部组件的默认样式。在WithTheme的作用范围内，组件的配色会根据Theme的配色进行调整。

如下面示例所示，使用WithTheme({ theme: this.myTheme })可将作用域内组件的配色设置为自定义主题风格。后续可以通过更新this.myTheme来更换主题风格。onWillApplyTheme回调函数用于使自定义组件能够获取当前生效的Theme对象。

```
import { CustomColors, CustomTheme, Theme } from '@kit.ArkUI'

class AppColors implements CustomColors {
  fontPrimary: ResourceColor = $r('app.color.brand_purple')
  backgroundEmphasize: ResourceColor = $r('app.color.brand_purple')
}

class AppColorsSec implements CustomColors {
```

```
  fontPrimary: ResourceColor = $r('app.color.brand')
  backgroundEmphasize: ResourceColor = $r('app.color.brand')
}

class AppTheme implements CustomTheme {
  public colors: AppColors = new AppColors()
}

class AppThemeSec implements CustomTheme {
  public colors: AppColors = new AppColorsSec()
}

@Entry
@Component
struct PageDisplay3 {
  @State customTheme: CustomTheme = new AppTheme()
  @State message: string = '设置应用局部页面自定义主题风格'
  count = 0;

  build() {
    WithTheme({ theme: this.customTheme }) {
      Row(){
        Column() {
          Text('WithTheme')
            .fontSize(30)
            .margin({bottom: 10})
          Text(this.message)
            .margin({bottom: 10})
          Button('change theme').onClick(() => {
            this.count++;
            if (this.count > 1) {
              this.count = 0;
            }
            switch (this.count) {
              case 0:
                this.customTheme = new AppTheme();
                break;
              case 1:
                this.customTheme = new AppThemeSec();
                break;
            }
          })
        }
        .width('100%')
      }
      .height('100%')
      .width('100%')
    }
  }
}
```

4. 设置应用页面局部深浅色

通过WithTheme可以设置3种颜色模式，即跟随系统模式、浅色模式和深色模式。

在WithTheme的作用范围内，组件的样式资源值会根据指定的深浅色模式，读取对应的系统和应用资源值。这意味着，在WithTheme作用范围内，组件的配色会根据所指定的深浅模式进行调整。

在设置局部深浅色时，需要添加dark.json资源文件，深浅色模式才会生效。

dark.json数据示例：

```
{
  "color": [
    {
      "name": "start_window_background",
      "value": "#FFFFFF"
    }
  ]
}
```

以下示例将通过WithTheme({ colorMode: ThemeColorMode.DARK })将作用范围内的组件设置为深色模式。代码如下：

```
@Entry
@Component
struct PageDisplay4 {
  @State message: string = 'Hello World';
  @State colorMode: ThemeColorMode = ThemeColorMode.DARK;

  build() {
    WithTheme({ colorMode: this.colorMode }) {
      Row() {
        Column() {
          Text(this.message)
            .fontSize(50)
            .fontWeight(FontWeight.Bold)
          Button('Switch ColorMode').onClick(() => {
            if (this.colorMode === ThemeColorMode.LIGHT) {
              this.colorMode = ThemeColorMode.DARK;
            } else if (this.colorMode === ThemeColorMode.DARK) {
              this.colorMode = ThemeColorMode.LIGHT;
            }
          })
        }
        .width('100%')
      }
      .backgroundColor($r('sys.color.background_primary'))
      .height('100%')
      .expandSafeArea([SafeAreaType.SYSTEM], [SafeAreaEdge.TOP, SafeAreaEdge.END, SafeAreaEdge.BOTTOM, SafeAreaEdge.START])
    }
  }
}
```

第 **8** 章

公 共 事 件

公共事件是HarmonyOS系统中实现跨应用、跨进程通信的关键机制，主要分为静态订阅和动态订阅两种方式。其核心功能包括：系统事件通知（如网络状态变化、屏幕亮灭等）、自定义事件广播、有序事件传递。开发者需要重点掌握事件发布、订阅和取消订阅的标准流程，理解普通事件、有序事件和粘性事件的区别和应用场景，以及事件权限的声明配置方法。本章将通过典型应用场景，包括状态监听、应用间数据传递、分布式设备协同等，介绍事件订阅的生命周期管理，避免内存泄漏，同时遵循最小权限原则，只订阅必要的事件类型。

8.1　公共事件简介

公共事件包括终端设备用户可感知的亮灭屏事件，以及系统关键服务发布的系统事件（例如USB插拔、网络连接、系统升级）等。公共事件服务（Common Event Service，CES）为应用程序提供订阅、发布、退订公共事件的能力。

1. 公共事件分类

公共事件从系统角度可分为系统公共事件和自定义公共事件。

- 系统公共事件：CES内部定义的公共事件，当前仅支持系统应用和系统服务发布，例如HAP的安装、更新、卸载等公共事件。目前支持的系统公共事件请参见官方文档中的系统公共事件列表。

- 自定义公共事件：应用定义的公共事件，可用于实现跨进程的事件通信能力。

公共事件按发送方式可分为无序公共事件、有序公共事件和粘性公共事件。

- 无序公共事件：CES在转发公共事件时，不考虑订阅者是否接收到该事件，也不保证订阅者接收到该事件的顺序与其订阅顺序一致。

- 有序公共事件：CES在转发公共事件时，根据订阅者设置的优先级，优先将公共事件发送给优先级较高的订阅者，等待它成功接收该公共事件之后，再发送给优先级较低的订阅者。如果多个订阅者具有相同的优先级，则它们将随机接收到公共事件。

- 粘性公共事件：指订阅者在订阅后仍能接收到该事件在订阅之前已发送的事件内容。与普通公共事件（仅在订阅后发送才可接收）不同，粘性公共事件支持"先发送后订阅"或"先订阅后发送"。粘性事件的发送仅限于系统应用或系统服务，且发送者需申请 ohos.permission.COMMONEVENT_STICKY 权限。事件发送后，其最新状态会保留在系统中，供后续订阅者获取。

2. 运作机制

每个应用都可以按需订阅公共事件，订阅成功后，当公共事件发布时，系统会将它发送给对应的应用。这些公共事件可能来自系统、其他应用和应用自身。公共事件示意图如图8-1所示。

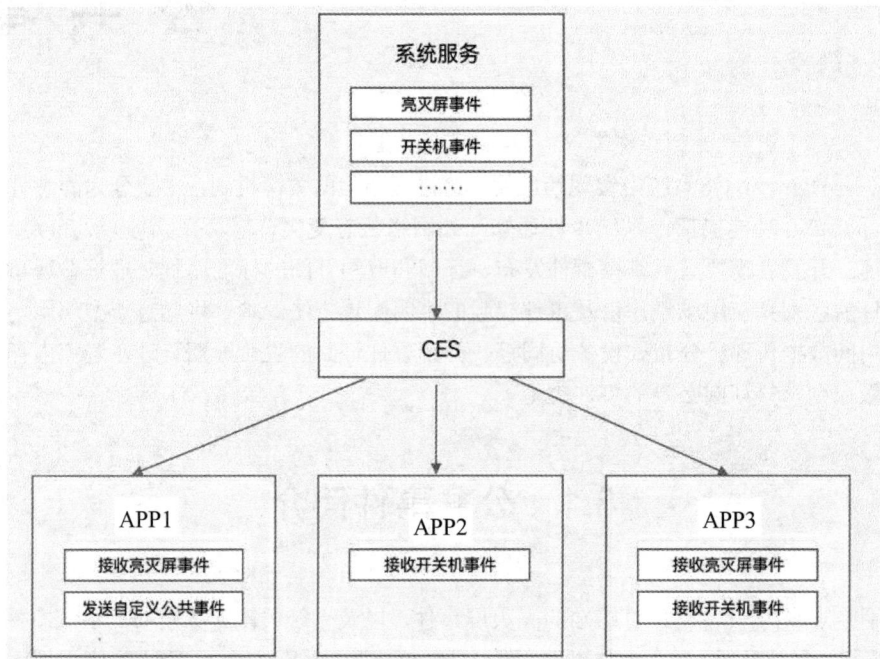

图8-1　公共事件示意图

3. 安全注意事项

（1）公共事件发布方：如果不加限制，那么任何应用都可以订阅公共事件并读取相关信息，应避免在公共事件中携带敏感信息。采用以下方式，可以限制公共事件接收方的范围。

- 通过CommonEventPublishData中的subscriberPermissions参数指定订阅者所需权限。
- 通过CommonEventPublishData中的bundleName参数指定订阅者的包名。

（2）公共事件订阅方：订阅自定义公共事件后，任意应用都可以向订阅者发送潜在的恶意公共事件。采用以下方式，可以限制公共事件发布方的范围。

- 通过CommonEventSubscribeInfo中的publisherPermission参数指定发布者所需权限。
- 通过CommonEventSubscribeInfo中的publisherBundleName参数参数指定发布者的包名。

（3）自定义公共事件：自定义公共事件名称应确保全局唯一，否则可能与其他公共事件产生冲突。

8.2 动态订阅公共事件

动态订阅是指当应用在运行状态时对某个公共事件进行订阅。在运行期间如果有订阅的事件发布，那么订阅了这个事件的应用将会收到该事件及其传递的参数。例如，某个应用希望在其运行期间收到电量过低的事件，并根据该事件降低其运行功耗，那么该应用便可动态订阅电量过低事件，在收到该事件后关闭一些非必要的任务来降低功耗。订阅部分系统公共事件需要先申请权限，订阅这些事件所需要的权限请见官方文档中的公共事件权限列表。

1. 接口说明

订阅公共事件的接口及其描述如表8-1所示。

表8-1 订阅公共事件的接口及其描述

接 口 名	接口描述
createSubscriber(subscribeInfo: CommonEventSubscribeInfo, callback: AsyncCallback<CommonEventSubscriber>): void	创建订阅者对象（callback）
createSubscriber(subscribeInfo: CommonEventSubscribeInfo): Promise<CommonEventSubscriber>	创建订阅者对象（promise）
subscribe(subscriber: CommonEventSubscriber, callback: AsyncCallback<CommonEventData>): void	订阅公共事件

2. 开发步骤

01 导入模块。

```
import { BusinessError, commonEventManager } from '@kit.BasicServicesKit';
import { hilog } from '@kit.PerformanceAnalysisKit';
const TAG: string = 'ProcessModel';
const DOMAIN_NUMBER: number = 0xFF00;
```

02 创建订阅者信息。详细的订阅者信息数据类型及包含的参数请见CommonEventSubscribeInfo 文档介绍。

```
// 用于保存创建成功的订阅者对象，后续使用它完成订阅及退订的动作
let subscriber: commonEventManager.CommonEventSubscriber | null = null;
// 订阅者信息，其中的event字段需要替换为实际的事件名称
let subscribeInfo: commonEventManager.CommonEventSubscribeInfo = {
    events: ['event'], // 订阅灭屏公共事件
};
```

03 创建订阅者。保存返回的订阅者对象subscriber，用于执行后续的订阅、退订等操作。

```
// 创建订阅者回调
commonEventManager.createSubscriber(subscribeInfo, (err: BusinessError, data:
commonEventManager.CommonEventSubscriber) => {
    if (err) {
      hilog.error(DOMAIN_NUMBER, TAG, `Failed to create subscriber. Code is ${err.code},
message is ${err.message}`);
      return;
```

```
  }
  hilog.info(DOMAIN_NUMBER, TAG, 'Succeeded in creating subscriber.');
  subscriber = data;
})
```

04 创建订阅回调函数。订阅回调函数会在接收到事件时触发。订阅回调函数返回的**data**内包含
了公共事件的名称、发布者携带的数据等信息，公共事件数据的详细参数和数据类型请见
CommonEventData文档介绍。

```
// 订阅公共事件回调
if (subscriber !== null) {
  commonEventManager.subscribe(subscriber, (err: BusinessError, data:
commonEventManager.CommonEventData) => {
    if (err) {
      hilog.error(DOMAIN_NUMBER, TAG, `Failed to subscribe common event. Code is ${err.code},
message is ${err.message}`);
      return;
    }
    // ...
  })
} else {
  hilog.error(DOMAIN_NUMBER, TAG, `Need create subscriber`);
}
```

8.3　取消动态订阅公共事件

动态订阅者完成业务需求后，应主动调用**unsubscribe()**方法，取消订阅事件。

1. 接口说明

取消动态订阅公共事件的接口及其描述如表8-2所示。

表8-2　取消动态订阅公共事件的接口及其描述

接　口　名	接口描述
unsubscribe(subscriber: CommonEventSubscriber, callback?: AsyncCallback<void>)	取消订阅公共事件

2. 开发步骤

01 导入模块。

```
import { BusinessError, commonEventManager } from '@kit.BasicServicesKit';
import { hilog } from '@kit.PerformanceAnalysisKit';

const TAG: string = 'ProcessModel';
const DOMAIN_NUMBER: number = 0xFF00;
```

02 根据上一节动态订阅公共事件讲解的步骤来订阅某个事件。

03 调用**CommonEvent**中的**unsubscribe()**方法取消订阅某事件。

```
// subscriber为订阅事件时创建的订阅者对象
if (subscriber !== null) {
```

```
commonEventManager.unsubscribe(subscriber, (err: BusinessError) => {
  if (err) {
    hilog.error(DOMAIN_NUMBER, TAG, `UnsubscribeCallBack err = ${JSON.stringify(err)}`);
  } else {
    hilog.info(DOMAIN_NUMBER, TAG, `Unsubscribe success`);
    subscriber = null;
  }
})
}
```

8.4 发布公共事件

当需要发布某个自定义公共事件时，可以调用publish()方法。发布的公共事件可以携带数据，供订阅者解析并进行下一步处理。

注意：已发出的粘性公共事件，后来的订阅者也可以接收到，其他公共事件需要先订阅再接收。

1. 接口说明

发布公共事件的接口及其描述如表8-3所示。

表8-3 发布公共事件的接口及其描述

接 口 名	接口描述
publish(event: string, callback: AsyncCallback<void>)	发布公共事件
publish(event: string, options: CommonEventPublishData, callback: AsyncCallback<void>)	指定发布信息并发布公共事件

2. 发布不携带信息的公共事件

不携带信息的公共事件，只能发布无序公共事件。

01 导入模块。

```
import { BusinessError, commonEventManager } from '@kit.BasicServicesKit';
import { hilog } from '@kit.PerformanceAnalysisKit';
const TAG: string = 'ProcessModel';
const DOMAIN_NUMBER: number = 0xFF00;
```

02 传入需要发布的事件名称和回调函数，发布事件。

```
// 发布公共事件，其中的event字段需要替换为实际的事件名称
commonEventManager.publish('event', (err: BusinessError) => {
  if (err) {
    hilog.error(DOMAIN_NUMBER, TAG, `Publish failed, code is ${JSON.stringify(err.code)},
message is ${JSON.stringify(err.message)}`);
  } else {
    //...
    hilog.info(DOMAIN_NUMBER, TAG, `Publish success`);
  }
});
```

3. 发布携带信息的公共事件

携带信息的公共事件，可以发布为无序公共事件、有序公共事件和粘性公共事件。具体发布哪一种类型的事件，可以通过参数CommonEventPublishData的isOrdered、isSticky的字段进行设置。

01 导入模块。

```
import { BusinessError, commonEventManager } from '@kit.BasicServicesKit';
import { hilog } from '@kit.PerformanceAnalysisKit';

const TAG: string = 'ProcessModel';
const DOMAIN_NUMBER: number = 0xFF00;
```

02 构建需要发布的公共事件信息。

```
// 公共事件相关信息
let options: commonEventManager.CommonEventPublishData = {
  code: 1, // 公共事件的初始代码
  data: 'initial data', // 公共事件的初始数据
};
```

03 传入需要发布的事件名称、需要发布的指定信息和回调函数，然后发布事件。

```
// 发布公共事件, 其中的event字段需要替换为实际的事件名称。
commonEventManager.publish('event', options, (err: BusinessError) => {
  if (err) {
    hilog.error(DOMAIN_NUMBER, TAG, 'PublishCallBack err = ' + JSON.stringify(err));
  } else {
    //...
    hilog.info(DOMAIN_NUMBER, TAG, 'Publish success');
  }
});
```

第 **9** 章

网 络 服 务

在HarmonyOS的分布式管理体系中，网络服务和数据传输犹如人体神经系统一样至关重要，它们实现了设备之间的信息交流与协同工作。本章将深入剖析网络的奥秘，解析HTTP数据传输以及网络服务管理是如何在分布式环境中发挥关键作用的。

9.1 HTTP数据请求

HTTP数据请求功能主要由http模块提供。使用该功能需要申请ohos.permission.INTERNET权限。

应用通过HTTP发起一个数据请求，支持常见的GET、POST、OPTIONS、HEAD、PUT、DELETE、TRACE、CONNECT等方法。这就像给开发者提供了一套齐全的工具，能够满足各种不同场景下的数据交互需求。

GET方法常用于从服务器获取数据，就像你去图书馆查询书籍信息一样，只获取数据而不修改服务器状态。POST方法则用于向服务器提交数据，例如在用户注册或登录时，将用户输入的信息发送到服务器进行处理。PUT和DELETE方法分别用于更新和删除服务器上的资源，如同在文件管理系统中对文件进行修改和删除操作。

9.1.1 request接口开发步骤

在HarmonyOS应用开发中，request接口通常指HTTP网络请求接口，用于向服务器发起数据请求（如获取或提交数据）。request接口开发步骤如下：

01 从@kit.NetworkKit中导入http命名空间。

```
import { http } from '@kit.NetworkKit';
import { BusinessError } from '@kit.BasicServicesKit';
```

02 创建HTTP请求对象。

调用createHttp()方法，创建一个HttpRequest对象，这个对象将作为后续操作的核心。

```
// 每一个httpRequest对应一个HTTP请求任务，不可复用
let httpRequest = http.createHttp();
```

03 订阅响应头事件（可选）。

调用该对象的on()方法，订阅HTTP响应头事件，以便在接收到响应头时获取相关信息。此接口会比request请求先返回。用户可以根据业务需要订阅此消息。例如，我们可以在收到响应头时打印出一些关键信息。

```
// 用于订阅HTTP响应头，此接口会比request请求先返回。可以根据业务需要订阅此消息
httpRequest.on('headersReceive', (header) => {
  console.info('header: ' + JSON.stringify(header));
});
```

04 发起HTTP请求。

调用该对象的request()方法，传入HTTP请求的URL地址和可选参数，发起HTTP网络请求。假设服务器提供了一个获取天气数据的接口，地址为"https://api.weather.com/data"。

05 按照实际业务需要，解析返回的结果。

06 调用该对象的off()方法，取消订阅HTTP响应头事件。

07 当该请求使用完毕时，调用destroy()方法主动销毁。

示例代码如下：

```
httpRequest.request(
  // 填写HTTP请求的URL地址，可以带参数也可以不带参数。URL地址需要开发者自定义。请求的参数可以在
extraData中指定
  "https://api.weather.com/data",
  {
    method: http.RequestMethod.POST, // 可选，默认为http.RequestMethod.GET
    // 开发者根据自身业务需要添加header字段
    header: {
      'Content-Type': 'application/json'
    },
    // 当使用POST请求时，此字段用于传递请求体内容，具体格式与服务端协商确定
    extraData: "data to send",
    expectDataType: http.HttpDataType.STRING, // 可选，指定返回数据的类型
    usingCache: true, // 可选，默认为true
    priority: 1, // 可选，默认为1
    connectTimeout: 60000, // 可选，默认为60000ms
    readTimeout: 60000, // 可选，默认为60000ms
    usingProtocol: http.HttpProtocol.HTTP1_1, // 可选，协议类型默认值由系统自动指定
    usingProxy: false, // 可选，默认不使用网络代理，自API 10开始支持该属性
    caPath:'/path/to/cacert.pem', // 可选，默认使用系统预制证书，自API 10开始支持该属性
    clientCert: { // 可选，默认不使用客户端证书，自API 11开始支持该属性
      certPath: '/path/to/client.pem', // 默认不使用客户端证书，自API 11开始支持该属性
      keyPath: '/path/to/client.key', //若证书包含Key信息，则传入空字符串，自API 11开始支持该属性
      certType: http.CertType.PEM, // 可选，默认使用PEM，自API 11开始支持该属性
      keyPassword: "passwordToKey" // 可选，输入key文件的密码，自API 11开始支持该属性
    },
    multiFormDataList: [ // 可选，仅当Header中'content-Type'为'multipart/form-data'时生效，
自API 11开始支持该属性
      {
        name: "Part1", // 数据名，自API 11开始支持该属性
        contentType: 'text/plain', // 数据类型，自API 11开始支持该属性
        data: 'Example data', // 可选，数据内容，自API 11开始支持该属性
        remoteFileName: 'example.txt' // 可选，自API 11开始支持该属性
      }, {
```

```
        name: "Part2", // 数据名，自API 11开始支持该属性
        contentType: 'text/plain', // 数据类型，自API 11开始支持该属性
        // data/app/el2/100/base/com.example.myapplication/haps/entry/files/fileName.txt
        filePath: `${getContext(this).filesDir}/fileName.txt`, // 可选，传入文件路径，自API 11
开始支持该属性
        remoteFileName: 'fileName.txt' // 可选，自API 11开始支持该属性
      }
    ]
  }, (err: BusinessError, data: http.HttpResponse) => {
    if (!err) {
      // data.result为HTTP响应内容，可根据业务需要进行解析
      console.info('Result:' + JSON.stringify(data.result));
      console.info('code:' + JSON.stringify(data.responseCode));
      // data.header为HTTP响应头，可根据业务需要进行解析
      console.info('header:' + JSON.stringify(data.header));
      console.info('cookies:' + JSON.stringify(data.cookies)); // 8+
      // 当该请求使用完毕时，调用destroy方法主动销毁
      httpRequest.destroy();
    } else {
      console.error('error:' + JSON.stringify(err));
      // 取消订阅HTTP响应头事件
      httpRequest.off('headersReceive');
      // 当该请求使用完毕时，调用destroy方法主动销毁
      httpRequest.destroy();
    }
  }
);
```

9.1.2　requestInStream接口开发步骤

requestInStream是HarmonyOS中用于流式上传数据的HTTP接口，通过InputStream分段写入请求体，适用于大文件或内存受限场景。requestInStream接口开发步骤如下：

01 从@kit.NetworkKit中导入http命名空间。

02 调用createHttp()方法，创建一个HttpRequest对象。

03 调用该对象的on()方法，可以根据业务需要订阅HTTP响应头事件、HTTP流式响应数据接收事件、HTTP流式响应数据接收进度事件和HTTP流式响应数据接收完毕事件。

04 调用该对象的requestInStream()方法，传入HTTP请求的URL地址和可选参数，发起网络请求。

05 按照实际业务需要，解析返回的响应码。

06 调用该对象的off()方法，取消订阅响应事件。

07 当该请求使用完毕时，调用destroy()方法主动销毁。

示例代码如下：

```
// 引入包名
import { http } from '@kit.NetworkKit';
import { BusinessError } from '@kit.BasicServicesKit';

// 每一个httpRequest对应一个HTTP请求任务，不可复用
let httpRequest = http.createHttp();
// 用于订阅HTTP响应头事件
httpRequest.on('headersReceive', (header: Object) => {
  console.info('header: ' + JSON.stringify(header));
```

```
  });
  // 用于订阅HTTP流式响应数据接收事件
  let res = new ArrayBuffer(0);
  httpRequest.on('dataReceive', (data: ArrayBuffer) => {
    const newRes = new ArrayBuffer(res.byteLength + data.byteLength);
    const resView = new Uint8Array(newRes);
    resView.set(new Uint8Array(res));
    resView.set(new Uint8Array(data), res.byteLength);
    res = newRes;
    console.info('res length: ' + res.byteLength);
  });
  // 用于订阅HTTP流式响应数据接收完毕事件
  httpRequest.on('dataEnd', () => {
    console.info('No more data in response, data receive end');
  });
  // 用于订阅HTTP流式响应数据接收进度事件
  class Data {
    receiveSize: number = 0;
    totalSize: number = 0;
  }
  httpRequest.on('dataReceiveProgress', (data: Data) => {
    console.log("dataReceiveProgress receiveSize:" + data.receiveSize + ", totalSize:" +
data.totalSize);
  });

  let streamInfo: http.HttpRequestOptions = {
    method: http.RequestMethod.POST,  // 可选，默认为http.RequestMethod.GET
    // 开发者根据自身业务需要添加header字段
    header: {
      'Content-Type': 'application/json'
    },
    // 当使用POST请求时，此字段用于传递请求体内容，具体格式与服务端协商确定
    extraData: "data to send",
    expectDataType:  http.HttpDataType.STRING,// 可选，指定返回数据的类型
    usingCache: true, // 可选，默认为true
    priority: 1, // 可选，默认为1
    connectTimeout: 60000, // 可选，默认为60000ms
    readTimeout: 60000, // 可选，默认为60000ms。若传输的数据较大，需要较长的时间，则建议增大该参数以
保证数据传输正常终止
    usingProtocol: http.HttpProtocol.HTTP1_1 // 可选，协议类型默认值由系统自动指定
  }

  // 填写HTTP请求的URL地址，可以带参数也可以不带参数。URL地址需要开发者自定义。请求的参数可以在
extraData中指定
  httpRequest.requestInStream("EXAMPLE_URL", streamInfo).then((data: number) => {
    console.info("requestInStream OK!");
    console.info('ResponseCode :' + JSON.stringify(data));
    // 取消订阅HTTP响应头事件
    httpRequest.off('headersReceive');
    // 取消订阅HTTP流式响应数据接收事件
    httpRequest.off('dataReceive');
    // 取消订阅HTTP流式响应数据接收进度事件
    httpRequest.off('dataReceiveProgress');
    // 取消订阅HTTP流式响应数据接收完毕事件
    httpRequest.off('dataEnd');
    // 当该请求使用完毕时，调用destroy方法主动销毁
```

```
    httpRequest.destroy();
}).catch((err: Error) => {
    console.info("requestInStream ERROR : err = " + JSON.stringify(err));
});
```

9.1.3 证书锁定

可以通过预置应用级证书或者预置证书公钥哈希值的方式来进行证书锁定，即只有开发者特别指定的证书才能正常建立https连接。

上述两种方式都是在配置文件中配置的，配置文件在APP中的路径是 src/main/resources/base/profile/network_config.json。在该配置中，可以为预置的证书与网络服务器建立对应关系。

如果不知道服务器域名的证书，可以通过以下方式访问该域名获取证书。注意，把www.example.com改成想要获取域名证书的域名，www.example.com.pem改成想保存的证书文件名。

```
openssl s_client -servername www.example.com -connect www.example.com:443 \
    < /dev/null | sed -n "/-----BEGIN/,/-----END/p" > www.example.com.pem
```

如果读者的环境是Windows系统，则需要注意：

- 将/dev/null替换成NUL。
- 和Linux的OpenSSL表现不同，此处OpenSSL可能会等待用户输入才会退出，按Enter键即可。
- 如果没有sed命令，将输出中从"-----BEGIN CERTIFICATE-----"到"-----END CERTIFICATE-----"之间的部分复制下来保存即可（复制部分包括这两行）。

1. 预置应用级证书

直接把证书原文件预置在APP中。目前支持crt和pem格式的证书文件。注意，当前ohos.net.http和Image组件的证书锁定，会匹配证书链上所有证书的哈希值，服务器更新任意一个证书，都会导致校验失败。如果服务器出现了更新证书的情况，APP版本应当随之更新并推荐消费者尽快升级APP版本，否则可能导致联网失败。

2. 预置证书公钥哈希值

通过在配置中指定域名证书公钥的哈希值，只允许使用与公钥哈希值匹配的域名证书访问此域名。

域名证书的公钥哈希值可以用如下命令计算，这里假设域名证书是通过上面的openssl命令获得的，并保存在www.example.com.pem文件中。以"#"开头的行是注释，可以不用输入。

```
# 从证书中提取出公钥
openssl x509 -in www.example.com.pem -pubkey -noout > www.example.com.pubkey.pem
# 将pem格式的公钥转换成der格式
openssl asn1parse -noout -inform pem -in www.example.com.pubkey.pem -out
www.example.com.pubkey.der
# 计算公钥的SHA256并转换成base64编码
openssl dgst -sha256 -binary www.example.com.pubkey.der | openssl base64
```

3. JSON配置文件示例

预置应用级证书的配置示例如下：

```
{
    "network-security-config": {
        "base-config": {
            "trust-anchors": [
```

```
      {
        "certificates": "/etc/security/certificates"
      }
    ]
  },
  "domain-config": [
    {
      "domains": [
        {
          "include-subdomains": true,
          "name": "example.com"
        }
      ],
      "trust-anchors": [
        {
          "certificates": "/data/storage/el1/bundle/entry/resources/resfile"
        }
      ]
    }
  ]
  }
}
```

预置证书公钥哈希值的配置示例如下：

```
{
  "network-security-config": {
    "domain-config": [
      {
        "domains": [
          {
            "include-subdomains": true,
            "name": "server.com"
          }
        ],
        "pin-set": {
          "expiration": "2024-11-08",
          "pin": [
            {
              "digest-algorithm": "sha256",
              "digest": "FEDCBA987654321"
            }
          ]
        }
      }
    ]
  }
}
```

9.2　实战：HTTP请求获取网络天气信息

　　精准且稳定的天气数据是本节示例应用的核心。本示例选用高德地图提供的天气预报文件获取天气数据，高德地图提供的天气预报的网址是https://lbs.amap.com/api/webservice/guide/api/weatherinfo。

通过这个网址可以申请个人开发者权限得到相应的key值,再通过key值获取天气预报的JSON文件。

```
https://restapi.amap.com/v3/weather/weatherInfo?city=<城市天气代码>&key=<个人开发者获取的
key值>&extensions=all
```

通过上述的网址在每一个<>中填入对应的数据，就可以获得城市天气代码所对应的城市连续4天的天气预报信息。

9.2.1 获取数据接口

01 注册成为高德地图开发者后，申请Web服务API，如图9-1所示。

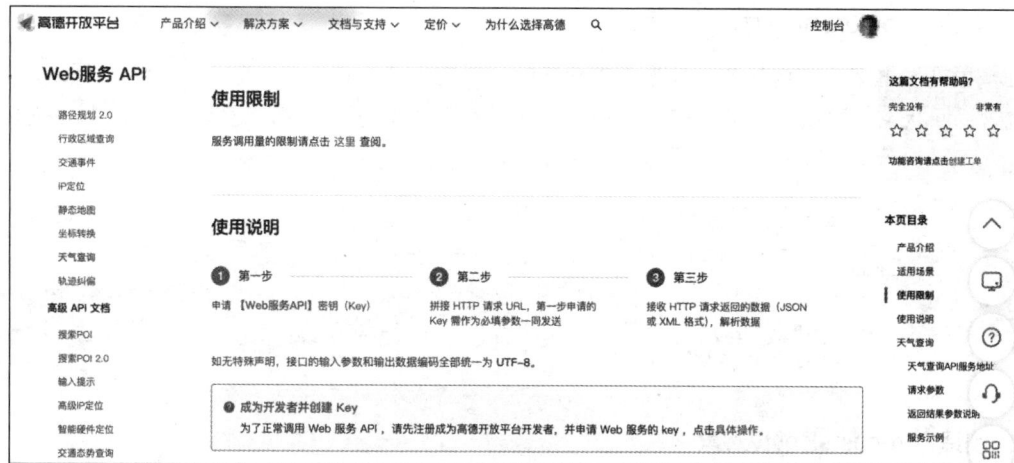

图9-1　高德地图开发者网站

02 按照流程申请应用Key。访问链接https://lbs.amap.com/api/webservice/create-project-and-key，按照页面提示获取应用key。

笔者申请好key，访问URL链接https://restapi.amap.com/v3/weather/weatherInfo?city=120000&key=0260b04651b210a074f359358853e1d9&extensions=all，即可获取天气JSON文件。

9.2.2 配置开发环境

01 配置权限。访问网络需要ohos.permission.INTERNET权限，需要在module.json文件中配置，如图9-2所示。

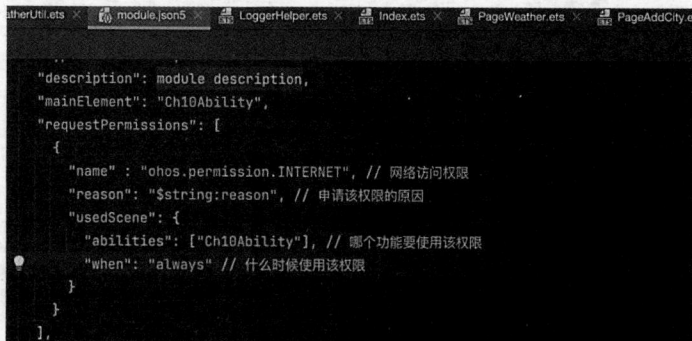

图9-2　配置网络访问权限

02　配置使用HTTP协议的API也能正常访问。在module和app同级添加如下信息：

```
"deviceConfig": {
  "default": {
    "network": {
      "cleartextTraffic": true
    }
  }
},
```

9.2.3　创建对象存储数据

1. 创建WeatherEntity对象

在鸿蒙开发框架下，构建数据模型类以承接解析后的天气数据。例如创建WeatherEntity类，成员变量包含返回状态、数量、信息、信息代码及天气列表等，各变量与接口返回数据字段精准对应。

```
import { ForecastsEntity } from './ForecastsEntity';

export class WeatherEntity {
    status:number = 0;
    count:number = 0;
    info: string = '';
    infocode:number = 0;
    forecasts:Array<ForecastsEntity> = [];
}
```

2. 创建ForecastsEntity对象

创建ForecastsEntity类，成员变量包含城市、城市代码、省份、天气预报时间以及最近4天天气的具体情况，各变量与接口返回数据字段需要精准对应。

```
import { CastsEntity } from './CastsEntity';

export class ForecastsEntity {
    city: string = '';
    adcode: number = 0;
    province: string = '';
    reporttime: string = '';
    casts: Array<CastsEntity> = [];
}
```

3. 创建CastsEntity对象

创建CastsEntity类，成员变量包含日期、白天天气、夜间天气、白天温度、夜间温度等，各变量与接口返回数据字段需要精准对应。

```
export class CastsEntity {
    date:string = '';
    dayweather:string = '';
    nightweather:string = '';
    daytemp:number = 0;
    nighttemp:string = '';
    daywind:string = '';
    daypower:string = '';
    daytemp_float:number = 0;
    nighttemp_float:number = 0;
}
```

9.2.4　创建获取天气类

首先定义一个getWeather函数，用于获取单个城市的天气信息；然后定义getWeathers函数，在这个函数中调用getWeather函数，用于获取多个城市的天气信息；最后创建一个工具类的对象get，通过该对象调用该工具类的getWeather方法和getWeathers方法。通过城市代码获取该城市对应的天气情况的具体代码如下：

```
import { WeatherEntity } from '../module/WeatherEntity'

import { http } from '@kit.NetworkKit'
import LoggerHelper from './LoggerHelper';

class GetWeatherUtil {
    //发送一个URL，返回对应的数据
    getWeather(cityCode: number) {
        return new Promise<WeatherEntity>((resolve, reject) => {
            let key = '0260b04651b210a074f359358853e1d9'; //高德地图天气秘钥
            let request = http.createHttp()
            let url = `https://restapi.amap.com/v3/weather/weatherInfo?city=${cityCode}
&key=${key}&extensions=all`
            LoggerHelper.debug("========= GetWeatherUtil.getWeather.url: %s", url)
            let result = request.request(url)
            result.then((res) => {
                if (res.responseCode === 200) {
                    resolve(JSON.parse(res.result.toString()))
                }
            }).catch((err: Error) => {
                LoggerHelper.error("==================", err.message)
            })
        })
    }


    //直接发送多个URL，结果一并返回
    async getWeathers(cityCodes: Array<number>): Promise<Array<WeatherEntity>> {
        let promises: Array<Promise<WeatherEntity>> = []
        let weatherEntity: Array<WeatherEntity> = []
        for (let i = 0; i < cityCodes.length; i++) {
            promises.push(this.getWeather(cityCodes[i]))
        }
        await Promise.all(promises).then(result => {
            for (const element of result) {
                LoggerHelper.error("==================",element.forecasts[0].city)
            }
            weatherEntity = result
        })
        return weatherEntity
    }
}

let getWeatherUtil = new GetWeatherUtil();

export default getWeatherUtil;
```

9.2.5　创建天气显示界面

在APP主界面中，通过使用生命周期函数中的aboutToAppear函数，使得数据在页面生成时就已经加载完毕。

当利用router.getParams()获取路由跳转所传递的数据时，所有的router.getParams()函数所携带的数据都是一样的。

而在生命周期函数中，都是先执行aboutToAppear()，再执行onPageShow()，所以如果不进行任何处理，接收数据的变量cityName会被赋值两次。但是在onPageShow()中，所传递的参数中并没有info字段，所以解析不出来对应的数据。因此，在onPageShow()中应当进行判断：如果可以解析出info，说明是从选择城市页面中传递的数据，可以对cityName进行赋值；如果不能解析出info，说明是从天气主页面中传递的数据，那么在onPageShow()中就不要对cityName进行二次赋值，因为解析不出来对应的数据。

因此，在设置页面中，需要先注意一下所传递的参数是从哪个页面传递过来的，再进行对应的赋值。

1. 主界面

主界面的示例代码如下：

```
import { WeatherEntity } from '../module/WeatherEntity'
import getWeatherUtil from '../utils/GetWeatherUtil'
import { router } from '@kit.ArkUI'
import { CityView } from './view/CityView'
import LoggerHelper from '../utils/LoggerHelper'

interface IParams {
    codes: number[]
    names: string[]
}

@Entry
@Component
struct PageWeather {
    //城市代码集合
    @State cityCodeList: number[] = [110000, 120000]
    //城市名字集合
    @State cityNameList: string[] = []
    //城市信息集合
    @State cityWeatherList: Array<WeatherEntity> = []
    //当前城市索引
    @State curIndex: number = 0
    tabsController: TabsController = new TabsController()

    //按钮样式
    @Builder
    tabBtn(index: number) {
        Circle({ width: 10, height: 10 })
            .fill(this.curIndex === index ? Color.White : Color.Gray).opacity(0.6)
    }

    onPageShow(): void {
        const params = router.getParams() as IParams
        if (params) {
            if (params.codes) {
```

```
            this.cityCodeList = params.codes
        }
        this.cityNameList = []
        this.cityWeatherList = []
        this.initDate()
    } else {
        LoggerHelper.error("============PageWeather.onPageShow null")
    }
}

//获取数据
aboutToAppear(): void {
    this.initDate()
}

//初始化方法
async initDate() {
    let result: Array<WeatherEntity> = await getWeatherUtil.getWeathers(this.cityCodeList)
    for (let i = 0; i < result.length; i++) {
        this.cityWeatherList.push(result[i])
        this.cityNameList.push(result[i].forecasts[0].city)
    }
}

build() {
    Column() {
        Row() {
            Button('添加')
                .fontSize(25)
                .fontColor(Color.Gray)
                .opacity(0.7)
                .backgroundColor('#87ceeb')
                .margin({ bottom: 15 })
                .onClick(() => {
                    router.pushUrl({
                        url: 'pages/PageAddCity',
                        params: {
                            codes: this.cityCodeList,
                            names: this.cityNameList
                        }
                    })
                })
            Text(this.cityNameList[this.curIndex])
                .fontSize(40)
                .fontColor(Color.Orange)
            Button('删除')
                .fontSize(25)
                .fontColor(Color.Gray)
                .opacity(0.7)
                .backgroundColor('#87ceeb')
                .margin({ bottom: 15 })
                .onClick(() => {
                    AlertDialog.show({
                        title: '删除',
                        message: `你确定要删除${this.cityNameList[this.curIndex]}吗`,
                        confirm: {
                            value: '确定',
                            action: () => {
```

```
                                        this.cityNameList     =     this.cityNameList.filter(item=>
item!==this.cityNameList[this.curIndex])
                                        this.cityCodeList     =     this.cityCodeList.filter(item=>
item!==this.cityCodeList[this.curIndex])
                                        this.cityWeatherList = this.cityWeatherList.filter(item=>
item!==this.cityWeatherList[this.curIndex])
                                    }
                                }
                            })
                        })
                    }
                    .width('100%')
                    .justifyContent(FlexAlign.SpaceBetween)

                Tabs({ barPosition: BarPosition.Start, controller: this.tabsController }) {
                    ForEach(this.cityWeatherList, (cityWeather: WeatherEntity) => {
                        TabContent() { CityView({ casts: cityWeather.forecasts[0].casts })
                        }
                        .tabBar(this.tabBtn(this.cityWeatherList.findIndex(obj  =>  obj  ===
cityWeather)))
                    })
                }
                .barWidth(20)
                .barHeight(40)
                .onChange((index: number) => {
                    this.curIndex = index
                })
            }
            .width('100%')
            .height('100%')
            .backgroundColor('#87ceeb')
        }
    }
```

2. 天气展示界面

主要展示天气信息，代码如下：

```
import { CastsEntity } from "../../module/CastsEntity"

@Extend(Text)
function weatherInfo() {
    .fontSize(30)
    .fontColor(Color.White)
    .fontWeight(FontWeight.Bold)
}

@Component
export struct CityView {
    //获取数据
    //城市天气数据
    casts: Array<CastsEntity> = []

    @Builder weatherImg(weather:string,size:number){
        if (weather === '晴') {
            Image($r('app.media.sun'))
                .width(size)
        } else if (weather === '阴') {
```

```
            Image($r('app.media.cloudy'))
                .width(size)
        } else if (weather.includes('雨')) {
            Image($r("app.media.smallrain"))
                .width(size)
        }else if (weather === '多云') {
            Image($r("app.media.clouds"))
                .width(size)
        }
    }
    //展示数据
    build() {
        Column() {
            Column({ space: 10 }) {
                //当前天气数据
                ForEach(this.casts, (cast: CastsEntity) => {
                    if (this.casts[0] === cast) {
                        //图片
                        Row() {
                            this.weatherImg(cast.dayweather,250)
                        }
                        //天气温度
                        Row({ space: 10 }) {
                            Text(cast.dayweather)
                                .weatherInfo()
                            Text(" " + cast.daytemp + "℃ ~" + cast.nighttemp + '℃')
                                .weatherInfo()

                        }

                        Row({ space: 10 }) {
                            Text(cast.daywind + '风')
                                .weatherInfo()

                            Text(cast.daypower + '级')
                                .weatherInfo()

                        }
                    }
                })
            }
            Column({space:10}){
                //近期天气数据
                Text('近期天气查询')
                    .fontSize(26)
                    .margin({ top: 30 })
                //天气列表
                Row() {
                    ForEach(this.casts, (cast: CastsEntity) => {
                        Column() {
                            Text(cast.date.substring(5))
                            this.weatherImg(cast.dayweather,30)

                            Text(cast.daytemp.toString()+'℃')
                            Line()
                                .width(20)
                                .height(80)
                                .startPoint([10,0])
```

```
                          .endPoint([10,70])
                          .stroke(Color.Black)
                          .strokeWidth(3)
                          .strokeDashArray([10,3])
                      Text(cast.nighttemp.toString()+'℃')
                      this.weatherImg(cast.nightweather,30)
                }
                .width('20%')
                .height('90%')
            })
        }
        .width('80%')
        .opacity(0.5)
        .justifyContent(FlexAlign.SpaceAround)
      }
    }
    .height('100%')
    .justifyContent(FlexAlign.Start)
  }
}
```

3. 添加城市界面

添加不同城市的天气，代码如下：

```
import { router } from '@kit.ArkUI'
import LoggerHelper from '../utils/LoggerHelper'

interface IParams{
    codes:number[]
    names:string[]
}

@Extend(Row)
function ItemRow(){
    .height(120)
    .width('100%')
    .padding(20)
}


@Builder
function primaryItem(name:string){
    Text(name)
        .fontSize(35)
        .fontColor(Color.White)
}

@Entry
@Component
struct PageAddCity {
    @State AllCityCodeList:Array<number> = [110000,120000,130000,140000,210000,220000,
310000]
    @State AllCityNameList:Array<string> = ['北京市','天津市','河北省','山西省','辽宁省','吉
林省','上海市']

    //接受params
    @State cityCodeList:number[] = []
    @State cityNamelist:string[]  = []
```

```
        onPageShow(): void {
            let params = router.getParams() as IParams
            this.cityCodeList = params.codes
            this.cityNamelist = params.names
        }

        build() {
        Column() {
            Row() {
                Text('添加城市列表')
                    .fontSize(35)
                    .fontColor(Color.White)
                Blank()
                Button('完成')
                    .fontSize(26)
                    .backgroundColor("")
                    .onClick(()=>{
                        for( const citycode of this.cityCodeList) {
                            LoggerHelper.info("============PageAddCity.finish.click.
citycode :", citycode.toString() )
                        }
                        router.back({
                            url:'pages/PageWeather',
                            params:{
                                codes:this.cityCodeList,
                            }
                        })
                    })
            }
            .width('95%')
            Column(){
                List(){
                    ForEach(this.AllCityNameList,(name:string)=>{
                        ListItem(){
                            Column(){
                                if(this.cityNamelist.includes(name)){
                                    Row(){
                                        primaryItem(name)
                                        Blank()
                                        Text('已添加')
                                            .fontSize(18)
                                            .opacity(0.8)
                                            .height('100%')
                                            .padding(20)
                                            .fontWeight(FontWeight.Bold)
                                    }
                                    .ItemRow()
                                    .backgroundColor('#4682b4')
                                } else {
                                    Row(){
                                        primaryItem(name)
                                        Blank()
                                        Button('添加')
                                            .fontSize(18)
                                            .margin({right:15})
                                            .fontWeight(FontWeight.Bold)
                                            .onClick( () => {
```

```
                                        LoggerHelper.error("============PageAddCity.
click..... :" )

                                        //根据name获取索引
                                        let     index    =    this.AllCityNameList.
findIndex(obj=>obj===name)
                                        //根据索引获得城市代码
                                        let      cityCode:number      =      this.
AllCityCodeList[index]

                                        LoggerHelper.error
("============PageAddCity.click.cityCode.... :", cityCode.toString() )

                                        //将编码加入列表中
                                        this.cityCodeList.push(cityCode)
                                        this.cityNamelist.push(name)
                                        for( const citycode of this.cityCodeList) {
                                            LoggerHelper.info
("============PageAddCity.click.citycode :", citycode.toString() )
                                        }
                                    })
                                .ItemRow()
                            }

                            Divider().strokeWidth(5)
                        }
                    }
                    .margin({top:10})

                })
            }
        }

    }
    .width('100%')
    .height('100%')
    .backgroundColor('#87ceeb')
    }
}
```

9.3　WebSocket连接

使用WebSocket建立服务器与客户端之间的双向连接，需要先通过createWebSocket()方法创建WebSocket对象，然后通过connect()方法连接到服务器。当连接成功后，客户端会收到打开事件的回调，之后就可以通过send()方法与服务器进行通信。当服务器发信息给客户端时，客户端会收到message事件的回调。当客户端不再需要此连接时，可以调用close()方法主动断开连接，之后客户端会收到关闭事件的回调。

若在上述任一过程中发生错误，客户端会收到error事件的回调。

WebSocket支持心跳检测机制，在客户端和服务端建立WebSocket连接之后，每间隔一段时间，客户端会发送Ping帧给服务器，服务器收到后应立即回复Pong帧。

1. 接口说明

WebSocket连接功能主要由webSocket模块提供。使用该功能需要申请ohos.permission.INTERNET权限。具体接口说明如表9-1所示。

表9-1　WebSocket接口说明

接　口　名	描　述
createWebSocket()	创建一个WebSocket连接
connect()	根据URL地址，建立一个WebSocket连接
send()	通过WebSocket连接发送数据
close()	关闭WebSocket连接
on(type: 'open')	订阅WebSocket的打开事件
off(type: 'open')	取消订阅WebSocket的打开事件
on(type: 'message')	订阅WebSocket的接收到服务器的消息事件
off(type: 'message')	取消订阅WebSocket的接收到服务器的消息事件
on(type: 'close')	订阅WebSocket的关闭事件
off(type: 'close')	取消订阅WebSocket的关闭事件
on(type: 'error')	订阅WebSocket的error事件
off(type: 'error')	取消订阅WebSocket的error事件

2. 开发步骤

01 导入需要的webSocket模块。

02 创建一个WebSocket连接，返回一个WebSocket对象。

03 （可选）订阅WebSocket的打开、消息接收、关闭、error事件。

04 根据URL地址，发起WebSocket连接。

05 使用完WebSocket连接之后，主动断开连接。

示例代码如下：

```
import { webSocket } from '@kit.NetworkKit';
import { BusinessError } from '@kit.BasicServicesKit';

let defaultIpAddress = "ws://";
let ws = webSocket.createWebSocket();
ws.on('open', (err: BusinessError, value: Object) => {
  console.log("on open, status:" + JSON.stringify(value));
  // 当收到on('open')事件时，可以通过send()方法与服务器进行通信
  ws.send("Hello, server!", (err: BusinessError, value: boolean) => {
    if (!err) {
      console.log("Message send successfully");
    } else {
      console.log("Failed to send the message. Err:" + JSON.stringify(err));
    }
  });
});
ws.on('message', (err: BusinessError, value: string | ArrayBuffer) => {
```

```
      console.log("on message, message:" + value);
      // 当收到服务器的`bye`消息时（此消息字段仅为示意，具体字段需要与服务器协商），主动断开连接
      if (value === 'bye') {
       ws.close((err: BusinessError, value: boolean) => {
         if (!err) {
          console.log("Connection closed successfully");
         } else {
          console.log("Failed to close the connection. Err: " + JSON.stringify(err));
         }
       });
      }
    });
    ws.on('close', (err: BusinessError, value: webSocket.CloseResult) => {
      console.log("on close, code is " + value.code + ", reason is " + value.reason);
    });
    ws.on('error', (err: BusinessError) => {
      console.log("on error, error:" + JSON.stringify(err));
    });
    ws.connect(defaultIpAddress, (err: BusinessError, value: boolean) => {
      if (!err) {
       console.log("Connected successfully");
      } else {
       console.log("Connection failed. Err:" + JSON.stringify(err));
      }
    });
```

9.4　MDNS管理

　　MDNS即多播DNS（Multicast DNS），提供局域网内的本地服务添加、移除、发现、解析等能力。这里的本地服务是指局域网内服务的提供方，比如打印机、扫描器等。

　　MDNS管理的典型场景有：

- 管理本地服务，通过对本地服务的创建、删除和解析等方式管理本地服务。
- 发现本地服务，通过DiscoveryService对象对指定类型的本地服务状态变化进行监听。

说明：为了保证应用的运行效率，大部分API调用是异步的。对于异步调用的API，均提供了callback和Promise两种方式，以下示例均采用Promise函数。

9.4.1　管理本地服务

01 设备连接Wi-Fi。

02 从@kit.NetworkKit里导入mdns命名空间。

03 调用addLocalService方法，添加本地服务。

04 通过resolveLocalService方法，解析本地网络的IP地址（非必要，根据需求使用）。

05 通过removeLocalService方法，移除本地服务。

示例代码如下：

```
// 从@kit.NetworkKit中导入mdns命名空间
import { mdns } from '@kit.NetworkKit';
import { BusinessError } from '@kit.BasicServicesKit';
import { featureAbility } from '@kit.AbilityKit';

let context = getContext(this) as Context;
class ServiceAttribute {
  key: string = "111"
  value: Array<number> = [1]
}

// 建立LocalService对象
let localServiceInfo: mdns.LocalServiceInfo = {
  serviceType: "_print._tcp",
  serviceName: "servicename",
  port: 5555,
  host: {
    address: "10.14.**.***"
  },
  serviceAttribute: [{key: "111", value: [1]}]
}

// addLocalService添加本地服务
mdns.addLocalService(context, localServiceInfo).then((data: mdns.LocalServiceInfo) => {
  console.log(JSON.stringify(data));
});

// resolveLocalService解析本地服务对象（非必要，根据需求使用）
mdns.resolveLocalService(context, localServiceInfo).then((data: mdns.LocalServiceInfo)
=> {
  console.log(JSON.stringify(data));
});

// removeLocalService移除本地服务
mdns.removeLocalService(context, localServiceInfo).then((data: mdns.LocalServiceInfo) => {
  console.log(JSON.stringify(data));
});
```

9.4.2 发现本地服务

01 设备连接Wi-Fi。

02 从@kit.NetworkKit里导入mdns命名空间。

03 创建DiscoveryService对象，用于发现指定服务类型的MDNS服务。

04 订阅MDNS服务，发现相关状态变化。

05 启动搜索局域网内的MDNS服务。

06 停止搜索局域网内的MDNS服务。

07 取消订阅的MDNS服务。

示例代码如下：

```
// 从@kit.NetworkKit中导入mdns命名空间
import { common, featureAbility, UIAbility } from '@kit.AbilityKit';
import { mdns } from '@kit.NetworkKit';
import { BusinessError } from '@kit.BasicServicesKit';
```

```
import { window } from '@kit.ArkUI';

// 构造单例对象
export class GlobalContext {
  private constructor() {}
  private static instance: GlobalContext;
  private _objects = new Map<string, Object>();

  public static getContext(): GlobalContext {
    if (!GlobalContext.instance) {
      GlobalContext.instance = new GlobalContext();
    }
    return GlobalContext.instance;
  }

  getObject(value: string): Object | undefined {
    return this._objects.get(value);
  }

  setObject(key: string, objectClass: Object): void {
    this._objects.set(key, objectClass);
  }
}

// Stage模型获取context
class EntryAbility extends UIAbility {
  value:number = 0;
  onWindowStageCreate(windowStage: window.WindowStage): void{
    GlobalContext.getContext().setObject("value", this.value);
  }
}

let context = GlobalContext.getContext().getObject("value") as common.UIAbilityContext;

// 创建DiscoveryService对象，用于发现指定服务类型的MDNS服务
let serviceType = "_print._tcp";
let discoveryService = mdns.createDiscoveryService(context, serviceType);

// 订阅MDNS服务，发现相关状态变化
discoveryService.on('discoveryStart', (data: mdns.DiscoveryEventInfo) => {
  console.log(JSON.stringify(data));
});
discoveryService.on('discoveryStop', (data: mdns.DiscoveryEventInfo) => {
  console.log(JSON.stringify(data));
});
discoveryService.on('serviceFound', (data: mdns.LocalServiceInfo) => {
  console.log(JSON.stringify(data));
});
discoveryService.on('serviceLost', (data: mdns.LocalServiceInfo) => {
  console.log(JSON.stringify(data));
});

// 启动搜索局域网内的MDNS服务
discoveryService.startSearchingMDNS();

// 停止搜索局域网内的MDNS服务
discoveryService.stopSearchingMDNS();

// 取消订阅MDNS服务
```

```
discoveryService.off('discoveryStart', (data: mdns.DiscoveryEventInfo) => {
  console.log(JSON.stringify(data));
});
discoveryService.off('discoveryStop', (data: mdns.DiscoveryEventInfo) => {
  console.log(JSON.stringify(data));
});
discoveryService.off('serviceFound', (data: mdns.LocalServiceInfo) => {
  console.log(JSON.stringify(data));
});
discoveryService.off('serviceLost', (data: mdns.LocalServiceInfo) => {
  console.log(JSON.stringify(data));
});
```

9.5 网络连接管理

9.5.1 基本概念与典型场景

网络连接管理提供多种基础网络能力，包括对Wi-Fi、蜂窝网络、以太网等多类型网络的连接优先级管理，以及网络质量评估、默认或指定网络连接状态变化的订阅、网络连接信息查询、DNS解析等功能。

> 说明：为了保证应用的运行效率，大部分API调用是异步的。对于异步调用的API，均提供了callback和Promise两种方式，以下示例均采用Promise函数。

- 网络生产者：数据网络的提供方，比如Wi-Fi、蜂窝、以太网等网络。
- 网络消费者：数据网络的使用方，比如应用或系统服务。
- 网络探测：检测网络有效性，避免将网络从可用网络切换到不可用网络。内容包括绑定网络探测、DNS探测、HTTP探测及HTTPS探测。
- 网络优选：在多网络共存时选择最优网络。在网络状态、网络信息及评分发生变化时触发。

网络连接管理的典型场景有：

- 接收指定网络的状态变化通知。
- 获取所有注册的网络信息。
- 根据数据网络查询网络的连接信息。
- 使用对应网络解析域名，获取所有IP地址。

9.5.2 接收指定网络的状态变化通知

01 声明接口调用所需的权限：ohos.permission.GET_NETWORK_INFO。此权限级别为normal，在申请权限前，请保证符合权限使用的基本原则，然后参考官方文档中的"访问控制-声明权限"声明对应权限。

02 从@kit.NetworkKit中导入connection命名空间。

03 调用createNetConnection方法，指定网络能力、网络类型和超时时间（可选，若不传入，则代表默认网络），创建一个NetConnection对象。

04 调用该对象的on()方法，传入type和callback，订阅关心的事件。

05 调用该对象的register()方法，订阅指定网络状态变化的通知。

06 当网络可用时，会收到netAvailable事件的回调；当网络不可用时，会收到netUnavailable事件的回调。

07 当不使用该网络时，可以调用该对象的unregister()方法，取消订阅。

示例代码如下：

```
// 引入包名
import { connection } from '@kit.NetworkKit';
import { BusinessError } from '@kit.BasicServicesKit';

let netSpecifier: connection.NetSpecifier = {
  netCapabilities: {
    // 假设当前默认网络是Wi-Fi，需要创建蜂窝网络连接，可指定网络类型为蜂窝网络
    bearerTypes: [connection.NetBearType.BEARER_CELLULAR],
    // 指定网络能力为Internet
    networkCap: [connection.NetCap.NET_CAPABILITY_INTERNET]
  },
};

// 指定超时时间为10s(默认值为0)
let timeout = 10 * 1000;

// 创建NetConnection对象
let conn = connection.createNetConnection(netSpecifier, timeout);

// 订阅指定网络状态变化的通知
conn.register((err: BusinessError, data: void) => {
  console.log(JSON.stringify(err));
});

// 订阅事件，如果当前指定网络可用，通过on_netAvailable通知用户
conn.on('netAvailable', ((data: connection.NetHandle) => {
  console.log("net is available, netId is " + data.netId);
}));

// 订阅事件，如果当前指定网络不可用，通过on_netUnavailable通知用户
conn.on('netUnavailable', ((data: void) => {
  console.log("net is unavailable, data is " + JSON.stringify(data));
}));

// 当不使用该网络时，可以调用该对象的unregister()方法，取消订阅
conn.unregister((err: BusinessError, data: void) => {
});
```

9.5.3 监控默认网络变化并主动重建网络连接

根据当前网络状态及网络质量情况，默认网络可能会发生变化，如：

（1）在Wi-Fi信号弱的情况下，默认网络可能会切换到蜂窝网络。

（2）在蜂窝网络状态差的情况下，默认网络可能会切换到Wi-Fi。

（3）关闭Wi-Fi后，默认网络可能会切换到蜂窝网络。

（4）关闭蜂窝网络后，默认网络可能会切换到Wi-Fi。

（5）在Wi-Fi信号弱的情况下，默认网络可能会切换到其他Wi-Fi（存在跨网情况）。

（6）在蜂窝网络状态差的情况下，默认网络可能会切换到其他蜂窝网络（存在跨网情况）。

在掌握监控默认网络的变化后，应用报文能够快速迁移到新默认网络上，具体做法如下。

1．监控默认网络变化

```
import { connection } from '@kit.NetworkKit';

async function test() {
  const netConnection = connection.createNetConnection();

  /* 监听默认网络改变 */
  netConnection.on('netAvailable', (data: connection.NetHandle) => {
    console.log(JSON.stringify(data));
  });
}
```

2．默认网络变化后重新建立网络连接

1）原网络连接使用 http 模块建立

如果你使用了http模块建立网络连接，由于该模块没有提供Close接口用于关闭Socket，在切换默认网络并建立新的网络连接后，原有Socket不会立即关闭。因此，请切换使用Remote Communication Kit建立网络连接。

2）原网络连接使用 Remote Communication Kit 建立

```
import { rcp } from '@kit.RemoteCommunicationKit';
import { connection } from '@kit.NetworkKit';
import { BusinessError } from '@kit.BasicServicesKit';

let session = rcp.createSession();
async function useRcp() {
  /* 建立rcp请求 */
  try {
    const request = await session.get('https://www.example.com');
    console.info(request.statusCode.toString());
  } catch (e) {
    console.error(e.code.toString());
  }
}

async function rcpTest() {
  const netConnection = connection.createNetConnection();
  netConnection.on('netAvailable', async (netHandle: connection.NetHandle) => {
    /* 发生默认网络切换，重新建立session */
    session.close();
    session = rcp.createSession();
    useRcp();
  });
  try {
    netConnection.register(() => {
    });
    useRcp();
  } catch (e) {
    console.error(e.code.toString());
  }
}
```

3）原网络连接使用 Socket 模块建立

```
import { connection, socket } from '@kit.NetworkKit';
import { BusinessError } from '@kit.BasicServicesKit';

let sock: socket.TCPSocket = socket.constructTCPSocketInstance();
async function useSocket() {
  let tcpConnectOptions: socket.TCPConnectOptions = {
    address: {
      address: '192.168.xx.xxx',
      port: 8080
    },
    timeout: 6000
  }

  /* 建立socket连接 */
  sock.connect(tcpConnectOptions, (err: BusinessError) => {
    if (err) {
      console.error('connect fail');
      return;
    }
    console.log('connect success');

    /* 通过socket发送数据 */
    let tcpSendOptions: socket.TCPSendOptions = {
      data: 'Hello, server!'
    }
    sock.send(tcpSendOptions).then(() => {
      console.log('send success');
    }).catch((err: BusinessError) => {
      console.error('send fail');
    });
  })
}

async function socketTest() {
  const netConnection = connection.createNetConnection();
  netConnection.on('netAvailable', async (netHandle: connection.NetHandle) => {
    console.log('default network changed');
    await sock.close();
    sock = socket.constructTCPSocketInstance();
    useSocket();
  });
  try {
    netConnection.register(() => {
    });
    useSocket();
  } catch (e) {
    console.error(e.code.toString());
  }
}
```

4）原网络连接使用 Socket Library 建立

请在监控到默认网络变化后关闭原有Socket，并重新建立Socket连接。

9.5.4 获取所有注册的网络

01 声明接口调用所需的权限：ohos.permission.GET_NETWORK_INFO。此权限级别为normal，在申请权限前，请保证符合权限使用的基本原则，然后参考"访问控制-声明权限"声明对应的权限。

02 从@kit.NetworkKit中导入connection命名空间。

03 调用getAllNets方法，获取所有处于连接状态的网络列表。

示例代码如下：

```
// 引入包名
import { connection } from '@kit.NetworkKit';
import { BusinessError } from '@kit.BasicServicesKit';

// 构造单例对象
export class GlobalContext {
  public netList: connection.NetHandle[] = [];
  private constructor() {}
  private static instance: GlobalContext;
  private _objects = new Map<string, Object>();

  public static getContext(): GlobalContext {
    if (!GlobalContext.instance) {
      GlobalContext.instance = new GlobalContext();
    }
    return GlobalContext.instance;
  }

  getObject(value: string): Object | undefined {
    return this._objects.get(value);
  }

  setObject(key: string, objectClass: Object): void {
    this._objects.set(key, objectClass);
  }
}

// 获取所有处于连接状态的网络列表
connection.getAllNets().then((data: connection.NetHandle[]) => {
  console.info("Succeeded to get data: " + JSON.stringify(data));
  if (data) {
    GlobalContext.getContext().netList = data;
  }
});
```

9.5.5 根据数据网络查询网络的能力信息及连接信息

01 声明接口调用所需要的权限：ohos.permission.GET_NETWORK_INFO。此权限级别为normal，在申请权限前，请保证符合权限使用的基本原则，然后参考"访问控制-声明权限"声明对应的权限。

02 从@kit.NetworkKit中导入connection命名空间。

03 通过调用getDefaultNet方法，获取默认的数据网络（NetHandle）；或者通过调用getAllNets方法，获取所有处于连接状态的网络列表（Array<NetHandle>）。

04 调用getNetCapabilities方法，获取NetHandle对应网络的能力信息。能力信息包含网络类型（蜂窝网络、Wi-Fi网络、以太网等）、网络具体能力等信息。

05 调用getConnectionProperties方法，获取NetHandle对应网络的连接信息。

示例代码如下：

```
import { connection } from '@kit.NetworkKit';
import { BusinessError } from '@kit.BasicServicesKit';

// 构造单例对象
export class GlobalContext {
  public netList: connection.NetHandle[] = [];
  public netHandle: connection.NetHandle|null = null;
  private constructor() {}
  private static instance: GlobalContext;
  private _objects = new Map<string, Object>();

  public static getContext(): GlobalContext {
    if (!GlobalContext.instance) {
      GlobalContext.instance = new GlobalContext();
    }
    return GlobalContext.instance;
  }

  getObject(value: string): Object | undefined {
    return this._objects.get(value);
  }

  setObject(key: string, objectClass: Object): void {
    this._objects.set(key, objectClass);
  }
}

// 调用getDefaultNet方法，获取默认的数据网络(NetHandle)
connection.getDefaultNet().then((data:connection.NetHandle) => {
  if (data.netId == 0) {
    // 当前无默认网络时，获取的netHandler的netid为0，属于异常情况，需要额外处理
    return;
  }
  if (data) {
    console.info("getDefaultNet get data: " + JSON.stringify(data));
    GlobalContext.getContext().netHandle = data;
    // 获取netHandle对应网络的能力信息。能力信息包含网络类型、网络具体能力等信息
    connection.getNetCapabilities(GlobalContext.getContext().netHandle).then(
      (data: connection.NetCapabilities) => {
      console.info("getNetCapabilities get data: " + JSON.stringify(data));
      // 获取网络类型(bearerTypes)
      let bearerTypes: Set<number> = new Set(data.bearerTypes);
      let bearerTypesNum = Array.from(bearerTypes.values());
      for (let item of bearerTypesNum) {
        if (item == 0) {
          // 蜂窝网
          console.log(JSON.stringify("BEARER_CELLULAR"));
        } else if (item == 1) {
          // Wi-Fi网络
          console.log(JSON.stringify("BEARER_WIFI"));
        } else if (item == 3) {
          // 以太网
```

```
            console.log(JSON.stringify("BEARER_ETHERNET"));
          }
        }

      // 获取网络具体能力(networkCap)
      let itemNumber : Set<number> = new Set(data.networkCap);
      let dataNumber = Array.from(itemNumber.values());
      for (let item of dataNumber) {
        if (item == 0) {
        //表示网络可以访问运营商的MMSC(Multimedia Message Service,多媒体短信服务)发送和接收彩信
          console.log(JSON.stringify("NET_CAPABILITY_MMS"));
        } else if (item == 11) {
          // 表示网络流量未被计费
          console.log(JSON.stringify("NET_CAPABILITY_NOT_METERED"));
        } else if (item == 12) {
          // 表示该网络应具有访问Internet的能力,该能力由网络提供者设置
          console.log(JSON.stringify("NET_CAPABILITY_INTERNET"));
        } else if (item == 15) {
          // 表示网络不使用VPN(Virtual Private Network,虚拟专用网络)
          console.log(JSON.stringify("NET_CAPABILITY_NOT_VPN"));
        } else if (item == 16) {
          // 表示该网络访问Internet的能力被网络管理成功验证,该能力由网络管理模块设置
          console.log(JSON.stringify("NET_CAPABILITY_VALIDATED"));
        }
      }
    })
  }
});

// 获取netHandle对应网络的连接信息。连接信息包含链路信息、路由信息等
connection.getConnectionProperties(GlobalContext.getContext().netHandle).then((data:
connection.ConnectionProperties) => {
  console.info("getConnectionProperties get data: " + JSON.stringify(data));
})

// 调用getAllNets,获取所有处于连接状态的网络列表(Array<NetHandle>)
connection.getAllNets().then((data: connection.NetHandle[]) => {
  console.info("getAllNets get data: " + JSON.stringify(data));
  if (data) {
    GlobalContext.getContext().netList = data;

    let itemNumber : Set<connection.NetHandle> = new Set(GlobalContext.getContext().netList);
    let dataNumber = Array.from(itemNumber.values());
    for (let item of dataNumber) {
      // 循环获取网络列表中每个netHandle对应网络的能力信息
      connection.getNetCapabilities(item).then((data: connection.NetCapabilities) => {
        console.info("getNetCapabilities get data: " + JSON.stringify(data));
      })

      // 循环获取网络列表中每个netHandle对应网络的连接信息
      connection.getConnectionProperties(item).then((data:
connection.ConnectionProperties) => {
        console.info("getConnectionProperties get data: " + JSON.stringify(data));
      })
    }
  }
})
```

9.5.6 使用对应网络解析域名，获取所有IP地址

01 声明接口调用所需的权限：ohos.permission.INTERNET。此权限级别为normal，在申请权限前，请保证符合权限使用的基本原则，然后参考"访问控制–声明权限"声明对应权限。

02 从@kit.NetworkKit中导入connection命名空间。

03 调用getAddressesByName方法，使用默认网络解析主机名，以获取所有IP地址。

示例代码如下：

```
// 引入包名
import { connection } from '@kit.NetworkKit';
import { BusinessError } from '@kit.BasicServicesKit';
// 使用默认网络解析主机名，以获取所有IP地址
connection.getAddressesByName("xxxx").then((data: connection.NetAddress[]) => {
  console.info("Succeeded to get data: " + JSON.stringify(data));
});
```

9.6 流量管理

流量管理提供了基于物理网络的数据流量统计能力，支持基于网卡/UID的流量统计。

流量管理主要实现功能有：

- 支持基于网卡/UID 的实时流量统计。
- 支持基于网卡/UID 的历史流量统计。
- 支持基于网卡/UID 的流量变化订阅。

说明：为了保证应用的运行效率，大部分API调用是异步的，对于异步调用的API，均提供了callback和Promise两种方式，以下示例均采用 Promise 函数。

获取网卡/UID的实时流量统计数据步骤如下：

01 获取指定网卡实时流量数据。

02 获取蜂窝实时流量数据。

03 获取所有网卡实时流量数据。

04 获取指定应用实时流量数据。

05 获取指定Socket实时流量数据。

示例代码如下：

```
// 从@kit.NetworkKit中导入statistics命名空间
import { statistics, socket } from '@kit.NetworkKit';
import { BusinessError } from '@kit.BasicServicesKit';

// 获取指定网卡实时下行流量数据
statistics.getIfaceRxBytes("wlan0").then((stats: number) => {
  console.log(JSON.stringify(stats));
});
```

```
// 获取指定网卡实时上行流量数据
statistics.getIfaceTxBytes("wlan0").then((stats: number) => {
  console.log(JSON.stringify(stats));
});

// 获取蜂窝实时下行流量数据
statistics.getCellularRxBytes().then((stats: number) => {
  console.log(JSON.stringify(stats));
});

// 获取蜂窝实时上行流量数据
statistics.getCellularTxBytes().then((stats: number) => {
  console.log(JSON.stringify(stats));
});

// 获取所有网卡实时下行流量数据
statistics.getAllRxBytes().then((stats: number) => {
  console.log(JSON.stringify(stats));
});

// 获取所有网卡实时上行流量数据
statistics.getAllTxBytes().then((stats: number) => {
  console.log(JSON.stringify(stats));
});

// 获取指定应用实时下行流量数据
let uid = 20010038;
statistics.getUidRxBytes(uid).then((stats: number) => {
  console.log(JSON.stringify(stats));
});

// 获取指定应用实时上行流量数据
let uids = 20010038;
statistics.getUidTxBytes(uids).then((stats: number) => {
  console.log(JSON.stringify(stats));
});

// 获取指定Socket实时下行流量数据
let tcp: socket.TCPSocket = socket.constructTCPSocketInstance();
tcp.getSocketFd().then((sockfd: number) => {
  statistics.getSockfdRxBytes(sockfd).then((stats: number) => {
    console.log(JSON.stringify(stats));
  }).catch((err: BusinessError) => {
    console.error(JSON.stringify(err));
  });
});

// 获取指定Socket实时上行流量数据
tcp.getSocketFd().then((sockfd: number) => {
  statistics.getSockfdTxBytes(sockfd).then((stats: number) => {
    console.log(JSON.stringify(stats));
  }).catch((err: BusinessError) => {
    console.error(JSON.stringify(err));
  });
});
```

第 **10** 章

安 全 管 理

HarmonyOS构建了全方位、多层次的安全管理，主要从程序访问控制和使用安全控件两个方面来构建系统的安全管控。在程序访问控制方面，开发者需要掌握权限声明与动态申请流程，在配置文件中明确声明所需权限。对于涉及用户隐私的敏感权限，如位置信息、通讯录访问等，应用必须通过动态申请的方式获取用户授权。系统通过沙箱隔离技术确保应用间数据隔离，并采用最小权限原则限制应用的行为范围。同时，鸿蒙还提供了细粒度的进程管控机制，有效防止后台服务滥用系统资源。在安全控件使用方面，安全输入控件能够防范截屏和键盘记录攻击，确保用户输入安全。通过本章的学习，开发者可以快速了解系统权限及输入安全，保障用户的隐私，合理控制权限使用范围。

10.1　程序访问控制

10.1.1　访问控制

默认情况下，应用只能访问有限的系统资源。但在某些情况下，应用存在扩展功能的需求，需要访问额外的系统数据（包括用户个人数据）和功能，系统也必须以明确的方式对外提供接口来共享其数据或功能。对此，系统通过访问控制的机制，来避免数据或功能被不当或恶意使用。当前访问控制机制涉及多方面，包括应用沙箱、应用权限等。

1. 应用沙箱

系统上运行的应用程序均部署在受保护的沙箱中，通过沙箱的安全隔离机制，可以限制应用程序的不当行为（如应用间非法访问数据、篡改设备等）。每个程序都拥有唯一的ID（TokenID），系统基于此ID识别与限制应用的访问行为。

应用沙箱限定了只有目标受众才能访问应用内的数据，并限定了应用可访问的数据范围，具体请参考官方文档中的应用沙箱目录。

2. 应用权限

系统根据应用的APL（Ability Privilege Level，元能力权限等级）设置进程域和数据域标签，并通过访问控制机制限制应用可访问的数据范围，从而实现在机制上消减应用数据泄露的风险。

不同APL的应用能够申请的权限等级不同，且不同的系统资源（如通讯录等）或系统能力（如访问摄像头、麦克风等）受不同的应用权限保护。通过严格的分层权限保护，可有效抵御恶意攻击，确保系统安全可靠。

应用权限管控的详细介绍，请参考"10.1.2　应用权限管控"。

3. 安全访问机制

HarmonyOS推出的安全访问机制，改变了应用获取隐私数据的方式，让用户从管理"权限"转换为管理"数据"，按需授予系统数据。举例来说，当用户想要更换社交平台头像时，应用将无法获取整个图库的访问权限，用户选择哪张照片，应用就得到哪张照片，将用户的隐私数据与应用之间受控隔离，全面守护用户隐私。

具体来说，安全访问机制主要由系统Picker、安全控件两种系统机制来实现。在特定的场景中，应用无须向用户申请权限也可临时访问受限资源，实现精准化权限管控，更好地保护用户隐私。

1）系统 Picker

由系统独立进程实现，在应用拉起Picker，并由用户操作Picker后，应用可以获取Picker返回的资源或结果。举例说明，当应用需要读取用户图片时，可通过使用照片Picker，在用户选择所需的图片资源后，直接返回该图片资源，而不需要授予应用读取图片文件的权限。

2）安全控件

由系统提供UI控件，应用在界面内集成对应控件，用户单击后，应用将获得临时授权，从而执行相关操作。例如，应用需要读取剪贴板数据时，可使用粘贴控件。用户单击后，应用直接读取剪贴板数据，无须弹窗提示。这适用于任何需要读取剪贴板的场景，避免对用户造成干扰。

10.1.2　应用权限管控

系统提供了一种允许应用访问系统资源（如通讯录等）和系统能力（如访问摄像头、麦克风等）的通用权限访问方式，来保护系统数据（包括用户个人数据）或功能，避免它们被不当或恶意使用。

应用权限保护的对象可以分为数据和功能：

- 数据：包括个人数据（如照片、通讯录、日历、位置等）和设备数据（如设备标识、相机、麦克风等）。
- 功能：包括设备功能（如访问摄像头/麦克风、打电话、联网等）和应用功能（如弹出悬浮窗、创建快捷方式等）。

1. 权限使用的基本原则

合理的使用场景有助于应用权限的申请和使用。开发应用时，权限申请需要满足如下原则：

- 应用（包括应用引用的三方库）所需权限必须在应用的配置文件中严格按照权限开发指导逐个声明。
- 权限申请满足最小化原则，禁止申请非必要的、已废弃的权限。应用申请过多权限，会引起用户对应用安全性的担忧，并使用户使用体验变差，从而影响应用的安装率和留存率。
- 应用申请敏感权限时，必须填写权限使用理由字段。敏感权限通常是指与用户隐私密切相关的权限，包括地理位置、相机、麦克风、日历、健身运动、身体传感器、音乐、文件、图片视频等权限。具体可参考"10.1.4　向用户申请授权"。

- 应用敏感权限必须在对应业务功能执行前动态申请，满足隐私最小化要求。
- 用户拒绝授予某个权限后，与此权限无关的其他业务功能应允许正常使用。

2. 授权方式

根据授权方式的不同，权限类型可分为system_grant（系统授权）和user_grant（用户授权）。

1）system_grant（系统授权）

system_grant指的是系统授权类型，在该类型的权限许可下，应用被允许访问的数据不会涉及用户或设备的敏感信息，应用被允许执行的操作对系统或者其他应用产生的影响可控。

如果在应用中申请了system_grant权限，那么系统会在用户安装应用时，自动授予应用相应的权限。

2）user_grant（用户授权）

user_grant指的是用户授权类型，在该类型的权限许可下，应用被允许访问的数据将会涉及用户或设备的敏感信息，应用被允许执行的操作可能对系统或者其他应用产生严重的影响。

该类型权限不仅需要在安装包中申请权限，还需要在应用动态运行时，通过发送弹窗的方式请求用户授权。在用户手动允许授权后，应用才会真正获取相应权限，从而成功访问操作目标对象。

例如，在应用权限列表中，麦克风和摄像头对应的权限都属于用户授权权限，列表中给出了详细的权限使用理由。应用需要在应用商店的详情页面，向用户展示所申请的user_grant权限列表。

3. 权限组和子权限

为了尽可能减少系统弹出的权限弹窗数量，优化交互体验，系统将逻辑紧密相关的user_grant权限组合在一起，形成多个权限组。

当应用请求权限时，同一个权限组的权限将会在一个弹窗内一起请求用户授权。权限组中的某个权限，被称为该权限组的子权限。

权限组和权限的归属关系并不是固定不变的，一个权限所属的权限组有可能发生变化。当前系统支持的权限组请查阅官方文档中的应用权限组列表。

4. 权限机制中的基本概念

1）TokenID

系统采用TokenID（Token Identity）作为应用的唯一标识。权限管理服务通过应用的TokenID来管理应用的AT（Access Token）信息，包括应用身份标识APP ID、子用户ID、应用分身索引信息、应用APL、应用权限授权状态等。在使用资源时，系统将通过TokenID作为唯一身份标识映射获取对应应用的权限授权状态信息，并据此进行鉴权，从而管控应用的资源访问行为。

值得注意的是，系统支持多用户特性和应用分身特性，同一个应用在不同子用户和不同应用分身下会有各自的AT，这些AT的TokenID也是不同的。

2）APL

为了防止应用过度索取和滥用权限，系统基于APL，配置了不同的权限开放范围。

APL指的是应用的权限申请优先级的定义，不同APL的应用能够申请的权限等级不同。

3）应用的 APL

应用的APL可以分为3个级别：normal、system_basic、system_core，等级依次提高，如表10-1所示。

表 10-1　应用的 APL

APL级别	说　　明
normal	默认情况下，应用的APL都为normal等级
system_basic	该等级的应用服务提供系统基础服务
system_core	该等级的应用服务提供操作系统核心能力。应用的APL不允许配置为system_core

4）权限的 APL

对于不同API应用，权限有不同的开放范围，据此权限类型也对应分为3个级别：normal、system_basic、system_core，等级依次提高，如表10-2所示。

表 10-2　权限的 APL

APL 级别	说　　明	开放范围
normal	允许应用访问超出默认规则外的普通系统资源，如配置Wi-Fi信息、调用相机拍摄等。这些系统资源的开放（包括数据和功能）对用户隐私以及其他应用带来的风险较低	APL等级为normal及以上的应用
system_basic	允许应用访问操作系统基础服务（系统提供或者预置的基础功能）相关的资源，如系统设置、身份认证等。这些系统资源的开放对用户隐私以及其他应用带来的风险较高	- APL等级为system_basic及以上的应用。 - 部分权限对normal级别的应用受限开放，这部分权限在本书中描述为"受限开放权限"
system_core	涉及开放操作系统核心资源的访问操作。这部分系统资源是系统最核心的底层服务，如果遭受破坏，操作系统将无法正常运行	- APL等级为system_core的应用。 - 仅对系统应用开放

5）访问控制列表

如上所述，权限的APL和应用的APL是一一对应的。原则上，拥有低APL等级的应用默认无法申请更高等级的权限。访问控制列表（Access Control List，ACL）提供了解决低等级应用访问高等级权限问题的特殊渠道。

系统权限均定义了"ACL使能"字段，当该权限的ACL使能为true时，应用可以使用ACL方式跨级别申请该权限。具体对单个权限的定义，可参考受限开放权限。

场景举例：如果开发者正在开发APL等级为normal的A应用，由于功能场景需要，A应用需要申请等级为system_basic的P权限。在P权限的ACL使能为true的情况下，A应用可以通过ACL方式跨级申请P权限。

10.1.3　申请应用权限

应用在访问数据或者执行操作时，需要评估该行为是否需要应用具备相关的权限。如果确认需要目标权限，则在应用安装包中申请目标权限。

每一个权限的等级、授权方式不同，申请权限的方式也不同，开发者在申请权限前，需要根据图10-1所示流程判断应用能否申请目标权限。

图10-1的数字标注，请参考以下说明：

● 标注1：应用APL等级与权限等级的匹配关系请参考APL等级说明。

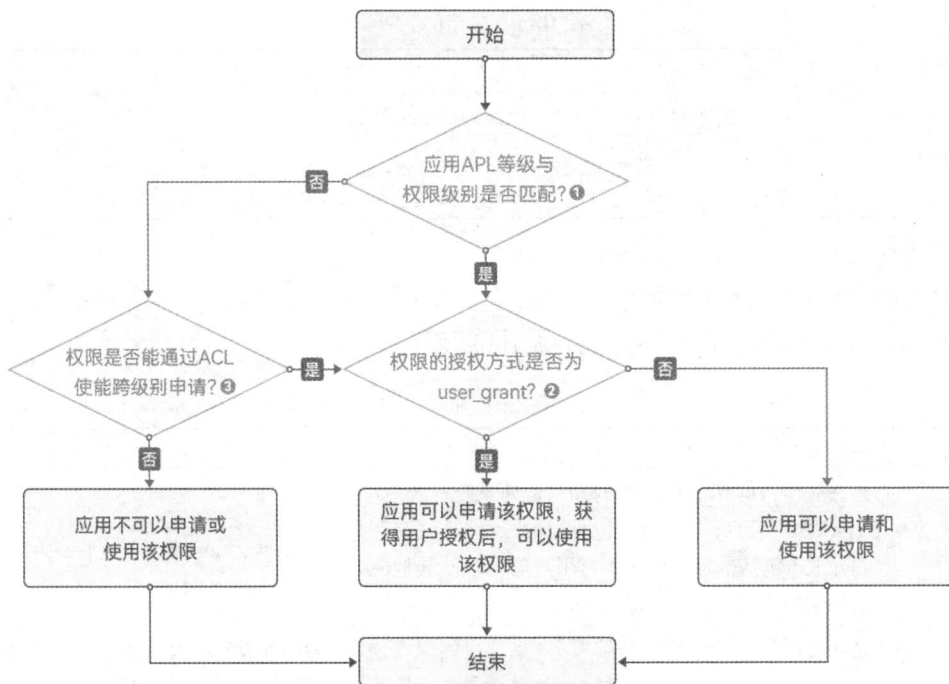

图10-1　申请应用权限流程

- 标注2：权限的授权方式分为user_grant（用户授权）和system_grant（系统授权），具体请参
  考授权方式说明。
  - 如果目标权限是system_grant类型，开发者在进行权限申请后，系统会在安装应用时自动为
    它进行权限预授予，开发者不需要做其他操作即可使用该权限。
  - 在应用需要获取user_grant权限时，请完成以下操作：
    ① 在配置文件中，声明应用需要请求的权限。
    ② 将应用中需要申请权限的目标对象与对应目标权限进行关联，让用户明确地知道，哪
      些操作需要向应用授予指定的权限。
    ③ 运行应用时，在用户触发访问操作目标对象时应该调用接口，精准触发动态授权弹框。
      该接口内部会检查当前用户是否已经授权应用所需的权限，如果当前用户尚未授予应
      用所需的权限，则该接口会拉起动态授权弹框，向用户请求授权。
    ④ 检查用户的授权结果，确认用户已授权后才可以进行下一步操作。
- 标注3：应用可以通过ACL（访问控制列表）方式申请高级别的权限。

1. 声明权限

应用在申请权限时，需要在项目的配置文件module.json5中的requestPermissions标签中逐个声明需
要的权限，否则应用将无法获取授权。权限属性如表10-3所示。

表 10-3　权限属性

属　　性	含　　义	数据类型	取值范围
name	需要使用的权限名称	字符串	必填，需为系统已定义的权限，取值范围请参考应用权限列表

（续表）

属　　性	含　　义	数据类型	取值范围
reason	申请权限的原因	字符串	可选填写，该字段用于应用上架校验，当申请的权限为user_grant时必填，并且需要进行多语种适配。使用string类资源引用，格式为"$string: ***"。可参考下面的"权限使用理由的文案内容规范"
usedScene	权限使用的场景，该字段用于应用上架校验，包括abilities和when两个子项。 - abilities：使用权限的UIAbility或者ExtensionAbility组件的名称。 - when：调用时机	对象	申请user_grant权限时，usedScene必填，其他情况下选填。 - abilities：可选填写，可以配置为多个UIAbility或者ExtensionAbility名称的字符串数组。 - when：可选填写，但如果配置此字段，只能填入固定值inuse（使用时）或always（始终），不能为空。 当申请的权限为user_grant权限时，建议填写

说明：已在子模块中申请的权限，无须在主项目中重复添加，权限将在整个应用中生效。

2. 声明样例

```
{
  "module" : {
    // ...
    "requestPermissions":[
      {
        "name" : "ohos.permission.PERMISSION1",
        "reason": "$string:reason",
        "usedScene": {
          "abilities": [
            "FormAbility"
          ],
          "when":"inuse"
        }
      },
      {
        "name" : "ohos.permission.PERMISSION2",
        "reason": "$string:reason",
        "usedScene": {
          "abilities": [
            "FormAbility"
          ],
          "when":"always"
        }
      }
    ]
  }
}
```

说明：在上面代码中，"ohos.permission.PERMISSION1"、"ohos.permission.PERMISSION2"仅为样例示意，不存在该权限。请开发者根据实际需要，参照表10-3填写对应属性。

3. 权限使用理由的文案内容规范

当申请的权限为user_grant时，字段reason（申请权限的原因）必填。开发者需要在应用配置文件中，配置每一个需要使用的权限。

但在实际向用户弹窗申请授权时，user_grant将会以权限组的形式向用户申请。当前支持的权限组请查看应用权限组列表。

1）reason字段的内容写作规范及建议

（1）字串应为直白、具体、易理解的完整短句，用于向用户说明应用使用敏感权限的理由。句子避免使用被动语态，并以句号结尾。

- 建议句式：用于做某事。
- 样例：以申请相机权限的reason字符串为例。
- 正例：用于视频通话。
- 反例：使用相机。

（2）用途描述的字符串建议小于72个字符（即36个中文字符，UI界面显示大约为两行）。不能超过256个字符，以保证多语言适配的体验。

（3）字符串不能为空白字符串，即不能不填，也不能只填空格符。

（4）如果应用申请的权限用于多个场景，需要确保字符串的完整性，让用户了解应用使用此权限的所有场景；多个HAP包如果申请同一个权限，各个权限的reason字段需要保持场景的完整性和一致性。

样例： 应用中有两个HAP包，均需申请使用相机权限，其中HAP1提供的功能场景为视频通话，HAP2提供的功能场景为视频直播。

正例： 在HAP1和HAP2中，相机权限的使用理由都填写为"用于视频通话、视频直播功能"。

反例1： 在HAP1和HAP2中，相机权限的使用理由字段未保持完全一致。例如，HAP1中填写为"用于视频通话功能"，HAP2中填写为"用于视频直播功能"。

反例2： 在HAP1和HAP2中，相机权限的使用理由字段保持完全一致，但是描述不全面。例如，HAP1和HAP2的相机权限的使用理由都填写为"用于视频通话功能"。

2）权限使用理由展示方式

权限使用理由有两个展示途径：授权弹窗界面和"设置（Settings）"界面。"设置"的具体路径为：设置→隐私→权限管理→某应用某权限详情。

（1）如果是申请"电话、信息、日历、通讯录、通话记录"这五个权限组中的权限，根据工信部要求，将展示具体子权限的内容与用途。

句式： 包括子权限A和子权限B，用于某事。

样例： 用于获取通话状态和移动网络信息，用于安全运营和统计计费服务。

（2）如果是申请其他权限组中的权限，系统将使用权限组内当前被申请的第一个子权限的使用理由，作为该权限组的使用理由进行展示。组内的排序，固定按照权限管理内排列的权限组数组顺序。

举例说明：权限组A = {权限A，权限B，权限C}；申请传入的权限是{权限C，权限B}，界面将展示权限B的使用理由。

10.1.4 向用户申请授权

当应用需要访问用户的隐私信息或使用系统能力时，例如获取位置信息、访问日历、使用相机拍摄照片或录制视频等，应该向用户请求授权，这部分是user_grant权限。

1. 约束与限制

- 每次执行需要目标权限的操作时，应用都必须检查自己是否已经具有该权限。如果需检查用户是否已向应用授予特定权限，可以使用 checkAccessToken() 函数，此方法会返回 PERMISSION_GRANTED或PERMISSION_DENIED。具体示例可参考下文。
- 每次访问受目标权限保护的接口之前，都需要使用requestPermissionsFromUser()接口请求相应的权限。
- 用户可能在动态授予权限后通过系统设置来取消应用的权限，因此不能将之前的授权状态持久化。user_grant权限授权要基于用户可知可控的原则，需要应用在运行时主动调用系统动态申请权限的接口，系统弹框由用户授权，用户结合应用运行场景的上下文，识别出应用申请相应敏感权限的合理性，从而做出正确的选择。

图10-2　申请使用权限示例

- 系统不鼓励频繁弹窗打扰用户，如果用户拒绝授权，将无法再次拉起弹窗，需要应用引导用户在系统应用的"设置"界面中手动授予权限。
- 系统权限弹窗不可被其他组件/控件遮挡，弹窗信息需要完整展示，以便用户识别并完成授权动作。
- 如果系统权限弹窗与其他组件/控件同时同位置展示，则系统权限弹窗将默认覆盖其他组件/控件。

2. 开发步骤

下面以申请使用位置权限为例进行说明，如图10-2所示。

1）申请权限

申请ohos.permission.LOCATION、ohos.permission.APPROXIMATELY_LOCATION权限，配置方式请参见10.1.3节中有关声明权限的内容。

2）校验当前是否已经授权

在进行权限申请之前，需要检查当前应用程序是否已经被授予权限。可以通过调用 checkAccessToken()方法来校验当前是否已经授权。如果已经授权，则可以直接访问目标操作，否则需要进行下一步操作，即向用户申请授权。

```
import { abilityAccessCtrl, bundleManager, Permissions } from '@kit.AbilityKit';
import { BusinessError } from '@kit.BasicServicesKit';

async function checkPermissionGrant(permission: Permissions):
Promise<abilityAccessCtrl.GrantStatus> {
    let atManager: abilityAccessCtrl.AtManager = abilityAccessCtrl.createAtManager();
    let grantStatus: abilityAccessCtrl.GrantStatus =
abilityAccessCtrl.GrantStatus.PERMISSION_DENIED;
```

```
    // 获取应用程序的accessTokenID
    let tokenId: number = 0;
    try {
      let bundleInfo: bundleManager.BundleInfo = await bundleManager.getBundleInfoForSelf
(bundleManager.BundleFlag.GET_BUNDLE_INFO_WITH_APPLICATION);
      let appInfo: bundleManager.ApplicationInfo = bundleInfo.appInfo;
      tokenId = appInfo.accessTokenId;
    } catch (error) {
      const err: BusinessError = error as BusinessError;
      console.error(`Failed to get bundle info for self. Code is ${err.code}, message is
${err.message}`);
    }

    // 校验应用是否被授予权限
    try {
      grantStatus = await atManager.checkAccessToken(tokenId, permission);
    } catch (error) {
      const err: BusinessError = error as BusinessError;
      console.error(`Failed to check access token. Code is ${err.code}, message is
${err.message}`);
    }

    return grantStatus;
  }

  async function checkPermissions(): Promise<void> {
    let grantStatus1: boolean = await checkPermissionGrant('ohos.permission.LOCATION') ===
abilityAccessCtrl.GrantStatus.PERMISSION_GRANTED;// 获取精确定位权限状态
    let grantStatus2: boolean = await
checkPermissionGrant('ohos.permission.APPROXIMATELY_LOCATION') ===
abilityAccessCtrl.GrantStatus.PERMISSION_GRANTED;// 获取模糊定位权限状态
    // 精确定位权限只能跟模糊定位权限一起申请，或者已经有模糊定位权限才能申请精确定位权限
    if (grantStatus2 && !grantStatus1) {
      // 申请精确定位权限
    } else if (!grantStatus1 && !grantStatus2) {
      // 申请模糊定位权限与精确定位权限或单独申请模糊定位权限
    } else {
      // 已经授权，可以继续访问目标操作
    }
  }
```

3）动态向用户申请权限

动态向用户申请权限是指在应用程序运行时向用户请求授权的过程。这个申请可以通过调用 requestPermissionsFromUser()方法来实现。该方法接收一个权限列表参数，例如位置、日历、相机、麦克风等。用户可以选择授予权限或者拒绝授权。

可以在UIAbility的onWindowStageCreate()回调中调用requestPermissionsFromUser()方法来动态申请权限，也可以根据业务需要在UI中向用户申请授权。

应用在onWindowStageCreate()回调中申请授权时，需要等待异步接口loadContent()/setUIContent()执行结束，或在loadContent()/setUIContent()回调中调用requestPermissionsFromUser()，否则在Content加载完成前，requestPermissionsFromUser会调用失败。

应用在UIExtensionAbility申请授权时，需要在onWindowStageCreate函数执行结束后，或在onWindowStageCreate函数回调中调用requestPermissionsFromUser()，否则在Ability加载完成前，requestPermissionsFromUser会调用失败。

（1）在UIAbility中向用户申请授权。

```
// 使用UIExtensionAbility：将import { UIAbility } from '@kit.AbilityKit' 替换为import
{ UIExtensionAbility } from '@kit.AbilityKit';
import { abilityAccessCtrl, common, Permissions, UIAbility } from '@kit.AbilityKit';
import { window } from '@kit.ArkUI';
import { BusinessError } from '@kit.BasicServicesKit';

const permissions: Array<Permissions> =
['ohos.permission.LOCATION','ohos.permission.APPROXIMATELY_LOCATION'];
// 使用UIExtensionAbility：将common.UIAbilityContext 替换为common.UIExtensionContext
function reqPermissionsFromUser(permissions: Array<Permissions>, context:
common.UIAbilityContext): void {
    let atManager: abilityAccessCtrl.AtManager = abilityAccessCtrl.createAtManager();
    // requestPermissionsFromUser会判断权限的授权状态来决定是否唤起弹窗
    atManager.requestPermissionsFromUser(context, permissions).then((data) => {
      let grantStatus: Array<number> = data.authResults;
      let length: number = grantStatus.length;
      for (let i = 0; i < length; i++) {
        if (grantStatus[i] === 0) {
        // 用户授权，可以继续访问目标操作
        } else {
        // 用户拒绝授权，提示用户必须授权才能访问当前页面的功能，并引导用户到系统设置中打开相应的权限
        return;
        }
      }
      // 授权成功
    }).catch((err: BusinessError) => {
      console.error(`Failed to request permissions from user. Code is ${err.code}, message
is ${err.message}`);
    })
}
// 使用UIExtensionAbility：将 UIAbility 替换为UIExtensionAbility
export default class EntryAbility extends UIAbility {
  onWindowStageCreate(windowStage: window.WindowStage): void {
    // ...
    windowStage.loadContent('pages/Index', (err, data) => {
      reqPermissionsFromUser(permissions, this.context);
      // ...
    });
  }
  // ...
}
```

（2）在UI中向用户申请授权。

```
import { abilityAccessCtrl, common, Permissions } from '@kit.AbilityKit';
import { BusinessError } from '@kit.BasicServicesKit';

const permissions: Array<Permissions> =
['ohos.permission.LOCATION','ohos.permission.APPROXIMATELY_LOCATION'];
// 使用UIExtensionAbility：将common.UIAbilityContext 替换为common.UIExtensionContext
function reqPermissionsFromUser(permissions: Array<Permissions>, context:
common.UIAbilityContext): void {
    let atManager: abilityAccessCtrl.AtManager = abilityAccessCtrl.createAtManager();
    // requestPermissionsFromUser会判断权限的授权状态来决定是否唤起弹窗
    atManager.requestPermissionsFromUser(context, permissions).then((data) => {
```

```
    let grantStatus: Array<number> = data.authResults;
    let length: number = grantStatus.length;
    for (let i = 0; i < length; i++) {
      if (grantStatus[i] === 0) {
        // 用户授权，可以继续访问目标操作
      } else {
        // 用户拒绝授权，提示用户必须授权才能访问当前页面的功能，并引导用户到系统设置中打开相应的权限
        return;
      }
    }
    // 授权成功
  }).catch((err: BusinessError) => {
    console.error(`Failed to request permissions from user. Code is ${err.code}, message
is ${err.message}`);
  })
}

@Entry
@Component
struct Index {
  aboutToAppear() {
    // 使用UIExtensionAbility：将common.UIAbilityContext 替换为common.UIExtensionContext
    const context: common.UIAbilityContext = getContext(this) as common.UIAbilityContext;
    reqPermissionsFromUser(permissions, context);
  }

  build() {
    // ...
  }
}
```

4）处理授权结果

调用requestPermissionsFromUser()方法后，应用程序将等待用户授权的结果。如果用户授权，则可以继续访问目标操作；如果用户拒绝授权，则需要提示用户必须授权才能访问当前页面的功能，并引导用户到系统应用的"设置"界面中打开相应的权限。

10.2　使用安全控件

10.2.1　安全控件概述

安全控件是一组由系统实现的ArkUI组件，包括粘贴控件（PasteButton）、保存控件（SaveButton）和位置控件（LocationButton）。其中，粘贴控件在用户单击后自动获得授权，无须弹窗提示；保存控件和位置控件在用户首次使用时会弹出授权通知弹窗，用户单击允许后即完成授权，后续使用无须再次弹窗。这些控件可作为"特殊按钮"嵌入应用页面，实现"单击即授权"的交互设计。

相较于动态申请权限的方式，安全控件可基于场景化授权，简化了开发者和用户的操作。其主要优点有：

（1）用户可掌握授权时机，授权范围最小化。
（2）授权场景可匹配用户真实意图。

（3）减少弹窗打扰。

（4）开发者不必向应用市场申请权限，简化操作。

安全控件坚持仅采集实现业务功能所必需的个人数据，以服务于用户的需求，帮助开发透明、可选、可控的隐私合规应用。

1. 安全控件列表

1）粘贴控件

该控件对应剪贴板读取特权。集成粘贴控件后，当用户单击该控件时，应用直接读取剪贴板数据，不会弹窗提示。

建议使用场景：粘贴控件可用于任何需要读取剪贴板的场景，避免弹窗提示对用户造成干扰。

2）保存控件

该控件对应媒体库写入特权。集成保存控件后，当用户单击该控件时，应用会获取10s内访问媒体库特权接口的授权。

建议使用场景：保存控件可用于任何需要保存文件到媒体库的场景（保存图片、保存视频等）。与Picker需要拉起系统应用再由用户选择具体保存路径的方式不同，保存控件将直接保存文件到指定媒体库路径，操作更快捷。

3）位置控件

该控件对应精准定位特权。集成位置控件后，当用户单击该控件时，无论应用是否申请过或者被授予精准定位权限，都会在本次前台期间获得精准定位的授权，可以调用位置服务获取精准定位。

建议使用场景：不是强位置关联应用（如导航、运动健康等），仅在部分前台场景需要使用位置信息（如定位城市、打卡、分享位置等）。如果需要长时间使用或是在后台使用位置信息，建议申请位置权限。

2. 运作机制

安全控制运作机制由安全控件UI组件、安全控件管理服务、安全控件增强组成。

- 安全控件UI组件：实现了固定文字图标的样式，便于用户识别，同时提供了相对丰富的定制化能力，便于开发者定制。
- 安全控件管理服务：提供控件注册管理能力、控件临时授权机制、管理授权生效周期，确保应用在后台或锁屏下无法注册使用安全控件。
- 安全控件增强：安全控件增强实现相关安全防护能力，例如地址随机化、挑战值检查、回调UI框架复核控件信息、调用者地址检查、组件防覆盖、真实单击事件校验等机制，防止应用开发者通过混淆、隐藏、篡改、仿冒等方式滥用授权机制，泄露用户隐私。

开发者调用接口时，安全控件运作流程如图10-3所示。

（1）应用开发者在ETS文件中集成安全控件，通过JS引擎解析后，在ArkUI框架中生成具体的控件。

（2）安全控件将控件信息注册到安全控件管理服务，安全控件管理服务检查控件信息的合法性。

（3）用户单击事件分发到安全控件。

（4）安全控件将单击事件上报到安全控件管理服务。

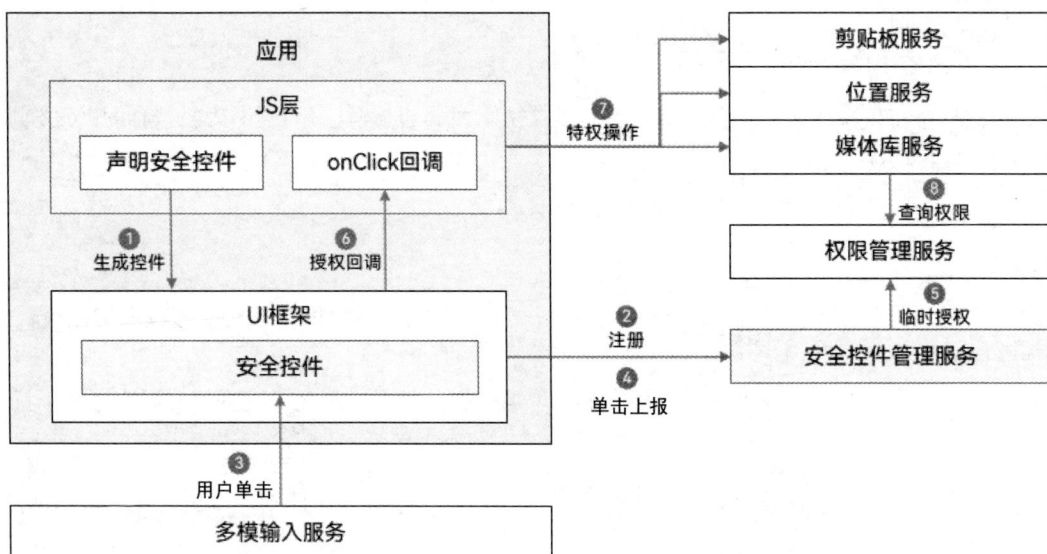

图10-3   安全控件运作流程

（5）安全控件管理服务根据控件种类对应的不同权限，调用权限管理服务进行临时授权。

（6）授权成功后，安全控件回调OnClick通知应用层授权成功。

（7）应用调用相应的特权操作，如获取地理位置、读取剪贴板信息、媒体库中创建文件等。不同类型的安全控件，对于权限的使用方式不同，授权的有效期也不同，详情请查阅具体安全控件的开发指南。

（8）对应的服务会调用权限管理服务或安全控件管理服务，获取授权结果，返回鉴权结果。

3. 约束与限制

安全控件因其自动授权的特性，为了保障用户的隐私不被恶意应用获取，做了很多限制。应用开发者需保证安全控件在应用界面上清晰可见，用户能明确识别，防止因覆盖、混淆等因素导致授权失败。

当控件样式不合法导致授权失败时，请开发者检查设备错误日志，过滤关键字"SecurityComponentCheckFail"可以获取具体原因。

说明：请开发者关注过滤条件下所有级别的日志。

可能导致授权失败的问题包括：

- 字体、图标等尺寸过小。
- 安全控件整体尺寸过大。
- 字体、图标、背景按钮的颜色透明度过高。
- 字体或图标与背景按钮颜色过于相似。
- 安全控件超出屏幕、超出窗口等，导致显示不全。
- 安全控件被其他组件或窗口遮挡。
- 安全控件的父组件有组件缩放模糊等可能导致安全控件显示不完整的属性。

10.2.2 使用粘贴控件

粘贴控件是一种特殊的系统安全控件，它允许应用在用户的授权下无提示地读取剪贴板数据。

例如，用户在应用外（如短信）复制了验证码，要在应用内粘贴验证码。用户原来在进入应用后，还需要长按输入框，在弹出的选项中单击粘贴，才能完成输入。而使用粘贴控件，用户只需进入应用后直接单击粘贴按钮，即可一步到位。

1. 约束与限制

- 临时授权会持续到发生灭屏、应用切后台、应用退出等情况。
- 应用在授权期间没有调用次数限制。
- 为了保障用户的隐私不被恶意应用获取，应用需确保安全控件是可见且用户能够识别的。开发者需要合理地配置控件的尺寸、颜色等属性，避免产生视觉混淆的情况。如果发生因控件的样式不合法而导致授权失败的情况，请检查设备错误日志。

2. 开发步骤

以简化用户填写验证码为例，参考以下步骤，实现效果：单击控件获取临时授权，粘贴内容到文本框。

01 导入剪贴板依赖。

```
import { pasteboard } from '@kit.BasicServicesKit';
```

02 添加输入框和粘贴控件。

粘贴控件是由图标、文本、背景组成的类似**Button**的按钮，其中图标、文本两者至少有其一，背景必选。图标和文本不支持自定义，仅支持在已有的选项中选择。

应用在声明安全控件的接口时，分为传参和不传参两种。不传参将默认创建图标+文字+背景的按钮；传参则根据传入的参数创建，不包含没有配置的元素。

示例代码如下：

```
import { BusinessError, pasteboard } from '@kit.BasicServicesKit';

@Entry
@Component
struct PagePasteButton {
    @State message: string = '';

    build() {
        Navigation() {
            Row() {
                Column({ space: 10 }) {
                    TextInput({ placeholder: '请输入验证码', text: this.message })
                    PasteButton()
                        .padding({top: 12, bottom: 12, left: 24, right: 24})
                        .onClick((event: ClickEvent, result: PasteButtonOnClickResult) => {
                            if (PasteButtonOnClickResult.SUCCESS === result) {
                                pasteboard.getSystemPasteboard().getData((err:
BusinessError, pasteData: pasteboard.PasteData) => {
                                    if (err) {
```

```
                                console.error(`Failed to get paste data. Code is
${err.code}, message is ${err.message}`);
                                return;
                            }
                            // 剪贴板内容为输入框中剪切的内容
                            this.message = pasteData.getPrimaryText();
                        });
                    }
                })
            }
            .width('100%')
        }
    }
    .title("使用粘贴控件")
    .titleMode(NavigationTitleMode.Mini)
  }
}
```

10.2.3　使用保存控件

保存控件是一种特殊的安全控件，它允许用户通过单击按钮临时获取存储权限，而无须通过权限弹框进行授权确认。

保存控件的效果如图10-4所示。

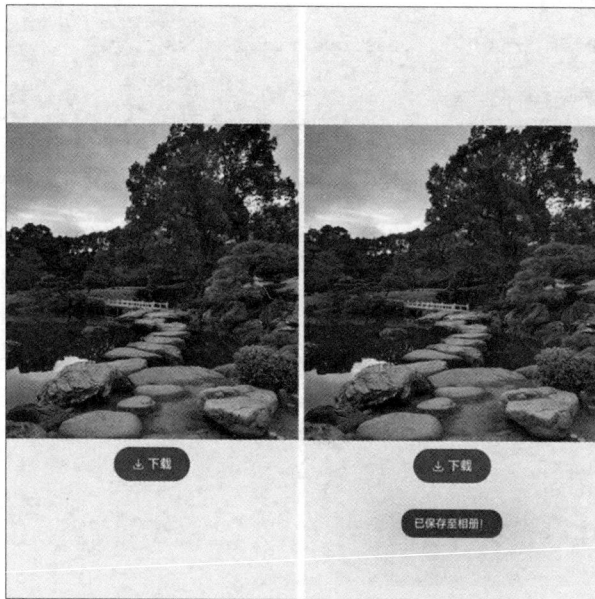

图10-4　使用保存控件示例效果

1. 约束与限制

- 当用户首次单击应用中的保存控件时，系统将弹窗请求用户授权。如果用户单击"取消"按钮，弹窗消失，应用无授权，用户再次单击保存控件时，将会重新弹窗；如果用户单击"允许"按钮，弹窗消失，应用将被授予临时保存权限，此后单击该应用的保存控件将不会弹窗。
- 应用从onClick()触发回调到调用媒体库特权接口的时间间隔不能大于10s。
- 用户单击一次控件，仅获取一次授权调用。

● 为了保障用户的隐私不被恶意应用获取，应用需确保安全控件是可见且用户能够识别的。开发者需要合理地配置控件的尺寸、颜色等属性，避免产生视觉混淆的情况。如果发生因控件的样式不合法而导致授权失败的情况，请检查设备错误日志。

2. 开发步骤

以保存对话中的图片为例，应用仅需要在前台期间短暂地使用保存图片的特性，不需要长时间使用。此时，可以直接使用安全控件中的保存控件，免去权限申请和权限请求等环节，获得临时授权，保存对应图片。

01 导入文件和媒体库依赖：

```
import { photoAccessHelper } from '@kit.MediaLibraryKit';
import { fileIo } from '@kit.CoreFileKit';
```

02 设置图片资源，并添加保存控件。

保存控件是一种类似于按钮的安全控件，由图标、文本和背景组成。其中，图标和文本至少需要有一个，背景是必选的。图标和文本不能自定义，只能从已有的选项中选择。应用声明安全控件的接口，有传参和不传参两种方式。不传参将默认创建一个包含图标、文字和背景的按钮，传参则根据参数创建，不包含未配置的元素。

示例代码如下：

```
import { photoAccessHelper } from '@kit.MediaLibraryKit';
import { fileIo } from '@kit.CoreFileKit';
import { common } from '@kit.AbilityKit';
import { promptAction } from '@kit.ArkUI';
import { BusinessError } from '@kit.BasicServicesKit';

async function savePhotoToGallery(context: common.UIAbilityContext) {
    let helper = photoAccessHelper.getPhotoAccessHelper(context);
    try {
        // onClick触发后10秒内通过createAsset接口创建图片文件，10s后createAsset权限收回
        let uri = await helper.createAsset(photoAccessHelper.PhotoType.IMAGE, 'jpg');
        // 使用uri打开文件，可以持续写入内容，写入过程不受时间限制
        let file = await fileIo.open(uri, fileIo.OpenMode.READ_WRITE |
fileIo.OpenMode.CREATE);
        // $r('app.media.startIcon')需要替换为开发者所需的图像资源文件
        context.resourceManager.getMediaContent($r('app.media.startIcon').id, 0)
            .then(async value => {
                let media = value.buffer;
                // 写到媒体库文件中
                await fileIo.write(file.fd, media);
                await fileIo.close(file.fd);
                promptAction.showToast({ message: '已保存至相册！' });
            });
    }
    catch (error) {
        const err: BusinessError = error as BusinessError;
        console.error(`Failed to save photo. Code is ${err.code}, message is
${err.message}`);
    }
}

@Entry
```

```
@Component
struct PageSaveButton {
    build() {
        Navigation() {
            Row() {
                Column({ space: 10 }) {
                    Image($r('app.media.save_pic'))
                        .height(400)
                        .width('100%')

                    SaveButton()
                        .padding({top: 12, bottom: 12, left: 24, right: 24})
                        .onClick(async (event: ClickEvent, result: SaveButtonOnClickResult)
=> {
                            if (result === SaveButtonOnClickResult.SUCCESS) {
                                const context: common.UIAbilityContext = getContext(this) as
common.UIAbilityContext;

                                // 免去权限申请和权限请求等环节，获得临时授权，保存对应图片
                                savePhotoToGallery(context);
                            } else {
                                promptAction.showToast({ message: '设置权限失败！' })
                            }
                        })
                }
                .width('100%')
            }
            .height('100%')
            .backgroundColor(0xF1F3F5)
        }
        .title("使用保存控件")
        .titleMode(NavigationTitleMode.Mini)
    }
}
```

10.2.4 使用位置控件

位置控件使用直观且易懂的通用标识，让用户明确地知道这是一个获取位置信息的按钮。这满足了授权场景需要匹配用户真实意图的需求。只有当用户主观愿意，并且明确了解使用场景后单击位置控制，应用才会获得临时的授权，获取位置并完成相应的服务功能。

位置控件效果如图10-5所示。

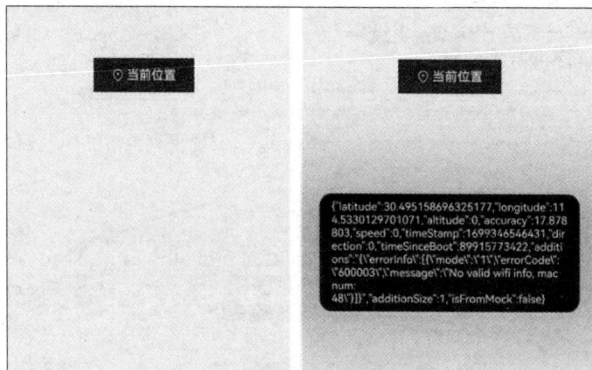

图10-5   使用位置控件示例效果

1. 约束与限制

- 当用户首次单击应用中的位置控件时，系统将弹窗请求用户授权。如果用户单击"取消"按钮，弹窗消失，应用无授权，用户再次单击位置控件时，将会重新弹窗；如果用户单击"允许"按钮，弹窗消失，应用将被授予临时位置权限，此后单击该应用的位置控件将不会弹窗。
- 精准定位的临时授权会持续到灭屏、应用切后台、应用退出等情况发生，然后恢复到临时授权之前的授权状态（授予/未授予/未申请）。
- 应用在授权期间没有调用次数限制。
- 为了保障用户的隐私不被恶意应用获取，应用需确保安全控件是可见且用户能够识别的。开发者需要合理地配置控件的尺寸、颜色等属性，避免产生视觉混淆的情况。如果发生因控件的样式不合法而导致授权失败的情况，请检查设备错误日志。

2. 开发步骤

以在聊天界面发送实时定位信息为例。在当前场景下，应用仅需要在前台期间短暂地访问当前位置，不需要长时间使用。此时，可以直接使用安全控件中的位置控件，免去权限申请和权限请求等环节，获得临时授权，满足权限最小化，提升用户的隐私体验。

开发者可以参考以下步骤，实现如图10-5所示的效果：单击控件"当前位置"，获取临时精准定位授权，获取授权后，弹窗提示具体位置信息。

01 引入位置服务依赖：

```
import { geoLocationManager } from '@kit.LocationKit';
```

02 添加位置控件和获取当前位置信息。

位置控件是由图标、文本、背景组成的类似Button的按钮，其中图标、文本两者应至少有一个，背景是必选的。图标和文本不支持自定义，仅支持在已有的选项中选择。应用在声明安全控件的接口时，分为传参和不传参两种，不传参将默认创建图标+文字+背景的按钮，传参则根据传入的参数创建，不包含没有配置的元素。

当前示例使用默认参数，具体请参见LocationButton控件。此外，所有安全控件都继承安全控件通用属性，可用于定制样式。

在LocationButton的onClick()回调中通过调用geoLocationManager模块提供的方法获取当前位置信息。

```
import { geoLocationManager } from '@kit.LocationKit';
import { promptAction } from '@kit.ArkUI';
import { BusinessError } from '@kit.BasicServicesKit';
import { PermissionsUtil } from '../utils/PermissionsUtil';
import { common } from '@kit.AbilityKit';

// 获取当前位置信息
function getCurrentLocationInfo() {
    const requestInfo: geoLocationManager.LocationRequest = {
        'priority': geoLocationManager.LocationRequestPriority.FIRST_FIX,
        'scenario': geoLocationManager.LocationRequestScenario.UNSET,
        'timeInterval': 1,
        'distanceInterval': 0,
        'maxAccuracy': 0
    };
    try {
```

```
        geoLocationManager.getCurrentLocation(requestInfo)
            .then((location: geoLocationManager.Location) => {
                promptAction.showToast({ message: JSON.stringify(location) });
            })
            .catch((err: BusinessError) => {
                console.error(`Failed to get current location. Code is ${err.code}, message
is ${err.message}`);
            });
    } catch (err) {
        console.error(`Failed to get current location. Code is ${err.code}, message is
${err.message}`);
    }
}


@Entry
@Component
struct PageLocation {
    aboutToAppear() {
        const context: common.UIAbilityContext = getContext(this) as
common.UIAbilityContext;
        PermissionsUtil.reqPermissionsFromUser(PermissionsUtil.locationPermissions,
context);
    }

    build() {
        Navigation() {
            Row() {
                Column({ space: 10 }) {
                    LocationButton({
                        icon: LocationIconStyle.LINES,
                        text: LocationDescription.CURRENT_LOCATION,
                        buttonType: ButtonType.Normal
                    })
                        .padding({top: 12, bottom: 12, left: 24, right: 24})
                        .onClick((event: ClickEvent, result: LocationButtonOnClickResult) => {
                            if (result === LocationButtonOnClickResult.SUCCESS) {
                                // 免去权限申请和权限请求等环节，获得临时授权，获取位置信息授权
                                getCurrentLocationInfo();
                            } else {
                                promptAction.showToast({ message: '获取位置信息失败！' })
                            }
                        })
                }
                .width('100%')
            }
            .height('100%')
            .backgroundColor(0xF1F3F5)
        }
        .title("使用位置控件")
        .titleMode(NavigationTitleMode.Mini)
    }
}
```

第 **11** 章

ArkData数据管理

ArkData（方舟数据管理）是HarmonyOS提供的高效数据管理框架，它采用统一的API接口实现多形态数据存储与访问。ArkData系统通过三层架构设计实现数据安全管控：底层提供键值型数据库、关系型数据库及分布式数据对象等存储引擎；中间层封装标准化数据访问接口；应用层支持便捷的数据操作。在本地存储方面，ArkData提供轻量级Preferences持久化方案，支持毫秒级键值存取；关系型数据库基于SQLite优化，支持ACID事务特性。针对分布式场景，ArkData实现跨设备数据同步，通过软总线自动发现设备并建立安全通道，数据变更实时推送至所有关联终端。系统内置数据加密机制，支持字段级加密保护，结合细粒度权限控制确保敏感数据安全。开发者需重点掌握数据模型的抽象设计、跨设备数据同步的生命周期管理，以及数据访问的性能优化技巧。

11.1　ArkData概述

11.1.1　ArkData简介

ArkData不仅为开发者提供数据存储、数据管理和数据同步能力，比如联系人应用数据可以保存到数据库中，还提供数据库的安全性、可靠性以及共享访问等管理机制，同时支持与智能手表等设备同步联系人信息。

相关概念说明如下：

- 标准化数据定义：提供HarmonyOS跨应用、跨设备的统一数据类型标准，包含标准化数据类型和标准化数据结构。
- 数据存储：提供通用数据持久化能力，根据数据特点，分为用户首选项、键值型数据库和关系型数据库。
- 数据管理：提供高效的数据管理能力，包括权限管理、数据备份恢复、数据共享框架等。
- 数据同步：提供跨设备数据同步能力，比如分布式对象支持内存对象跨设备共享能力，分布式数据库支持跨设备数据库访问能力。

应用创建的数据库都保存到应用沙盒中，当应用被卸载时，数据库也会自动删除。

11.1.2　运作机制

　　ArkData框架如图11-1所示，数据管理模块包括用户首选项、键值型数据管理、关系型数据管理、分布式数据对象、跨应用数据管理和统一数据管理框架。Interface接口层提供标准JS API接口，定义这些部件接口的描述，供开发者参考。Frameworks&System service层负责实现部件数据存储、同步功能，还有一些SQLite和其他子系统的依赖。

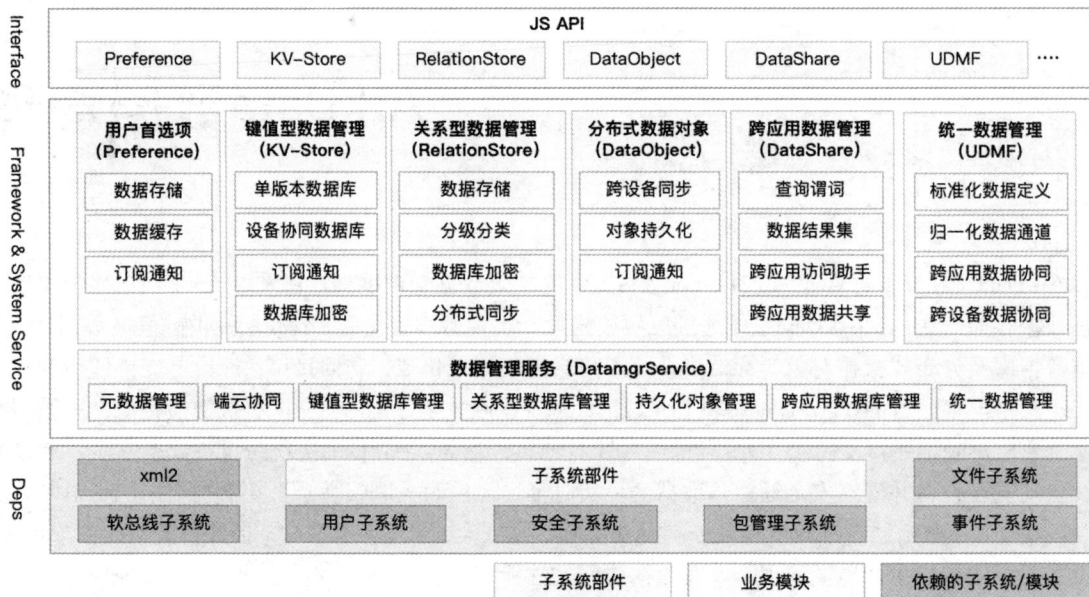

图11-1　ArkData架构图

- 用户首选项（Preferences）：提供了轻量级配置数据的持久化能力，并支持订阅数据变化的通知能力。不支持分布式同步，常用于保存应用配置信息、用户偏好设置等。
- 键值型数据管理（KV-Store）：提供了键值型数据库的读写、加密、手动备份以及订阅通知能力。当应用需要使用键值型数据库的分布式能力时，KV-Store会将同步请求发送给DatamgrService，由它完成跨设备数据同步。
- 关系型数据管理（RelationalStore）：提供了关系型数据库的增删改查、加密、手动备份以及订阅通知能力。当应用需要使用关系型数据库的分布式能力时，RelationalStore部件会将同步请求发送给DatamgrService，由它完成跨设备数据同步。
- 分布式数据对象（DataObject）：独立提供对象型结构数据的分布式能力。如果应用需要在重启后仍获取之前的对象数据（包含跨设备应用和本设备应用），则使用数据管理服务（DatamgrService）的对象持久化能力，做暂时保存。
- 跨应用数据管理（DataShare）：提供了数据提供者（provider）、数据消费者（consumer）以及同设备跨应用数据交互的增、删、改、查以及订阅通知等能力。DataShare不与任何数据库绑定，可以对接关系型数据库、键值型数据库。如果开发C/C++应用，甚至可以自行封装数据库。DataShare在提供标准的provider-consumer模式基础上，同时提供了静默数据访问能力，即不再拉起provider，而是直接通过DatamgrService代理访问provider的数据（目前仅关系型数据库支持静默数据访问方式）。

- 统一数据管理框架（UDMF）：提供了数据跨应用、跨设备交互标准，定义了跨应用、跨设备数据交互过程中的数据语言，提升数据交互效率。UDMF提供安全、标准化数据流通通路，支持不同级别的数据访问权限与生命周期管理策略，实现高效的数据跨应用、跨设备共享。
- 数据管理服务（DatamgrService）：提供其他部件的同步及跨应用共享能力，包括RelationalStore和KV-Store跨设备同步，DataShare静默访问provider数据，暂存DataObject同步对象数据等。

11.2　标准化数据定义

设备、应用交互的核心在于数据的互通，高效的数据互通基础是共识。为了降低应用/业务数据交互成本，促进数据生态建设，统一数据管理框架（UDMF）提供了标准化数据定义作为统一的HarmonyOS数据语言，用于构建跨应用、跨设备的统一数据标准与交互共识。

UDMF标准化数据定义包括标准化数据类型（Uniform Type Descriptor，UTD）和标准化数据结构。

（1）标准化数据类型：主要针对同一种数据类型，提供统一定义，即标准数据类型描述符，定义了标识数据类型的ID、类型归属关系等相关信息。一般用于过滤或者识别某一种数据类型的场景，比如文件预览、文件分享等。

（2）标准化数据结构：主要针对部分标准化数据类型定义了统一的数据内容结构，并明确了对应的描述信息。应用间使用标准化数据结构进行数据交互后，将遵循统一的解析标准，可有效减少适配相关的工作量。一般用于跨应用、跨设备间的数据交互，比如拖曳。

11.2.1　标准化数据类型

标准化数据类型用于解决系统中的类型模糊问题，即针对同一种数据类型，存在不同的类型描述方式，包括MIME Type、文件扩展名等。例如描述jpg/jpeg类型图片时，可以使用image/jpeg、.jpg、.jpeg或image/picture等方式。当相关类型的数据进行跨应用、跨设备传输时，目标端应用/设备需要进行多方面的适配，才能够对数据内容进行相关处理，且存在无法识别的情况。因此提出了标准化数据类型。

标准化数据类型分为预置数据类型和应用自定义数据类型，并且支持从其他类型体系，如文件名后缀和MIME type转换为UTD标准类型。

1. 标准化数据类型的设计和分类原则

1）标准化数据类型按层级结构构建

基于MIME Type或文件后缀进行类型区分，存在一个不足，即扁平化的数据类型定义。

扁平/松散的类型定义难以描述不同类型间的兼容与继承关系，且在实际使用过程中会增加应用处理数据类型时的开发复杂度。例如搜索场景，用户从精确地搜索与动物相关的任意类型图片，进一步扩展到动物相关的任意图片、视频或音频资源。为了满足上述场景，我们需要在定义数据类型时，支持类型层级结构。

构建标准数据类型的层级结构，定义层级结构中的类型归属关系，能够帮助系统、应用实现数据类型的分层、分类管理。当用户进行数据分享或拖曳时，如果数据中同时包含图片、视频、音频等内容，那么系统/应用可以根据层级按需对分享内容进行整理，如分享了几幅照片、几条视频或几个媒体资源文件等。

2）标准化数据类型的分类原则

UTD中定义的标准化数据类型在设计原则上按物理和逻辑分为两类。

按物理分类的根节点为general.entity，用于描述类型的物理属性，比如文件、目录等，具体结构如图11-2所示。

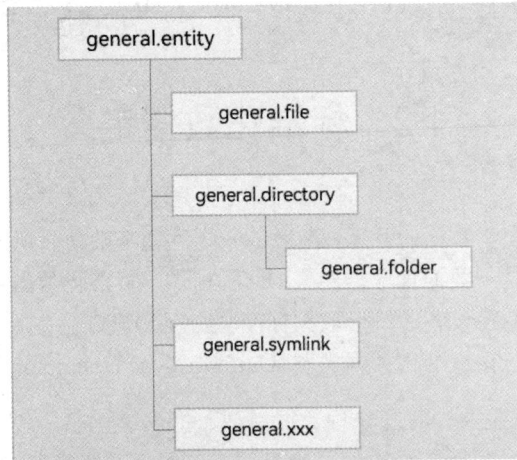

图11-2　按物理分类的标准化数据类型

按逻辑分类的根节点为general.object，用于描述类型的功能性特征，如图片、网页等，具体结构如图11-3所示。

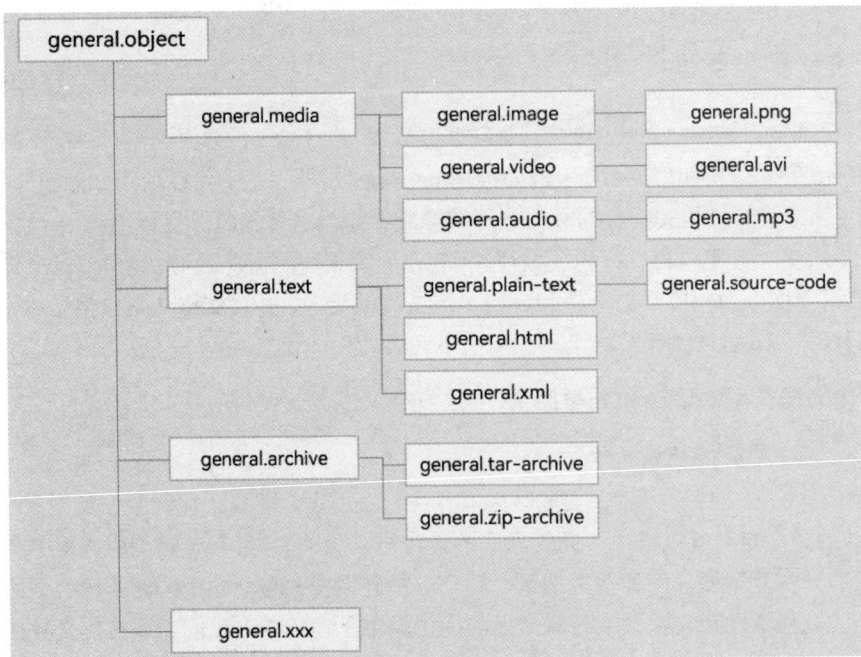

图11-3　按逻辑分类的标准化数据类型

按照此分类原则，可以从两个维度对数据类型进行描述。比如描述图片时，可以是一个图片对象，也可以是一个文件。

然而，并非所有格式都具有两个维度，如general.calendar。

2. 标准化数据类型的定义

标准化数据类型包含了标准化数据类型的标识ID、归属类型关系、简要描述等信息，具体可见TypeDescriptor属性，每个类型定义具体包含以下内容：

- typeId：定义标准化数据类型的ID，该ID具有唯一性。
- belongingToTypes：定义标准化数据类型的归属关系，即该标准化数据类型归属于哪个更高层级的类型，允许存在一个标准化数据类型归属于多个类型的情况。
- description：标准化数据类型的简要说明。
- referenceURL：标准化数据类型的参考链接，用于描述数据类型的详细信息。
- iconFile：标准化数据类型的默认图标文件路径，可能为空字符串（即没有默认图标），应用可以自行决定是否使用该默认图标。
- filenameExtensions：标准化数据类型所关联的文件名后缀列表。
- mimeTypes：标准化数据类型所关联的多用途互联网邮件扩展类型列表。

3. 预置数据类型

基于常用的数据类型，ArkData预先定义了一部分标准数据类型描述符，即预置数据类型，如用于描述音频文件的general.audio，描述视频文件的general.video。

4. 应用自定义数据类型

由于预置标准数据类型无法穷举所有数据类型，在业务跨应用、跨设备交互过程中，会涉及一些应用独有的数据类型，因此支持应用自定义数据类型。

应用自定义的数据类型可继承已有的标准类型，例如业务自定义的图片类型可以使用"com.company.x-image"作为自定义数据类型的标识。

业务可以将自定义数据类型注册到系统中，这样其他业务也可以在需要时引用，进而实现生态内各应用自定义数据类型的共享与统一。

1）工作原理

基于标准类型的层级结构，业务在声明自己支持的数据类型标识符时，需要声明该类型标识符的层级逻辑，例如业务自定义图片类型UTD标识符为com.company.x-image，并归属到general.image类中。UTD会检验自定义类型标识符，确保归属关系中不出现环状结构。

安装应用时，UTD会读取应用中自定义的数据类型，校验自定义数据类型符合约束条件后，将它安装到设备中。应用启动后能正常读取到应用自定义的数据类型。如果要引用其他应用定义的自定义数据类型，则需要在应用开发时将其一并写入自定义数据类型配置文件中。

2）约束限制

针对自定义类型描述的各字段，有以下相关要求和限制：

- TypeId：定义标准化数据类型的ID，该ID具有唯一性，由应用bundleName + 具体类型名组成，不可缺省，允许包含数字、大小写字母、-和.。
- BelongingToTypes：定义标准化数据类型的归属关系，即该标准化数据类型归属于哪个更高层级的类型，所属类型可以为多个，但是必须是已存在的数据类型（标准化数据类型预置类型或其他新增自定义数据类型），不能为应用自定义类型本身，也不能为空，并且与现有标准化数据类型、其他新增自定义数据类型不能形成环形依赖结构。

- FilenameExtensions: 应用自定义标准化数据类型所关联的文件后缀。可以缺省；可以为多个，每个后缀为以"."开头且长度不超过127个字符的字符串。
- MIMETypes: 应用自定义标准化数据类型所关联的Web消息数据类型。可以缺省；可以为多个，每个类型为长度不超过127个字符的字符串。
- Description: 应用自定义标准化数据类型的简要说明。可以缺省；填写时，长度为不超过255个字符的字符串。
- ReferenceURL: 应用自定义标准化数据类型的参考链接，用于描述数据类型的详细信息。可以缺省；填写时，长度为不超过255个字符的字符串。

3）开发步骤

下面以新增媒体类文件类型为例，说明如何自定义标准化数据类型。

01 在当前应用的entry\src\main\resources\rawfile\arkdata\utd\目录下新增utd.json5文件。

02 在当前应用的utd.json5配置文件内新增所需的自定义数据类型。

```json5
{
    "UniformDataTypeDeclarations": [
        {
            "TypeId": "com.vincent.custom.image",
            "BelongingToTypes": ["general.image"],
            "FilenameExtensions": [".myImage", ".khImage"],
            "MIMETypes": ["application/myImage", "application/khImage"],
            "Description": "My Image.",
            "ReferenceURL": ""
        },
        {
            "TypeId": "com.vincent.custom.audio",
            "BelongingToTypes": ["general.audio"],
            "FilenameExtensions": [".myAudio", ".khAudio"],
            "MIMETypes": ["application/myAudio", "application/khAudio"],
            "Description": "My audio.",
            "ReferenceURL": ""
        },
        {
            "TypeId": "com.vincent.custom.video",
            "BelongingToTypes": ["general.video"],
            "FilenameExtensions": [".myVideo", ".khVideo"],
            "MIMETypes": ["application/myVideo", "application/khVideo"],
            "Description": "My video.",
            "ReferenceURL": ""
        }
    ]
}
```

03 如果其他应用要直接使用当前应用内的自定义数据类型，需要在其entry\src\main\resources\rawfile\arkdata\utd\目录下新增utd.json5文件，并进行以下声明：

```json5
{
    "ReferenceUniformDataTypeDeclarations": [
        {
            "TypeId": "com.vincent.custom.image",
            "BelongingToTypes": ["general.image"],
            "FilenameExtensions": [".myImage", ".khImage"],
```

```
            "MIMETypes": ["application/myImage", "application/khImage"],
            "Description": "My Image.",
            "ReferenceURL": ""
        }
    ]
}
```

04 其他应用也可以在DevEco Studio中创建utd.json5模板，在模板中引用当前应用内的自定义数据类型之后，基于已引用的自定义数据类型进行自定义。同时，DevEco Studio还会对配置文件中的字段进行格式校验。utd.json5配置文件示例如下：

```
{
    "UniformDataTypeDeclarations": [
        {
            "TypeId": "com.example.mySecondHap.image",
            "BelongingToTypes": ["com.example.myFirstHap.image"],
            "FilenameExtensions": [".myImageEx", ".khImageEx"],
            "MIMETypes": ["application/my-ImageEx", "application/khImageEx"],
            "Description": "My Image extension.",
            "ReferenceURL": ""
        }
    ]
}
```

5. 查询媒体类文件归属类型

下面以媒体类文件的归属类型查询为例，说明如何使用UTD。

01 导入uniformTypeDescriptor模块。

02 可根据".mp3"文件后缀查询对应UTD，并查询对应UTD的具体属性。

03 可根据"audio/mp3"MIMEType查询对应UTD，并查询对应UTD的具体属性。

04 将上述步骤查询出来的数据类型进行比较，确认数据类型是否相等。

05 对上述步骤中查询到的标准数据类型"general.mp3"与表示音频数据的已知标准数据类型"general.audio"进行比较，确认是否存在归属关系。

示例代码如下：

```
// 1.导入模块
import { uniformTypeDescriptor } from '@kit.ArkData';

try {
  // 2.可根据 ".mp3" 文件后缀查询对应UTD，并查询对应UTD的具体属性
  let fileExtention = '.mp3';
  let typeId1 = uniformTypeDescriptor.getUniformDataTypeByFilenameExtension(fileExtention);
  let typeObj1 = uniformTypeDescriptor.getTypeDescriptor(typeId1);
  console.info('typeId:' + typeObj1.typeId);
  console.info('belongingToTypes:' + typeObj1.belongingToTypes);
  console.info('description:' + typeObj1.description);
  console.info('referenceURL:' + typeObj1.referenceURL);
  console.info('filenameExtensions:' + typeObj1.filenameExtensions);
  console.info('mimeTypes:' + typeObj1.mimeTypes);

  // 3.可根据 "audio/mp3" MIMEType查询对应UTD，并查询对应UTD的具体属性
  let mineType = 'audio/mp3';
  let typeId2 = uniformTypeDescriptor.getUniformDataTypeByMIMEType(mineType);
```

```
let typeObj2 = uniformTypeDescriptor.getTypeDescriptor(typeId2);
console.info('typeId:' + typeObj2.typeId);
console.info('belongingToTypes:' + typeObj2.belongingToTypes);
console.info('description:' + typeObj2.description);
console.info('filenameExtensions:' + typeObj2.filenameExtensions);
console.info('mimeTypes:' + typeObj2.mimeTypes);

// 4.将数据类型进行比较，确认是否为同一种数据类型
if (typeObj1 != null && typeObj2 != null) {
  let ret = typeObj1.equals(typeObj2);
  console.info('typeObj1 equals typeObj2, ret:' + ret);
}

// 5.将查询到的标准数据类型"general.mp3"与表示音频数据的已知标准数据类型"general.audio"做比
较，确认是否存在归属关系
if (typeObj1 != null) {
  let ret = typeObj1.belongsTo('general.audio');
  console.info('belongsTo, ret:' + ret);
  let mediaTypeObj = uniformTypeDescriptor.getTypeDescriptor('general.media');
  ret = mediaTypeObj.isHigherLevelType('general.audio'); // 确认是否存在归属关系
  console.info('isHigherLevelType, ret:' + ret);
}
} catch (err) {
  console.error('err message:' + err.message + ', err code:' + err.code);
}
```

6. 通过文件后缀获取对应的MIMEType列表

下面以通过".ts"文件后缀获取对应的MIMEType列表为例，说明如何通过文件后缀获取对应的MIMEType列表。

01 导入uniformTypeDescriptor模块。

02 可根据".ts"文件后缀查询对应的UTD。

03 根据UTD查询对应的MIMEType列表。

示例代码如下：

```
// 1.导入模块
import { uniformTypeDescriptor } from '@kit.ArkData';
try {
// 2.可根据 ".ts" 文件后缀查询对应UTD
let fileExtention = '.ts';
let                                    typeIds                        =
uniformTypeDescriptor.getUniformDataTypesByFilenameExtension(fileExtention);
for (let typeId of typeIds) {
  // 3.根据UTD查询对应的MIMEType列表
  let typeObj = uniformTypeDescriptor.getTypeDescriptor(typeId);
  let mimeTypes = typeObj.mimeTypes;
  console.info('mimeTypes:' + mimeTypes);
}
} catch (err) {
  console.error('err message:' + err.message + ', err code:' + err.code);
}
```

7. 通过MIMEType获取对应的后缀列表

下面以通过"text/plain"MIMEType获取对应文件后缀列表为例，说明如何通过MIMEType获取对应的后缀列表。

01 导入uniformTypeDescriptor模块。

02 根据"text/plain"MIMEType查询对应的UTD。

03 根据UTD查询对应的MIMEType列表。

示例代码如下：

```
// 1.导入模块
import { uniformTypeDescriptor } from '@kit.ArkData';
try {
  // 2.可根据 "text/plain" MIMEType查询对应UTD
  let mineType = 'text/plain';
  let typeIds = uniformTypeDescriptor.getUniformDataTypesByMIMEType(mineType);
  for (let typeId of typeIds) {
    // 3. 根据UTD查询对应的MIMEType列表
    let typeObj = uniformTypeDescriptor.getTypeDescriptor(typeId);
    let filenameExtensions = typeObj.filenameExtensions;
    console.info('filenameExtensions:' + filenameExtensions);
  }
} catch (err) {
  console.error('err message:' + err.message + ', err code:' + err.code);
}
```

11.2.2　标准化数据结构

1. 场景介绍

针对标准化数据类型中的部分常见类型，为了方便业务使用，我们按照不同的数据类型提供了标准化数据结构，例如系统定义的桌面图标类型（对应的标准化数据类型标识为'openharmony.app-item'），明确定义了该数据结构对应的相关描述信息。

某些业务场景下，应用可以直接使用我们具体定义的标准化数据结构，例如跨应用拖曳场景。拖出方应用可以按照标准化数据结构将拖曳数据写入拖曳事件，拖入方应用从拖曳事件中读取拖曳数据并按照标准化数据结构进行数据的解析。这使得不同应用间的数据交互遵从相同的标准定义，有效减少了跨应用数据交互的开发工作量。

2. 开发步骤

下面以使用标准化数据结构定义数据内容（包含超链接、纯文本两条数据记录）为例，介绍基本的开发步骤。

```
// 1. 导入unifiedDataChannel和uniformTypeDescriptor模块
import { uniformDataStruct, uniformTypeDescriptor, unifiedDataChannel } from '@kit.ArkData';

// 2. 创建超链接数据记录
let hyperlinkDetails : Record<string, string> = {
  'attr1': 'value1',
  'attr2': 'value2',
}
```

```
    let hyperlink : uniformDataStruct.Hyperlink = {
      uniformDataType:'general.hyperlink',
      url : 'www.XXX.com',
      description : 'This is the description of this hyperlink',
      details : hyperlinkDetails,
    }
    hyperlink.description = '...';  // 修改hyperlink属性description
    console.info(`hyperlink url = ${hyperlink.url}`);  // 访问对象属性

    // 3．创建纯文本数据类型记录，将它添加到刚才创建的UnifiedData对象中
    let plainTextDetails : Record<string, string> = {
      'attr1': 'value1',
      'attr2': 'value2',
    }
    let plainText : uniformDataStruct.PlainText = {
      uniformDataType: 'general.plain-text',
      textContent : 'This is plainText textContent example',
      abstract : 'this is abstract',
      details : plainTextDetails,
    }
    // 4．创建一个统一的数据对象实例
    let unifiedData = new unifiedDataChannel.UnifiedData();
    let hyperlinkRecord = new unifiedDataChannel.
UnifiedRecord(uniformTypeDescriptor.UniformDataType.HYPERLINK, hyperlink);
    let plainTextRecord = new unifiedDataChannel.
UnifiedRecord(uniformTypeDescriptor.UniformDataType.PLAIN_TEXT, plainText);

    // 5．添加plainText数据记录
    unifiedData.addRecord(hyperlinkRecord);
    unifiedData.addRecord(plainTextRecord);

    // 6．记录添加完成后，可获取当前UnifiedData对象内的所有数据记录
    let records = unifiedData.getRecords();

    // 7．遍历每条记录，判断该记录的数据类型，并转换为子类对象，得到原数据记录
    for (let i = 0; i < records.length; i ++) {
      let unifiedDataRecord = records[i] as unifiedDataChannel.UnifiedRecord;
      let record = unifiedDataRecord.getValue() as object;
      if (record != undefined) {
        // 读取该数据记录的类型
        let type : string = record["uniformDataType"];
        switch (type) {
          case uniformTypeDescriptor.UniformDataType.HYPERLINK:
            Object.keys(record).forEach(key => {
              console.info('show records: ' + key + ', value:' + record[key]);
            });
            break;
          case uniformTypeDescriptor.UniformDataType.PLAIN_TEXT:
            Object.keys(record).forEach(key => {
              console.info('show records: ' + key + ', value:' + record[key]);
            });
            break;
          default:
            break;
        }
      }
    }
```

11.3　应用数据持久化

11.3.1　应用数据持久化概述

应用数据持久化，是指应用将内存中的数据通过文件或数据库的形式保存到设备上。内存中的数据形态通常是任意的数据结构或数据对象，存储介质上的数据形态可能是文本、数据库、二进制文件等。

HarmonyOS标准系统支持的典型数据形态，包括用户首选项、键值型数据库、关系型数据库。开发者可以根据如下功能介绍，选择合适的数据形态以满足应用数据的持久化需要。

- 用户首选项：通常用于保存应用的配置信息。数据通过文本的形式保存在设备中，应用使用过程中会将文本中的数据全量加载到内存中，所以访问速度快、效率高，但不适合需要存储大量数据的场景。
- 键值型数据库：一种非关系型数据库，其数据以"键值对"的形式进行组织、索引和存储，其中"键"作为唯一标识符，适合很少数据关系和业务关系的业务数据存储，同时因其在分布式场景中降低了解决数据库版本兼容问题的复杂度和数据同步过程中冲突解决的复杂度而被广泛使用。相比于关系型数据库，键值型数据库更容易做到跨设备、跨版本兼容。
- 关系型数据库：一种以行和列的形式存储数据的数据库，广泛用于应用中的关系型数据的处理，包括一系列的增、删、改、查等接口。开发者也可以运行自定义的SQL语句来满足复杂业务场景的需要。

11.3.2　通过用户首选项实现数据持久化

1. 场景介绍

用户首选项为应用提供键值型的数据处理能力，支持应用持久化轻量级数据，并对它进行修改和查询。当用户希望有一个全局唯一存储的地方时，可以使用用户首选项。用户首选项会将该数据缓存在内存中，当用户读取时，能够快速从内存中获取数据；当需要持久化时，可以使用flush接口将内存中的数据写入持久化文件中。用户首选项会随着存放的数据量增多而导致应用占用的内存增大，因此，用户首选项不适合存放过多的数据，也不支持通过配置加密，其适用场景一般为应用保存用户的个性化设置（字体大小，是否开启夜间模式）等。

2. 运作机制

用户程序通过ArkTS接口调用用户首选项读写对应的数据文件。开发者可以将用户首选项持久化文件的内容加载到Preferences实例，每个文件唯一对应一个Preferences实例，系统会通过静态容器将该实例存储在内存中，直到主动从内存中移除该实例或者删除该文件。用户首选项实现数据持久化机制如图11-4所示。

应用首选项的持久化文件保存在应用沙箱内部，可以通过context获取其路径。

3. 约束限制

- 首选项无法保证进程并发安全，会有文件损坏和数据丢失的风险，不支持在多进程场景下使用。

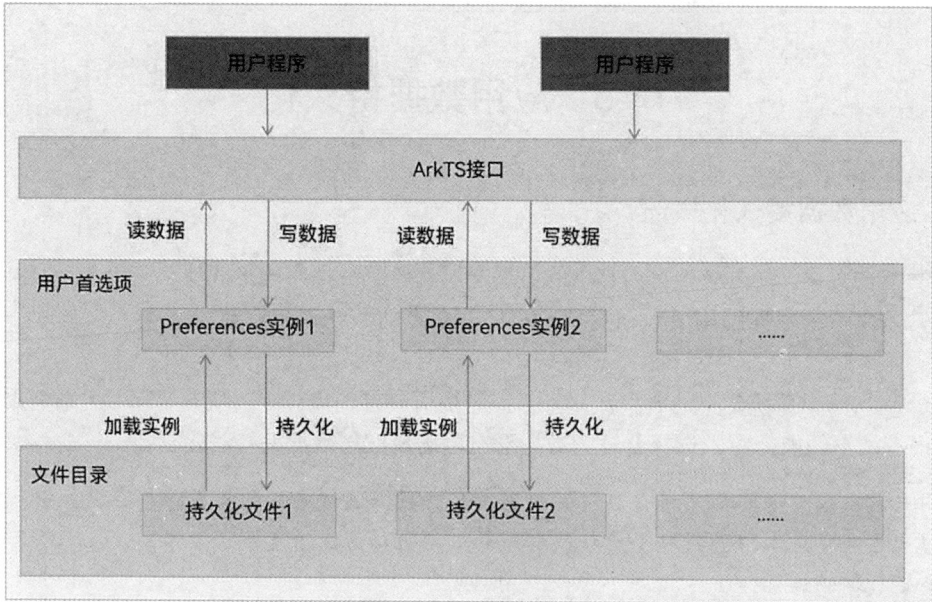

图11-4　用户首选项实现数据持久化机制

- 键为string类型，要求非空且长度不超过1024字节。
- 如果值为string类型，请使用UTF-8编码格式，可以为空，不为空时长度不超过16MB。
- 当存储的数据中包含非UTF-8格式的字符串时，请使用Uint8Array类型存储，否则会使持久化文件出现格式错误，造成文件损坏。
- 调用removePreferencesFromCache或者deletePreferences后，订阅的数据变更会主动取消订阅，重新getPreferences后需要重新订阅数据变更。
- 不允许deletePreferences与其他接口多线程、多进程并发调用，否则会发生不可预期的行为。
- 内存会随着存储数据量的增大而增大，所以存储的数据量应该是轻量级的，建议存储的数据不超过50MB。当存储的数据较大时，在使用同步接口创建Preferences对象和持久化数据时，会变成耗时操作。不建议在主线程中使用，否则可能出现appfreeze问题。

4. 开发步骤

01 导入@kit.ArkData模块。

```
import { preferences } from '@kit.ArkData';
```

02 获取Preferences实例。

```
import { UIAbility } from '@kit.AbilityKit';
import { BusinessError } from '@kit.BasicServicesKit';
import { window } from '@kit.ArkUI';

let dataPreferences: preferences.Preferences | null = null;

class EntryAbility extends UIAbility {
  onWindowStageCreate(windowStage: window.WindowStage) {
    let options: preferences.Options = { name: 'myStore' };
    dataPreferences = preferences.getPreferencesSync(this.context, options);
  }
}
```

03 写入数据。使用putSync()方法保存数据到缓存的Preferences实例中。在写入数据后，如有需
要，可使用flush()方法将Preferences实例的数据存储到持久化文件。这里需要注意，当对应的
键已经存在时，putSync()方法会覆盖其值。可以使用hasSync()方法检查是否存在对应键值对。

示例代码如下：

```
import { util } from '@kit.ArkTS';
if (dataPreferences.hasSync('startup')) {
  console.info("The key 'startup' is contained.");
} else {
  console.info("The key 'startup' does not contain.");
  // 此处以此键值对不存在时写入数据为例
  dataPreferences.putSync('startup', 'auto');
  // 当字符串中有特殊字符时，需要将字符串转为Uint8Array类型再存储
  let uInt8Array1 = new util.TextEncoder().encodeInto("~! @#￥%……&* () ——+? ");
  dataPreferences.putSync('uInt8', uInt8Array1);
}
```

04 读取数据。使用getSync()方法获取数据，即指定键对应的值。如果值为null或者非默认值类
型，则返回默认数据。示例代码如下：

```
let val = dataPreferences.getSync('startup', 'default');
console.info("The 'startup' value is " + val);
// 当获取的值为带有特殊字符的字符串时，需要将获取到的Uint8Array转换为字符串
let uInt8Array2 : preferences.ValueType = dataPreferences.getSync('uInt8', new
Uint8Array(0));
let textDecoder = util.TextDecoder.create('utf-8');
val = textDecoder.decodeToString(uInt8Array2 as Uint8Array);
console.info("The 'uInt8' value is " + val);
```

05 删除数据。使用deleteSync()方法删除指定键值对，示例代码如下：

```
dataPreferences.deleteSync('startup');
```

06 数据持久化。应用存入数据到Preferences实例后，可以使用flush()方法实现数据持久化。示
例代码如下：

```
dataPreferences.flush((err: BusinessError) => {
  if (err) {
    console.error(`Failed to flush. Code:${err.code}, message:${err.message}`);
    return;
  }
  console.info('Succeeded in flushing.');
})
```

07 订阅数据变更。应用订阅数据变更需要指定observer作为回调方法。订阅的Key发生变更后，
当执行flush()方法时，observer被触发回调。示例代码如下：

```
let observer = (key: string) => {
  console.info('The key' + key + 'changed.');
}
dataPreferences.on('change', observer);
// 数据产生变更，由'auto'变为'manual'
dataPreferences.put('startup', 'manual', (err: BusinessError) => {
  if (err) {
    console.error(`Failed to put the value of 'startup'.
Code:${err.code},message:${err.message}`);
    return;
```

```
  }
  console.info("Succeeded in putting the value of 'startup'.");
  if (dataPreferences !== null) {
   dataPreferences.flush((err: BusinessError) => {
     if (err) {
       console.error(`Failed to flush. Code:${err.code}, message:${err.message}`);
       return;
     }
     console.info('Succeeded in flushing.');
   })
  }
 })
```

08 删除指定文件。使用deletePreferences()方法从内存中移除指定文件对应的Preferences实例，包括内存中的数据。若该Preference存在对应的持久化文件，则同时删除该持久化文件，包括指定文件及其备份文件、损坏文件。这里需要注意，调用该接口后，应用不允许再使用该Preferences实例进行数据操作，否则会出现数据不一致问题。成功删除后，数据及文件将不可恢复。示例代码如下：

```
preferences.deletePreferences(this.context, options, (err: BusinessError) => {
  if (err) {
    console.error(`Failed to delete preferences. Code:${err.code},
message:${err.message}`);
     return;
  }
  console.info('Succeeded in deleting preferences.');
 })
```

11.3.3   通过键值型数据库实现数据持久化

1. 场景介绍

键值型数据库存储键值对形式的数据。当需要存储的数据没有复杂的关系模型时，比如存储商品名称及对应价格、员工工号及今日是否已出勤等，由于数据复杂度低，更容易兼容不同数据库版本和设备类型，因此推荐使用键值型数据库持久化此类数据。

2. 约束限制

- 设备协同数据库，针对每条记录，Key的长度不超过896字节，Value的长度小于4 MB。
- 单版本数据库，针对每条记录，Key的长度不超过1 KB，Value的长度小于4 MB。
- 每个应用程序最多支持同时打开16个键值型分布式数据库。
- 键值型数据库事件回调方法中不允许进行阻塞操作，例如修改UI组件。

3. 开发步骤

01 若要使用键值型数据库，首先要获取一个KVManager实例，用于管理数据库对象。

（1）Stage模型示例：

```
// 导入模块
import { distributedKVStore } from '@kit.ArkData';

// Stage模型
import { window } from '@kit.ArkUI';
```

```
import { UIAbility } from '@kit.AbilityKit';
import { BusinessError } from '@kit.BasicServicesKit';

let kvManager: distributedKVStore.KVManager | undefined = undefined;

export default class EntryAbility extends UIAbility {
  onCreate() {
    let context = this.context;
    const kvManagerConfig: distributedKVStore.KVManagerConfig = {
      context: context,
      bundleName: 'com.example.datamanagertest'
    };
    try {
      // 创建KVManager实例
      kvManager = distributedKVStore.createKVManager(kvManagerConfig);
      console.info('Succeeded in creating KVManager.');
      // 继续创建获取数据库
    } catch (e) {
      let error = e as BusinessError;
      console.error(`Failed to create KVManager. Code:${error.code},
message:${error.message}`);
    }
  }
}
if (kvManager !== undefined) {
  kvManager = kvManager as distributedKVStore.KVManager;
  //进行后续操作
  //...
}
```

（2）FA模型示例：

```
// 导入模块
import { distributedKVStore } from '@kit.ArkData';

// FA模型
import { featureAbility } from '@kit.AbilityKit';
import { BusinessError } from '@kit.BasicServicesKit';

let kvManager: distributedKVStore.KVManager | undefined = undefined;
let context = featureAbility.getContext(); // 获取context
const kvManagerConfig: distributedKVStore.KVManagerConfig = {
  context: context,
  bundleName: 'com.example.datamanagertest'
};
try {
  kvManager = distributedKVStore.createKVManager(kvManagerConfig);
  console.info('Succeeded in creating KVManager.');
  // 继续创建获取数据库
} catch (e) {
  let error = e as BusinessError;
  console.error(`Failed to create KVManager. Code:${error.code},
message:${error.message}`);
}
if (kvManager !== undefined) {
  kvManager = kvManager as distributedKVStore.KVManager;
  //进行后续操作
  //...
}
```

02 创建并获取键值数据库。示例代码如下：

```
let kvStore: distributedKVStore.SingleKVStore | undefined = undefined;
try {
  const options: distributedKVStore.Options = {
    createIfMissing: true,
    encrypt: false,
    backup: false,
    autoSync: false,
    // kvStoreType不填时，默认创建多设备协同数据库
    kvStoreType: distributedKVStore.KVStoreType.SINGLE_VERSION,
    // 多设备协同数据库：kvStoreType: distributedKVStore.KVStoreType.DEVICE_COLLABORATION,
    securityLevel: distributedKVStore.SecurityLevel.S3
  };
  kvManager.getKVStore<distributedKVStore.SingleKVStore>('storeId', options, (err, store:
distributedKVStore.SingleKVStore) => {
    if (err) {
      console.error(`Failed to get KVStore: Code:${err.code},message:${err.message}`);
      return;
    }
    console.info('Succeeded in getting KVStore.');
    kvStore = store;
    // 请确保获取到键值数据库实例后，再进行相关数据操作
  });
} catch (e) {
  let error = e as BusinessError;
  console.error(`An unexpected error occurred. Code:${error.code},message:${error.message}`);
}
if (kvStore !== undefined) {
  kvStore = kvStore as distributedKVStore.SingleKVStore;
  //进行后续操作
  //...
}
```

03 调用put()方法向键值数据库中插入数据。示例代码如下：

```
const KEY_TEST_STRING_ELEMENT = 'key_test_string';
const VALUE_TEST_STRING_ELEMENT = 'value_test_string';
try {
  kvStore.put(KEY_TEST_STRING_ELEMENT, VALUE_TEST_STRING_ELEMENT, (err) => {
    if (err !== undefined) {
      console.error(`Failed to put data. Code:${err.code},message:${err.message}`);
      return;
    }
    console.info('Succeeded in putting data.');
  });
} catch (e) {
  let error = e as BusinessError;
  console.error(`An unexpected error occurred. Code:${error.code}, message:
${error.message}`);
}
```

说明：当Key值存在时，put()方法会修改其值，否则会新增一条数据。

---

04 调用get()方法获取指定键的值。示例代码如下：

```
try {
  kvStore.put(KEY_TEST_STRING_ELEMENT, VALUE_TEST_STRING_ELEMENT, (err) => {
```

```
    if (err !== undefined) {
      console.error(`Failed to put data. Code:${err.code},message:${err.message}`);
      return;
    }
    console.info('Succeeded in putting data.');
    kvStore = kvStore as distributedKVStore.SingleKVStore;
    kvStore.get(KEY_TEST_STRING_ELEMENT, (err, data) => {
      if (err != undefined) {
        console.error(`Failed to get data. Code:${err.code},message:${err.message}`);
        return;
      }
      console.info(`Succeeded in getting data. Data:${data}`);
    });
  });
} catch (e) {
  let error = e as BusinessError;
  console.error(`Failed to get data. Code:${error.code},message:${error.message}`);
}
```

05 调用delete()方法删除指定键值的数据。示例代码如下：

```
try {
  kvStore.put(KEY_TEST_STRING_ELEMENT, VALUE_TEST_STRING_ELEMENT, (err) => {
    if (err !== undefined) {
      console.error(`Failed to put data. Code:${err.code},message:${err.message}`);
      return;
    }
    console.info('Succeeded in putting data.');
    kvStore = kvStore as distributedKVStore.SingleKVStore;
    kvStore.delete(KEY_TEST_STRING_ELEMENT, (err) => {
      if (err !== undefined) {
        console.error(`Failed to delete data. Code:${err.code},message:${err.message}`);
        return;
      }
      console.info('Succeeded in deleting data.');
    });
  });
} catch (e) {
  let error = e as BusinessError;
  console.error(`An unexpected error occurred. Code:${error.code},message:${error.message}`);
}
```

06 通过storeId的值关闭指定的分布式键值数据库。示例代码如下：

```
try {
  kvStore = undefined;
  kvManager.closeKVStore('appId', 'storeId', (err: BusinessError)=> {
    if (err) {
      console.error(`Failed to close KVStore.code is ${err.code},message is ${err.message}`);
      return;
    }
    console.info('Succeeded in closing KVStore');
  });
} catch (e) {
  let error = e as BusinessError;
  console.error(`An unexpected error occurred. Code:${error.code},message:${error.message}`);
}
```

07 通过storeId的值删除指定的分布式键值数据库。示例代码如下：

```
try {
  kvStore = undefined;
  kvManager.deleteKVStore('appId', 'storeId', (err: BusinessError)=> {
    if (err) {
      console.error(`Failed to close KVStore.code is ${err.code},message is
${err.message}`);
      return;
    }
    console.info('Succeeded in closing KVStore');
  });
} catch (e) {
  let error = e as BusinessError;
  console.error(`An unexpected error occurred. Code:${error.code},message:${error.message}`);
}
```

11.3.4   通过关系型数据库实现数据持久化

1. 场景介绍

关系型数据库基于SQLite组件，适用于存储包含复杂关系数据的场景。例如，一个班级的学生信息，需要包括姓名、学号、各科成绩等；公司的雇员信息，需要包括姓名、工号、职位等。由于数据之间有较强的对应关系，复杂程度比键值型数据更高，因此需要使用关系型数据库来持久化保存数据。

大数据量场景下查询数据可能会导致耗时较长，甚至应用卡死，如有相关操作，可参考以下建议：

- 单次查询数据量不超过5000条。
- 在TaskPool中查询。
- 拼接SQL语句尽量简洁。
- 合理地分批次查询。

2. 基本概念

- 谓词：数据库中用来代表数据实体的性质、特征或者数据实体之间关系的词项，主要用来定义数据库的操作条件。
- 结果集：指用户查询之后的结果集合，可以对数据进行访问。结果集提供了灵活的数据访问方式，可以更方便地获得用户想要的数据。

3. 运作机制

关系型数据库为应用提供通用的操作接口，底层使用SQLite作为持久化存储引擎，支持SQLite具有的数据库特性，包括事务、索引、视图、触发器、外键、参数化查询和预编译SQL语句。其运作机制如图11-5所示。

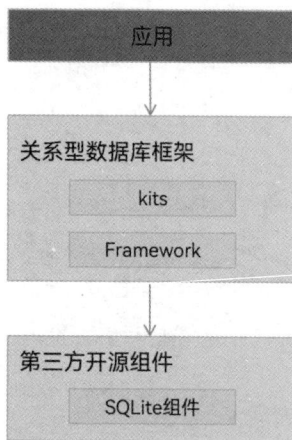

图11-5   关系型数据库运作机制

4. 约束限制

- 系统默认日志方式是WAL（Write Ahead Log）模式，系统默认落盘方式是FULL模式。
- 数据库中有4个读连接和1个写连接，线程获取到空闲读连接时，即可进行读取操作。当没有空闲读连接且有空闲写连接时，会将写连接当作读连接来使用。

- 为保证数据的准确性，数据库在同一时间只能支持一个写操作。
- 当应用被卸载后，设备上的相关数据库文件及临时文件会被自动清除。
- ArkTS所支持的基本数据类型有number、string、二进制类型数据、boolean。
- 为保证插入并读取数据成功，建议一条数据不要超过2MB。若超出该大小，则插入成功，读取失败。

5. 开发步骤

因Stage模型、FA模型的差异，下面的个别示例代码提供了在两种模型下的对应示例；示例代码未区分模型或没有对应注释说明时，则默认在两种模型下均适用。

在关系型数据库操作或者存储过程中，有可能会因为各种原因发生非预期的数据库异常情况（返回错误码14800011），此时需要对数据库进行重建并恢复数据，以保障正常的应用开发。

01 使用关系型数据库实现数据持久化，需要获取一个RdbStore，其中包括建库、建表、升降级等操作。示例代码如下：

（1）Stage模型示例：

```
import { relationalStore } from '@kit.ArkData'; // 导入模块
import { UIAbility } from '@kit.AbilityKit';
import { BusinessError } from '@kit.BasicServicesKit';
import { window } from '@kit.ArkUI';

// 此处示例可以在Ability中实现，使用者也可以在其他合理场景中使用
class EntryAbility extends UIAbility {
  onWindowStageCreate(windowStage: window.WindowStage) {
    const STORE_CONFIG :relationalStore.StoreConfig= {
      name: 'RdbTest.db', // 数据库文件名
      securityLevel: relationalStore.SecurityLevel.S3, // 数据库安全级别
      encrypt: false, // 可选参数，指定数据库是否加密，默认不加密
      customDir: 'customDir/subCustomDir', // 可选参数，数据库自定义路径。数据库将在如下目录结构
中创建: context.databaseDir + '/rdb/' + customDir。其中context.databaseDir是应用沙箱对应的路径,
'/rdb/'表示创建的是关系型数据库，customDir表示自定义的路径。当此参数不填时，默认在本应用沙箱目录下创建
RdbStore实例
      isReadOnly: false // 可选参数，指定数据库是否以只读方式打开。该参数默认为false，表示数据库可
读可写。该参数为true时，只允许从数据库读取数据，不允许对数据库进行写操作，否则会返回错误码801
    };

    // 判断数据库版本，如果不匹配则需进行升降级操作
    // 假设当前数据库版本为3，表结构：EMPLOYEE (NAME, AGE, SALARY, CODES, IDENTITY)
    const SQL_CREATE_TABLE = 'CREATE TABLE IF NOT EXISTS EMPLOYEE (ID INTEGER PRIMARY KEY
AUTOINCREMENT, NAME TEXT NOT NULL, AGE INTEGER, SALARY REAL, CODES BLOB, IDENTITY UNLIMITED
INT)'; // 建表SQL语句，IDENTITY为bigint类型，SQL中指定类型为UNLIMITED INT

    relationalStore.getRdbStore(this.context, STORE_CONFIG, (err, store) => {
      if (err) {
        console.error(`Failed to get RdbStore. Code:${err.code}, message:${err.message}`);
        return;
      }
      console.info('Succeeded in getting RdbStore.');

      // 当数据库创建时，数据库默认版本为0
      if (store.version === 0) {
        store.executeSql(SQL_CREATE_TABLE); // 创建数据表
        // 设置数据库的版本，入参为大于0的整数
```

```
        store.version = 3;
    }

    // 如果数据库版本不为0且和当前数据库版本不匹配，则需要进行升降级操作
    // 当数据库存在并假定版本为1时，若应用从某一版本升级到当前版本，则数据库需要从1版本升级到2版本
    if (store.version === 1) {
        // version = 1：表结构：EMPLOYEE (NAME, SALARY, CODES, ADDRESS) => version = 2：表
结构：EMPLOYEE (NAME, AGE, SALARY, CODES, ADDRESS)
        (store as relationalStore.RdbStore).executeSql('ALTER TABLE EMPLOYEE ADD COLUMN AGE
INTEGER');
        store.version = 2;
    }

    // 当数据库存在并假定版本为2时，若应用从某一版本升级到当前版本，则数据库需要从2版本升级到3版本
    if (store.version === 2) {
        // version = 2：表结构：EMPLOYEE (NAME, AGE, SALARY, CODES, ADDRESS) => version =
3：表结构：EMPLOYEE (NAME, AGE, SALARY, CODES)
        (store as relationalStore.RdbStore).executeSql('ALTER TABLE EMPLOYEE DROP COLUMN
ADDRESS TEXT');
        store.version = 3;
    }
});

    // 请确保获取到RdbStore实例后，再进行数据库的增、删、改、查等操作
    }
}
```

（2）FA模型示例：

```
import { relationalStore } from '@kit.ArkData'; // 导入模块
import { featureAbility } from '@kit.AbilityKit';
import { BusinessError } from '@kit.BasicServicesKit';

let context = featureAbility.getContext();

const STORE_CONFIG :relationalStore.StoreConfig = {
  name: 'RdbTest.db', // 数据库文件名
  securityLevel: relationalStore.SecurityLevel.S3 // 数据库安全级别
};

// 假设当前数据库版本为3，表结构：EMPLOYEE (NAME, AGE, SALARY, CODES, IDENTITY)
const SQL_CREATE_TABLE = 'CREATE TABLE IF NOT EXISTS EMPLOYEE (ID INTEGER PRIMARY KEY
AUTOINCREMENT, NAME TEXT NOT NULL, AGE INTEGER, SALARY REAL, CODES BLOB, IDENTITY UNLIMITED
INT)'; // 建表SQL语句，IDENTITY为bigint类型，SQL中指定类型为UNLIMITED INT

relationalStore.getRdbStore(context, STORE_CONFIG, (err, store) => {
  if (err) {
    console.error(`Failed to get RdbStore. Code:${err.code}, message:${err.message}`);
    return;
  }
  console.info('Succeeded in getting RdbStore.');

  // 当数据库创建时，数据库默认版本为0
  if (store.version === 0) {
    store.executeSql(SQL_CREATE_TABLE); // 创建数据表
    // 设置数据库的版本，入参为大于0的整数
    store.version = 3;
  }

  // 如果数据库版本不为0且和当前数据库版本不匹配，需要进行升降级操作
  // 当数据库存在并假定版本为1时，若应用从某一版本升级到当前版本，则数据库需要从1版本升级到2版本
```

```
    if (store.version === 1) {
      // version = 1：表结构：EMPLOYEE (NAME, SALARY, CODES, ADDRESS) => version = 2：表结构：
EMPLOYEE (NAME, AGE, SALARY, CODES, ADDRESS)
      store.executeSql('ALTER TABLE EMPLOYEE ADD COLUMN AGE INTEGER');
      store.version = 2;
    }

    // 当数据库存在并假定版本为2时，若应用从某一版本升级到当前版本，则数据库需要从2版本升级到3版本
    if (store.version === 2) {
      // version = 2：表结构：EMPLOYEE (NAME, AGE, SALARY, CODES, ADDRESS) => version = 3：
表结构：EMPLOYEE (NAME, AGE, SALARY, CODES)
      store.executeSql('ALTER TABLE EMPLOYEE DROP COLUMN ADDRESS TEXT');
      store.version = 3;
    }
  });
  // 请确保获取到RdbStore实例后，再进行数据库的增、删、改、查等操作
```

说明：

（1）应用创建的数据库与其上下文（Context）有关，即使使用同样的数据库名称，不同的应用上下文也会产生多个数据库，例如每个UIAbility都有各自的上下文。

（2）应用首次获取数据库（调用getRdbStore）后，在应用沙箱内会产生对应的数据库文件。在使用数据库的过程中，与数据库文件相同的目录下可能会产生以"-wal"和"-shm"结尾的临时文件。此时若开发者希望移动数据库文件到其他地方使用，则需要同时移动这些临时文件。当应用被卸载后，其在设备上产生的数据库文件及临时文件也会被移除。

（3）错误码的详细介绍请参见官方文档中的有关通用错误码和关系型数据库错误码的说明。

02　获取到RdbStore后，调用insert()接口插入数据。示例代码如下：

```
let store: relationalStore.RdbStore | undefined = undefined;

let value1 = 'Lisa';
let value2 = 18;
let value3 = 100.5;
let value4 = new Uint8Array([1, 2, 3, 4, 5]);
let value5 = BigInt('15822401018187971961171');
// 以下3种方式可用
const valueBucket1: relationalStore.ValuesBucket = {
  'NAME': value1,
  'AGE': value2,
  'SALARY': value3,
  'CODES': value4,
  'IDENTITY': value5,
};
const valueBucket2: relationalStore.ValuesBucket = {
  NAME: value1,
  AGE: value2,
  SALARY: value3,
  CODES: value4,
  IDENTITY: value5,
};
const valueBucket3: relationalStore.ValuesBucket = {
  "NAME": value1,
  "AGE": value2,
```

```
      "SALARY": value3,
      "CODES": value4,
      "IDENTITY": value5,
    };

    if (store !== undefined) {
      (store as relationalStore.RdbStore).insert('EMPLOYEE', valueBucket1, (err:
BusinessError, rowId: number) => {
        if (err) {
          console.error(`Failed to insert data. Code:${err.code}, message:${err.message}`);
          return;
        }
        console.info(`Succeeded in inserting data. rowId:${rowId}`);
      })
    }
```

说明：关系型数据库没有显式的flush操作实现持久化，数据插入即保存在持久化文件中。

03 根据谓词指定的实例对象，对数据进行修改或删除。调用update()方法修改数据，调用delete()方法删除数据。示例代码如下：

```
    let value6 = 'Rose';
    let value7 = 22;
    let value8 = 200.5;
    let value9 = new Uint8Array([1, 2, 3, 4, 5]);
    let value10 = BigInt('15822401018187971967863');
    // 以下3种方式可用
    const valueBucket4: relationalStore.ValuesBucket = {
      'NAME': value6,
      'AGE': value7,
      'SALARY': value8,
      'CODES': value9,
      'IDENTITY': value10,
    };
    const valueBucket5: relationalStore.ValuesBucket = {
      NAME: value6,
      AGE: value7,
      SALARY: value8,
      CODES: value9,
      IDENTITY: value10,
    };
    const valueBucket6: relationalStore.ValuesBucket = {
      "NAME": value6,
      "AGE": value7,
      "SALARY": value8,
      "CODES": value9,
      "IDENTITY": value10,
    };

    // 修改数据
    let predicates1 = new relationalStore.RdbPredicates('EMPLOYEE'); // 创建表'EMPLOYEE'的
predicates
    predicates1.equalTo('NAME', 'Lisa'); // 匹配表'EMPLOYEE'中'NAME'为'Lisa'的字段
    if (store !== undefined) {
      (store as relationalStore.RdbStore).update(valueBucket4, predicates1, (err:
BusinessError, rows: number) => {
```

```
    if (err) {
      console.error(`Failed to update data. Code:${err.code}, message:${err.message}`);
      return;
    }
    console.info(`Succeeded in updating data. row count: ${rows}`);
  })
}

// 删除数据
predicates1 = new relationalStore.RdbPredicates('EMPLOYEE');
predicates1.equalTo('NAME', 'Lisa');
if (store !== undefined) {
  (store as relationalStore.RdbStore).delete(predicates1, (err: BusinessError, rows:
number) => {
    if (err) {
      console.error(`Failed to delete data. Code:${err.code}, message:${err.message}`);
      return;
    }
    console.info(`Delete rows: ${rows}`);
  })
}
```

04 根据谓词指定的查询条件查找数据。调用query()方法查找数据，返回一个ResultSet结果集。
示例代码如下：

```
let predicates2 = new relationalStore.RdbPredicates('EMPLOYEE');
predicates2.equalTo('NAME', 'Rose');
if (store !== undefined) {
  (store as relationalStore.RdbStore).query(predicates2, ['ID', 'NAME', 'AGE', 'SALARY',
'IDENTITY'], (err: BusinessError, resultSet) => {
    if (err) {
      console.error(`Failed to query data. Code:${err.code}, message:${err.message}`);
      return;
    }
    console.info(`ResultSet  column  names:  ${resultSet.columnNames},  column  count:
${resultSet.columnCount}`);
    // resultSet是一个数据集合的游标，默认指向第-1个记录，有效的数据从0开始
    while (resultSet.goToNextRow()) {
      const id = resultSet.getLong(resultSet.getColumnIndex('ID'));
      const name = resultSet.getString(resultSet.getColumnIndex('NAME'));
      const age = resultSet.getLong(resultSet.getColumnIndex('AGE'));
      const salary = resultSet.getDouble(resultSet.getColumnIndex('SALARY'));
      const identity = resultSet.getValue(resultSet.getColumnIndex('IDENTITY'));
      console.info(`id=${id},      name=${name},      age=${age},      salary=${salary},
identity=${identity}`);
    }
    // 释放数据集中的内存
    resultSet.close();
  })
}
```

说明： 当应用完成查询数据操作，不再使用结果集（ResultSet）时，请及时调用close方法关闭
结果集，释放系统为其分配的内存。

---

05 在同路径下备份关系型数据库。关系型数据库支持手动备份和自动备份（仅系统应用可用）
两种方式。

此处以手动备份为例：

```
if (store !== undefined) {
  // "Backup.db"为备份数据库文件名，默认在RdbStore同路径下备份。也可指定路径：customDir +
"backup.db"
  (store as relationalStore.RdbStore).backup("Backup.db", (err: BusinessError) => {
    if (err) {
      console.error(`Failed       to       backup       RdbStore.     Code:${err.code},
message:${err.message}`);
      return;
    }
    console.info(`Succeeded in backing up RdbStore.`);
  })
}
```

06 从备份数据库中恢复数据。关系型数据库支持两种方式：恢复手动备份数据和恢复自动备份
数据（仅系统应用可用）。

此处以调用restore接口恢复手动备份数据为例：

```
if (store !== undefined) {
  (store as relationalStore.RdbStore).restore("Backup.db", (err: BusinessError) => {
    if (err) {
      console.error(`Failed to restore RdbStore. Code:${err.code},
message:${err.message}`);
      return;
    }
    console.info(`Succeeded in restoring RdbStore.`);
  })
}
```

07 删除数据库。调用deleteRdbStore()方法，删除数据库及其相关文件。示例代码如下：

（1）Stage模型示例：

```
relationalStore.deleteRdbStore(this.context, 'RdbTest.db', (err: BusinessError) => {
  if (err) {
    console.error(`Failed to delete RdbStore. Code:${err.code}, message:${err.message}`);
    return;
  }
  console.info('Succeeded in deleting RdbStore.');
});
```

（2）FA模型示例：

```
relationalStore.deleteRdbStore(context, 'RdbTest.db', (err: BusinessError) => {
  if (err) {
    console.error(`Failed to delete RdbStore. Code:${err.code}, message:${err.message}`);
    return;
  }
  console.info('Succeeded in deleting RdbStore.');
});
```

11.4　同应用跨设备数据同步（分布式）

11.4.1　同应用跨设备数据同步概述

跨设备数据同步功能（即分布式功能）的作用是将数据同步到一个组网环境中的其他设备，常用于应用程序数据内容在可信认证的不同设备间进行自由同步、修改和查询。

例如，当设备1上的应用A在分布式数据库中增、删、改数据后，设备2上的应用A也可以获取到该数据库的变化。跨设备数据同步可在分布式图库、备忘录、联系人、文件管理器等场景中使用。

不同应用间订阅数据库变化通知，则请参考官方文档中的跨应用数据共享实现。

根据跨设备同步数据生命周期的不同，有以下两点建议：

（1）临时数据生命周期较短，通常保存到内存中。比如游戏应用产生的过程数据，建议使用分布式数据对象。

（2）持久数据生命周期较长，需要保存到数据库中，根据数据关系和特点，可以选择关系型数据库或者键值型数据库。比如图库应用的各种相册、封面、图片等属性信息，建议使用关系型数据库；图库应用的具体图片缩略图，建议使用键值型数据库。

在分布式场景中，通常涉及多个设备，组网内各设备之间看到的数据是否一致称为分布式数据库的一致性。分布式数据库的一致性可以分为强一致性、弱一致性和最终一致性。

- 强一致性：是指某一设备成功增、删、改数据后，组网内任意设备可立即读取该数据，获得更新后的值。
- 弱一致性：是指某一设备成功增、删、改数据后，组网内设备可能读取到本次更新后的数据，也可能读取不到，不能保证在多长时间后每个设备的数据一定是一致的。
- 最终一致性：是指某一设备成功增、删、改数据后，组网内设备可能读取不到本次更新后的数据，但在某个时间窗口之后组网内设备的数据能够达到一致状态。

强一致性对分布式数据的管理要求非常高，在服务器的分布式场景中可能会遇到。因为移动终端设备的不常在线以及无中心的特性，所以同应用跨设备数据同步不支持强一致性，只支持最终一致性。

11.4.2　键值型数据库跨设备数据同步

在使用键值型数据库跨设备数据同步前，请先了解以下概念。

1. 单版本数据库

单版本是指数据在本地以单个条目为单位进行存储，当数据被用户修改时，无论是否已同步，均直接在该条目上更新。多个设备间全局仅保留一份数据，相同主键的记录按时间最新原则保留一条，数据不区分设备，设备间对同一key的修改会相互覆盖。同步基于此机制，按照数据在本地写入或修改的顺序，将最新的变更逐条同步至远端设备。该模式常用于联系人、天气等需要全局一致性的数据存储场景。单版本数据库如图11-6所示。

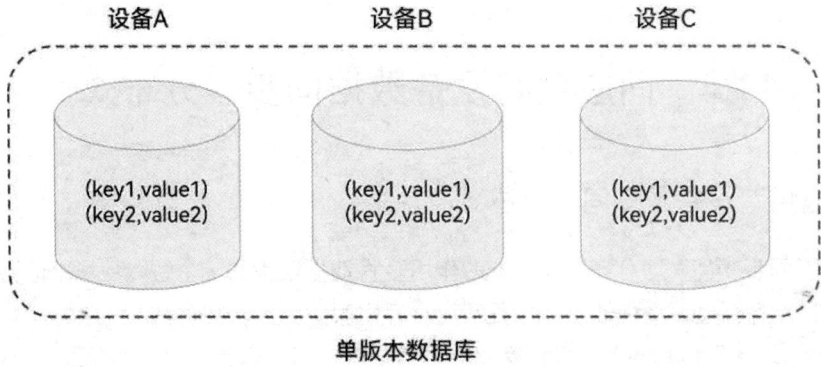

图11-6　单版本数据库

2. 多设备协同数据库

多设备协同分布式数据库建立在单版本数据库之上，在应用程序存入的键值型数据中的Key前面拼接了本设备的DeviceID标识符，这样能保证每个设备产生的数据严格隔离。数据以设备的维度管理，不存在冲突；支持按照设备的维度查询数据。

多设备协同数据库支持以设备的维度查询分布式数据，但是不支持修改远端设备同步过来的数据。若需要分开查询各设备数据，可以使用设备协同版本数据库。多设备协同数据库常用于图库缩略图存储场景，如图11-7所示。

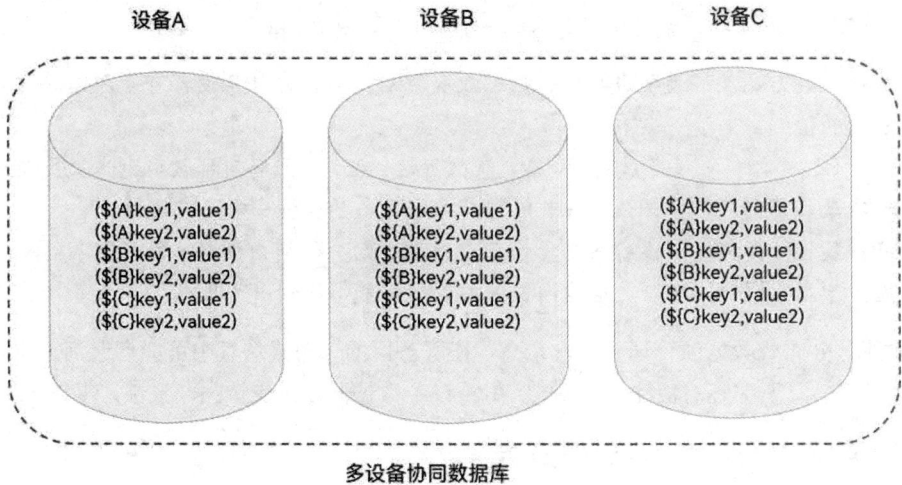

图11-7　多设备协同数据库

3. 同步方式

数据管理服务提供了两种同步方式：手动同步和自动同步。键值型数据库可选择其中一种方式实现同应用跨设备数据同步。

- 手动同步：由应用程序调用sync接口来触发，需要指定同步的设备列表和同步模式。同步模式分为PULL_ONLY（将远端数据拉取到本端）、PUSH_ONLY（将本端数据推送到远端）和PUSH_PULL（将本端数据推送到远端同时也将远端数据拉取到本端）。带有Query参数的同步接口，支持按条件过滤的方法进行同步，将符合条件的数据同步到远端。

● 自动同步：在跨设备调用实现的多端协同场景中，在应用程序更新数据后，由分布式数据库
自动将本端数据推送到远端，同时也将远端数据拉取到本端来完成数据同步，应用不需要主
动调用sync接口。

4. 运作机制

底层通信组件完成设备发现和认证后，会通知上层应用程序设备上线。收到设备上线的消息后，
数据管理服务可以在两个设备之间建立加密的数据传输通道，并利用该通道进行数据同步。

1）数据跨设备同步机制

如图11-8所示，通过put、delete接口触发自动同步，将分布式数据通过通信适配层发送给对端设
备，实现分布式数据的自动同步。手动同步则是手动调用sync接口触发同步，将分布式数据通过通信
适配层发送给对端设备。

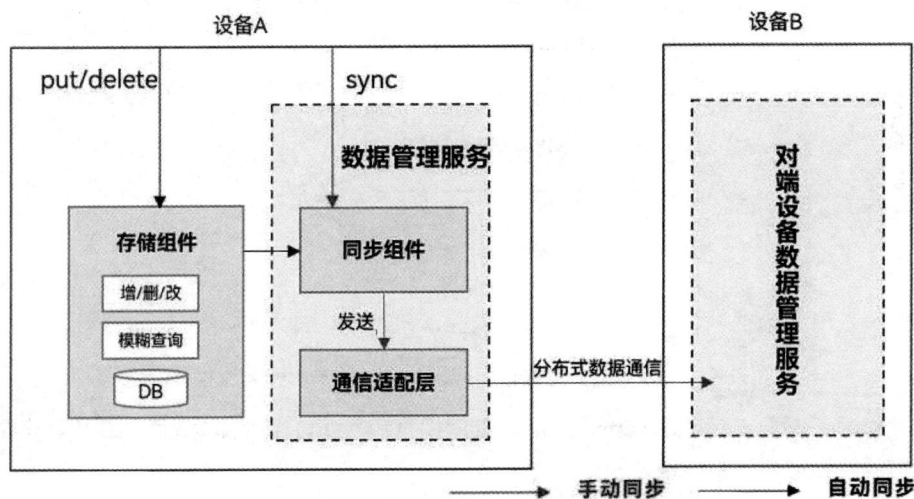

图11-8　数据跨设备同步机制

2）数据变化通知机制

增、删、改数据库时，会给订阅者发送数据变化的通知，主要分为本地数据变化通知和分布式数
据变化通知。

● 本地数据变化通知：本地设备应用订阅数据变化通知，当数据库增、删、改数据时，会收到
通知。

● 分布式数据变化通知：同一应用订阅组网内其他设备数据变化的通知，当其他设备增、删、
改数据时，本设备会收到通知。

5. 开发步骤

此处以单版本键值型数据库跨设备数据同步的开发为例进行讲解，具体的开发流程如图11-9所示。

说明：只允许向数据安全标签不高于对端设备安全等级的设备同步数据。

01 导入模块。

```
import { distributedKVStore } from '@kit.ArkData';
```

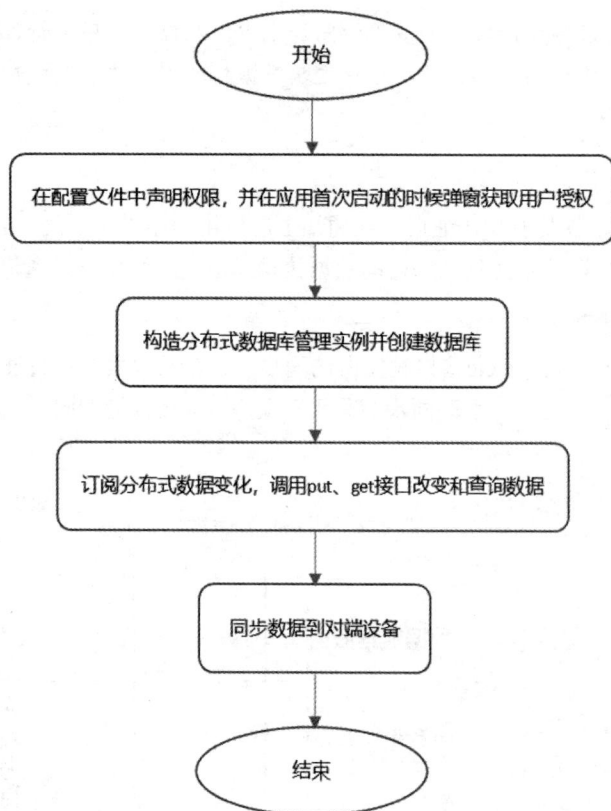

图11-9 单版本键值型数据库跨设备数据同步的开发流程

02 请求权限。需要申请ohos.permission.DISTRIBUTED_DATASYNC权限，同时需要在应用首次启动时弹窗向用户申请授权。

03 根据配置构造分布式数据库管理类实例。根据应用上下文创建kvManagerConfig对象，创建分布式数据库管理器实例。

```
// Stage模型获取context
import { window } from '@kit.ArkUI';
import { UIAbility } from '@kit.AbilityKit';
import { BusinessError } from '@kit.BasicServicesKit';

let kvManager: distributedKVStore.KVManager | undefined = undefined;

class EntryAbility extends UIAbility {
  onWindowStageCreate(windowStage:window.WindowStage) {
    let context = this.context;
  }
}
```

04 获取并得到指定类型的键值型数据库。声明需要创建的分布式数据库ID描述（例如示例代码中的'storeId'）。创建分布式数据库，建议数据库关闭自动同步功能（autoSync:false），方便后续对同步功能进行验证，需要同步时主动调用sync接口。

```
let kvStore: distributedKVStore.SingleKVStore | undefined = undefined;
try {
  let child1 = new distributedKVStore.FieldNode('id');
```

```
child1.type = distributedKVStore.ValueType.INTEGER;
child1.nullable = false;
child1.default = '1';
let child2 = new distributedKVStore.FieldNode('name');
child2.type = distributedKVStore.ValueType.STRING;
child2.nullable = false;
child2.default = 'zhangsan';

let schema = new distributedKVStore.Schema();
schema.root.appendChild(child1);
schema.root.appendChild(child2);
schema.indexes = ['$.id', '$.name'];
// 0表示COMPATIBLE模式, 1表示STRICT模式
schema.mode = 1;
// 支持在检查Value时, 跳过skip指定的字节数, 且取值范围为[0,4M-2]
schema.skip = 0;

const options: distributedKVStore.Options = {
  createIfMissing: true,
  encrypt: false,
  backup: false,
  autoSync: false,
  // kvStoreType不填时, 默认创建多设备协同数据库
  // 多设备协同数据库: kvStoreType: distributedKVStore.KVStoreType.DEVICE_COLLABORATION,
  kvStoreType: distributedKVStore.KVStoreType.SINGLE_VERSION,
  // schema 可以不填, 在需要使用schema功能时可以构造此参数, 例如使用谓词查询等
  schema: schema,
  securityLevel: distributedKVStore.SecurityLevel.S3
};
kvManager.getKVStore<distributedKVStore.SingleKVStore>('storeId', options, (err, store:
distributedKVStore.SingleKVStore) => {
    if (err) {
      console.error(`Failed to get KVStore: Code:${err.code},message:${err.message}`);
      return;
    }
    console.info('Succeeded in getting KVStore.');
    kvStore = store;
    // 请确保获取到键值数据库实例后, 再进行相关数据操作
  });
} catch (e) {
  let error = e as BusinessError;
  console.error(`An unexpected error occurred.
Code:${error.code},message:${error.message}`);
}
if (kvStore !== undefined) {
  kvStore = kvStore as distributedKVStore.SingleKVStore;
    // 进行后续相关数据操作, 包括数据的增、删、改、查, 订阅数据变化等
    // ...
}
```

05 订阅分布式数据变化, 如需关闭订阅分布式数据变化, 可以调用off('dataChange')。

```
try {
  kvStore.on('dataChange', distributedKVStore.SubscribeType.SUBSCRIBE_TYPE_ALL, (data) => {
    console.info(`dataChange callback call data: ${data}`);
  });
} catch (e) {
  let error = e as BusinessError;
```

```
      console.error(`An unexpected error occurred.
code:${error.code},message:${error.message}`);
    }
```

06 将数据写入分布式数据库。先构造需要写入分布式数据库的Key（键）和Value（值），然后将键值数据写入分布式数据库。

```
const KEY_TEST_STRING_ELEMENT = 'key_test_string';
// 如果未定义Schema，则Value可以选择其他符合要求的值
const VALUE_TEST_STRING_ELEMENT = '{"id":0, "name":"lisi"}';
try {
  kvStore.put(KEY_TEST_STRING_ELEMENT, VALUE_TEST_STRING_ELEMENT, (err) => {
    if (err !== undefined) {
      console.error(`Failed to put data. Code:${err.code},message:${err.message}`);
      return;
    }
    console.info('Succeeded in putting data.');
  });
} catch (e) {
  let error = e as BusinessError;
  console.error(`error occurred. Code:${error.code},message:${error.message}`);
}
```

07 查询分布式数据库数据。先构造需要从单版本分布式数据库中查询的Key（键），再从单版本分布式数据库中获取数据。

```
try {
  kvStore.put(KEY_TEST_STRING_ELEMENT, VALUE_TEST_STRING_ELEMENT, (err) => {
    if (err !== undefined) {
      console.error(`Failed to put data. Code:${err.code},message:${err.message}`);
      return;
    }
    console.info('Succeeded in putting data.');
    kvStore = kvStore as distributedKVStore.SingleKVStore;
    kvStore.get(KEY_TEST_STRING_ELEMENT, (err, data) => {
      if (err != undefined) {
        console.error(`Failed to get data. Code:${err.code},message:${err.message}`);
        return;
      }
      console.info(`Succeeded in getting data. Data:${data}`);
    });
  });
} catch (e) {
  let error = e as BusinessError;
  console.error(`Failed to get data. Code:${error.code},message:${error.message}`);
}
```

08 同步数据到其他设备。选择同一组网环境下的设备以及同步模式（需用户在应用首次启动的弹窗中确认选择同步模式），进行数据同步。

说明：在手动同步方式下，相应的deviceIds通过调用devManager.getAvailableDeviceListSync方法得到。

```
import { distributedDeviceManager } from '@kit.DistributedServiceKit';

let devManager: distributedDeviceManager.DeviceManager;
```

```
    try {
      // create deviceManager
      devManager                                                              =
distributedDeviceManager.createDeviceManager(context.applicationInfo.name);
      // deviceIds由deviceManager调用getAvailableDeviceListSync方法得到
      let deviceIds: string[] = [];
      if (devManager != null) {
        let devices = devManager.getAvailableDeviceListSync();
        for (let i = 0; i < devices.length; i++) {
          deviceIds[i] = devices[i].networkId as string;
        }
      }
      try {
        // 1000表示最大延迟时间为1000ms
        kvStore.sync(deviceIds, distributedKVStore.SyncMode.PUSH_ONLY, 1000);
      } catch (e) {
        let error = e as BusinessError;
        console.error(`An unexpected error occurred.
Code:${error.code},message:${error.message}`);
      }

    } catch (err) {
      let error = err as BusinessError;
      console.error("createDeviceManager errCode:" + error.code + ",errMessage:" +
error.message);
    }
```

11.4.3　关系型数据库跨设备数据同步

当应用程序本地存储的关系型数据存在跨设备同步的需求时，可以将需要同步的表数据迁移到新的支持跨设备的表中，当然也可以在刚完成表创建时设置其支持跨设备。

1. 基本概念

关系型数据库能够跨设备同步数据，支持应用在多设备间同步存储。

应用在数据库中新创建表后，可以设置其为分布式表。在查询远程设备数据库时，根据本地表名可以获取指定远程设备的分布式表名。

设备之间同步数据有两种方式，将数据从本地设备推送到远程设备或将数据从远程设备拉至本地设备。

2. 运作机制

底层通信组件完成设备的发现和认证，并通知上层应用程序设备上线。收到设备上线的消息后，数据管理服务可以在两个设备之间建立加密的数据传输通道，利用该通道进行数据同步。

1）数据跨设备同步机制

业务将数据写入关系型数据库后，向数据管理服务发起同步请求。

数据管理服务从应用沙箱内读取待同步数据，根据对端设备的deviceId将数据发送到其他设备的数据管理服务，再由数据管理服务将数据写入同应用的数据库内。关系型数据库跨设备协同机制如图11-10所示。

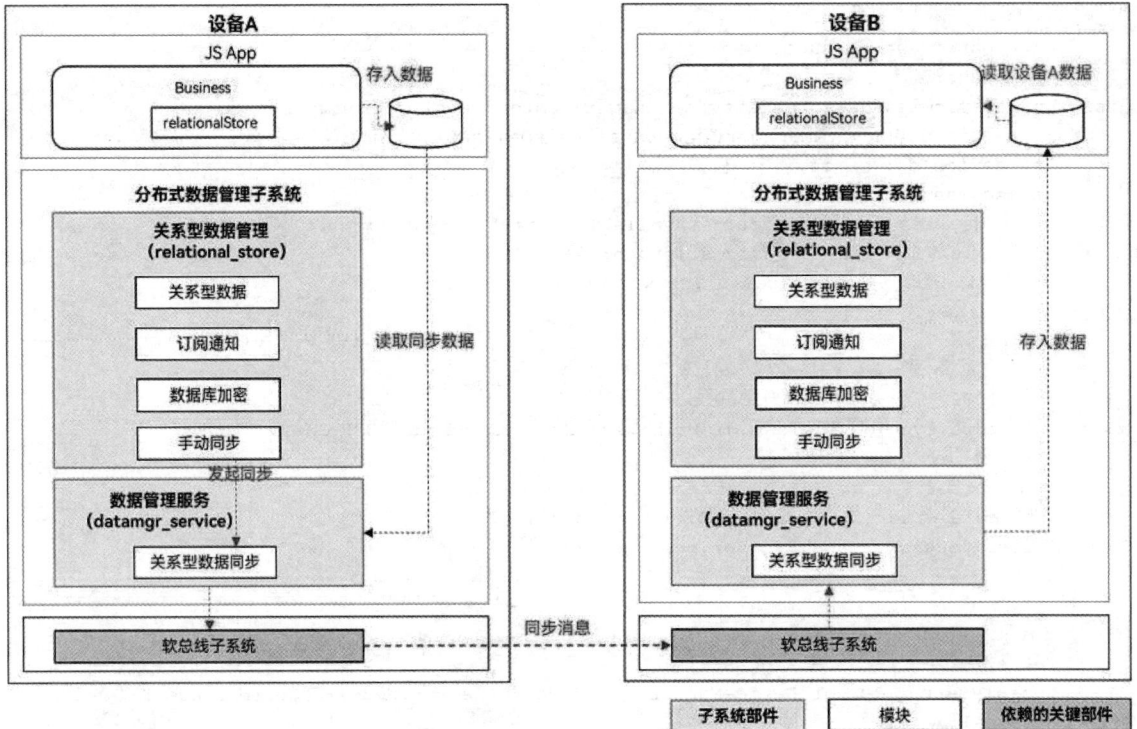

图11-10　关系型数据库跨设备协同机制

2）数据变化通知机制

增、删、改数据库时，会给订阅者发送数据变化的通知。这个通知主要分为本地数据变化通知和分布式数据变化通知。

● 本地数据变化通知：本地设备应用订阅数据变化通知，当数据库增、删、改数据时，会收到通知。
● 分布式数据变化通知：同一应用订阅组网内其他设备数据变化的通知，当其他设备增、删、改数据时，本设备会收到通知。

3. 开发步骤

说明：只允许向数据安全标签不高于对端设备安全等级的设备同步数据。

01 导入模块。

```
import { relationalStore } from '@kit.ArkData';
```

02 请求权限。需要申请ohos.permission.DISTRIBUTED_DATASYNC权限，同时需要在应用首次启动时弹窗向用户申请授权。

03 创建关系型数据库，设置需要进行分布式同步的表。

```
import { UIAbility } from '@kit.AbilityKit';
import { BusinessError } from '@kit.BasicServicesKit';
import { window } from '@kit.ArkUI';

class EntryAbility extends UIAbility {
  onWindowStageCreate(windowStage: window.WindowStage) {
    const STORE_CONFIG: relationalStore.StoreConfig = {
```

```
        name: "RdbTest.db",
        securityLevel: relationalStore.SecurityLevel.S3
    };

    relationalStore.getRdbStore(this.context, STORE_CONFIG, (err: BusinessError, store:
relationalStore.RdbStore) => {
        store.executeSql('CREATE TABLE IF NOT EXISTS EMPLOYEE (ID INTEGER PRIMARY KEY
AUTOINCREMENT, NAME TEXT NOT NULL, AGE INTEGER, SALARY REAL, CODES BLOB)', (err) => {
            // 设置分布式同步表
            store.setDistributedTables(['EMPLOYEE']);
            // 进行数据的相关操作
        })
    })
    }
}
```

04 分布式数据同步。使用SYNC_MODE_PUSH触发同步后，数据将从本设备向组网内的其他所有设备同步。

```
// 构造用于同步分布式表的谓词对象
let predicates = new relationalStore.RdbPredicates('EMPLOYEE');
// 调用同步数据的接口
if(store != undefined)
{
    (store   as   relationalStore.RdbStore).sync(relationalStore.SyncMode.SYNC_MODE_PUSH,
predicates, (err, result) => {
        // 判断数据同步是否成功
        if (err) {
            console.error(`Failed to sync data. Code:${err.code},message:${err.message}`);
            return;
        }
        console.info('Succeeded in syncing data.');
        for (let i = 0; i < result.length; i++) {
            console.info(`device:${result[i][0]},status:${result[i][1]}`);
        }
    })
}
```

05 分布式数据订阅。数据同步变化将触发订阅回调方法，回调方法的入参为发生变化的设备ID。

```
let devices: string | undefined = undefined;
try {
    // 调用分布式数据订阅接口，注册数据库的观察者
    // 当分布式数据库中的数据发生更改时，调用回调方法
    if(store != undefined) {
        (store as relationalStore.RdbStore).on('dataChange', relationalStore.SubscribeType.
SUBSCRIBE_TYPE_REMOTE, (storeObserver)=>{
            if(devices != undefined){
                for (let i = 0; i < devices.length; i++) {
                    console.info(`The data of device:${devices[i]} has been changed.`);
                }
            }
        });
    }
} catch (err) {
    console.error(`Failed to register observer. Code:${err.code},message:${err.message}`);
}
```

```
    // 当不需要订阅数据变化时，可以将它取消
    try {
      if(store != undefined) {
        (store as relationalStore.RdbStore).off('dataChange', relationalStore.SubscribeType.
SUBSCRIBE_TYPE_REMOTE, (storeObserver)=>{
        });
      }
    } catch (err) {
      console.error('Failed to register observer. Code:${err.code},message:${err.message}');
    }
```

06 跨设备查询。如果数据未完成同步或未触发数据同步，应用可以使用此接口在指定的设备上查询数据。

说明：deviceIds通过调用deviceManager.getAvailableDeviceListSync方法得到。

```
    // 获取deviceIds
    import { distributedDeviceManager } from '@kit.DistributedServiceKit';
    import { BusinessError } from '@kit.BasicServicesKit';

    let dmInstance: distributedDeviceManager.DeviceManager;
    let deviceId: string | undefined = undefined ;

    try {
      dmInstance = distributedDeviceManager.createDeviceManager("com.example.
appdatamgrverify");
      let devices = dmInstance.getAvailableDeviceListSync();

      deviceId = devices[0].networkId;

      // 构造用于查询分布式表的谓词对象
      let predicates = new relationalStore.RdbPredicates('EMPLOYEE');
      // 调用跨设备查询接口，并返回查询结果
      if(store != undefined && deviceId != undefined) {
        (store as relationalStore.RdbStore).remoteQuery(deviceId, 'EMPLOYEE', predicates,
['ID', 'NAME', 'AGE', 'SALARY', 'CODES'],
          (err: BusinessError, resultSet: relationalStore.ResultSet) => {
            if (err) {
              console.error(`Failed  to  remoteQuery  data.  Code:${err.code},message:
${err.message}`);
              return;
            }
            console.info(`ResultSet column names: ${resultSet.columnNames}, column count:
${resultSet.columnCount}`);
          }
        )
      }
    } catch (err) {
      let code = (err as BusinessError).code;
      let message = (err as BusinessError).message;
      console.error("createDeviceManager errCode:" + code + ",errMessage:" + message);
    }
```

第 **12** 章

设备管理器

鸿蒙设备管理器是HarmonyOS实现多设备协同的核心模块，主要负责设备的发现、连接与能力管理，通过分布式软总线实现自动设备发现与安全组网，支持跨设备能力调用与资源共享。其核心功能包括：通过软总线自动发现周边设备，建立安全通信通道，协调设备间能力调用。本章将介绍传感器（Sensor）、振动和状态栏开放服务等设备管理器的作用和用法，帮助开发者掌握设备功能的使用。

12.1 传 感 器

12.1.1 传感器开发概述

传感器模块是应用访问底层硬件传感器的一种设备抽象概念。开发者可根据传感器提供的相关接口订阅传感器数据，并根据传感器数据定制相应的算法开发各类应用，比如指南针、运动健康、游戏等。

- 要使用传感器的功能，设备必须具有对应的传感器器件。
- 针对某些传感器，开发者需要请求相应的权限，才能获取到相应传感器的数据。
- 传感器数据订阅接口和取消订阅接口成对调用，当不再需要订阅传感器数据时，开发者需要调用取消订阅接口，停止数据上报。

12.1.2 传感器类型

传感器的类型非常丰富，具体类型及其说明如表12-1所示。

表12-1 传感器类型及其说明

传感器类型	描 述	说 明	主要用途
ACCELEROMETER	加速度传感器	测量三个物理轴向（x、y和z）上，施加在设备上的加速度（包括重力加速度），单位：m/s²	检测运动状态

（续表）

传感器类型	描　　述	说　　明	主要用途
ACCELEROMETER_UNCALIBRATED	未校准加速度传感器	测量三个物理轴向（x、y和z）上，施加在设备上的未校准的加速度（包括重力加速度），单位：m/s²	检测加速度偏差估值
LINEAR_ACCELEROMETER	线性加速度传感器	测量三个物理轴向（x、y和z）上，施加在设备上的线性加速度（不包括重力加速度），单位：m/s²	检测每个单轴方向上的线性加速度
GRAVITY	重力传感器	测量三个物理轴向（x、y和z）上，施加在设备上的重力加速度，单位：m/s²	测量重力大小
GYROSCOPE	陀螺仪传感器	测量三个物理轴向（x、y和z）上，设备的旋转角速度，单位：rad/s	测量旋转的角速度
GYROSCOPE_UNCALIBRATED	未校准陀螺仪传感器	测量三个物理轴向（x、y和z）上，设备的未校准旋转角速度，单位：rad/s	测量旋转的角速度及偏差估值
SIGNIFICANT_MOTION	大幅度动作传感器	测量三个物理轴向（x、y和z）上，设备是否存在大幅度运动：取值为1则代表存在大幅度运动；取值为0则代表没有大幅度运动	用于检测设备是否存在大幅度运动
PEDOMETER_DETECTION	计步器检测传感器	检测用户的计步动作：取值为1则代表用户产生了计步行走的动作；取值为0则代表用户没有发生运动	用于检测用户是否有计步的动作
PEDOMETER	计步器传感器	统计用户的行走步数	用于提供用户行走的步数数据
AMBIENT_TEMPERATURE	环境温度传感器	测量环境温度，单位：摄氏度（℃）	测量环境温度
MAGNETIC_FIELD	磁场传感器	测量三个物理轴向（x、y、z）上，环境地磁场，单位：μT	创建指南针
MAGNETIC_FIELD_UNCALIBRATED	未校准磁场传感器	测量三个物理轴向（x、y、z）上，未校准环境地磁场，单位：μT	测量地磁偏差并估值
HUMIDITY	湿度传感器	测量环境的相对湿度，以百分比（%）表示	监测露点、绝对湿度和相对湿度
BAROMETER	气压计传感器	测量环境气压，单位：hPa或mbar	测量环境气压
ORIENTATION	方向传感器	测量设备围绕三个物理轴向（x、y、z）旋转的角度值，单位：rad	用于测量屏幕旋转的3个角度值

（续表）

传感器类型	描　述	说　明	主要用途
ROTATION_VECTOR	旋转矢量传感器	测量设备旋转矢量，复合传感器：由加速度传感器、磁场传感器、陀螺仪传感器合成	检测设备相对于站心坐标系的方向
PROXIMITY	接近光传感器	测量可见物体相对于设备显示屏的接近或远离状态	通话中设备相对于人的位置
AMBIENT_LIGHT	环境光传感器	测量设备周围光线强度，单位：lux	自动调节屏幕亮度，检测屏幕上方是否有遮挡
HEART_RATE	心率传感器	测量用户的心率数值	用于提供用户的心率健康数据
WEAR_DETECTION	佩戴检测传感器	检测用户是否佩戴	用于检测用户是否佩戴智能穿戴
HALL	霍尔传感器	测量设备周围是否存在磁力吸引	设备的皮套模式

12.1.3　传感器运作机制

传感器包含4个模块：Sensor API、Sensor Framework、Sensor Service和HDF层，如图12-1所示。

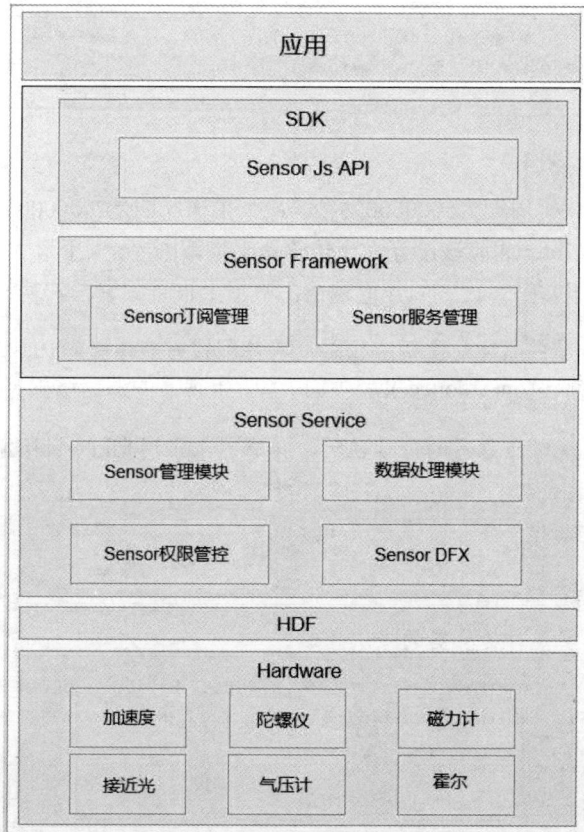

图12-1　传感器运作机制

- Sensor API：提供传感器的基础API，主要包含查询传感器列表、订阅/取消传感器的数据、执行控制命令等，以简化应用开发。
- Sensor Framework：主要实现传感器的订阅管理，数据通道的创建、销毁、订阅与取消订阅，实现与SensorService的通信。
- Sensor Service：主要实现HD_IDL层数据的接收、解析、分发，前后台的策略管控，对该设备Sensor的管理，Sensor权限管控等。
- HDF层：对不同的FIFO、频率进行策略选择，以适配不同设备。

12.1.4 传感器开发步骤

本小节以加速度传感器ACCELEROMETER为例来讲解传感器的开发步骤。

01 导入模块。

```
import { sensor } from '@kit.SensorServiceKit';
import { BusinessError } from '@kit.BasicServicesKit';
```

02 查询设备支持的传感器的参数。

```
sensor.getSensorList((error: BusinessError, data: Array<sensor.Sensor>) => {
    if (error) {
        console.info('getSensorList failed');
    } else {
        console.info('getSensorList success');
        for (let i = 0; i < data.length; i++) {
            console.info(JSON.stringify(data[i]));
        }
    }
});
```

该传感器支持的最小采样周期为5000000纳秒，最大采样周期是200000000纳秒。不同传感器支持的采样周期范围各不相同，interval应该设置为在传感器支持范围内，大于最大值时以最大值上报数据，小于最小值时以最小值上报数据。设置的数值越小，数据上报越频繁，其功耗越大。

03 检查权限。检查是否已经配置相应权限，具体配置方式请参考10.1.3节中的"声明权限"。

04 注册监听。可以通过on()和once()两种接口监听传感器的调用结果。

- 通过on()接口，实现对传感器的持续监听，传感器上报周期interval设置为100000000纳秒。

```
sensor.on(sensor.SensorId.ACCELEROMETER, (data: sensor.AccelerometerResponse) => {
    console.info("Succeeded in obtaining data. x: " + data.x + " y: " + data.y + " z: "
+ data.z);
    }, { interval: 100000000 });
```

- 通过once()接口，实现对传感器的一次监听。

```
sensor.once(sensor.SensorId.ACCELEROMETER, (data: sensor.AccelerometerResponse) => {
    console.info("Succeeded in obtaining data. x: " + data.x + " y: " + data.y + " z: "
+ data.z);
    });
```

05 取消持续监听。

```
sensor.off(sensor.SensorId.ACCELEROMETER);
```

12.2　振　　动

12.2.1　振动开发概述

振动（Vibrator）模块最大化开放马达器件的能力，通过拓展原生马达服务实现振动与用户交互的深度融合设计，打造细腻精致的一体化振动体验和差异化体验，提升用户交互效率、易用性以及使用体验，增强品牌竞争力。

- 要使用振动功能，设备必须具有对应的器件。
- 针对马达，开发者需要请求相应的权限。

12.2.2　振动运作机制

Vibrator属于控制类小器件，主要包含4个模块：Vibrator API、Vibrator Framework、Vibrator Service和HDF层，如图12-2所示。

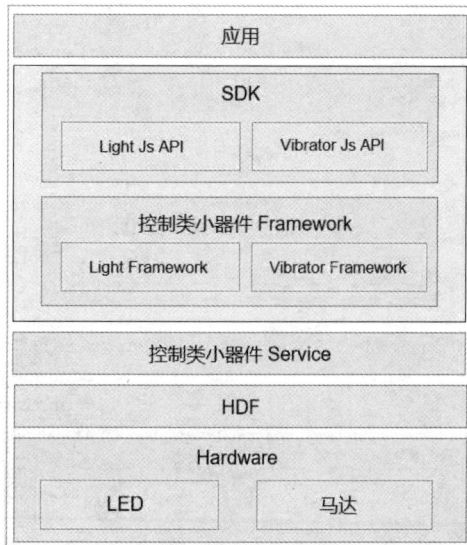

图12-2　振动运作机制

- **Vibrator API**：提供振动器基础的API，主要包含振动器的列表查询、振动器的振动效果查询、触发/关闭振动器等接口。
- **Vibrator Framework**：实现振动器的框架层管理，实现与控制类小器件Service的通信。
- **Vibrator Service**：实现对控制器的服务管理。
- **HDF层**：适配不同设备。

12.2.3　振动效果说明

目前支持以下3类振动效果：

- 固定时长振动：传入一个固定时长，马达按照默认强度和频率触发振动。振动效果描述请参考VibrateTime。
- 预置振动：系统中预置的振动效果，适用于某些固定场景，比如振动效果"haptic.clock.timer"通常用于用户调整计时器时的振感反馈。振动效果描述请参考VibratePreset。
- 自定义振动：自定义振动提供用户设计自己所需振动效果的能力，用户可通过自定义振动配置文件，并遵循相应规则编排所需振动形式，使能更加开放的振感交互体验。振动效果描述请参考VibrateFromFile。

自定义振动配置文件为JSON格式，在形式上如下所示：

```
{
    "MetaData": {
        "Create": "2023-01-09",
        "Description": "a haptic case",
        "Version": 1.0,
```

```
            "ChannelNumber": 1
        },
        "Channels": [
            {
                "Parameters": {
                    "Index": 0
                },
                "Pattern": [
                    {
                        "Event": {
                            "Type": "transient",
                            "StartTime": 0,
                            "Parameters": {
                                "Frequency": 31,
                                "Intensity": 100
                            }
                        }
                    },
                    {
                        "Event": {
                            "Type": "continuous",
                            "StartTime": 40,
                            "Duration": 54,
                            "Parameters": {
                                "Frequency": 30,
                                "Intensity": 38,
                                "Curve": [
                                    {
                                        "Time": 0,
                                        "Frequency": 0,
                                        "Intensity": 0
                                    },
                                    {
                                        "Time": 1,
                                        "Frequency": 15,
                                        "Intensity": 0.5
                                    },
                                    {
                                        "Time": 40,
                                        "Frequency": -8,
                                        "Intensity": 1.0
                                    },
                                    {
                                        "Time": 54,
                                        "Frequency": 0,
                                        "Intensity": 0
                                    }
                                ]
                            }
                        }
                    }
                ]
            }
        ]
    }
```

JSON文件共包含3个属性：MetaData、Channels和Parameters。

1. MetaData属性

MetaData属性用于定义文件头信息，可在如下所示的属性中添加描述。

- Version：必填。文件格式的版本号，向前兼容，目前支持JSON格式1.0版本。
- ChannelNumber：可选。表示马达振动的通道数，最大支持双马达通道。
- Create：可选。可记录文件创作时间。
- Description：可选。可指明振动效果、创建信息等附加说明。

2. Channels属性

Channels属性用于定义马达振动通道的相关信息。Channels是JSON数组，包含两个属性。

- Parameters：必填。为通道参数。其中Index表示通道编号，0表示全通道发送，1、2分别对应左右马达。
- Pattern：可选。是JSON数组，包含振动事件（Event）序列。每个Event属性代表1个振动事件，包含如下属性：
  - Type：必填。振动事件类型，为transient（瞬态短振动，干脆有力）或continuous（稳态长振动，具备长时间输出强劲有力振动的能力）。
  - StartTime：必填。振动的起始时间，单位为ms，有效范围为[0, 1800,000]。
  - Duration：必填。振动持续时间，仅当类型为"continuous"时有效，单位为ms，有效范围为[0, 5000]。

3. Parameters属性

Parameters用于设置振动事件参数，可设置以下参数：

- Intensity：必填。振动事件强度，有效范围为[0, 100]。
- Frequency：必填。振动事件频率，有效范围为[0, 100]。
- Curve：可选。振动曲线，当振动事件类型为continuous时有效，为JSON数组，支持设置一组调节点，调节点数量最大支持16个，最小为4个，每个调节点需包含如下属性：
  - Time：相对事件起始时间的偏移，最小为0，最大不能超过事件振动时长。
  - Intensity：相对事件振动强度的增益，范围为[0, 1]，此值乘上振动事件强度为对应时间点调节后的强度。
  - Frequency：相对事件振动频率的变化，范围为[-100, 100]，此值加上振动事件频率为对应时间点调节后的频率。

其他要求：

- 振动事件的数量：不得超过128个。
- 振动配置文件长度：不得超过64KB。

12.2.4　振动开发步骤

1. 申请权限

控制设备上的振动器，需要申请ohos.permission.VIBRATE权限。

2. 触发马达振动

情形一： 按照指定持续时间触发马达振动。

```
import { vibrator } from '@kit.SensorServiceKit';
import { BusinessError } from '@kit.BasicServicesKit';

try {
  // 触发马达振动
  vibrator.startVibration({
    type: 'time',
    duration: 1000,
  }, {
    id: 0,
    usage: 'alarm'
  }, (error: BusinessError) => {
    if (error) {
      console.error(`Failed to start vibration. Code: ${error.code}, message:
${error.message}`);
      return;
    }
    console.info('Succeed in starting vibration');
  });
} catch (err) {
  let e: BusinessError = err as BusinessError;
  console.error(`An unexpected error occurred. Code: ${e.code}, message: ${e.message}`);
}
```

情形二： 按照预置振动效果触发马达振动，可先查询振动效果是否被支持，再调用振动接口。

```
import { vibrator } from '@kit.SensorServiceKit';
import { BusinessError } from '@kit.BasicServicesKit';

try {
  // 查询是否支持'haptic.effect.soft'
  vibrator.isSupportEffect('haptic.effect.soft', (err: BusinessError, state: boolean) => {
    if (err) {
      console.error(`Failed to query effect. Code: ${err.code}, message: ${err.message}`);
      return;
    }
    console.info('Succeed in querying effect');
    if (state) {
      try {
        // 触发马达振动
        vibrator.startVibration({
          type: 'preset',
          effectId: 'haptic.effect.soft',
          count: 1,
          intensity: 50,
        }, {
          usage: 'unknown'
        }, (error: BusinessError) => {
          if (error) {
            console.error(`Failed to start vibration. Code: ${error.code}, message:
${error.message}`);
          } else {
            console.info('Succeed in starting vibration');
          }
```

```
        });
      } catch (error) {
        let e: BusinessError = error as BusinessError;
        console.error(`An  unexpected  error  occurred.  Code:  ${e.code},  message:
${e.message}`);
      }
    }
  })
} catch (error) {
  let e: BusinessError = error as BusinessError;
  console.error(`An unexpected error occurred. Code: ${e.code}, message: ${e.message}`);
}
```

情形三：按照自定义振动配置文件触发马达振动。

```
import { vibrator } from '@kit.SensorServiceKit';
import { resourceManager } from '@kit.LocalizationKit';
import { BusinessError } from '@kit.BasicServicesKit';

const fileName: string = 'xxx.json';

// 获取文件资源描述符
let rawFd: resourceManager.RawFileDescriptor =
getContext().resourceManager.getRawFdSync(fileName);

// 触发马达振动
try {
  vibrator.startVibration({
    type: "file",
    hapticFd: { fd: rawFd.fd, offset: rawFd.offset, length: rawFd.length }
  }, {
    id: 0,
    usage: 'alarm'
  }, (error: BusinessError) => {
    if (error) {
      console.error(`Failed to start vibration. Code: ${error.code}, message:
${error.message}`);
      return;
    }
    console.info('Succeed in starting vibration');
  });
} catch (err) {
  let e: BusinessError = err as BusinessError;
  console.error(`An unexpected error occurred. Code: ${e.code}, message: ${e.message}`);
}

// 关闭文件资源描述符
getContext().resourceManager.closeRawFdSync(fileName);
```

3. 停止马达的振动

方式一：按照指定模式停止对应的马达振动，自定义振动不支持此类停止方式。

（1）停止固定时长振动：

```
import { vibrator } from '@kit.SensorServiceKit';
import { BusinessError } from '@kit.BasicServicesKit';

try {
  // 按照VIBRATOR_STOP_MODE_TIME模式停止振动
```

```
    vibrator.stopVibration(vibrator.VibratorStopMode.VIBRATOR_STOP_MODE_TIME,        (error:
BusinessError) => {
      if (error) {
        console.error(`Failed to stop vibration. Code: ${error.code}, message:
${error.message}`);
        return;
      }
      console.info('Succeed in stopping vibration');
    })
  } catch (err) {
    let e: BusinessError = err as BusinessError;
    console.error(`An unexpected error occurred. Code: ${e.code}, message: ${e.message}`);
  }
```

（2）停止预置振动：

```
import { vibrator } from '@kit.SensorServiceKit';
import { BusinessError } from '@kit.BasicServicesKit';

try {
  // 按照VIBRATOR_STOP_MODE_PRESET模式停止振动
  vibrator.stopVibration(vibrator.VibratorStopMode.VIBRATOR_STOP_MODE_PRESET,        (error:
BusinessError) => {
      if (error) {
        console.error(`Failed to stop vibration. Code: ${error.code}, message:
${error.message}`);
        return;
      }
      console.info('Succeed in stopping vibration');
    })
  } catch (err) {
    let e: BusinessError = err as BusinessError;
    console.error(`An unexpected error occurred. Code: ${e.code}, message: ${e.message}`);
  }
```

方式二：停止所有模式的马达振动，包括自定义振动。

```
import { vibrator } from '@kit.SensorServiceKit';
import { BusinessError } from '@kit.BasicServicesKit';

try {
  // 停止所有模式的马达振动
  vibrator.stopVibration((error: BusinessError) => {
      if (error) {
        console.error(`Failed to stop vibration. Code: ${error.code}, message:
${error.message}`);
        return;
      }
      console.info('Succeed in stopping vibration');
    })
  } catch (error) {
    let e: BusinessError = error as BusinessError;
    console.error(`An unexpected error occurred. Code: ${e.code}, message: ${e.message}`);
  }
```

12.3　状态栏开放服务

Status Bar Extension Kit（状态栏开放服务）提供了在状态栏中添加应用图标、管理图标等一系列方法，为应用提供可以在状态栏与用户进行交互的功能。这里需要注意，Status Bar Extension Kit只支持中国大陆地区。

12.3.1　场景介绍

当应用启动时或者应用运行过程中，可以通过Status Bar Extension Kit提供的接口向状态栏进行添加图标、移除图标、更新图标等操作，用户可以通过单击或者右击呼出弹窗或者菜单，进行快速操作。

应用接入状态栏之后，状态栏会显示应用自定义的图标，图标提供左键显示自定义弹窗以及右键显示菜单的功能；应用退出时，状态栏图标会随着应用进程的销毁而消失。

12.3.2　开发步骤

01 导入相关模块。

```
import { statusBarManager, StatusBarViewExtensionAbility } from
'@kit.StatusBarExtensionKit';
import { UIExtensionContentSession, Want } from '@kit.AbilityKit';
import { image } from '@kit.ImageKit';
```

02 新建Ability文件。新建一个MyStatusBarViewAbility.ets文件（例如在entry/src/main/ets/statusbarviewextensionability文件夹下），同时新建一个StatusBarPage页面（例如在entry/src/main/ets/pages目录下），该页面用于在状态栏图标的左键业务弹窗中显示，然后构建自定义的StatusBarViewExtensionAbility。

```
let TAG = 'MyStatusBarViewExtAbility';
export default class MyStatusBarViewAbility extends StatusBarViewExtensionAbility {
  onCreate() {
    console.info(TAG, `onCreate`);
  }

  onSessionCreate(want: Want, session: UIExtensionContentSession) {
    console.info(TAG, `onSessionCreate, want: ${want.abilityName}`);
    // pages/StatusBarPage为状态栏图标左键业务弹窗显示的页面
    session.loadContent('pages/StatusBarPage');
  }

  onForeground() {
    console.info(TAG, `onForeground`);
  }

  onBackground() {
    console.info(TAG, `onBackground`);
  }

  onSessionDestroy(session: UIExtensionContentSession) {
```

```
    console.info(TAG, `onSessionDestroy`);
  }

  onDestroy() {
    console.info(TAG, `onDestroy`);
  }
}
```

03 配置Ability。在MyStatusBarViewAbility所在模块下的module.json5文件中配置状态栏扩展
Ability的信息。

```
"extensionAbilities": [
  {
    "name": "MyStatusBarViewAbility",
    "icon": "$media:startIcon",
    "description": "statusBar",
    "type": "statusBarView",
    "exported": true,
    // 此处为MyStatusBarViewAbility类所在的文件路径
    "srcEntry": "./ets/statusbarviewextensionability/MyStatusBarViewAbility.ets"
  }
]
```

04 配置资源图标。在对应模块的rawfile文件夹（例如entry/src/main/resources/rawfile）下预置两
幅24vp×24vp尺寸的图片（例如本示例中testWhite.png和testBlack.png两幅图片），配置应
用接入状态栏显示的图标信息。

```
let context = getContext(this);
// 获取resourceManager资源管理器
const resourceMgr = context.resourceManager;

// 创建white pixelMap，需在rawfile文件夹中预置testWhite.png图片，图片大小为24vp * 24vp
const whiteFileData = resourceMgr.getRawFileContentSync('testWhite.png');
const whiteBuffer = whiteFileData.buffer;
const whiteImageSource = image.createImageSource(whiteBuffer);
let whitePixelMap = await whiteImageSource.createPixelMap();

// 创建black pixelMap，需在rawfile文件夹中预置testBlack.png图片，图片大小为24vp * 24vp
const blackFileData = resourceMgr.getRawFileContentSync('testBlack.png');
const blackBuffer = blackFileData.buffer;
const blackImageSource = image.createImageSource(blackBuffer);
let blackPixelMap = await blackImageSource.createPixelMap();

// 构建图标信息
let icon: statusBarManager.StatusBarIcon = {
  white: whitePixelMap,
  black: blackPixelMap
}
```

05 配置状态栏左键业务弹窗相关信息。

```
// 构建左键业务弹窗信息
let operation: statusBarManager.QuickOperation = {
  // 此处abilityName为上述在module.json5中配置的自定义StatusBarViewExtensionAbility名称
  abilityName: "MyStatusBarViewAbility",
  title: "测试Demo",
  height: 300,
```

```
  // 可缺省
  moduleName: 'entry'
};
```

06　（可选）配置状态栏右键菜单内容信息。可在状态栏图标的右键菜单中增加自定义菜单选项。

```
// 构建右键菜单项内容
let subMenus: Array<statusBarManager.StatusBarSubMenuItem> = [];
let subMenuItemAction: statusBarManager.StatusBarMenuAction = {
  abilityName: "EntryAbility"
}
let subMenu: statusBarManager.StatusBarSubMenuItem = {
  subTitle: "子菜单项",
  menuAction: subMenuItemAction
}
subMenus.push(subMenu);

let statusBarMenuItems: Array<statusBarManager.StatusBarMenuItem> = [];
let menuItem: statusBarManager.StatusBarMenuItem = {
  title: "一级菜单项",
  // 一级menuAction和subMenu两项不可都缺省
  subMenu: subMenus
};
statusBarMenuItems.push(menuItem);

let statusBarGroupMenus: Array<statusBarManager.StatusBarGroupMenu> = [];
statusBarGroupMenus.push(statusBarMenuItems);
```

07　整合配置信息，接入状态栏，显示应用图标。

```
// 构建添加到状态栏的图标详细信息
let item: statusBarManager.StatusBarItem = {
  icons: icon,
  quickOperation: operation,
  // 该参数可选
  statusBarGroupMenu: statusBarGroupMenus
};

try {
  statusBarManager.addToStatusBar(context, item);
} catch (error) {
  console.error(`addToStatusBar failed. error code: ${error.code}, error message:
${error.message}`);
}
```

08　（可选）应用接入状态栏之后，可以通过 **updateStatusBarMenu** 接口更新状态栏的右键菜单。

```
// 构建右键菜单项内容
let subMenus: Array<statusBarManager.StatusBarSubMenuItem> = [];
let subMenuItemAction: statusBarManager.StatusBarMenuAction = {
  abilityName: "EntryAbility"
}
let subMenu: statusBarManager.StatusBarSubMenuItem = {
  subTitle: "二级菜单项",
  menuAction: subMenuItemAction
}
subMenus.push(subMenu);
```

```
let statusBarMenuItems: Array<statusBarManager.StatusBarMenuItem> = [];
let menuItem: statusBarManager.StatusBarMenuItem = {
  title: "一级菜单项",
  // 一级menuAction和subMenu两项不可都缺省
  subMenu: subMenus
};
statusBarMenuItems.push(menuItem);

let statusBarGroupMenus: Array<statusBarManager.StatusBarGroupMenu> = [];
statusBarGroupMenus.push(statusBarMenuItems);

let context = getContext(this);
try {
  statusBarManager.updateStatusBarMenu(context, statusBarGroupMenus);
} catch (error) {
  console.error(`updateStatusBarMenu failed. error code: ${error.code}, error message:
${error.message}`);
}
```

09 （可选）应用接入状态栏之后，可以通过**updateQuickOperationHeight**接口更新状态栏图标左键业务弹窗的高度。

```
let context = getContext(this);
let height = 200;
statusBarManager.updateQuickOperationHeight(context, height);
```

10 （可选）应用接入状态栏之后，可以通过**updateStatusBarIcon**接口修改状态栏中对应的应用图标。

```
let context = getContext(this);
// 获取resourceManager资源管理器
const resourceMgr = context.resourceManager;

// 创建white pixelMap，需在rawfile文件夹中预置testWhite.png图片，图片大小为24vp * 24vp
const whiteFileData = resourceMgr.getRawFileContentSync('testWhite.png');
const whiteBuffer = whiteFileData.buffer;
const whiteImageSource = image.createImageSource(whiteBuffer);
let whitePixelMap = await whiteImageSource.createPixelMap();

// 创建black pixelMap，需在rawfile文件夹中预置testBlack.png图片，图片大小为24vp * 24vp
const blackFileData = resourceMgr.getRawFileContentSync('testBlack.png');
const blackBuffer = blackFileData.buffer;
const blackImageSource = image.createImageSource(blackBuffer);
let blackPixelMap = await blackImageSource.createPixelMap();

// 构建图标信息
let icons: statusBarManager.StatusBarIcon = {
  white: whitePixelMap,
  black: blackPixelMap
}
statusBarManager.updateStatusBarIcon(context, icons);
```

11 （可选）应用接入状态栏之后，未指定图标QuickOperation的**abilityName**可以通过**on/off**接口自定义状态栏图标左键业务。

```
private onStatusBarIconClick = (eventData: emitter.EventData) => {
  // 自定义图标右键业务
```

```
      let data = eventData.data;
      if (data) {
        switch data['iconClickType'] {
          case 'leftClickType':
            // 自定义左键业务
            break;
          default:
            break;
        }
      }
    }
```

```
// 监听状态栏图标单击事件
statusBarManager.on('statusBarIconClick', this.onStatusBarIconClick);
```

```
// 注销状态栏图标单击事件
statusBarManager.off('statusBarIconClick', this.onStatusBarIconClick);
```

12 （可选）应用接入状态栏之后，调用updateStatusBarMenu接口，指定菜单StatusBarMenuAction的notifyOnly使能和menuCode菜单项标识，可以通过on/off接口自定义状态栏图标右键菜单业务。

```
private onRightMenuClick = (eventData: emitter.EventData) => {
  // 自定义图标右键菜单业务
  let data = eventData.data;
  if (data) {
    let menuCode = data['menuCode'];
    // 处理单击菜单项业务
  }
}
```

```
// 监听状态栏图标右键菜单单击事件
statusBarManager.on('rightMenuClick', this.onRightMenuClick);
```

```
// 注销状态栏图标右键菜单单击事件
statusBarManager.off('rightMenuClick', this.onRightMenuClick);
```

第 13 章

实战案例：购物应用

本案例展示的功能包括：在进场时启动动画，整体使用Tabs容器设计应用框架，通过TabContent组件设置分页面，在子页面中绘制界面，通过Navigation完成页面之间的切换，使用Swiper 组件实现页面展示图轮播，使用Grid容器组件设置展示的商品信息，使用CustomDialogController弹窗选择位置信息，单击首页或购物车返回主页面。

13.1 购物应用概述

13.1.1 购物流程说明

（1）应用启动时播放进场动画，进入首页前会弹出升级提示，判断是否需要更新。应用整体分为4个模块：首页、消息、购物车、我的，可通过底部导航栏单击切换。

（2）"首页"页面包含扫一扫、搜索框、轮播图、标签页（Tabs）以及商品列表功能。

（3）单击"首页"的扫一扫可启动二维码扫描功能；单击商品可跳转至该商品的详情页。

（4）"商品详情页"上方为视频区域，单击可播放视频，支持全屏播放；向下滑动详情页时，视频可变为小窗模式。单击页面右侧悬浮的"直播"按钮，可进入直播页面，该页面支持视频播放。

（5）"商品详情页"提供分享功能，单击可调用分享面板；单击"选择收货地址"可弹出地址选择窗口，支持地址选取。

（6）"消息"页面展示购物过程中的聊天记录列表及聊天的详细信息。

（7）"购物车"展示添加的购物清单及系统推荐商品列表。

（8）"我的"页面展示个人基础信息、个人订单、应用设置、会员、积分、红包等信息。

13.1.2 主要功能

本示例在展示购物功能的同时，将综合运用HarmonyOS的多项功能特性，包括第三方HAR库的使用、lib代码依赖的引入、自定义对话框的实现，以及Swiper组件的轮播功能等。

13.2　项目框架设计

启动页面展示主APP的功能，可以根据实际情况配置产品的新功能及新商品推荐。主页面采用Tabs组件，由TabContent和TabBar两部分构成。在页面代码index.ets中引入 PageMain，PageMain主要负责加载4个TabBar。主要框架代码如下：

```
build() {
    Column() {
        Tabs({
            barPosition: this.currentBreakpoint === BreakpointConstants.BREAKPOINT_LG ?
BarPosition.Start :
            BarPosition.End,
            index: this.currentPageIndex
        }) {
            TabContent() {
                TabHome()
            }
            .tabBar(this.BottomNavigation(buttonInfo[CommonConstants.HOME_INDEX]))

            TabContent() {
                TabConversationList()
            }
            .tabBar(this.BottomNavigation(buttonInfo[CommonConstants.NEW_PRODUCT_INDEX]))

            TabContent() {
                TabShopCart({
                    products: this.shoppingCartList,
                    onNeedUpdate: (): void => this.queryShopCart()
                })
            }
            .tabBar(this.BottomNavigation(buttonInfo[CommonConstants.SHOP_CART_INDEX]))

            TabContent() {
                TabPersonal({ orderCount: $orderCount })
            }
            .tabBar(this.BottomNavigation(buttonInfo[CommonConstants.PERSONAL_INDEX]))
        }
        .barWidth(this.currentBreakpoint === BreakpointConstants.BREAKPOINT_LG ?
        $r('app.float.bar_width') : StyleConstants.FULL_WIDTH)
        .barHeight(this.currentBreakpoint === BreakpointConstants.BREAKPOINT_LG ?
        StyleConstants.SIXTY_HEIGHT : $r('app.float.vp_fifty_six'))
        .vertical(this.currentBreakpoint === BreakpointConstants.BREAKPOINT_LG)
        .scrollable(false)
        .onChange(((index: number) => {
            this.currentPageIndex = index;
            if (index === CommonConstants.SHOP_CART_INDEX) {
                this.queryShopCart();
            } else if (index === CommonConstants.PERSONAL_INDEX) {
                this.queryOrderList();
            }
        })
```

```
        }
        .backgroundColor($r('app.color.page_background'))
        .padding({ bottom: AppStorage.get<string>('bottomAvoid') || 0 })
    }


    @Builder
    BottomNavigation(button: ButtonInfoModel) {
        Column({ space: CommonConstants.BUTTON_SPACE }) {
            Image(this.currentPageIndex === button.index ? button.selectImg : button.img)
                .objectFit(ImageFit.Contain)
                .width($r('app.float.main_image_size'))
                .height($r('app.float.main_image_size'))
            Text(button.title)
                .fontColor(this.currentPageIndex === button.index ?
$r('app.color.focus_color') : Color.Black)
                .opacity(this.currentPageIndex === button.index ? StyleConstants.FULL_OPACITY :
                StyleConstants.SIXTY_OPACITY)
                .fontWeight(StyleConstants.FONT_WEIGHT_FIVE)
                .textAlign(TextAlign.Center)
                .fontSize($r('app.float.micro_font_size'))
        }
        .width(StyleConstants.FULL_WIDTH)
        .height(StyleConstants.FULL_HEIGHT)
        .alignItems(HorizontalAlign.Center)
        .justifyContent(FlexAlign.Center)
    }
```

13.3 首页内容展示

首页是购物APP的关键页面，一些常用的功能和最新内容会优先在首页展示，用户进入APP就能发现并能立即上手使用。首页主要实现的功能点包括全局搜索、Swiper轮播、商品列表展示等。本节将主要介绍全局搜索功能的实现，包括页面布局、拍照和全局搜索商品。为了节省篇幅，Swiper轮播、商品列表展示的实现过程，请读者直接查看配套下载资源中的本案例源码。

1. 页面布局

页面左上方展示应用APP图标，右上方展示拍照功能，中间展示搜索框，搜索框轮流展示高频搜索的商品。布局代码如下：

```
    @Builder
    SearchTitle() {
        Column() {
            Flex({ justifyContent: FlexAlign.SpaceBetween }) {
                Image($r('app.media.ic_eshop'))
                    .height(StyleConstants.FULL_HEIGHT)
                    .aspectRatio(1)
                Row({ space: 10 }) {
                    Image($r('app.media.ic_camera_white'))
                        .height(36)
                        .width(36)
                        .onClick(() => {
                            this.pageInfos.pushPath({ name: 'PageCamera' })
```

```
            })
        }
    }
    .height($r('app.float.vp_twenty_four'))
    .width(StyleConstants.FULL_WIDTH)
    .margin({ bottom: $r('app.float.vp_eight') })

    Row() {
        Image($r('app.media.ic_search'))
            .width($r('app.float.vp_twenty'))
            .height($r('app.float.vp_twenty'))
            .margin({
                left: $r('app.float.vp_twelve'),
                right: $r('app.float.vp_eight')
            })
        Swiper() {
            ForEach(searchSwiper, (item: Resource) => {
                Column() {
                    Text(item)
                        .fontSize($r('app.float.small_font_size'))
                        .fontColor(Color.Black)
                }
                .alignItems(HorizontalAlign.Start)
            }, (item: Resource) => JSON.stringify(item))
        }
        .autoPlay(true)
        .loop(true)
        .vertical(true)
        .indicator(false)
    }
    .onClick(() => {
        this.pageInfos.pushPath({ name: 'PageSearch' })
    })
    .height($r('app.float.search_swiper_height'))
    .width(StyleConstants.FULL_WIDTH)
    .borderRadius($r('app.float.vp_twenty'))
    .backgroundColor(Color.White)
}
.width(StyleConstants.FULL_WIDTH)
.padding({ top: $r('app.float.vp_twelve'), bottom: $r('app.float.vp_twelve') })
}
```

2. 拍照功能

拍照主要实现扫码和识图两项功能，拍照需要申请相机权限，详细代码为PageCamera.ets，主要代码如下：

```
async aboutToAppear() {
    await this.init()
}

build() {
    NavDestination() {
        Stack() {
            Tabs() {
                TabContent() {
                    CustomScan({userGrant: this.userGrant, tabNumber: this.currentIndex})
```

```
                }
                .tabBar(new SubTabBarStyle('扫码')
                    .labelStyle({ unselectedColor: $r('app.color.sixty_alpha_white'),
selectedColor: Color.White }))
                TabContent() {
                    CustomCamera({userGrant: this.userGrant, tabNumber: this.currentIndex})
                }
                .tabBar(new SubTabBarStyle('识图')
                    .labelStyle({ unselectedColor:    $r('app.color.sixty_alpha_white'),
selectedColor: Color.White }))
            }
            .barPosition(BarPosition.End)
            .onChange((index: number) => {this.currentIndex = index})
        }
        .backgroundColor(Color.Black)
        .padding({top: AppStorage.get<string>('topAvoid') || 0, bottom:
AppStorage.get<string>('bottomAvoid') || 0})
    }
    .hideTitleBar(true)
  }

  async init() {
      await this.requestCameraPermission();
      if (!this.userGrant) {
          hilog.info(0x0000, 'Camera', 'no camera permission');
          return
      }
  }

  async requestCameraPermission() {
      let context = getContext() as common.UIAbilityContext;
      let atManager = abilityAccessCtrl.createAtManager();
      let grantStatus = await atManager.requestPermissionsFromUser(context,
['ohos.permission.CAMERA']);
      if(grantStatus.authResults[0] === 0) {
          this.userGrant = true;
      }
  }

  @Builder
  tabBar(text: string) {
      Text(text)
          .fontSize($r('app.float.middle_font_size'))
          .fontColor($r('app.color.eighty_alpha_white'))
  }
```

3. 全局搜索商品

全局搜索比较简单，搜索栏左侧是返回图标；中间是输入框，用于输入要搜索的内容；右侧是搜索按钮，单击该按钮即可搜索商品。在搜索栏下面是"历史搜索"，用于展示最近的搜索记录，详见 PageSearch.ets。主要代码如下：

```
NavDestination() {
    Column({space: 10}) {
        Flex({justifyContent: FlexAlign.SpaceBetween, direction: FlexDirection.Row}) {
            Image($r("app.media.icon_back"))
                .width(24)
```

```
                    .height(24)
                    .onClick(() => this.pageInfos.pop())
                TextInput({text: this.searchContent})
                    .width(this.currentBreakpoint === BreakpointConstants.BREAKPOINT_SM ?
'68%' : '80%')
                    .onChange((val: string) => {
                        this.searchContent = val
                    })
                Button('搜索')
                    .type(ButtonType.Capsule)
                    .onClick(() => {
                        this.commodityList =[]
                        this.onSearch()
                    })
            }
            .margin({top: 16})
            Flex({justifyContent: FlexAlign.SpaceBetween, direction: FlexDirection.Row}) {
                Text('历史搜索')
                Image($r("app.media.ic_trash"))
                    .width(24)
                    .height(24)
            }
            Row() {
                ForEach(history, (item: string) => {
                    Text(item)
                        .fontSize(12)
                        .padding(8)
                        .borderRadius(10)
                        .borderColor('#bfbfbf')
                        .margin({right: 5})
                        .borderWidth(1)
                        .onClick(() => {
                            this.searchContent = item
                        })
                })
            }
            .alignSelf(ItemAlign.Start)


            if (this.commodityList.length > 0) {
                CommodityList({
                    commodityList: this.commodityList,
                    column: this.currentBreakpoint === BreakpointConstants.BREAKPOINT_LG ?
StyleConstants.DISPLAY_FOUR :
                        (this.currentBreakpoint === BreakpointConstants.BREAKPOINT_MD ?
                        StyleConstants.DISPLAY_THREE : StyleConstants.DISPLAY_TWO) // lg:4 列
md:3列  sm: 2列
                })
            }


        }
        .height('100%')
        .margin({left: $r('app.float.vp_twelve'), right: $r('app.float.vp_twelve')})
    }
    .hideTitleBar(true)
    .padding({top: AppStorage.get<string>('topAvoid') || 0, bottom:
AppStorage.get<string>('bottomAvoid') || 0})
```

效果如图13-1所示。

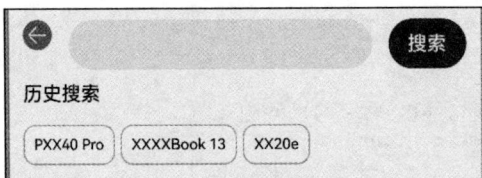

图13-1　历史搜索效果示例

13.4　实现消息列表和消息详情

13.4.1　消息列表展示

消息列表布局TabConversationList分为Title和Content两部分。Title部分展示标题文字、搜索框和更多操作，通过HomeTopSearch.ets中的自定义布局独立实现；Content部分为消息列表，使用List组件及自定义Item布局，相关逻辑在ConversationItem.ets中处理。TabConversationList主要代码如下：

```
build() {
    if (this.currentBreakpoint === BreakpointConstants.BREAKPOINT_SM) {
        this.ListComponent((name: string) => {
            this.pageInfo.pushPath({name: 'ConversationDetail', param: name})
        })
    } else {
        Navigation(this.cvsPathInfo) {
            this.ListComponent((name: string) => {
                if (this.cvsPathInfo.size()) {
                    this.cvsPathInfo.clear();
                }
                this.cvsPathInfo.pushPath({name: 'ConversationDetail', param: name})
            })
        }
        .hideTitleBar(true)
        .mode(NavigationMode.Auto)
        .navBarWidth(new BreakPointType({
            sm: '100%',
            md: '50%',
            lg: '40%'
        }).getValue(this.currentBreakpoint))
    }
}

@Builder
ListComponent(callBack: Function) {
    Flex({ direction: FlexDirection.Column }) {
        HomeTopSearch({ title: CommonConstants.CONVERSATION_TITLE })
            .height(new BreakPointType({
                sm: '11%',
                md: '11%',
                lg: '10%'
            }).getValue(this.currentBreakpoint))
```

```
        List() {
            ForEach(this.conversations, (item: ConversationDataInterface, index: number)
=> {
                ListItem() {
                    ConversationItem(item)
                        .onClick(() => {
                            const name = getContext(this).resourceManager.getStringSync
(item.name.id)
                            callBack(name)
                            this.currentIndex = index;
                        })
                        .backgroundColor(this.currentIndex === index ?
$r('app.color.conversation_clicked_bg_color') : Color.White)
                    }
                    .height(new BreakPointType({
                        sm: '11%',
                        md: '11%',
                        lg: '10%'
                    }).getValue(this.currentBreakpoint))
                    .swipeAction({ end: this.ItemDelete(item) })

            }, (item: ConversationDataInterface, index: number) => index +
JSON.stringify(item))
        }
        .padding({
            bottom: deviceInfo.deviceType !== StyleConstants.DEVICE_2IN1 &&
                this.currentBreakpoint === BreakpointConstants.BREAKPOINT_LG ?
            $r('app.float.tab_content_pb') : $r('app.float.zero')
        })
        .width(StyleConstants.FULL_WIDTH)
        .height(StyleConstants.FULL_HEIGHT)
    }
    .padding({top: AppStorage.get<string>('topAvoid') || 0})
    .height(StyleConstants.FULL_HEIGHT)
    .width(StyleConstants.FULL_WIDTH)
}

@Builder
ItemDelete(data: ConversationDataInterface) {
    Flex({
        direction: FlexDirection.Column,
        justifyContent: FlexAlign.Center,
        alignItems: ItemAlign.End
    }) {
        Column() {
            Text($r('app.string.delete'))
                .fontSize($r('app.float.small_font_size'))
                .fontColor(Color.White)
        }
        .padding({ right: $r('app.float.vp_twenty') })
    }
    .onClick(() => {
        if (this.conversations.indexOf(data) > -1) {
            this.conversations.splice(this.conversations.indexOf(data), 1)
        }
    })
```

```
    .width(80)
    .backgroundColor($r('app.color.focus_color'))
    .margin({ left: -24 })
}
```

效果如图13-2所示。

图13-2　消息列表示例

13.4.2　消息详情展示

消息详情PageConvDetail主要有3个部分：Title、Content和Input。

1. Title

Title位于消息详情页的顶部，用于展示菜单功能，代码详见ConversationDetailTopSearch。

```
build() {
    Flex({ alignItems: ItemAlign.Center, justifyContent: FlexAlign.SpaceBetween }) {
        StandardIcon({ icon: $r('app.media.ic_public_back') })
            .onClick(() => {
                if (this.currentBreakpoint === BreakpointConstants.BREAKPOINT_SM) {
                    this.pageInfo.pop()
                } else {
                    this.cvsPathInfo.clear();
                    this.cvsPathInfo.pushPath({ name: 'ConversationDetailNone' });
                }
            })
        Text(this.currentConversationUserName
CommonConstants.CONVERSATION_DETAIL_TOP_TITLE)
            .fontWeight(StyleConstants.FONT_WEIGHT_FIVE)
            .fontSize(StyleConstants.FONT_SIZE_EIGHTEEN)
            .fontFamily(StyleConstants.FONT_FAMILY_MEDIUM)
            .fontColor($r('app.color.conversation_default_text_color'))
        StandardIcon({ icon: $r('app.media.ic_public_more') })
    }
```

```
      .width(StyleConstants.FULL_WIDTH)
      .height(StyleConstants.FULL_HEIGHT)
      .padding({ left: $r('app.float.icon_margin_two'), right:
$r('app.float.icon_margin_two') })
    }
```

2. Content

Content位于消息详情页中部，是聊天详情列表，代码详见ConversationDetailItem。

```
build() {
    Flex({ justifyContent: FlexAlign.End, alignItems: ItemAlign.End }) {
        MessageBubble({
            receivedName: $receivedName,
            isReceived: this.isReceived,
            content: this.content,
            type: this.type,
            onPreviewImg: this.onPreviewImg
        })
    }
}
```

代码中使用了自定义的消息组件MessageBubble：

```
    Column() {
        Flex({ justifyContent: this.isReceived ? FlexAlign.Start : FlexAlign.End, direction:
FlexDirection.Row }) {
            if (this.isReceived) {
                Image(ConversationListData.find((item) => item.name ===
this.receivedName)?.icon || this.avatar1)
                    .width($r('app.float.avatar_image_size'))
                    .height($r('app.float.avatar_image_size'))
                    .flexShrink(StyleConstants.FLEX_SHRINK_ZERO)
            }
            Column() {
                Stack({ alignContent: this.isReceived ? Alignment.TopStart : Alignment.TopEnd }) {
                    Path()
                        .commands('M-10 1 L0 18 L32 1 Z')
                        .fillOpacity(CommonConstants.CONVERSATION_DETAIL_FILL_OPACITY)
                        .stroke(Color.White)
                        .strokeWidth(CommonConstants.CONVERSATION_DETAIL_STROKE_WIDTH)
                        .fill(Color.White)
                        .visibility(this.isReceived ? Visibility.Visible : Visibility.None)
                    Path()
                        .commands('M23 1 L0 28 L-10 1 Z')
                        .fillOpacity(CommonConstants.CONVERSATION_DETAIL_FILL_OPACITY)
                        .stroke(Color.White)
                        .strokeWidth(CommonConstants.CONVERSATION_DETAIL_STROKE_WIDTH)
                        .fill(Color.White)
                        .visibility(this.isReceived ? Visibility.None : Visibility.Visible)
                        .zIndex(CommonConstants.CONTACTS_DETAIL_AVATAR_Z_INDEX)
                        .margin({ right: $r('app.float.conversation_detail_path_right') })
                    Column() {
                        this.MessageContent()
                    }
                    .padding({
                        left: $r('app.float.path_column_left'),
                        right: $r('app.float.path_column_right'),
```

```
                top: $r('app.float.path_column_top'),
                bottom: $r('app.float.path_column_bottom')
            })
            .backgroundColor(Color.White)
            .borderRadius(CommonConstants.PATH_BORDER_RADIUS)
            .onClick(() => {
                this.onPreviewImg(this.content)
            })
        }
        .padding({
            top: $r('app.float.path_top'),
            left: $r('app.float.path_left'),
            right: $r('app.float.path_right'),
            bottom: $r('app.float.path_bottom')
        })
        .width(StyleConstants.FULL_WIDTH)
    }
    .width(StyleConstants.FULL_WIDTH)

    if (!this.isReceived) {
        Image(this.avatar2)
            .width($r('app.float.icon_width'))
            .height($r('app.float.icon_height'))
            .flexShrink(StyleConstants.FLEX_SHRINK_ZERO)
    }
    }
}
.margin({ left: $r('app.float.message_bubble_left'), right:
$r('app.float.message_bubble_right') })
```

3. Input

Input 位于消息详情页底部，主要包括发送消息、语音、图片等功能，代码详见 ConversationDetailBottom。主要代码如下：

```
build() {
    Flex({ alignItems: ItemAlign.Center }) {
        Column() {
            StandardIcon({ icon: this.recordVoice ? $r('app.media.ic_keyboard') :
$r('app.media.ic_public_voice') })
        }
        .flexBasis(CommonConstants.FLEX_BASIS_AUTO)
        .padding({
            right: $r('app.float.conversation_detail_bottom_padding'),
            left: $r('app.float.conversation_detail_bottom_padding'),
        })
        .onClick(() => this.recordVoice = !this.recordVoice)

        Column() {
            if (this.recordVoice) {
                VoiceComponent({ onSend: this.onSend.bind(this) })
            } else {
                TextArea({ text: this.text })
                    .placeholderColor($r('app.color.text_input_default_color'))
                    .caretColor($r('app.color.text_input_default_care_color'))
                    .backgroundColor($r('app.color.text_input_default_background_color'))
                    .borderRadius(CommonConstants.CONVERSATION_DETAIL_BOTTOM_TEXT_RADIUS)
```

```
                    .flexGrow(StyleConstants.FLEX_GROW_ONE)
                    .padding({     right:     $r('app.float.conversation_detail_bottom_text_
padding') })
                    .backgroundColor(Color.White)
                    .enableKeyboardOnFocus(false)
                    .enterKeyType(EnterKeyType.Send)
                    .onChange((value: string) => {
                        this.text = value
                    })
                    .onSubmit(() => {
                        this.onSend(this.text, 0)
                        this.text = ''
                    })
            }
        }

        Column() {
            StandardIcon({ icon: $r('app.media.ic_public_add_norm') })
        }
        .padding({
            right: $r('app.float.conversation_detail_bottom_padding'),
            left: $r('app.float.conversation_detail_bottom_padding'),
        })
        .onClick(() => {
            this.onOpenAddDlg()
        })
    }
    .width(StyleConstants.FULL_WIDTH)
    .height($r('app.float.conversation_detail_bottom_height'))
}
```

整体效果如图13-3所示。

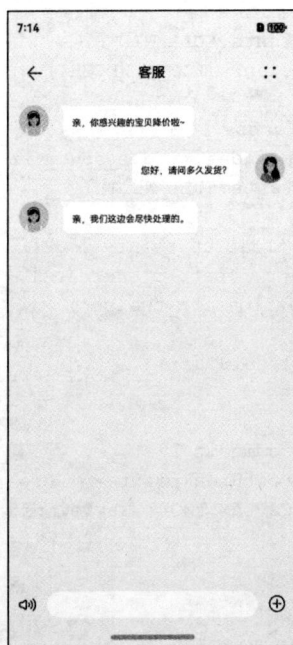

图13-3　消息详情页示例

13.5 实现购物车页面

购物车页面包含购物车清单、结算支付、推荐商品等功能。结算支付、推荐商品放到商品详情一起讲解。购物车清单代码如下：

```
Flex({ direction: FlexDirection.Column }) {
    Text($r('app.string.cart'))
        .fontSize($r('app.float.huge_font_size'))
        .height($r('app.float.vp_fifty_six'))
        .padding({ left: $r('app.float.vp_twenty_four') })
        .width(StyleConstants.FULL_WIDTH)
        .textAlign(TextAlign.Start)
    Scroll() {
        Column() {
            if (this.products.length > 0) {
                List({ space: StyleConstants.FIFTEEN_SPACE }) {
                    ForEach(this.products, (item: Product, index?: number): void => {
                        ListItem() {
                            if (index !== undefined) {
                                this.CartItem(item, index)
                            }
                        }
                        .swipeAction({ end: this.ItemDelete(item) })
                    }, (item: Product) => item.id)
                }
            } else {
                Column() {
                    EmptyComponent()
                }
                .width(StyleConstants.FULL_WIDTH)
                .height(StyleConstants.FIFTY_HEIGHT)
            }
            Text($r('app.string.guess_like'))
                .fontSize($r('app.float.middle_font_size'))
                .width(StyleConstants.FULL_WIDTH)
                .margin({
                    top: $r('app.float.vp_twenty_four'),
                    bottom: $r('app.float.vp_sixteen'),
                    left: $r('app.float.vp_twelve')
                })
                .textAlign(TextAlign.Start)

            CommodityList({
                commodityList: $commodityList,
                column: this.currentBreakpoint === BreakpointConstants.BREAKPOINT_SM ?
                StyleConstants.DISPLAY_TWO : StyleConstants.DISPLAY_THREE
            })
        }
    }
    .scrollBar(BarState.Off)
    .margin({
        left: $r('app.float.vp_twelve'),
```

```
        right: $r('app.float.vp_twelve')
    })
    .height(StyleConstants.FULL_HEIGHT)

    if ((this.selectProducts).some(((item: SelectProducts) => item.selected === true))) {
        this.Settle()
    }
}
.width(StyleConstants.FULL_WIDTH)
.backgroundColor($r('app.color.page_background'))
.padding({ top: AppStorage.get<string>('topAvoid') || 0 })
```

13.6　实现"我的"页面

"我的"页面主要分为个人基本信息、订单信息、订单详情、设置页面等内容。实现代码详见 TabPersonal。

13.6.1　个人信息功能实现

个人信息用于展示图像、昵称、积分、会员、优惠券等信息，主要实现代码如下：

```
@Builder
Avatar() {
    Column() {
        Row() {
            Image($r('app.media.ic_person'))
                .width($r('app.float.icon_person_size'))
                .height($r('app.float.icon_person_size'))
                .borderRadius($r('app.float.vp_twenty_four'))
            Column() {
                Text($r('app.string.account_name'))
                    .fontSize($r('app.float.vp_sixteen'))
                    .fontColor(Color.White)
                    .margin({ bottom: $r('app.float.vp_four') })
                Row() {
                    Text($r('app.string.member_type'))
                        .fontSize($r('app.float.micro_font_size'))
                        .fontColor($r('app.color.eighty_alpha_white'))
                        .padding({
                            left: $r('app.float.vp_four'),
                            right: $r('app.float.vp_four'),
                            top: $r('app.float.vp_one'),
                            bottom: $r('app.float.vp_one')
                        })
                        .backgroundColor($r("app.color.ten_alpha_black"))
                        .margin({ right: $r('app.float.vp_four') })
                        .borderRadius($r('app.float.vp_eight'))
                    Text($r('app.string.ship_address'))
                        .fontSize($r('app.float.micro_font_size'))
                        .fontColor($r("app.color.eighty_alpha_white"))
                        .padding({
                            left: $r('app.float.vp_four'),
```

```
                            right: $r('app.float.vp_four'),
                            top: $r('app.float.vp_one'),
                            bottom: $r('app.float.vp_one')
                        })
                        .backgroundColor($r("app.color.ten_alpha_black"))
                        .borderRadius($r('app.float.vp_eight'))
                }
            }
            .justifyContent(FlexAlign.Center)
            .margin({ left: $r('app.float.vp_twelve') })
        }
        .height($r('app.float.icon_person_size'))
        .width(StyleConstants.FULL_WIDTH)

        Row() {
            this.AccountPoints($r('app.string.account_point'),
$r('app.string.account_bonus'))
            Divider()
                .vertical(true)
                .color($r("app.color.sixty_alpha_white"))
                .height($r('app.float.vp_sixteen'))
            this.AccountPoints($r('app.string.account_point'),
$r('app.string.account_coupons'))
            Divider()
                .vertical(true)
                .color($r("app.color.sixty_alpha_white"))
                .height($r('app.float.vp_sixteen'))
            this.AccountPoints($r('app.string.account_point'),
$r('app.string.account_vouchers'))
        }
        .justifyContent(FlexAlign.SpaceAround)
        .width(StyleConstants.FULL_WIDTH)
        .height($r('app.float.account_points_height'))
        .margin({
            top: $r('app.float.vp_eight'),
            bottom: $r('app.float.vp_eight')
        })
    }
    .height($r('app.float.avatar_height'))
    .width(StyleConstants.FULL_WIDTH)
    .padding({
        left: $r('app.float.vp_twelve'),
        right: $r('app.float.vp_twelve')
    })
}

@Builder
AccountPoints(pointValue: Resource, pointName: Resource) {
    Column() {
        Text(pointValue)
            .fontSize($r('app.float.small_font_size'))
            .fontColor($r('app.color.eighty_alpha_white'))
        Row() {
            Text(pointName)
                .fontSize($r('app.float.smaller_font_size'))
                .fontColor($r('app.color.eighty_alpha_white'))
```

```
            Image($r('app.media.ic_white_arrow'))
                .objectFit(ImageFit.Contain)
                .height($r('app.float.vp_eight'))
                .width($r('app.float.vp_four'))
        }
        .justifyContent(FlexAlign.SpaceAround)
    }
}
```

13.6.2　订单信息

订单信息展示待付款、待发货、待收货、待评价及全部订单内容，主要代码如下：

```
@Builder
Order() {
    Flex({ direction: FlexDirection.Column }) {
        Flex({
            justifyContent: FlexAlign.SpaceBetween,
            alignItems: ItemAlign.Center
        }) {
            Text($r('app.string.order_mine'))
                .fontSize($r('app.float.middle_font_size'))
            Row() {
                Text($r('app.string.order_total'))
                    .fontSize($r('app.float.small_font_size'))
                    .fontColor($r('app.color.sixty_alpha_black'))
                Image($r('app.media.ic_right_arrow'))
                    .objectFit(ImageFit.Contain)
                    .height($r('app.float.vp_twenty_four'))
                    .width($r('app.float.vp_twelve'))
            }
            .onClick(() => {
                this.pageInfo.pushPath({ name: CommonConstants.NAME_PAGE_ORDER_DETAIL_LIST,
param: 0 })
            })
        }
        .margin({ bottom: $r('app.float.vp_fourteen') })

        Flex({
            justifyContent: FlexAlign.SpaceAround,
            alignItems: ItemAlign.Center
        }) {
            ForEach(this.orderIconButton, (iconButton: IconButtonModel) => {
                IconButton({
                    props: iconButton,
                    click: this.onOrderButtonClick.bind(this)
                })
            }, (iconButton: IconButtonModel) => JSON.stringify(iconButton))
        }
        .width(StyleConstants.FULL_WIDTH)
    }
    .height($r('app.float.order_height'))
    .padding($r('app.float.vp_twelve'))
    .cardStyle()
}
```

13.6.3　订单详情

订单详情PageOrderDetailList依旧使用TabContent组件实现，比较简单，部分代码如下：

```
build() {
    Flex({ direction: FlexDirection.Column }) {
        OrderHeaderBar({
            title: $r('app.string.my_order'), onBack: () => {
                this.pageInfo.pop();
            }
        })
        this.OrderTabs()
    }
    .backgroundColor($r('app.color.page_background'))
    .padding({ top: AppStorage.get<string>('topAvoid') || 0, bottom: AppStorage.get<string>
('bottomAvoid') || 0 })
}
```

其中**OrderHeaderBar**是顶部导航栏，**OrderTabs**是顶部标签页。

13.6.4　设置页面

设置页面主要包括地址管理、隐私声明、关于、账户登录等内容，主要代码如下：

```
build() {
    NavDestination() {
        Column() {
            ForEach(this.infoMenus, (item: string, index: number) => {
                Flex({ justifyContent: FlexAlign.SpaceBetween }) {
                    Text(item)
                    Image($r('app.media.ic_right_arrow'))
                        .height($r('app.float.vp_sixteen'))
                        .width($r('app.float.vp_eight'))
                }
                .padding({
                    top: 15,
                    bottom: 15,
                    left: 16,
                    right: 16
                })
                .backgroundColor(Color.White)
                .width('100%')
                .onClick(() => {
                    if (index === 0) {
                        this.pageInfo.pushPathByName('ShippingAddress', null)
                    } else {
                        promptAction.showToast({ message : "功能开发中..." })
                    }
                })

                if (index !== this.infoMenus.length - 1) {
                    Divider().backgroundColor($r('app.color.page_background'))
                }
            })
```

```
        ForEach(this.loginMenus, (item: string) => {
            Row() {
                Text(item)
            }
            .padding({ top: 10, bottom: 10, left: '40%' })
            .margin({ top: 10 })
            .backgroundColor(Color.White)
            .width('100%')
        })
    }
    .backgroundColor($r('app.color.page_background'))
}
.title('设置')
.padding({ top: AppStorage.get<string>('topAvoid') || 0 })
.backgroundColor($r('app.color.page_background'))
}
```

13.7　实现商品详情页面

商品详情页面用于展示商品的具体信息，实现代码详见CommodityDetail，主要代码如下：

```
build() {
    Stack({ alignContent: Alignment.TopStart }) {
        if (this.currentBreakpoint === BreakpointConstants.BREAKPOINT_SM) {
            Flex({ direction: FlexDirection.Column }) {
                Scroll() {
                    GridRow({
                        columns: {
                            sm: GridConstants.COLUMN_FOUR,
                            md: GridConstants.COLUMN_EIGHT,
                            lg: GridConstants.COLUMN_TWELVE
                        },
                        gutter: GridConstants.GUTTER_TWELVE
                    }) {
                        GridCol({
                            span: {
                                sm: GridConstants.SPAN_FOUR,
                                md: GridConstants.SPAN_EIGHT,
                                lg: GridConstants.SPAN_TWELVE
                            }
                        }) {
                            if (this.info !== undefined) {
                                this.CustomSwiper(this.info?.images)
                            }
                        }

                        GridCol({
                            span: {
                                sm: GridConstants.SPAN_FOUR,
                                md: GridConstants.SPAN_EIGHT,
                                lg: GridConstants.SPAN_EIGHT
                            },
                            offset: { lg: GridConstants.OFFSET_TWO }
```

```
            }) {
                Column() {
                    if (this.info) {
                        this.TitleBar(this.info)
                        this.Specification()
                        this.SpecialService()
                        this.UserEvaluate()
                        this.DetailList(this.info.images)
                    }
                }
            }
        }
    }
    .flexGrow(StyleConstants.FLEX_GROW)

    GridRow({
        columns: {
            sm: GridConstants.COLUMN_FOUR,
            md: GridConstants.COLUMN_EIGHT,
            lg: GridConstants.COLUMN_TWELVE
        },
        gutter: GridConstants.GUTTER_TWELVE
    }) {
        GridCol({
            span: {
                sm: GridConstants.SPAN_FOUR,
                md: GridConstants.SPAN_EIGHT,
                lg: GridConstants.SPAN_EIGHT
            },
            offset: { lg: GridConstants.OFFSET_TWO }
        }) {
            this.BottomMenu()
        }
    }
}
} else {
    Row() {
        Column() {
            this.CustomSwiper(this.info?.images || [])
        }
        .width(new BreakPointType({
            sm: '100%',
            md: '50%',
            lg: '40%'
        })).getValue(this.currentBreakpoint))

        Scroll() {
            Column() {
                if (this.info) {
                    this.TitleBar(this.info)
                    this.Specification()
                    this.SpecialService()
                    this.UserEvaluate()
                    this.DetailList(this.info.images)
                }
            }
```

```
        }
        .scrollBar(BarState.Off)
        .width(new BreakPointType({
            sm: '100%',
            md: '50%',
            lg: '60%'
        }).getValue(this.currentBreakpoint))
        .margin({ top: '40vp' })
    }
}

Flex({ direction: FlexDirection.Row, justifyContent: FlexAlign.SpaceBetween }) {
    Button() {
        Image($r('app.media.ic_back'))
            .height(StyleConstants.FULL_HEIGHT)
            .aspectRatio(1)
    }
    .titleButton()
    .onClick(() => {
        this.pageInfos.pop()
        // animateTo({ duration: 1000 }, () => {
        //   this.pageInfos.pop(false)
        // })
    })

    Button() {
        Image($r('app.media.ic_share'))
            .height(StyleConstants.FULL_HEIGHT)
            .aspectRatio(1)
    }
    .titleButton()
    .onClick(() => {
        ShareOperations.handelShare(getContext(this) as common.UIAbilityContext)
    })
}
.margin({
    left: $r('app.float.vp_sixteen'),
    top: $r('app.float.vp_sixteen'),
    right: $r('app.float.vp_sixteen')
})
}
.padding({ top: AppStorage.get<string>('topAvoid') || 0, bottom:
AppStorage.get<string>('bottomAvoid') || 0 })
}
```

其中CustomSwiper展示商品图片，TitleBar展示商品名称及价格，Specification展示所选择商品的情况，SpecialService实现配送服务，UserEvaluate实现用户评论。

第 14 章

实战案例：聊天应用

本案例将详细讲解微信首页、聊天界面、通讯录、发现、个人信息页面的开发，内容包括架构配置、代码组织原则、图形绘制、自定义组件和界面布局。通过本案例开发过程的讲解，读者将学会如何配置大型项目的基础架构，如何遵循高内聚低耦合的代码规则，如何绘制图形，如何使用自定义组件，以及如何进行复杂界面的布局等实用开发技巧。

14.1 仿微信聊天应用概述

1. 项目架构

项目的基础架构是Tabs组件，页面组成包含两个部分，分别是TabContent和TabBar。TabContent实现内容页，TabBar实现导航页签栏，页面结构如图14-1所示。

根据不同的导航类型，布局会有区别，可以分为底部导航、顶部导航、侧边导航，其导航栏分别位于底部、顶部和侧边。本项目使用底部导航栏架构，每个TabContent单独设计文件夹进行管理，分别为home、contact、discovery、me，详情如图14-2所示。

图 14-1　项目架构示意图

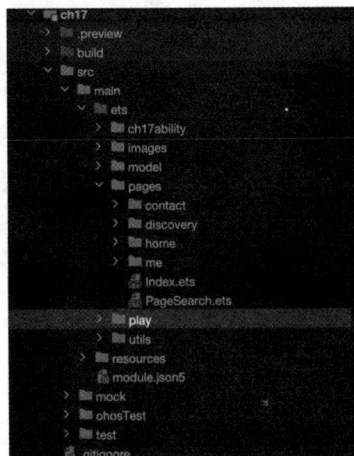

图 14-2　代码结构示意图

2. 代码组织原则

依据架构设计理念，代码目前主要分为6个目录：ability、images、model、pages、play、utils。其功能如下：

- ability：为应用提供绘制界面的窗口。
- images：存放底部导航栏的图标。
- model：存放基本对象、数据及公共样式。
- pages：页面布局。
- paly：存放视频播放相关代码。
- utils：通用的工具类。

3. 项目目标

通过项目学习，掌握HarmonyOS项目开发的基本流程，提升整体开发能力。

14.2　主页架构设计

主页面是一个Tabs组件，页面组成包含两个部分，分别为TabContent和TabBar，页面代码在index.ets中，主要框架代码如下：

```
build() {
    Column() {
        Tabs({ barPosition: BarPosition.End, controller: this.tabController }) {
            //首页
            TabContent() {
                TabHome()
            }.tabBar(this.createTabMenu(0))

            //通讯录
            TabContent() {
                TabContact()
            }.tabBar(this.createTabMenu(1))

            //发现
            TabContent() {
                TabDiscovery()
            }.tabBar(this.createTabMenu(2))

            //我
            TabContent() {
                TabMy()
            }.tabBar(this.createTabMenu(3))

        }
        .width("100%")
        .height("100%")
        .barHeight(65)
        .backgroundColor("#f4f4f4")
        .vertical(false)
```

```
        .layoutWeight(1)
        .padding({ bottom: WindowManager.navBarHeight })
        .onChange((index: number) => {
            this.currentIndex = index
        })
        // .scrollable(false)  //去掉左右滑动的效果
        // .animationDuration(0)  //去掉左右滑动的动画
    }
    .width('100%')
    .height('100%')
}
```

上述代码创建了4个TabContent，分别加载"微信""通讯录""发现""我"版块。tabBar则是底部导航栏的配置，实现代码如下：

```
@Builder
createTabMenu(index: number) {
    Stack({ alignContent: Alignment.Center }) {
        // 数字右标
        Badge({
            count: this.tabTipCounts[index],
            maxCount: 99,
            position: BadgePosition.RightTop,
            style: {
                color: 0xFFFFFF,
                fontSize: 13,
                badgeSize: 20,
                badgeColor: Color.Red
            }
        }) {
            Column() {
                Image(this.currentIndex === index ?
`/images/main_page_index${index}_pre.png` :
                    `/images/main_page_index${index}_nor.png`)
                    .width(29.714)
                    .height(26)
                    .objectFit(ImageFit.Fill)
                    .margin({ bottom: 3 })
                // 文本
                Text(this.tabTitles[index])
                    .fontColor(this.tabTextColors[this.currentIndex === index?1:0])
                    .fontSize(14)
            }
            .backgroundColor(Color.Transparent)
            .justifyContent(FlexAlign.Center)
        }
        .width(42)
        .height(40)
    }
    .width("100%")
    .height("100%")
}
```

14.3　实现"微信"页面

　　"微信"页面布局比较简单，主要由顶部的ToolBar和聊天列表构成。单击聊天列表，会进入聊天界面。本节将讲解顶部ToolBar、聊天列表和聊天记录的实现。

14.3.1　顶部ToolBar

　　顶部ToolBar供主页的几个模块共用，因此抽象成基本样式，主要代码如下：

```
@Component
export struct WechatHomeToolbar {
    private title: string = "微信"

    build() {
        Column() {
            Stack() {
                Text(this.title)
                    .fontColor(Color.Black)
                    .fontSize(19)
                    .fontWeight(500)

                Row() {
                    Image($r("app.media.ic_search"))
                        .width(22)
                        .height(22)
                        .margin({ right: 20 })
                        .onClick(() => {
                            router.pushUrl({ url: 'pages/PageSearch' })
                        })
                    Image($r('app.media.ic_add'))
                        .width(25)
                        .height(25)
                        .margin({ right: 18 })
                        .onClick(() => {
                            CommonUtils.show("功能正在开发中...")
                        })
                }
                .height("100%")
                .width("100%")
                .alignItems(VerticalAlign.Center)
                .justifyContent(FlexAlign.End)
            }
            .width("100%")
            .height(53)
        }
        .backgroundColor("#f0f0f0")
        .padding({ top: WindowManager.statusBarHeight })
    }
}
```

14.3.2　聊天列表

聊天列表布局比较简单，主要代码如下：

```
Column() {
    WechatHomeToolbar({ title: "微信(5)" })
    List() {
        ForEach(this.contactList, (item: ChatItemData) => {
            ListItem() {
                ListChatItem({ data: item })
            }
            .onClick(() => {
                router.pushUrl({ url: 'pages/home/PageChatDetail',
                    params: {name: item.nickname}
                })
            })
        })
        ListItem() {
            Divider().color('#0000').strokeWidth(0)
        }
    }
    .divider({ strokeWidth: 0.8, color: '#f0f0f0', startMargin: 90, endMargin: 0 }) // 每
行之间的分界线
    .height('100%')
    .width('100%')
    .backgroundColor(Color.White)
}
.height('100%')
.width('100%')
.backgroundColor(CommonConstants.COLOR_MAIN_BG)
```

14.3.3　聊天记录

聊天记录页面主要包含聊天详情列表、发语音和文字消息、发表情等功能。

1. 页面布局

具体页面布局代码如下：

```
build() {
    Column() {
        WechatNormalToolbar({ title: this.itemInfo?.nickname })
        List({ space: 20, scroller: this.scroller }) {
            ForEach(this.dataList, (item: ChatContentItemData) => {
                ListItem() {
                    if (item.self) {
                        RightMsgBubble({ itemInfo: { headSrc: $r('app.media.ic_user_head1'),
nickname: "破军少帅"}, data: item })
                    } else {
                        LeftMsgBubble({ itemInfo: this.itemInfo, data: item })
                    }
                }
            })
            ListItem() {
                Row().height(px2vp(20))
            }
```

```
            }
            .width("100%")
            .height(0)
            // .divider({ strokeWidth: 0.8, color: '#f0f0f0', startMargin: 90, endMargin: 0 })
// 每行之间的分界线
            .layoutWeight(1)

        Row() {
            if (this.inputType == WXInputType.keyboard) {
                Image($r("app.media.ic_use_voice"))
                    .width(33)
                    .height(33)
                    .borderRadius(4)
                    .margin({ left: 15, right: 15 })
                    .objectFit(ImageFit.Cover)
                    .onClick(async () => {
                        const     result     =     await     PermissionUtils.request
(["ohos.permission.MICROPHONE"])
                        if (!result) {
                            CommonUtils.show("请先授权麦克风权限")
                        }
                        this.inputType = WXInputType.voice
                        this.showFuncBarWithAnim(false)
                    })

                TextArea({  text:  $$this.chatText,  placeholder:  '',  controller:
this.controller })
                    .placeholderFont({ size: 20, weight: 400 })
                    .caretColor(Color.Green)
                    .placeholderColor(Color.Grey)
                    .layoutWeight(1)
                    .padding({ left: 8, right: 8 })
                    .fontSize(20)
                    .fontColor(Color.Black)
                    .borderRadius(8)// 设置stateStyles，解决点击编辑框会变色的问题
                    .stateStyles({
                        normal: {.backgroundColor(Color.White) },
                        pressed: {.backgroundColor(Color.White) },
                        clicked: {.backgroundColor(Color.White) },
                        focused: {.backgroundColor(Color.White) }
                    })
                // .onSubmit(() => {
                //   prompt.showToast({ message: this.chatText })
                // })
            } else {
                Image($r("app.media.ic_use_keyboard"))
                    .width(33)
                    .height(33)
                    .borderRadius(4)
                    .margin({ left: 15, right: 15 })
                    .objectFit(ImageFit.Cover)
                    .onClick(() => {
                        this.inputType = WXInputType.keyboard
                    })

            Button("按住 说话")
```

```
                .fontColor(Color.Black)
                .layoutWeight(1)
                .type(ButtonType.Normal)
                .borderRadius(8)
                .backgroundColor(Color.White)
                .fontSize(18)
                .bindContentCover($$this.showTalkContainer,
this.buildRecordVoiceView,
                    { modalTransition: ModalTransition.NONE })
                .onTouch(this.onPressTalk)
            }


            Image($r("app.media.ic_emoji_pack"))
                .width(33)
                .height(33)
                .borderRadius(4)
                .margin({ left: 15, right: 5 })
                .objectFit(ImageFit.Cover)
                .onClick(CommonUtils.unDevTip)


            Text("发送")
                .fontColor(Color.White)
                .width(65)
                .textAlign(TextAlign.Center)
                .height(36)
                .backgroundColor("#58BE6A")
                .fontSize(18)
                .visibility(this.chatText.length  ==  0  ?  Visibility.None  :
Visibility.Visible)
                .borderRadius(6)
                .margin({ left: 10, right: 10 })
                .onClick(() => {
                    this.sendTextMsg()
                })

            Image($r("app.media.ic_add"))
                .width(33)
                .height(33)
                .borderRadius(4)
                .visibility(this.chatText.length  ==  0  ?  Visibility.Visible  :
Visibility.None)
                .margin({ left: 15, right: 8 })
                .objectFit(ImageFit.Cover)
                .onClick(() => {
                    if (!this.showFuncBar) {
                        this.inputType = WXInputType.keyboard
                    }
                    this.showFuncBarWithAnim(!this.showFuncBar)
                })

        }
        .padding({ top: 10, bottom: 10 })
        .alignItems(VerticalAlign.Bottom)
        .backgroundColor("#f9f9f9")
```

```
        Divider()
           .vertical(false)
           .color("#f0f0f0")
           .strokeWidth(1)
           .lineCap(LineCapStyle.Round)

        ChatFunctionBar().height(this.funcBarHeight)

    }
    .width("100%")
    .height("100%")
    .backgroundColor("#f1f1f1")
    .padding({ bottom: WindowManager.navBarHeight })
}
```

效果如图14-3所示。

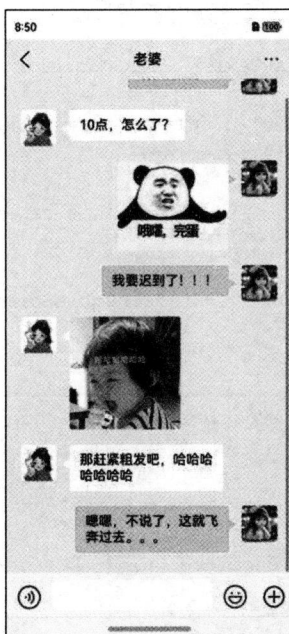

图14-3　聊天详情页面示意图

2. 发送文字消息

文本消息也比较简单，只需要更新数据列表，代码如下：

```
private sendTextMsg() {
    this.dataList.push({
        msgType: 0,
        self: true,
        msg: this.chatText,
    })
    this.scroller.scrollToIndex(this.dataList.length)
    this.chatText = ""
}
```

3. 发送语音消息

语音消息需要麦克风权限，并且根据语音列表，录音并添加聊天记录列表。主要代码如下：

```
// 按住说话  持续触发
onPressTalk = async (event: TouchEvent) => {
    if (event.type === TouchType.Down) {
        // 手指按下时触发
        this.pressCancelVoicePostText = PressCancelVoicePostText.pressing
        // 按下
        this.showTalkContainer = true
        // 振动反馈
        this.startVibration()

        //  开始录音
        this.onStartRecord()

        // 实时语音识别
        this.onStartSpeechRecognize()

    } else if (event.type === TouchType.Move) {
        // 手指移动时持续触发
        this.pressCancelVoicePostText = PressCancelVoicePostText.pressing
        // 获取当前手指的坐标
        const x = event.touches[0].displayX
        const y = event.touches[0].displayY
        // 判断是否碰到了 "X"
        let isTouchX = x <= this.bubbleScreenOffset.width / 2 && y <
this.bubbleScreenOffset.y
        // 判断是否碰到了 "文"
        let isTouchText = x > this.bubbleScreenOffset.width / 2 && y <
this.bubbleScreenOffset.y
        if (isTouchX) {
            // 取消发送
            this.pressCancelVoicePostText = PressCancelVoicePostText.cancelVoice
        } else if (isTouchText) {
            // 转换文字
            this.pressCancelVoicePostText = PressCancelVoicePostText.postText
        }
    } else if (event.type === TouchType.Up) {
        // 松开手
        this.showTalkContainer = false
        // 停止录音，res为录音文件信息，包括录音路径、时长等信息
        const res = await this.stopRecord()
        // 结束AI语音识别
        SpeechRecognizerManager.release()

        if (this.pressCancelVoicePostText === PressCancelVoicePostText.postText) {
            // 转换文字
            this.postText()
        } else if (this.pressCancelVoicePostText === PressCancelVoicePostText.cancelVoice) {
            // 取消发送
            this.voiceToText = ''
        } else {
            // 发送录音
            this.postVoice(res)
        }
    }
}
```

14.4 实现"通讯录"页面

14.4.1 基础布局

"通讯录"页面采用List、ListGroup、ListItem布局模式，嵌套展示列表大类和具体列表。布局主要代码如下：

```
Column() {
    // 标题栏
    WechatHomeToolbar({ title: "通讯录" })
    // 通讯录列表
    List({ scroller: this.scroller }) {
        // 循环遍历大组标签
        ForEach(this.dataList, (item: WechatContactListItem) => {
            // 大组标签
            ListItemGroup({ header: this.itemHead(item.title) }) {
                // 循环遍历大组内的联系人列表
                ForEach(item.contactList, (contact: ContactItem) => {
                    // // 小组联系人列表
                    ListItem() {
                        ListContactItem({ head: contact.head, name: contact.name })
                    }
                    .onClick(() => {
                        router.pushUrl({
                            url: 'pages/home/PageChatDetail',
                            params: { name: contact.name }
                        })
                    })
                })
            }
            .divider({
                strokeWidth: 0.8,
                color: '#f0f0f0',
                startMargin: 85,
                endMargin: 0
            }) // 每行之间的分界线
        })
    }
    .width('100%')
    .height(0)
    .layoutWeight(1)
    .backgroundColor(Color.White)
}
.width("100%")
.height("100%")
```

14.4.2 索引模块实现

通讯录右侧有字母索引，鸿蒙提供了AlphabetIndexer函数来实现字母索引，代码如下：

```
AlphabetIndexer({ arrayValue: this.letterList, selected: 0 })
    .color(Color.Black)
```

```
.font({ size: 14 })
.selectedFont({ size: 14 })
.selectedColor(Color.Black)
.selectedBackgroundColor(Color.Transparent)
.usingPopup(true)
.popupColor(Color.Red)
.popupBackground("#57be6a")
.popupFont({ size: 32, weight: FontWeight.Bolder })
.itemSize(20)
.alignStyle(IndexerAlign.Right)
.margin({ top: 80 })
.onSelect((index: number) => {
    let letter = this.letterList[index]
    let target: number = 0
    for (const item of this.dataList) {
        if (letter === item.title) {
            this.scroller.scrollToIndex(target)
            CommonUtils.show("" + target)
            break
        }
        target++
    }
})
```

效果如图14-4所示。

图14-4 通讯录示意图

14.5 实现“发现”页面

“发现”页面比较简单，代码如下：

```
build() {
    Column() {
        WechatHomeToolbar({ title: "发现" })
```

```
    WeChatItemStyle({ imageSrc: "moments.png", text: "朋友圈" })
    MyDivider()

    WeChatItemStyle({ imageSrc: "shipinghao.png", text: "视频号" })
    MyDivider({ style: DividerStyle.WIDE })
    WeChatItemStyle({ imageSrc: "zb.png", text: "直播" })
    MyDivider()

    WeChatItemStyle({ imageSrc: "sys.png", text: "扫一扫" })
    MyDivider({ style: DividerStyle.WIDE })
    WeChatItemStyle({ imageSrc: "yyy.png", text: "摇一摇" })
    MyDivider()

    WeChatItemStyle({ imageSrc: "kyk.png", text: "看一看" })
    MyDivider({ style: DividerStyle.WIDE })
    WeChatItemStyle({ imageSrc: "souyisou.png", text: "搜一搜" })
    MyDivider()

    WeChatItemStyle({ imageSrc: "fujin.png", text: "附近" })
    MyDivider()

    WeChatItemStyle({ imageSrc: "gw.png", text: "购物" })
    MyDivider({ style: DividerStyle.WIDE })
    WeChatItemStyle({ imageSrc: "game.png", text: "游戏" })
    MyDivider()

    WeChatItemStyle({ imageSrc: "xcx.png", text: "小程序" })
}.alignItems(HorizontalAlign.Start)
.width('100%')
.height('100%')
.backgroundColor(CommonConstants.COLOR_MAIN_BG)
}
```

14.6　实现"我"页面

"我"页面用于展示个人基本信息以及提供一些设置之类的功能。

14.6.1　个人基本信息

个人基本信息展示自定义图像、昵称、微信号、状态及个人二维码，页面布局比较简单，代码如下：

```
Row() {
    Image(this.myBasicInfo.head)
        .width(70)
        .height(70)
        .margin({ left: 25, right: 10 })
        .borderRadius(8)
        .onClick(() => {
            CommonUtils.openGallery(
                uri => {
                    this.imgPath = uri;
                }, errMsg => {
```

```
                CommonUtils.show(errMsg)
            })
        })

    Column() {
        Text(this.myBasicInfo.name)
            .fontColor(Color.Black)
            .fontSize(26)
            .fontWeight(700)

        Text("微信号：" + this.myBasicInfo.wechatId)
            .fontColor(Color.Grey)
            .fontSize(16)
            .margin({ top: 15 })

        Text('+ 状态')
            .fontColor(Color.Grey)
            .margin({ top: 20 })
            .padding({ left: 8, right: 8 })
            .height(25)
            .fontSize(15)
            .borderRadius(20)
            .height(26)
            .textAlign(TextAlign.Center)
            .borderWidth(0.7)
            .borderColor('#666')
            .backgroundColor(Color.White)
    }
    .margin({ top: 40 })
    .alignItems(HorizontalAlign.Start)

    Blank()
    Image($r('app.media.ic_qrcode'))
        .width(16)
        .height(16)
        .margin({ top: 38, right: 20 })

    Image($r("app.media.ic_more"))
        .width(9)
        .height(16.364)
        .margin({ top: 38, right: 15 })
}.width("100%")
.height(203)
.backgroundColor(Color.White)
.padding({ top: WindowManager.statusBarHeight })
.onClick(() => {
    router.pushUrl({
        url: 'pages/me/PageMyQrCode',
        params: this.myBasicInfo
    })
})
```

14.6.2   二维码页面

二维码可直接调用鸿蒙的组件，主要代码如下：

```
private value: string = 'https://github.com/mythwind/Wechat_HarmonyOS'
private myBasicInfo: ContactItem = {
    head: $r('app.media.ic_user_head1'),
    name: "破军少帅",
    wechatId: "wx_20250525",
    area: "浙江 杭州"
}
async aboutToAppear() {
    this.myBasicInfo = (router.getParams() as ContactItem)
}
build() {

    Column() {
        WechatNormalToolbar({ title: "" })
        Row() {
            Image(this.myBasicInfo.head)
                .width(55)
                .height(55)
                .margin({ right: 10 })
                .borderRadius(6)

            Column() {
                Text(this.myBasicInfo.name)
                    .fontColor(Color.Black)
                    .fontSize(19)
                    .fontWeight(500)

                Text(this.myBasicInfo.area)
                    .fontColor(Color.Grey)
                    .fontSize(15)
                    .margin({ top: 10 })
            }
            .alignItems(HorizontalAlign.Start)
        }
        .width(280)
        .margin({ top: 100 })

        Stack() {
            QRCode(this.value)
                .width(280)
                .height(280)
                .color(Color.Black)
                .backgroundColor(Color.White)
                .margin({ top: 30 })
            Image($r('app.media.ic_wechat_qrcode_logo'))
                .width(60)
                .height(60)
                .padding(6)
                .backgroundColor(Color.White)
                .margin({ right: 10 })
                .borderRadius(6)
        }

        Text("扫一扫上面的二维码图案，加我为好友")
            .fontColor(Color.Grey)
            .fontSize(15)
```

```
            .margin({ top: 20 })

        Blank().layoutWeight(1)
        Row() {
            Text("扫一扫")
                .fontColor(Color.Grey)
                .fontSize(16)
                .fontWeight(600)
                .fontColor("#5f6c8a")
                .textAlign(TextAlign.Center)
                .layoutWeight(1)

            Divider().vertical(true).color(Color.Grey)
                .height(10)

            Text("换个样式")
                .fontColor(Color.Grey)
                .fontSize(16)
                .fontWeight(600)
                .fontColor("#5f6c8a")
                .textAlign(TextAlign.Center)
                .layoutWeight(1)

            Divider().vertical(true).color(Color.Grey)
                .height(10)

            Text("保存图片")
                .fontColor(Color.Grey)
                .fontSize(16)
                .fontWeight(600)
                .fontColor("#5f6c8a")
                .textAlign(TextAlign.Center)
                .layoutWeight(1)
        }
        .width(280)
        .margin({ bottom: 80 })
    }
    .width('100%')
}
```

14.6.3　其他信息

个人页面的其他信息主要是朋友圈和设置相关的信息，代码如下：

```
MyDivider()
WeChatItemStyle({ imageSrc: "pay.png", text: "支付" })
MyDivider()

WeChatItemStyle({ imageSrc: "favorites.png", text: "收藏" })
MyDivider({ style: DividerStyle.WIDE })
WeChatItemStyle({ imageSrc: "moments2.png", text: "朋友圈" })
MyDivider({ style: DividerStyle.WIDE })
WeChatItemStyle({ imageSrc: "video.png", text: "视频号" })
MyDivider({ style: DividerStyle.WIDE })
WeChatItemStyle({ imageSrc: "card.png", text: "卡包" })
MyDivider({ style: DividerStyle.WIDE })
```

```
WeChatItemStyle({ imageSrc: "emoticon.png", text: "表情" })
MyDivider()

WeChatItemStyle({ imageSrc: "setting.png", text: "设置" })
```

效果如图14-5所示。

图14-5 "我"页面示意图

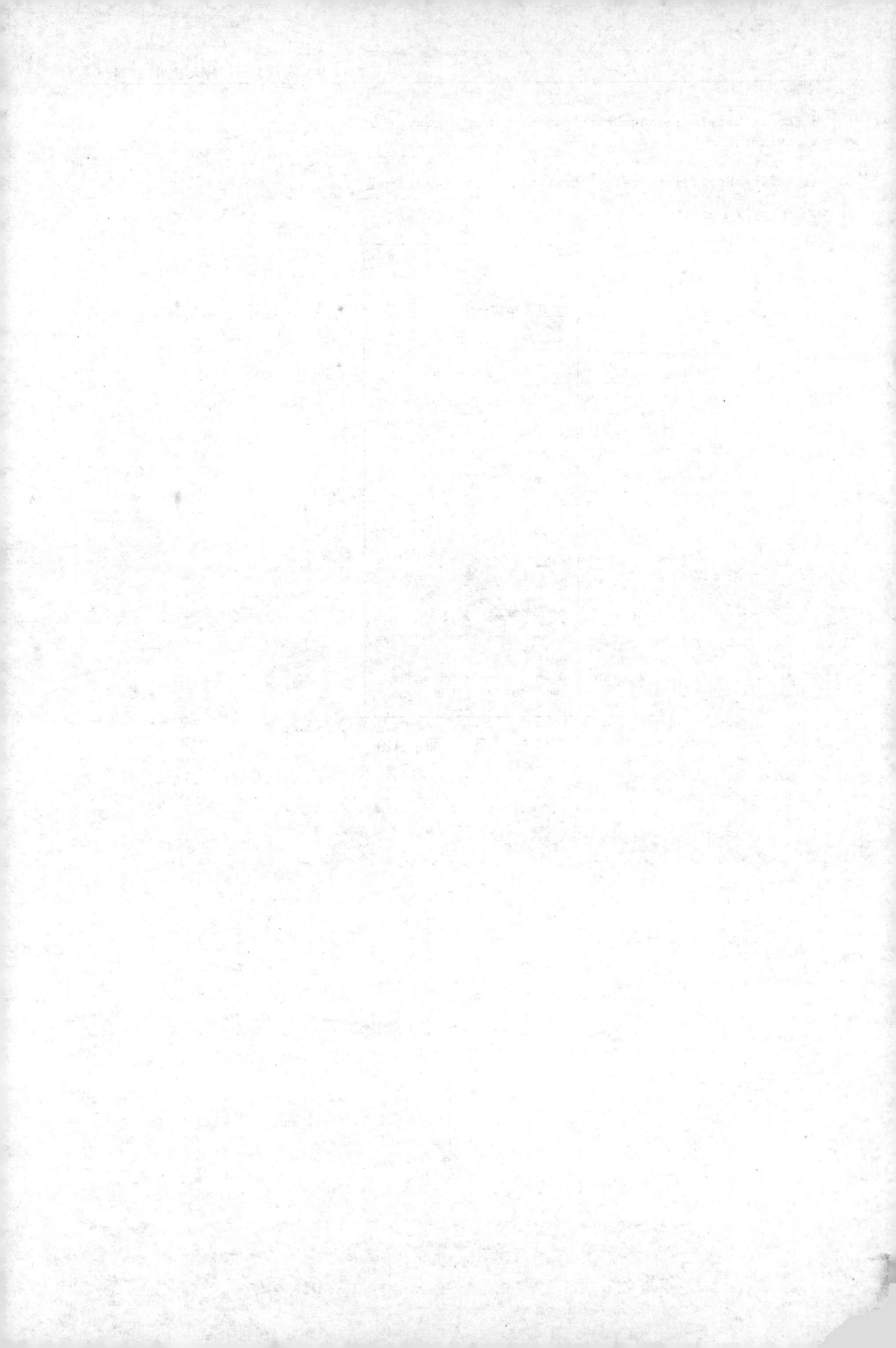